SketchUp 完全学习手册（微课精编版）

张云杰　尚　蕾　编著

清华大学出版社
北　京

内 容 简 介

SketchUp是一款极受用户欢迎且易于使用的3D设计软件，在建筑效果和景观效果等设计领域得到了广泛的应用。本书主要讲解最新版本SketchUp 2018的设计功能，包括设计基础、绘制基本图形、标注尺寸和文字、设置材质与贴图、图层编辑、群组和组件应用、页面和动画设计、剖切平面设计、创建地形、文件导入和导出、插件设计和渲染等内容，讲解了包括建筑设计和景观设计综合范例在内的多个精美实用的设计范例。本书还配备了包括大量模型图库、范例教学视频和网络资源介绍的海量教学资源。

本书内容广泛、通俗易懂、语言规范、实用性强，使读者能够快速、准确地掌握SketchUp 2018的设计方法与技巧，特别适合初、中级用户使用，既可以作为广大读者快速掌握SketchUp 2018的实用指导书和工具手册，也可作为大专院校计算机辅助设计课程的指导教材。

本书封面贴有清华大学出版社防伪标签，无标签者不得销售。
版权所有，侵权必究。侵权举报电话：010-62782989，beiqinquan@tup.tsinghua.edu.cn。

图书在版编目(CIP)数据

SketchUp完全学习手册：微课精编版 / 张云杰，尚蕾编著. —北京：清华大学出版社，2019.10（2025.1重印）

ISBN 978-7-302-53929-2

Ⅰ.①S… Ⅱ.①张… ②尚… Ⅲ. ①计算机辅助设计—应用软件—手册 Ⅳ.①TP391.72-62

中国版本图书馆CIP数据核字（2019）第224381号

责任编辑：张彦青
封面设计：李 坤
责任校对：吴春华
责任印制：曹婉颖
出版发行：清华大学出版社
网 址：https://www.tup.com.cn，https://www.wqxuetang.com
地 址：北京清华大学学研大厦A座 邮 编：100084
社 总 机：010-83470000 邮 购：010-62786544
投稿与读者服务：010-62776969，c-service@tup.tsinghua.edu.cn
质量反馈：010-62772015，zhiliang@tup.tsinghua.edu.cn
印 装 者：三河市人民印务有限公司
经 销：全国新华书店
开 本：200mm×260mm 印 张：13 字 数：316千字
版 次：2019年12月第1版 印 次：2025年1月第7次印刷
定 价：39.00元

产品编号：083318-01

前言

SketchUp是一款极受用户欢迎且易于使用的3D设计软件，官方网站将它比喻为电子设计中的“铅笔”。SketchUp是一款面向设计师、注重设计创作过程的软件，其操作简便、即时显现等优点使它灵性十足，给设计师提供了一个在灵感和现实间自由转换的空间，目前最新版本是SketchUp 2018。

为了使读者能更好地学习，同时尽快熟悉SketchUp 2018的设计功能，云杰漫步科技CAX设计教研室根据多年在该领域的设计和教学经验精心编写了本书。本书以SketchUp 2018为基础，根据用户的实际需求，从学习的角度由浅入深、循序渐进、详细地讲解了该软件的设计功能。

全书共分为11章，主要讲解设计基础、绘制基本图形、标注尺寸和文字、设置材质与贴图、图层编辑、群组和组件应用、页面和动画设计、剖切平面设计、创建地形、文件导入和导出、插件设计和渲染等内容，还讲解了包括建筑设计和景观设计综合范例在内的多个精美实用的设计范例。

云杰漫步科技CAX设计教研室长期从事SketchUp的专业设计和教学，数年来承接了大量的项目，参与SketchUp的教学和培训工作，积累了丰富的实践经验。本书就像一位专业设计师，将设计项目时的思路、流程、方法和技巧、操作步骤面对面地与读者交流。本书内容广泛、通俗易懂、语言规范、实用性强，使读者能够快速、准确地掌握SketchUp 2018的设计方法与技巧，特别适合初、中级用户使用，既可以作为广大读者快速掌握SketchUp 2018的实用指导书和工具手册，也可作为大专院校计算机辅助设计课程的指导教材。

本书由张云杰、尚蕾编著，参与编写工作的还有张云静、郝利剑、靳翔等。书中的范例均由北京云杰漫步多媒体科技公司CAX设计教研室设计制作，多媒体资源由北京云杰漫步多媒体科技公司技术支持，同时要感谢出版社的编辑和老师们的大力协助。

由于编写时间紧张，编写人员的水平有限，因此书中难免有不足之处，在此，编写人员对广大用户表示歉意，望广大用户不吝赐教，对书中的不足之处给予指正。

本书赠送的视频以二维码的形式提供，读者可以使用手机扫描下面的二维码下载并观看。

编　著

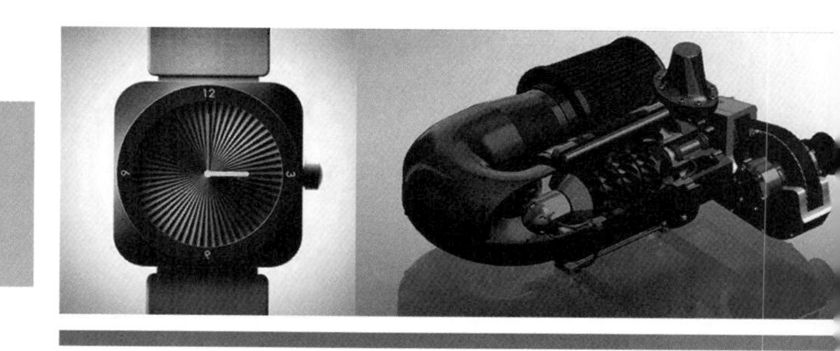

第 1 章 SketchUp 2018 设计基础

第 2 章 绘制基本图形

第3章 标注尺寸和文字

第4章 设置材质与贴图

第5章 图层、群组和组件应用

第6章 页面和动画设计

第 7 章
剖切平面设计

第 8 章
沙箱工具和导出导入文件

第 9 章
利用插件设计和渲染

第 10 章
综合设计范例（一）——建筑设计范例

第11章 综合设计范例（二）——建筑景观设计范例

第 1 章

SketchUp 2018 设计基础

本章导读

SketchUp 是一款极受用户欢迎且易于使用的 3D 设计软件，官方网站将它比喻为电子设计中的“铅笔”。其开发公司 @Last Software 成立于 2000 年，规模虽小，但以 SketchUp 而闻名。为了增强 Google Earth 的功能，让使用者可以利用 SketchUp 创建 3D 模型并放入 Google Earth 中，使得 Google Earth 所呈现的地图更具立体感、更接近真实世界，Google 于 2006 年 3 月宣布收购 3D 绘图软件 SketchUp 及其开发公司 @Last Software。SketchUp 2018 是该软件的最新版本。

本章是 SketchUp 2018 的基础，主要介绍该软件的应用领域、操作界面和视图基本操作。这些是用户使用 SketchUp 必须掌握的基础知识，是熟练使用该软件进行产品设计的前提。

1.1 SketchUp 应用领域

SketchUp 的应用领域涉及城市规划设计、建筑方案设计、园林景观设计、工业设计等，下面具体介绍。

1.1.1 城市规划设计

SketchUp 在城市规划行业以其直观便捷的优点深受规划师的喜爱，不管是宏观的城市空间形态，还是较小、较详细的规划设计，SketchUp 辅助建模及分析功能都大大开拓了设计师的思维，提高了规划编制的科学性与合理性。目前，SketchUp 被广泛应用于控制性详细规划、城市设计、修建性详细设计以及概念性规划等不同规划类型项目中。如图 1-1 所示为结合 SketchUp 构建的规划场景。

图 1-1

1.1.2 建筑方案设计

SketchUp在建筑方案设计中应用较为广泛，从前期现状场地的构建，到建筑大概形体的确定，再到建筑造型及立面设计，SketchUp 都以其直观快捷的优点逐渐取代其他三维建模软件，成为在方案设计阶段的首选软件。如图 1-2 所示为结合 SketchUp 构建的建筑方案效果。

图 1-2

1.1.3 园林景观设计

由于 SketchUp 操作灵巧，在构建地形高差等方面可以生成直观的效果，而且拥有丰富的景观素材库和强大的贴图材质功能，并且 SketchUp 图纸的风格非常适合景观设计表现，所以当今应用 SketchUp 进行景观设计已经非常普遍。如图 1-3 所示为结合 SketchUp 创建的简单的园林景观模型场景。

图 1-3

图 1-3（续）

1.1.4 室内设计

室内设计的宗旨是创造满足人们物质和精神生活需要的室内环境，包括视觉环境和工程技术方面的问题，设计的整体风格和细节装饰在很大程度上受业主的喜好和性格特征的影响，但是传统的 2D 室内设计表现让很多业主无法理解设计师的设计理念，而 3ds Max 等类似的三维室内效果图又不能灵活地对设计进行改动。SketchUp 能够在已知的房型图基础上快速建立三维模型，快捷地添加门窗、家具、电器等组件，并且可以附上地板和墙面的材质贴图，直观地向业主展示室内效果。如图 1-4 所示为结合 SketchUp 构建的室内场景效果。当然如果再经过渲染，会得到更好的商业效果图。

图 1-4

1.1.5 游戏动漫设计

越来越多的用户将 SketchUp 运用于游戏动漫设计中，如图 1-5 所示为结合 SketchUp 构建的两个动漫游戏场景效果。

图 1-5

1.1.6 工业设计

SketchUp 在工业设计中的应用也越来越普遍，如机械产品设计、橱窗或展馆的展示设计等，如图 1-6 所示。

图 1-6

1.2 SketchUp 2018 界面介绍

SketchUp 的种种优点使其很快风靡全球，本节就对 SketchUp 2018 的界面做系统的讲解，使读者快速熟悉 SketchUp 的界面操作。

1.2.1 向导界面

安装好 SketchUp 2018 后，双击桌面上的图标，则可启动软件，首先出现的是【欢迎使用 SketchUp】的向导界面，如图 1-7 所示。

图 1-7

在向导界面中设置了【模板】、【许可证】等功能按钮，可以根据需要选择使用。

此处单击【模板】按钮，然后在【模板】的下拉选项框中选择【建筑设计 - 毫米】选项，如图 1-8 所示，接着单击【开始使用 SketchUp】按钮，即可打开 SketchUp 工作界面。

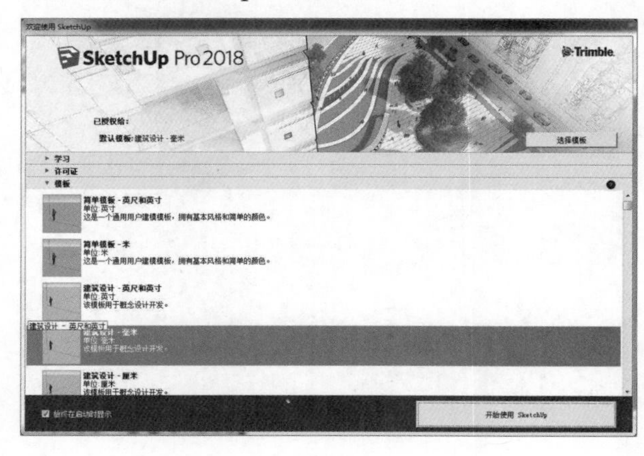

图 1-8

SketchUp 2018 的初始工作界面主要由标题栏、菜单栏、工具栏、绘图区、状态栏和数值控制框组成，如图 1-9 所示。

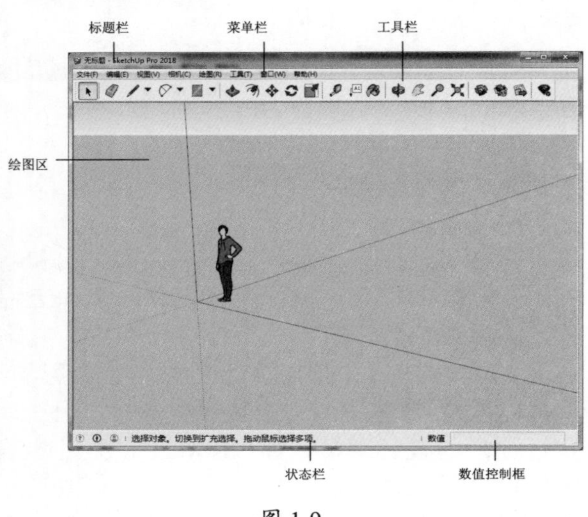

图 1-9

1.2.2 标题栏

标题栏位于界面的最顶部，最左端是 SketchUp 的标志，往右依次是当前编辑的文件名称（如果文件还没有保存命名，将显示为“无标题”）、软件版本和窗口控制按钮，如图 1-10 所示。

图 1-10

1.2.3 菜单栏

菜单栏位于标题栏的下面，包含【文件】、【编辑】、【视图】、【相机】、【绘图】、【工具】、【窗口】和【帮助】8 个主菜单，如图 1-11 所示。

文件(F) 编辑(E) 视图(V) 相机(C) 绘图(R) 工具(T) 窗口(W) 帮助(H)

图 1-11

1. 【文件】菜单

【文件】菜单用于管理场景中的文件，包括【新建】、【打开】、【保存】、【打印】、【导入】和【导出】等常用命令，如图 1-12 所示。

图 1-12

（1）【新建】：快捷键为 Ctrl+N，执行该命令后将新建一个 SketchUp 文件，并关闭当前文件。如果用户没有对当前修改的文件进行保存，在关闭时将会出现提示。如果需要同时编辑多个文件，则需要打开另外的 SketchUp 应用窗口。

（2）【打开】：快捷键为 Ctrl+O，执行该命令可以打开需要进行编辑的文件。同样，在打开时将提示是否保存当前文件。

（3）【保存】：快捷键为 Ctrl+S，该命令用于保存当前编辑的文件。在 SketchUp 中也有自动保存设置。执行【窗口】|【系统设置】菜单命令，然后在弹出的【SketchUp 系统设置】对话框中选择【常规】选项，即可设置自动保存的间隔时间，如图 1-13 所示。

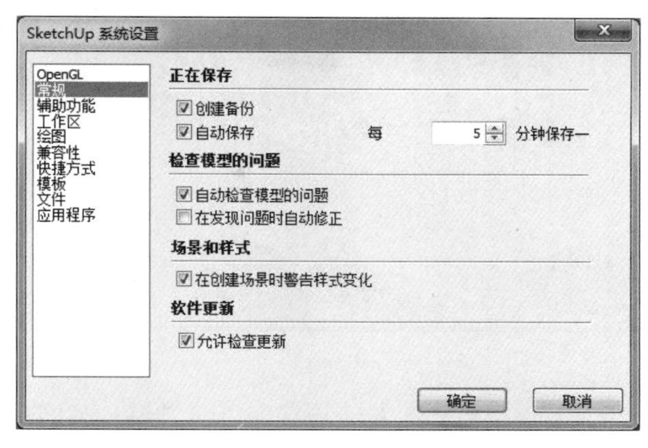

图 1-13

打开一个 SKP 文件并操作一段时间后，桌面上若出现用阿拉伯数字命名的 SKP 文件。这可能是由于打开的文件未命名，并且没有关闭 SketchUp 的自动保存功能所造成的。可以在对文件进行保存命名之后再操作；也可以执行【窗口】|【偏好设置】菜单命令，然后在弹出的【SketchUp 系统设置】对话框中选择【常规】选项，接着禁用【自动保存】复选框即可。

（4）【另存为】：快捷键为 Ctrl+Shift+S，该命令用于将当前编辑的文件另行保存。

（5）【副本另存为】：该命令用于保存过程文件，对当前文件没有影响。在保存重要步骤或构思时，非常便捷。此命令只有在对当前文件命名之后才能激活。

（6）【另存为模板】：该命令用于将当前文件另存为一个 SketchUp 模板。

（7）【还原】：执行该命令后将返回最近一次的保存状态。

（8）【发送到 LayOut】：执行该命令可以将场景模型发送到 LayOut 中进行图纸的布局与标注等操作。

（9）【地理位置】：使用这个命令可以在 Google 地图中预览模型场景。

（10）3D Warehouse：该命令可用于从网上的 3D 模型库中下载需要的 3D 模型，也可以将模型上传，如图 1-14 所示。

图 1-14

（11）【导入】：该命令用于将其他文件插入 SketchUp 中，包括组件、图像、DWG/DXF 文件和 3DS 文件等。【导入】对话框如图 1-15 所示。将图形导入作为 SketchUp 的底图时，可以考虑将图形的颜色修改得鲜明些，以便描图时显示得更清晰。导入 DWG 和 DXF 文件之前，应先在 AutoCAD 里将所有线的标高归零，并最大限度地保证线的完整度和闭合度。

图 1-15

（12）【导出】：该命令的子菜单中包括 4 个命令，分别为【三维模型】、【二维图形】、【剖面】和【动画】，如图 1-16 所示。

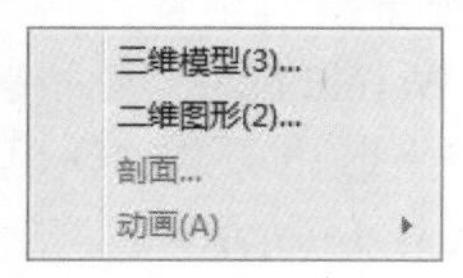

图 1-16

- 【三维模型】：执行该命令可以将模型导出为 DXF、DWG、3DS 和 VRML 格式。
- 【二维图形】：执行该命令可以导出 2D 光栅图像和 2D 矢量图形。基于像素的图形可以导出为 JPEG、PNG、TIFF、BMP、TGA 和 Epix 格式，这些格式可以准确地显示投影和材质，和在屏幕上看到的效果一样；用户可以根据图像的大小调整像素，以更高的分辨率导出图像，当然，更大的图像会需要更多的时间。输出图像的尺寸最好不要超过 5000 像素 ×3500 像素，否则容易导出失败。矢量图形可以导出为 PDF、EPS、DWG 和 DXF 格式，矢量输出格式可能不支持一定的显示选项，例如阴影、透明度和材质。需要注意的是，在导出立面、平面等视图的时候别忘记关闭【透视显示】模式。
- 【剖面】：执行该命令可以精确地以标准矢量格式导出二维剖切面。
- 【动画】：该命令可以将用户创建的动画页面序列导出为视频文件。用户可以创建复杂模型的平滑动画，并可用于刻录 VCD。

（13）【打印设置】：执行该命令可以打开【打印设置】对话框，在该对话框中设置所需的打印设备和纸张大小。

（14）【打印预览】：使用指定的打印设置后，可以预览即将打印在纸上的图像。

（15）【打印】：该命令用于打印当前绘图区显示的内容，快捷键为 Ctrl+P。

（16）【退出】：该命令用于关闭当前文档和 SketchUp 应用窗口。

2. 【编辑】菜单

【编辑】菜单用于对场景中的模型进行编辑操作，包括如图 1-17 所示的命令。

（1）【撤销 推 / 拉】：执行该命令将返回上一步的操作，快捷键为 Alt+Backspace。

图 1-17

注意

只能撤销创建物体和修改物体的操作，不能撤销改变视图的操作。

（2）【重复 推/拉】：该命令用于取消【撤销 推/拉】命令，快捷键为 Ctrl+Y。

（3）【剪切】/【复制】/【粘贴】：利用这 3 个命令可以让选中的对象在不同的 Sketch Up 程序窗口之间进行移动，快捷键依次为 Shift+Del、Ctrl+C 和 Ctrl+V。

（4）【原位粘贴】：该命令用于将复制的对象粘贴到原坐标。

（5）【删除】：该命令用于将选中的对象从场景中删除，快捷键为 Delete。

（6）【删除参考线】：该命令用于删除场景中所有的辅助线，快捷键为 Ctrl+Q。

（7）【全选】：该命令用于选择场景中的所有可选物体，快捷键为 Ctrl+A。

（8）【全部不选】：与【全选】命令相反，该命令用于取消对当前所有元素的选择，快捷键为 Ctrl+T。

（9）【隐藏】：该命令用于隐藏所选物体，快捷键为 H。使用该命令可以帮助用户简化当前视图，或者方便对封闭的物体进行内部观察和操作。

（10）【取消隐藏】：该命令的子菜单中包含 3 个命令，分别是【选定项】、【最后】和【全部】，如图 1-18 所示。

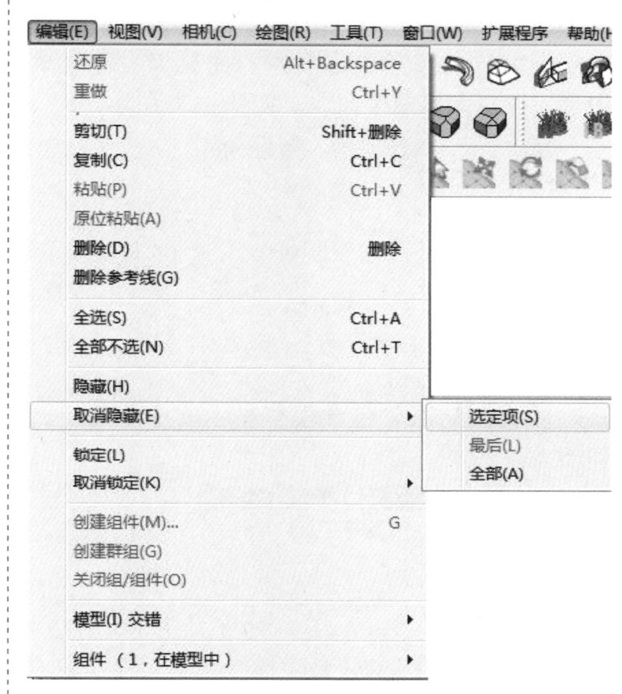

图 1-18

- 【选定项】：用于显示所选的隐藏物体。要隐藏物体，可以执行【视图】|【隐藏物体】菜单命令，如图 1-19 所示。

图 1-19

- 【最后】：该命令用于显示最近一次隐藏的物体。
- 【全部】：执行该命令后，所有显示图层的隐藏对象将被显示。注意，此命令对不显示的图层无效。

（11）【锁定】：该命令用于锁定当前选择的对象，使其不能被编辑；而【解锁】命令则用于解除对象的锁定状态。在鼠标右键菜单中也可以找到这两个命令，如图 1-20 所示。

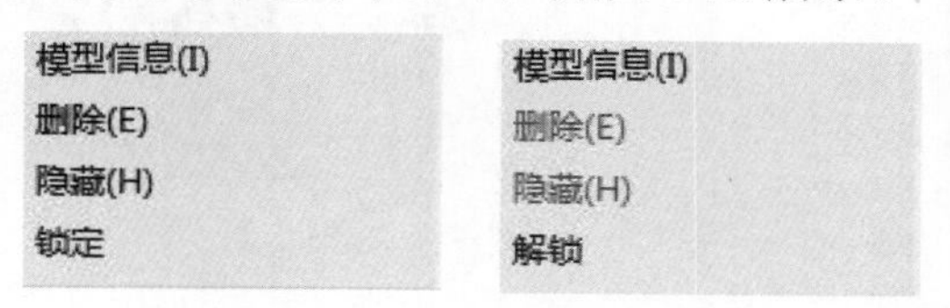

图 1-20

3.【视图】菜单

【视图】菜单包含模型显示的多个命令，如图 1-21 所示。

图 1-21

（1）【工具栏】：该命令的子菜单中包含 SketchUp 中的所有工具，启用这些命令，即可在绘图区中显示相应的工具。

如果想要显示这些工具图标，只需打开【系统设置】对话框，在【扩展】选项设置界面中启用所有复选框即可，如图 1-22 所示。

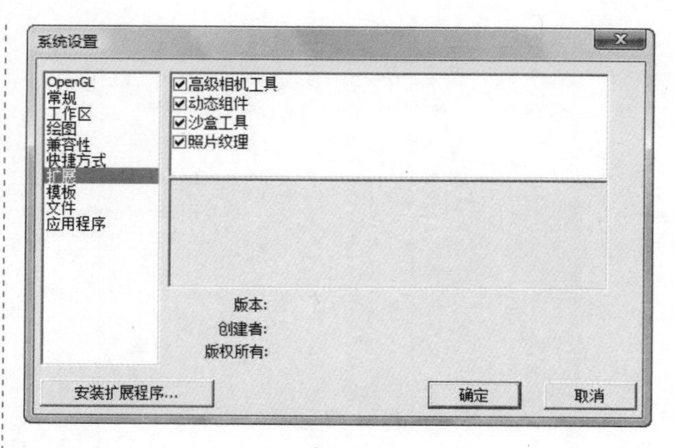

图 1-22

执行【视图】|【工具栏】菜单命令，并在弹出的【工具栏】对话框中启用需要显示的工具栏即可，如图 1-23 所示。

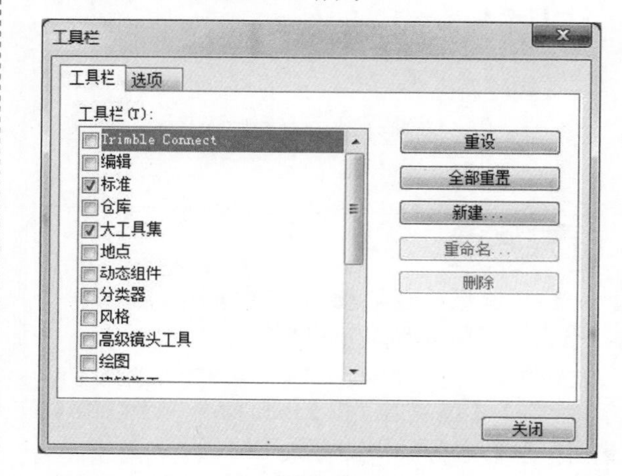

图 1-23

（2）【场景标签】：用于在绘图窗口的顶部激活页面标签。

（3）【隐藏物体】：该命令可以将隐藏的物体以虚线的形式显示。

（4）【显示剖切】：该命令用于显示模型的任意剖切面。

（5）【剖面切割】：该命令用于显示模型的剖面。

（6）【剖面填充】： 该命令用于显示剖面的填充效果。

（7）【坐标轴】：该命令用于显示或者隐藏绘图区的坐标轴。

（8）【参考线】：该命令用于查看建模过程中的辅助线。

（9）【阴影】：该命令用于显示模型在地面的阴影。

（10）【雾化】：该命令用于为场景添加雾化效果。

（11）【边线类型】：该命令的子菜单中包含 5 个命令，其中【边线】和【后边线】命令用于显示模型的边线，【轮廓线】、【深粗线】和【扩展程序】命令用于激活相应的边线渲染模式，如图 1-24 所示。

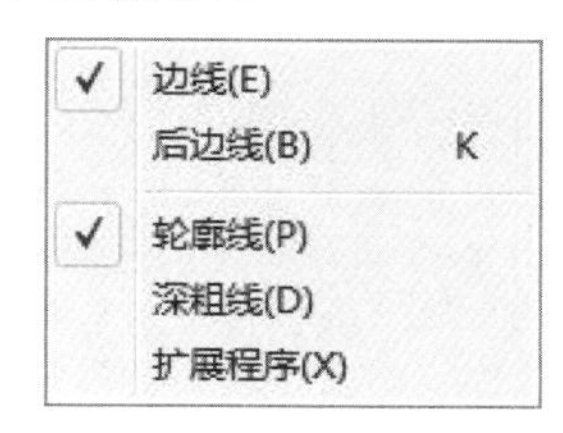

图 1-24

（12）【表面类型】：该命令的子菜单中包含 6 种显示模式，分别为【X 光透视模式】、【线框显示】模式、【消隐】模式、【着色显示】模式、【贴图】模式和【单色显示】模式，如图 1-25 所示。

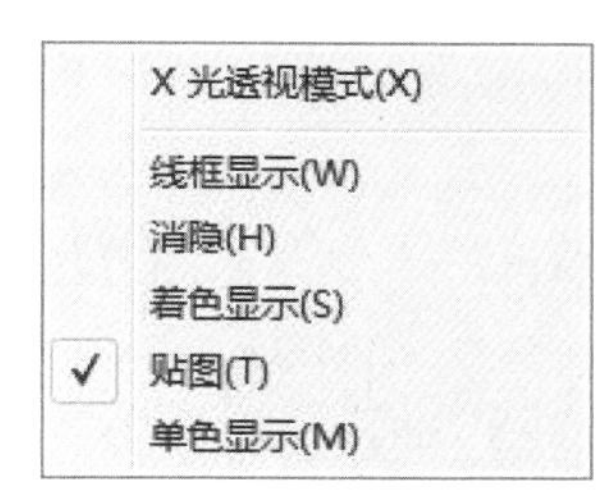

图 1-25

（13）【组件编辑】：该命令的子菜单中包含的命令用于改变编辑组件时的显示方式，如图 1-26 所示。

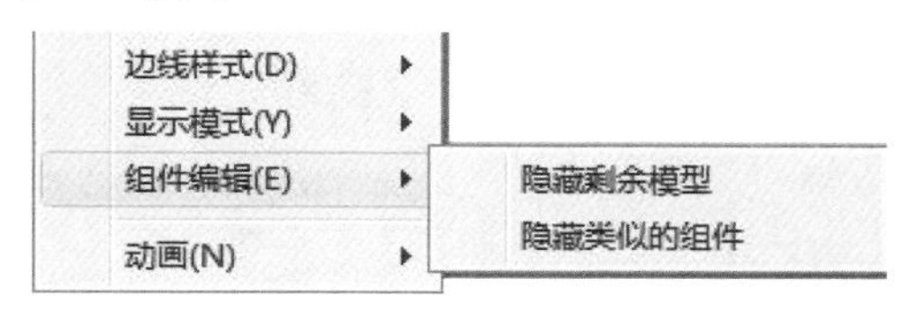

图 1-26

（14）【动画】：该命令的子菜单中同样包含了一些命令，如图 1-27 所示。通过这些命令可以添加或删除场景，也可以控制动画的播放和设置。有关动画的具体操作在后面会进行详细讲解。

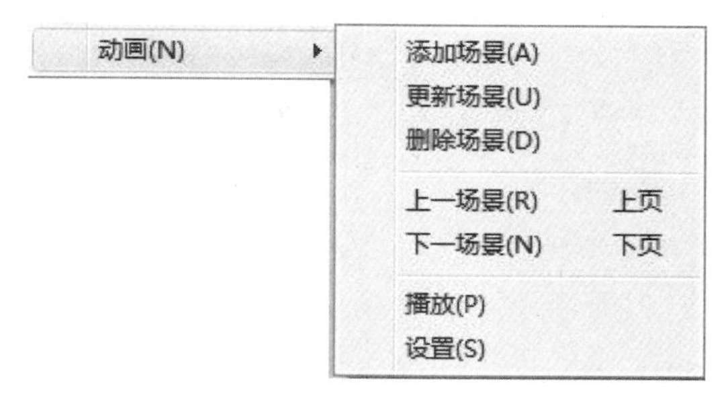

图 1-27

4.【相机】菜单

【相机】菜单包含改变模型视角的命令，如图 1-28 所示。

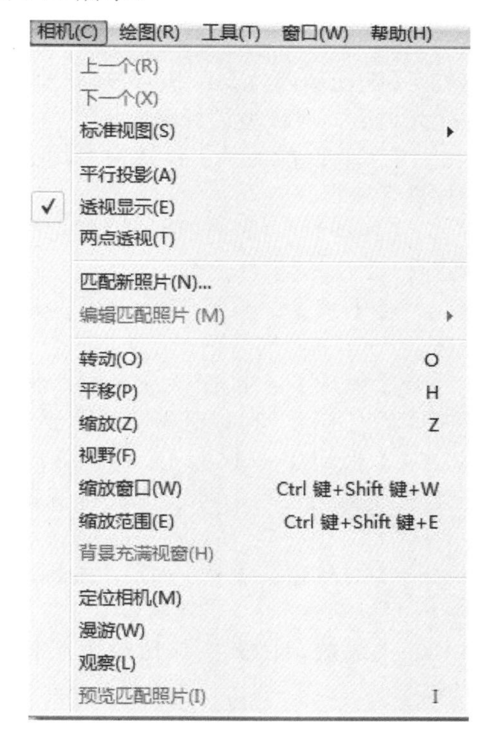

图 1-28

（1）【上一个】：该命令用于翻看上次使用的视图。

（2）【下一个】：在翻看上一视图之后，选择该命令可以往后翻看下一视图。

（3）【标准视图】：SketchUp 提供了一些预设的标准角度的视图，包括顶视图、底视图、前视图、后视图、左视图、右视图和等轴视图。通过该命令的子菜单可以调整当前视图，如图 1-29 所示。

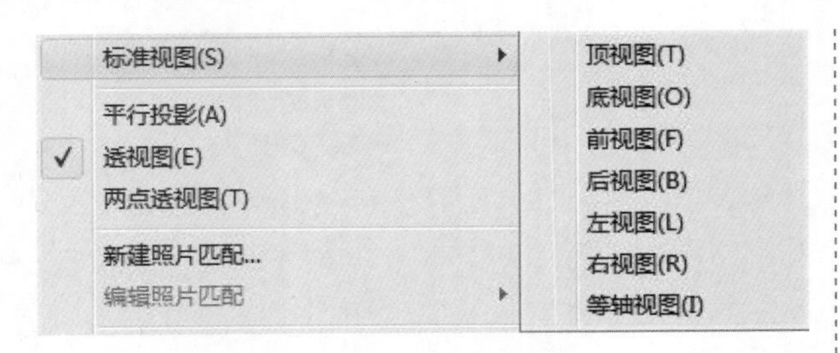

图 1-29

（4）【平行投影】：该命令用于调用平行投影显示模式。

（5）【透视显示】：该命令用于调用透视显示模式。

（6）【两点透视】：该命令用于调用两点透视显示模式。

（7）【匹配新照片】：执行该命令可以导入照片作为材质，对模型进行贴图。

（8）【编辑匹配照片】：该命令用于对匹配的照片进行编辑修改。

（9）【转动】：执行该命令可以对模型进行旋转查看。

（10）【平移】：执行该命令可以对视图进行平移。

（11）【缩放】：执行该命令后，按住鼠标左键在屏幕上拖动，可以进行实时缩放。

（12）【视野】：执行该命令后，按住鼠标左键在屏幕上拖动，可以使视野变宽或者变窄。

（13）【缩放窗口】：该命令用于放大窗口选定的元素。

（14）【缩放范围】：该命令用于使场景充满视窗。

（15）【背景充满视窗】：该命令用于使背景图片充满绘图窗口。

（16）【定位相机】：该命令可以将相机精确放置到眼睛高度或者置于某个精确的点。

（17）【漫游】：该命令用于调用漫游工具。

（18）【观察】：执行该命令可以在相机的位置沿 z 轴旋转显示模型。

5.【绘图】菜单

【绘图】菜单主要包括【直线】、【圆弧】、【形状】和【沙箱】等几个绘制图形的命令，如图 1-30 所示。

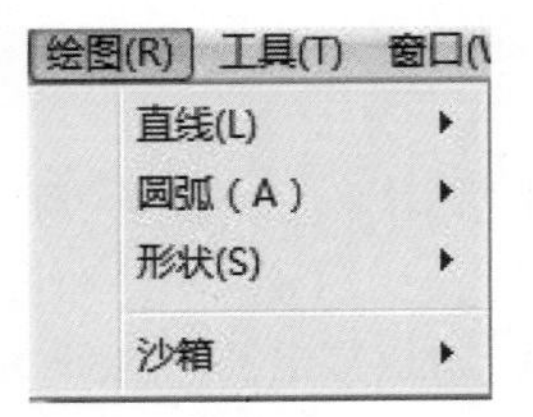

图 1-30

（1）【直线】：通过该命令的子菜单中的【直线】或【手绘线】命令可以绘制直线、相交线或者闭合的图形，如图 1-31 所示。

图 1-31

（2）【圆弧】：通过该命令的子菜单中的【圆弧】、【两点圆弧】、【3 点画弧】以及【扇形】命令可以绘制圆弧图形。圆弧一般是由多个相连的曲线片段组成的，这些图形可以作为一个整体进行编辑，如图 1-32 所示。

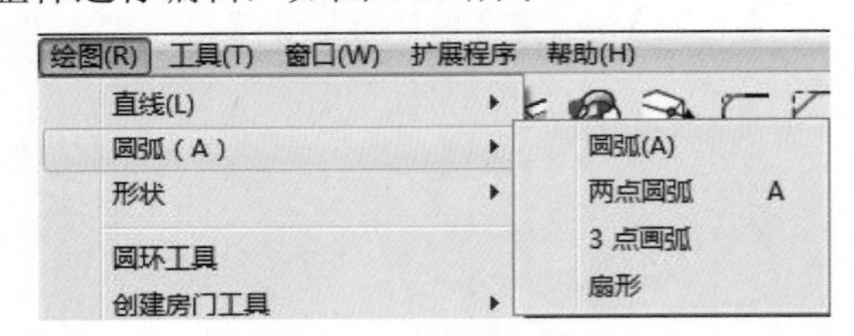

图 1-32

（3）【形状】：通过该命令的子菜单中的【矩形】、【旋转长方形】、【圆】以及【多边形】命令可以绘制不规则的、共面相连的曲线，从而创造出多段曲线或者简单的徒手画物体，如图 1-33 所示。

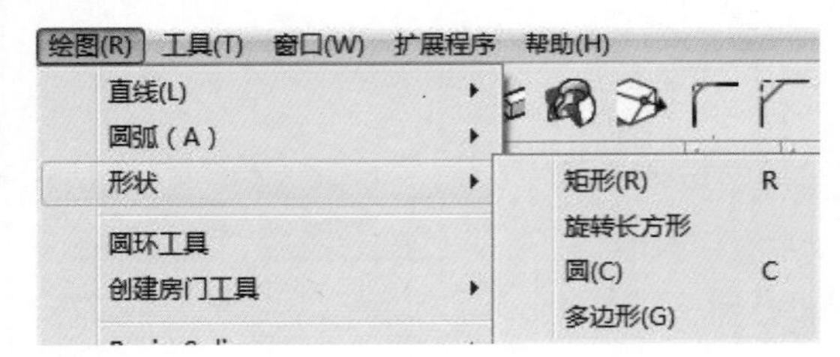

图 1-33

【旋转长方形】命令与【矩形】命令不同，执行【旋转长方形】命令可以绘制边线不平行于坐标轴的矩形。

（4）【沙箱】：通过该命令的子菜单中的

【根据等高线创建】或【根据网格创建】命令可以创建地形，如图 1-34 所示。

图 1-34

6.【工具】菜单

【工具】菜单主要包括对物体进行操作的常用命令，如图 1-35 所示。

图 1-35

（1）【选择】：选择特定的实体，以便对实体进行操作。

（2）【删除】：该命令用于删除边线、辅助线和绘图窗口中的其他物体。

（3）【材质】：执行该命令将打开材质编辑器，用于为面或组件赋予材质。

（4）【移动】：该命令用于移动、拉伸和复制几何体，也可以用来旋转组件。

（5）【旋转】：执行该命令将在一个旋转面里旋转绘图要素、单个或多个物体，也可以选中一部分物体进行拉伸和扭曲。

（6）【缩放】：执行该命令将对选中的实体进行缩放。

（7）【推 / 拉】：该命令用来雕刻三维图形中的面。根据几何体特性的不同，该命令可以移动、挤压、添加或者删除面。

（8）【路径跟随】：该命令可以使面沿着某一连续的边线路径进行拉伸，在绘制曲面物体时非常方便。

（9）【偏移】：该命令用于偏移复制共面的面或者线，可以在原始面的内部和外部偏移边线，偏移一个面会创造出一个新的面。

（10）【外壳】：该命令可以将两个组件合并为一个物体并自动成组。

（11）【实体工具】：该命令的子菜单中包含 5 种布尔运算功能，可以对组件进行并集、交集和差集的运算。

（12）【卷尺】：该命令用于绘制辅助测量线，使精确建模操作更简便。

（13）【量角器】：该命令用于绘制一定角度的辅助量角线。

（14）【坐标轴】：用于设置坐标轴，也可以进行修改。该命令对绘制斜面物体非常有效。

（15）【尺寸】：用于在模型中标示尺寸。

（16）【文字标注】：用于在模型中输入文字。

（17）【三维文字】：用于在模型中放置 3D 文字，可设置文字的大小及挤压厚度。

（18）【剖切面】：用于显示物体的剖切面。

（19）【高级镜头工具】：该命令可以创建相机以及对相机进行设置，如图 1-36 所示。

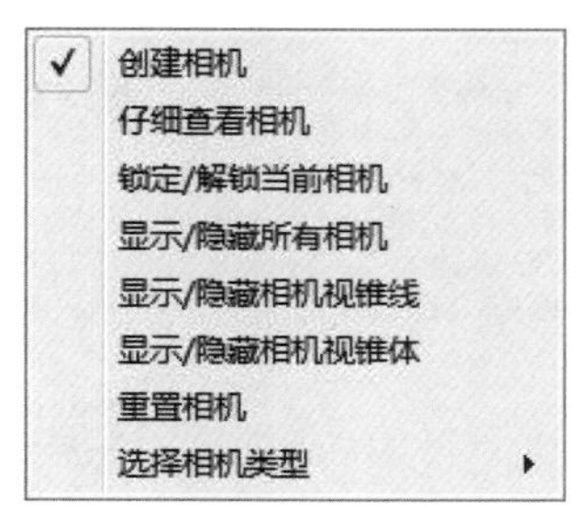

图 1-36

（20）【互动】：通过设置组件属性，给组件添加多个属性，比如多种材质或颜色。运行动态组件时会根据不同属性进行动态化显示。

（21）【沙箱】：该命令的子菜单中包含 5

个命令，分别为【曲面起伏】、【曲面平整】、【曲面投射】、【添加细部】和【对调角线】，如图 1-37 所示。

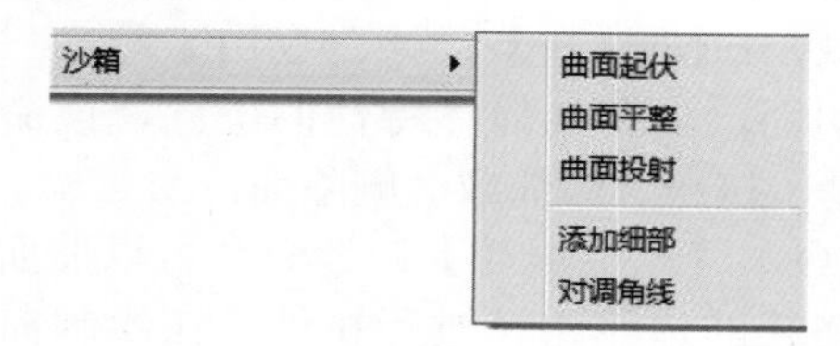

图 1-37

7.【窗口】菜单

【窗口】菜单中的命令代表着不同的编辑器和管理器，如图 1-38 所示。通过这些命令可以打开相应的浮动窗口，以便快捷地使用常用编辑器和管理器，而且各个浮动窗口可以相互吸附对齐，单击即可展开，如图 1-39 所示。

图 1-38

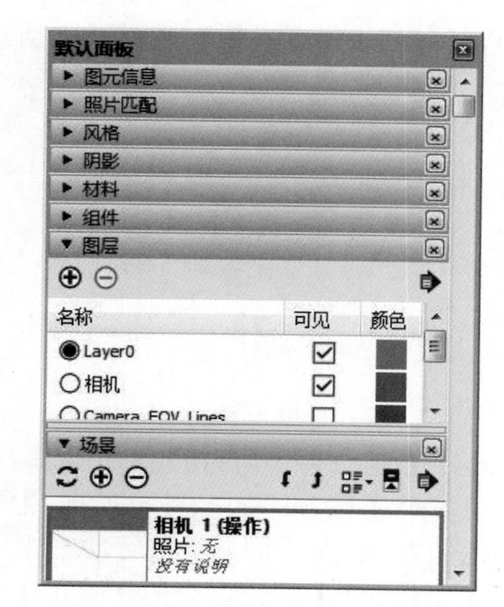

图 1-39

（1）【图元信息】：选择该命令将弹出【图元信息】浏览器，用于显示当前选中实体的属性。

（2）【材料】：选择该命令将弹出【材料】编辑器。

（3）【组件】：选择该命令将弹出【组件】编辑器。

（4）【风格】：选择该命令将弹出【风格】编辑器。

（5）【图层】：选择该命令将弹出【图层】管理器。

（6）【场景】：选择该命令将弹出【场景】管理器，用于突出当前场景。

（7）【阴影】：选择该命令将弹出【阴影设置】对话框。

（8）【雾化】：选择该命令将弹出【雾化】对话框，用于设置雾化效果。

（9）【照片匹配】：选择该命令将弹出【照片匹配】对话框。

（10）【柔化边线】：选择该命令将弹出【柔化边线】编辑器。

（11）【工具向导】：选择该命令将弹出【工具向导】对话框。

（12）【模型信息】：选择该命令将弹出【模型信息】管理器。

（13）【系统设置】：选择该命令将弹出【系统属性】对话框，可以通过设置 SketchUp 的应用参数来为整个程序编写各种不同的功能。

（14）【Ruby 控制台】：选择该命令将弹出【Ruby 控制台】对话框，用于编写 Ruby 命令。

（15）【组件选项】/【组件属性】：这两个命令用于设置组件的属性，包括组件的名称、大小、位置和材质等。通过设置属性，可以实现动态组件的变化显示。

8. 【帮助】菜单

【帮助】菜单如图 1-40 所示，主要用来了解各部分的详细信息，以及进入访问多种插件和模型库的入口。

执行【帮助】|【关于 SketchUp（A）…】菜单命令将弹出一个信息对话框，在该对话框中可以找到版本号和用途，如图 1-41 所示。

图 1-40

图 1-41

1.2.4 工具栏

工具栏包含常用的工具，用户可以自定义这些工具的显隐状态或显示大小等，如图 1-42 所示。

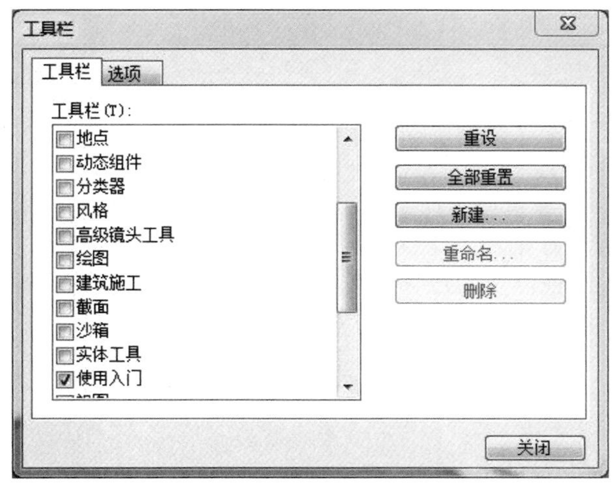

图 1-42

1.2.5 绘图区

绘图区又叫绘图窗口，占据了界面中最大的区域，在这里可以创建和编辑模型，也可以对视图进行调整。在绘图窗口中还可以看到绘图坐标轴，分别用红、黄、绿 3 色显示。

激活绘图工具时，如果想取消鼠标处的坐标轴光标，可以执行【窗口】|【系统设置】菜单命令，打开【SketchUp 系统设置】对话框，在【绘图】选项设置界面中禁用【显示十字准线】复选框，如图 1-43 所示。

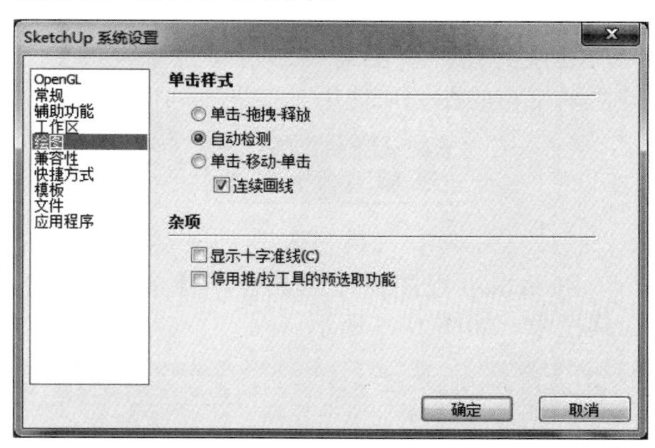

图 1-43

1.2.6 数值控制框

绘图区的右下方是数值控制框，这里会显示绘图过程中的尺寸信息，也可以接受键盘输入的数值。数值控制框支持所有的绘制工具，其工作特点如下。

（1）由鼠标拖动产生的数值会在数值控制框中动态显示。如果产生的数值不符合系统属性指定的数值精度，在数值前面会加上“～”符号，这表示该数值不够精确。

（2）用户可以在命令完成之前输入数值，也可以在命令完成后输入数值。输入数值后，按 Enter 键确定。

（3）当前命令仍然生效的时候（开始新的命令操作之前），可以持续不断地改变输入的数值。

（4）一旦退出命令，数值控制框就不会再对该命令起作用了。

（5）输入数值之前不需要单击数值控制框，可以直接在键盘上输入，数值控制框可随时待命。

1.2.7 状态栏

状态栏位于界面的底部，用于显示命令提示和状态信息，是对命令的描述和操作提示，这些信息会随着操作对象的改变而改变。

1.3 视图操作

视图操作是 SketchUp 软件基本操作的重要组成部分，本节就来介绍视图操作的有关内容。

1.3.1 【视图】工具栏

SketchUp 默认的操作视图提供了一个透视图，其他的几种视图需要通过单击【视图】工具栏里相应的图标来使用，如图 1-44 所示。

图 1-44

SketchUp 视图操作工具位于【使用入门】工具栏中，如图 1-45 所示。

图 1-45

1.3.2 视图操作工具

下面介绍视图的操作工具。

1. 环绕观察工具

在工具栏中单击【转动】工具，然后把鼠标光标放在透视图视窗中，按住鼠标左键拖动鼠标可以进行视窗内视点的旋转。通过旋转可以观察模型各个角度的情况。

2. 平移工具

在工具栏中单击【平移】工具，可以在视窗中平行移动观察窗口。

3. 实时缩放工具

在工具栏中单击【实时缩放】工具，然后把鼠标光标移动到透视图视窗中，按住鼠标左键拖动鼠标就可以对视窗中的视角进行缩放。鼠标上移则放大，下移则缩小，由此可以随时观察模型的细部和全局状态。

4. 充满视窗工具

在工具栏中单击【充满视窗】工具，即可使场景中的模型最大化地显示于绘图区中。

1.4 视图操作范例

本范例操作文件：ywj\01\1-1.skp
本范例完成文件：ywj\01\1-2.skp

案例分析

在使用 SketchUp 的过程中，经常要切换视角，好的视角能够给绘图者带来巨大的方便。SketchUp 自身设立了等轴、俯视、主视、右视、后视、左视以及通过环绕观察自定义视角等视角视图，本节案例对视图操作简单地进行介绍。

案例操作

步骤 01 打开图形

❶ 选择【文件】菜单中的【打开】命令，如图 1-46 所示。

❷ 打开文件 1-1.skp。

❸ 选择【文件】菜单中的【另存为】命令，在打开的【另存为】对话框中将文件另存为 1-2.skp。

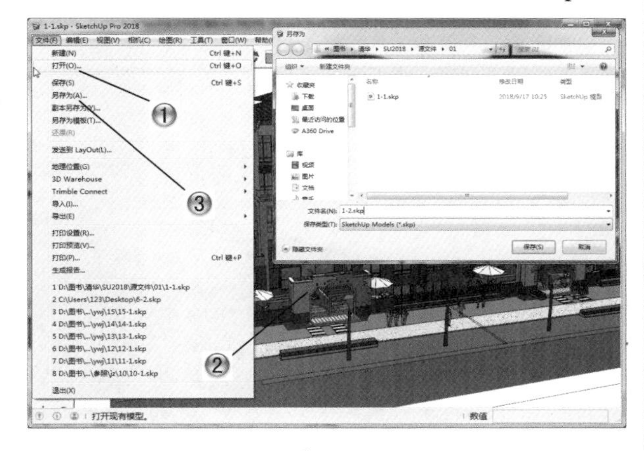

图 1-46

步骤 02 旋转预览图形

❶ 单击大工具集中的【环绕观察】按钮，如图 1-47 所示。

❷ 在绘图区中，旋转预览图形。

图 1-47

步骤 03 平移视图

❶ 单击大工具集中的【平移】按钮，如图 1-48 所示。

❷ 在绘图区中，平移预览图形。

提示

使用鼠标的滚轴可以放大或缩小图形视图范围。

图 1-48

步骤 04 缩放视图

❶ 单击大工具集中的【缩放】按钮，如图 1-49 所示。

❷ 在绘图区中，单击鼠标左键拖动缩放视图。

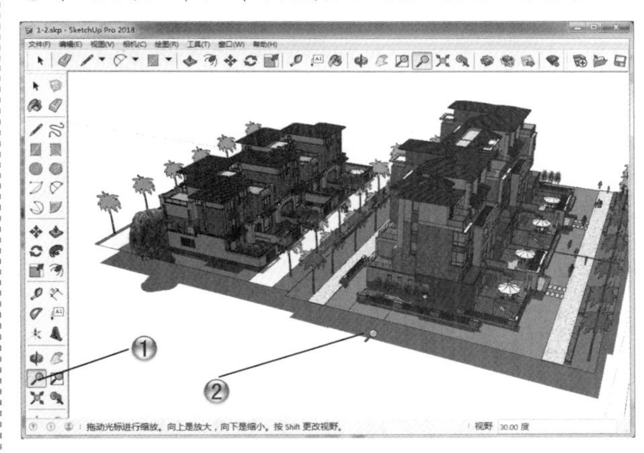

图 1-49

步骤 05 缩放窗口

❶ 单击大工具集中的【缩放窗口】按钮，如图 1-50 所示。

❷ 在绘图区中，单击鼠标左键拖动选择需要放大的视图范围。

步骤 06 充满视窗

❶ 单击大工具集中的【充满视窗】按钮，如图 1-51 所示。

❷ 单击鼠标左键即可将视图充满视窗。

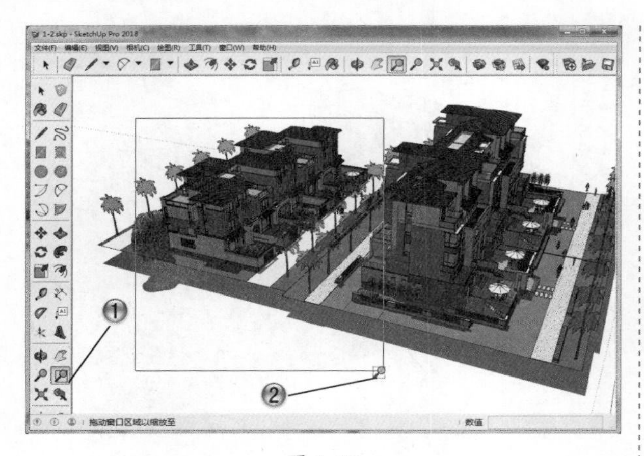

图 1-50

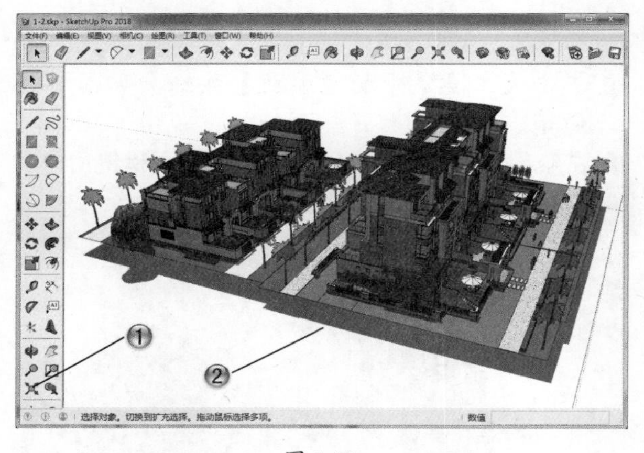

图 1-51

步骤 07 缩放窗口

① 单击【大工具集】工具栏中的【上一个】按钮，单击鼠标左键即可将视图恢复到上一步的操作状态，如图 1-52 所示。

② 单击工具栏中的【保存】按钮，保存文件。至此，这个范例就制作完成了。

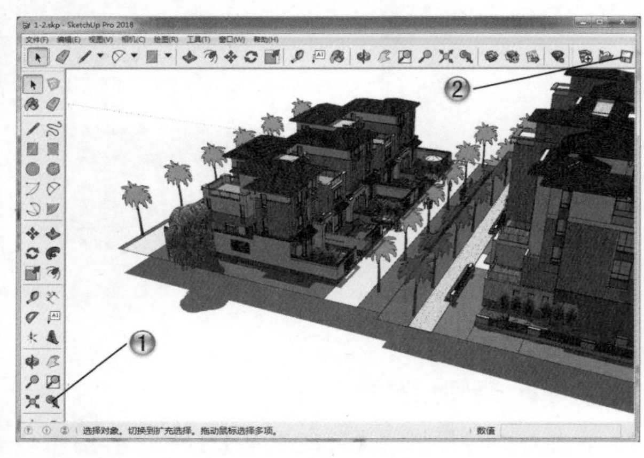

图 1-52

1.5 本章小结和练习

1.5.1 本章小结

本章主要学习了 SketchUp 的工作界面操作，这样可以在绘图中很方便地找到所需要的工具，同时学习了观察模型和对象操作的方法与技巧，这些都是在绘图过程中要经常用到的。

1.5.2 练习

使用本章学过的命令对如图 1-53 所示的建筑草图模型进行操作。

（1）打开草图模型。

（2）进行视图操作。

（3）进行对象操作。

图 1-53

第2章

绘制基本图形

本章导读

“工欲善其事，必先利其器”，在使用 SketchUp 软件创建模型之前，必须熟练掌握 SketchUp 的一些基本工具和命令的用法，包括用线、多边形、圆形、矩形等命令绘制基本形体，通过推拉、缩放等基本命令生成三维体块等操作。

本章主要介绍图形操作，以及通过绘制二维图形、三维图形和模型操作等建立基本模型。

2.1 选择和删除图形

SketchUp 是一款面向设计师、注重设计创作过程的软件，其对于设计对象的操作功能也很强大，下面就来介绍 SketchUp 对象操作中关于图形操作的主要方法。

2.1.1 选择图形

【选择】工具（见图 2-1）用于给其他工具命令指定操作的实体，对于用惯了 AutoCAD 的人来说，可能会不习惯，建议将空格键定义为【选择】工具的快捷键，养成用完其他工具之后随手按一下空格键的习惯，这样就会自动进入选择状态。

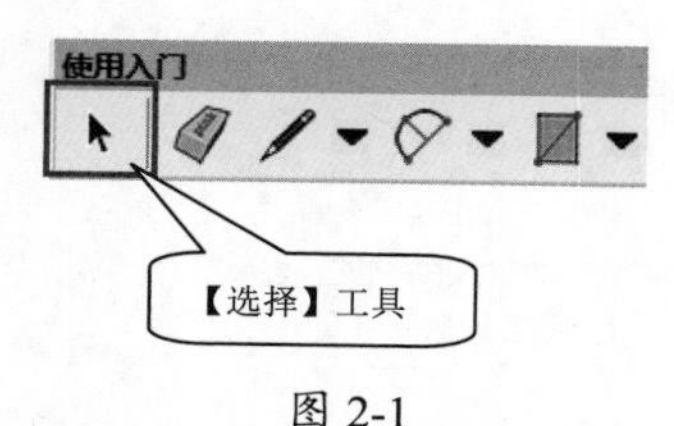

图 2-1

使用【选择】工具选取物体的方式有 4 种：点选、窗选、框选以及使用鼠标右键关联选择。

1. 点选

点选就是在物体元素上单击鼠标左键进行选择。选择一个面时，如果双击该面，将同时选中这个面和构成面的线。如果在一个面上单击 3 次以上，那么将选中与这个面相连的所有面、线和被隐藏的虚线（组和组件不包括在内），如图 2-2 所示。

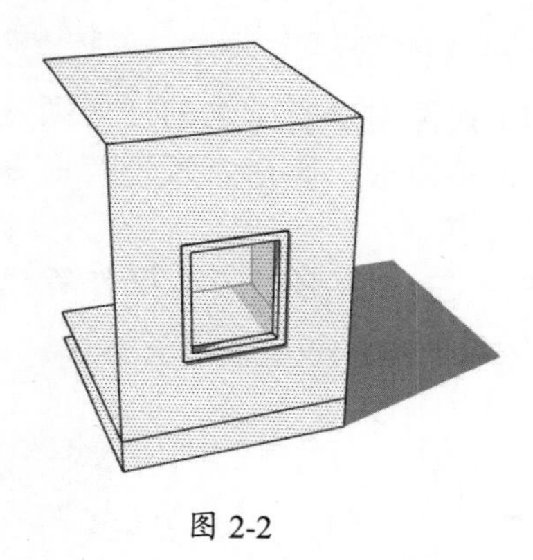

图 2-2

2. 窗选

窗选的方式为从左向右拖动鼠标，只有完全包含在矩形选框内的实体，才能被选中，选框是实线。例如用窗选方法选择如图 2-3 所示的模型。

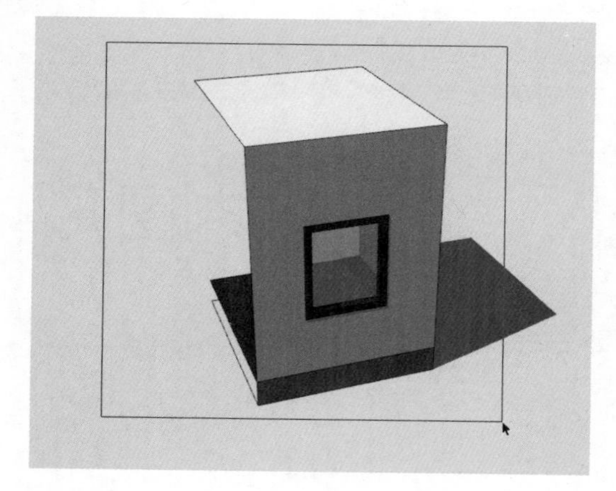

图 2-3

3. 框选

框选的方法为从右向左拖动鼠标，选框内和选框接触到的所有实体都会被选中，选框呈虚线显示。例如用框选方法选择如图 2-4 所示的模型。

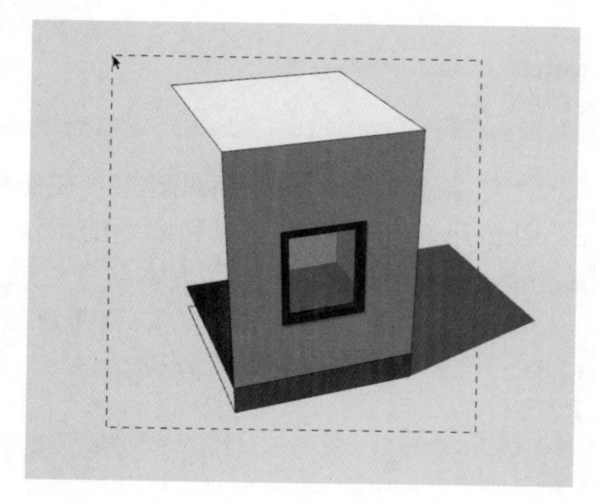

图 2-4

4. 鼠标右键关联选择

激活【选择】工具后，在某个物体元素上

用鼠标右键单击，将会弹出一个快捷菜单，执行【选择】命令可以进行扩展选择，如图 2-5 所示。

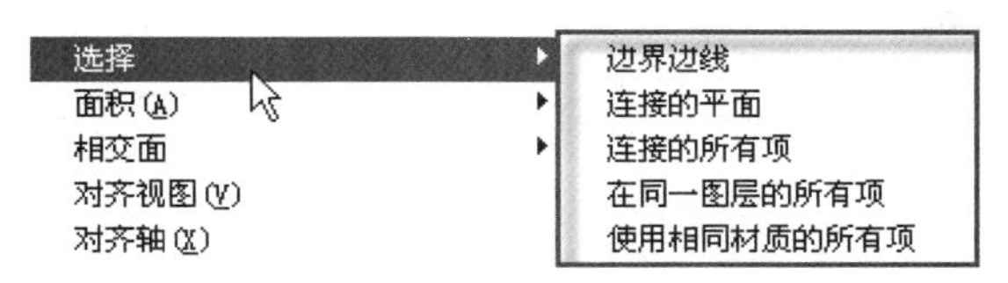

图 2-5

使用【选择】工具并配合键盘上相应的按键也可以进行不同的选择。

- 激活【选择】工具后，按住 Ctrl 键可以进行加选，此时鼠标的形状变为。
- 激活【选择】工具后，按住 Shift 键可以交替选择物体的加减，此时鼠标的形状变为。
- 激活【选择】工具后，同时按住 Ctrl 键和 Shift 键可以进行减选，此时鼠标的形状变为。

如果要选择模型中的所有可见物体，除了可以选择【编辑】|【全选】菜单命令外，还可以使用 Ctrl+A 组合键。

用鼠标右键单击可以指定材质的表面，如果要选择的面在组或组件内部，则需要双击鼠标左键进入组或组件内部进行选择。用鼠标右键单击，在弹出的快捷菜单中选择【选择】|【使用相同材质的所有项】命令，那么具有相同材质的面都将被选中，如图 2-6 所示。

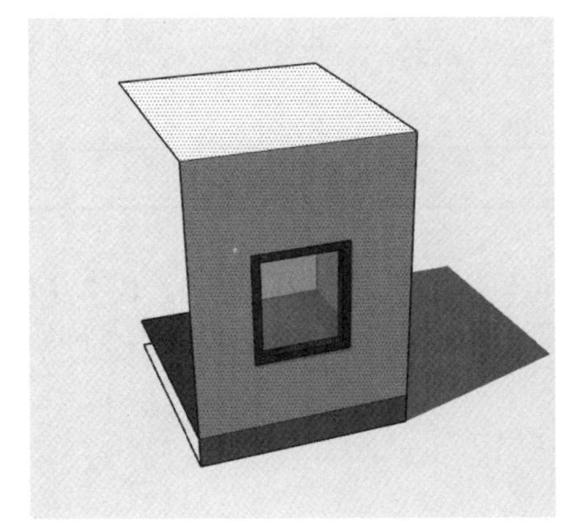

图 2-6

5. 取消选择

如果要取消当前的所有选择，可以在绘图窗口的任意空白区域单击，也可以选择【编辑】|【全部不选】菜单命令（见图 2-7），或者使用 Ctrl+T 组合键。

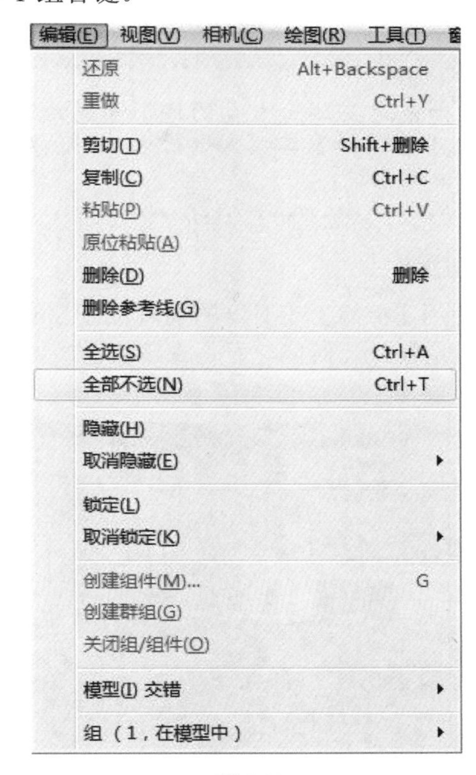

图 2-7

2.1.2 删除图形

下面介绍删除图形和隐藏边线的方法。

1. 删除

删除图形主要使用【擦除】工具，如图 2-8 所示。

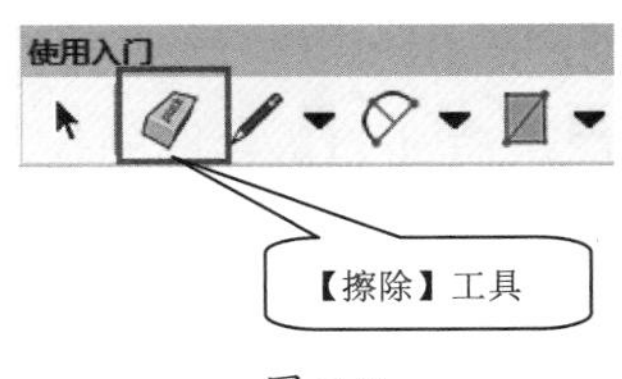

图 2-8

单击【擦除】工具后，再单击想要删除的几何体即可将其删除。如果按住鼠标左键不放，然后在需要删除的物体上拖曳，则被选中的物体会呈高亮显示，松开鼠标左键即可全部删除。如果偶然选中了不想删除的几何体，可以在删除之前按 Esc 键取消这次删除操作。当鼠标移动过快时，可能会漏掉一些线，这时只需重复拖曳操作即可。

> **提示**
> 如果是要删除大量的线，快捷的方法是先用【选择】工具进行选择，然后按 Delete 键删除。

2. 隐藏边线

使用【擦除】工具的同时按住 Shift 键，将不再是删除几何体，而是隐藏边线，如图 2-9 所示。

图 2-9

3. 柔化边线

使用【擦除】工具的同时按住 Ctrl 键，将不再是删除几何体，而是柔化边线，如图 2-10 所示。

图 2-10

4. 取消柔化效果

使用【擦除】工具的同时按住 Ctrl 键和 Shift 键就可以取消柔化效果，如图 2-11 所示。

图 2-11

2.2 绘制二维图形

二维绘图是 SketchUp 绘图的基本功能，复杂的图形都可以用简单的点、线构成。本节将介绍点、线、圆和圆弧等二维图形的绘制方法，用 SketchUp 也可以直接绘制矩形和正多边形，下面进行具体介绍。

2.2.1 二维绘图工具介绍

二维绘图工具可以在菜单栏中的【绘图】菜单中选择，或者在【大工具集】工具栏中进行选择，如图 2-12 所示。

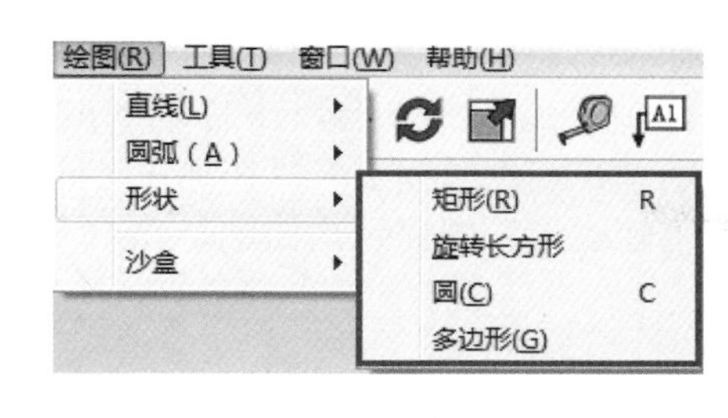

图 2-12

2.2.2 主要工具的使用方法

下面介绍主要的二维绘图工具的使用方法。

1. 矩形工具

执行【矩形】命令主要有以下几种方式。

- 在菜单栏中，选择【绘图】|【形状】|【矩形】命令。
- 通过键盘输入 R 键。
- 单击【大工具集】工具栏中的【矩形】按钮。

在绘制矩形时，如果出现了一条虚线，并且带有“正方形”提示，则说明绘制的是正方形；如果出现“黄金分割”的提示，则说明绘制的是带黄金分割的矩形，如图 2-13 所示。

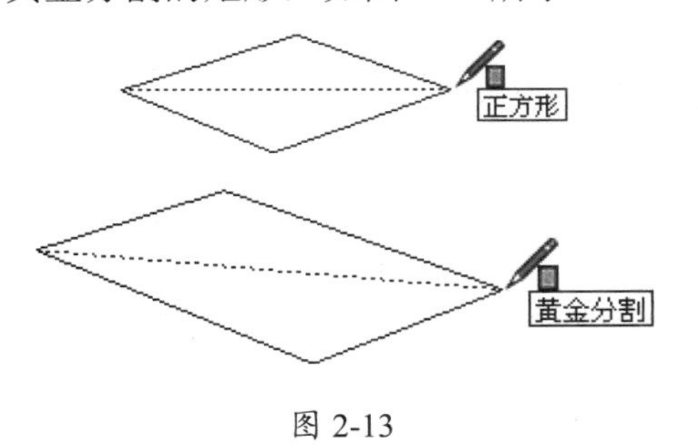

图 2-13

如果想要绘制的矩形不与默认的绘图坐标轴对齐，可以在绘制矩形前使用【工具】|【坐标轴】菜单命令重新放置坐标轴。

绘制矩形时，它的尺寸会在数值输入框中动态显示，用户可以在确定第一个角点或者刚绘制完矩形后，通过键盘输入精确的尺寸。除了输入数字外，用户还可以输入相应的单位。

> **提示**
> 没有输入单位时，SketchUp 会使用当前默认的单位。

2. 线条工具

执行线条命令主要有以下几种方式。

- 在菜单栏中，选择【绘图】|【直线】|【直线】命令。
- 通过键盘输入 L 键。
- 单击【大工具集】工具栏中的【直线】按钮。

绘制 3 条以上首尾相连的共面线段就可以创建一个面，在闭合一个表面时，可以看到“端点”提示。如果是在着色模式下，成功创建一个表面后，这个面就会显示出来，如图 2-14 所示。

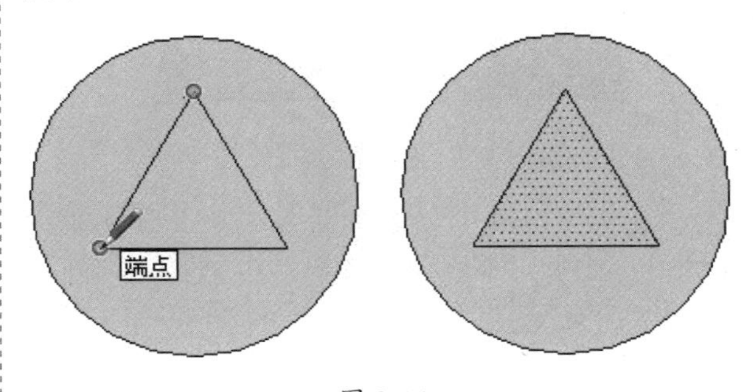

图 2-14

如果在一条线段上拾取一点作为起点绘制直线，那么这条新绘制的直线会自动将原来的线段从交点处断开，如图 2-15 所示。

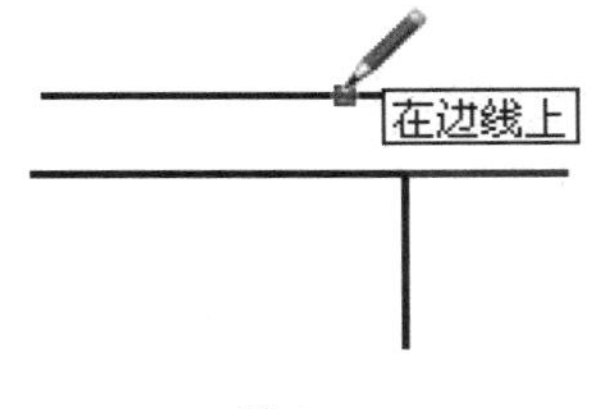

图 2-15

如果要分割一个表面，只需绘制一条端点位于表面周长上的线段即可，如图 2-16 所示。

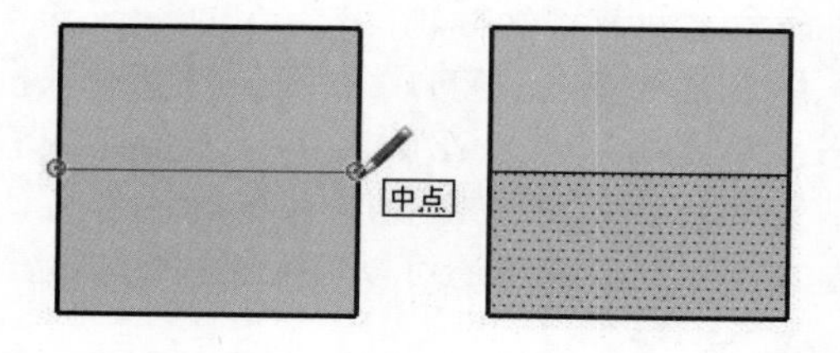

图 2-16

有的时候，交叉线不能按照用户的需要进行分割，例如分割线没有绘制在表面上。在打开轮廓线的情况下，所有不在表面周长上的线都会显示为较粗的线。如果出现这样的情况，可以使用【线】工具在该线上绘制一条新的线来进行分割。SketchUp 会重新分析几何体并整合这条线，如图 2-17 所示。

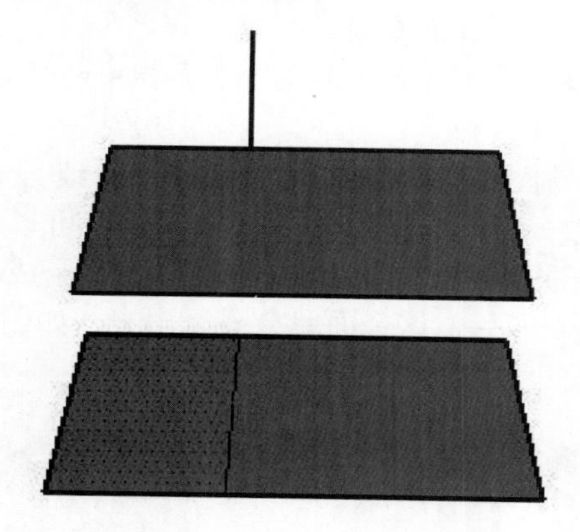

图 2-17

在 SketchUp 中绘制直线时，除了可以输入长度外，还可以输入线段终点的准确空间坐标。输入的坐标有两种，一种是绝对坐标，另一种是相对坐标。

- 绝对坐标：用中括号输入一组数字，表示以当前绘图坐标轴为基准的绝对坐标，格式为“[x/y/z]”。
- 相对坐标：用尖括号输入一组数字，表示相对于线段起点的坐标，格式为“<x/y/z>”。

利用 SketchUp 强大的几何体参考引擎，可以使用【线】工具直接在三维空间中绘制图形。在绘图窗口中显示的参考点和参考线，表达了要绘制的线段与模型中几何体的精确对齐关系，例如平行或垂直等；如果要绘制的线段平行于坐标轴，那么线段会以坐标轴的颜色亮显，并显示“在红色轴线上”“在绿色轴线上”或“在蓝色轴线上”的提示，如图 2-18 所示。

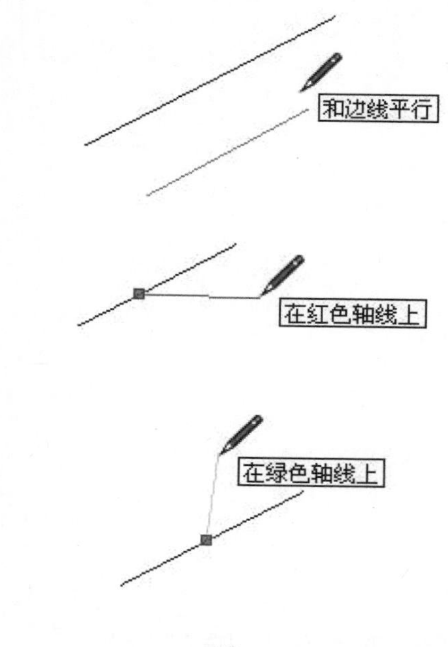

图 2-18

有的时候，SketchUp 不能捕捉到需要的对齐参考点，这是因为捕捉的参考点可能受到了别的几何体的干扰，这时可以按住 Shift 键来锁定需要的参考点。例如，将鼠标移动到一个表面上，当显示“在表面上”的提示后按住 Shift 键，此时线条会变粗，并锁定在这个表面所在的参考平面上，如图 2-19 所示。

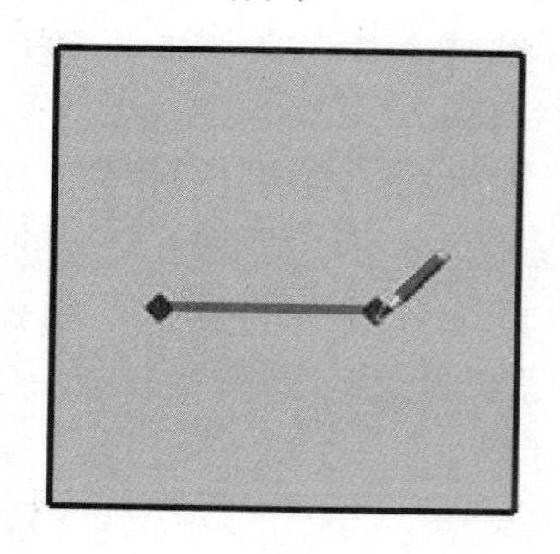

图 2-19

在已有面的延伸面上绘制直线的方法是将鼠标光标指向已有的参考面（注意不必单击），当出现“在表面上”的提示后，按住 Shift 键的同时移动鼠标到需要绘制的地方单击，然后松开 Shift 键绘制直线即可，如图 2-20 和图 2-21 所示。

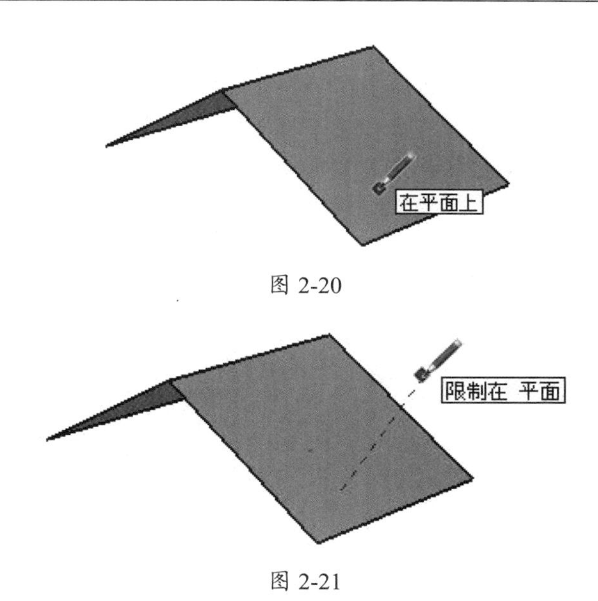

图 2-20

图 2-21

线段可以等分为若干段。先在线段上用鼠标右键单击，然后在弹出的快捷菜单中执行【拆分】命令，接着移动鼠标，系统将自动按照鼠标位置等分点（也可以直接输入需要拆分的段数），完成等分后，单击线段查看，可以看到线段被等分成几小段，如图 2-22 所示。

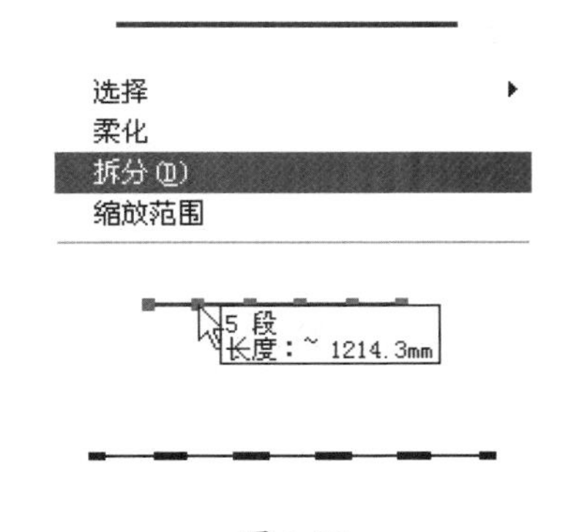

图 2-22

3. 圆工具

执行【圆】命令主要有以下几种方式。

- 在菜单栏中，选择【绘图】|【形状】|【圆】命令。
- 通过键盘输入 C 键。
- 单击【大工具集】工具栏中的【圆】按钮。

如果要将圆绘制在已经存在的表面上，可以将光标移动到该面上，SketchUp 会自动将圆和光标所指的面进行对齐，如图 2-23 所示。也可以在激活圆工具后，移动光标至某一表面，当出现“在表面上”的提示时，按住 Shift 键的同时移动光标到其他位置绘制圆，那么这个圆会被锁定在与光标开始所指的表面平行的面上，如图 2-24 所示。

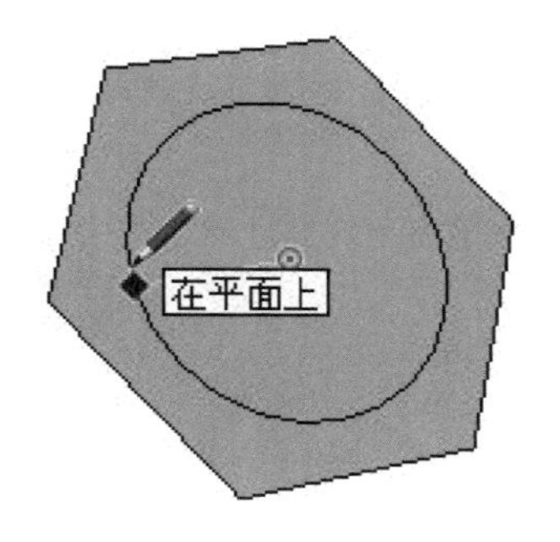

图 2-23

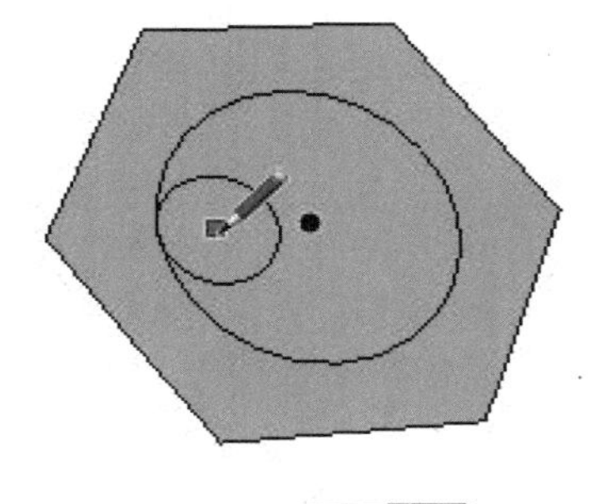

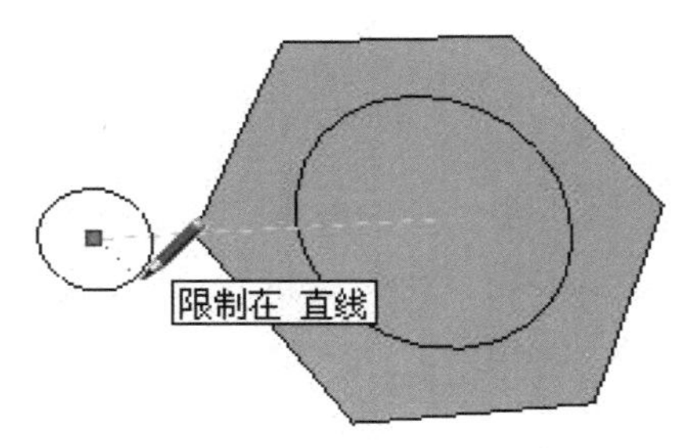

图 2-24

一般完成圆的绘制后便会自动封面，如果将面删除，就会得到圆形边线。若想要对单独的圆形边线进行封面，可以使用【直线】工具连接圆上的任意两个端点，如图 2-25 所示。

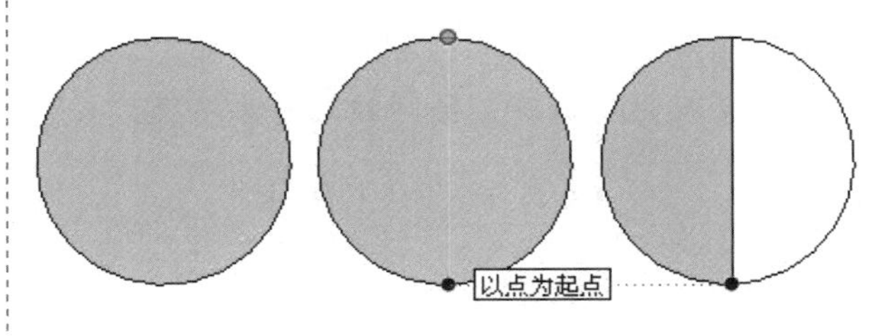

图 2-25

用鼠标右键单击圆，在弹出的快捷菜单中选择【模型信息】命令，打开【图元信息】对话框。在该对话框中可以修改圆的参数，其中【半径】表示圆的半径，【段】表示圆的边线段数，【长度】表示圆的周长，如图 2-26 所示。

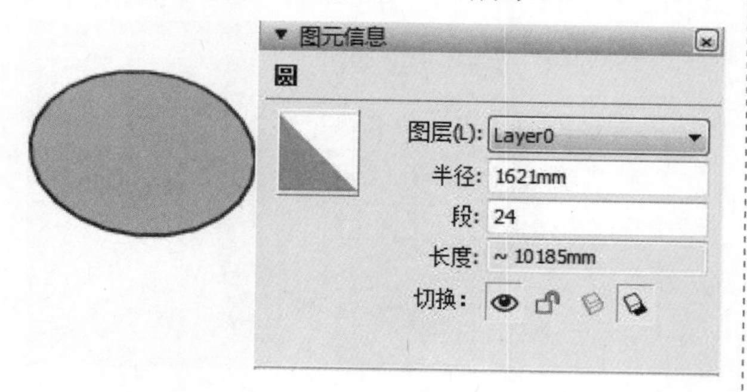

图 2-26

修改圆或圆弧半径的方法如下。

第一种：在圆的边上单击鼠标右键（注意是边而不是面），然后在弹出的快捷菜单中执行【图元信息】命令，接着调整【半径】参数即可。

第二种：使用【缩放】工具进行缩放（具体的操作方法在后面会进行详细的讲解）。

修改圆的边数的方法如下。

第一种：激活【圆】工具，在还没有确定圆心前，在数值控制框内输入边的数值（例如输入 5），然后再确定圆心和半径。

第二种：完成圆的绘制后，在开始下一个命令之前，在数值控制框内输入“边数 S”的数值（例如输入 10S）。

第三种：在【图元信息】对话框中修改【段】的数值，与上面修改半径的方法相似。

提示

使用【圆】工具绘制的圆，实际上是由直线段组合而成的。圆的段数较多时，外观看起来就比较平滑。但是，较多的片段数会使模型变得更大，从而降低系统性能。其实较小的片段数值结合柔化边线和平滑表面也可以得到圆润的几何体外观。

4. 圆弧工具

（1）执行【两点圆弧】命令主要有以下几种方式。

- 在菜单栏中，选择【绘图】|【圆弧】|【两点圆弧】命令。
- 通过键盘输入 A 键。
- 单击【大工具集】工具栏中的【两点圆弧】按钮。

绘制两点圆弧，调整圆弧的凸出距离时，圆弧会临时捕捉到半圆的参考点，如图 2-27 所示。

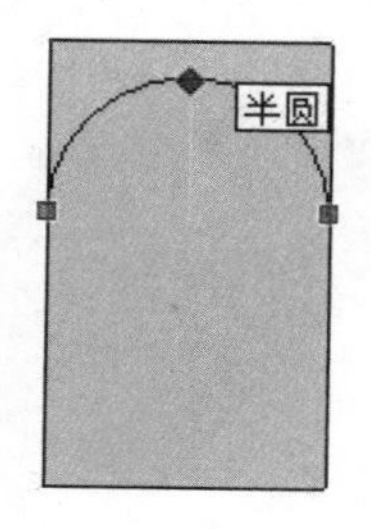

图 2-27

在绘制圆弧时，数值控制框首先显示的是圆弧的弦长，然后是圆弧的凸出距离，用户可以输入数值来指定弦长和凸距。圆弧的半径和段数的输入需要专门的格式。

- 指定弦长：单击确定圆弧的起点后，就可以输入一个数值来确定圆弧的弦长。数值控制框显示为【长度】，输入目标长度。也可以输入负值，表示要绘制的圆弧在当前方向的反向位置，例如（-1，0）。
- 指定凸出距离：输入弦长以后，数值控制框将显示【距离】，输入要凸出的距离，负值的凸距表示圆弧往反向凸出。如果要指定圆弧的半径，可以在输入的数值后面加上字母 r（例如 2r），然后确认（可以在绘制圆弧的过程中或完成绘制后输入）。
- 指定段数：要指定圆弧的段数，可以输入一个数字，然后在数字后面加上字母 s（例如 8s），接着单击确认。段数可以在绘制圆弧的过程中或完成绘制后输入。

使用【圆弧】工具可以绘制连续圆弧线，如果弧线以青色显示，则表示与原弧线相切，出现的提示为“在顶点处相切”，如图 2-28 所示。绘制好这样的异形弧线后，可以进行推拉，形成特殊形体，如图 2-29 所示。

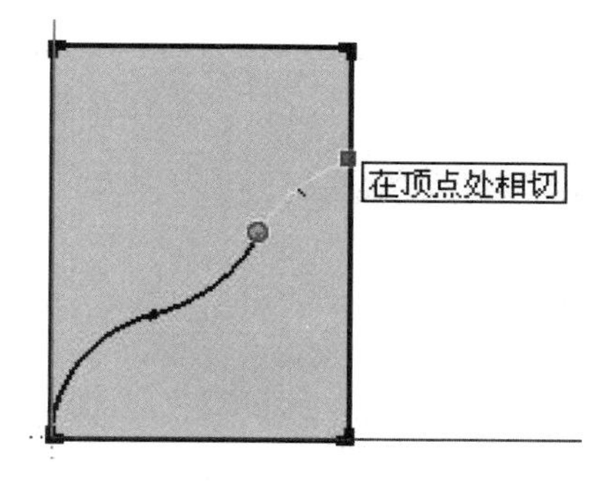

图 2-28

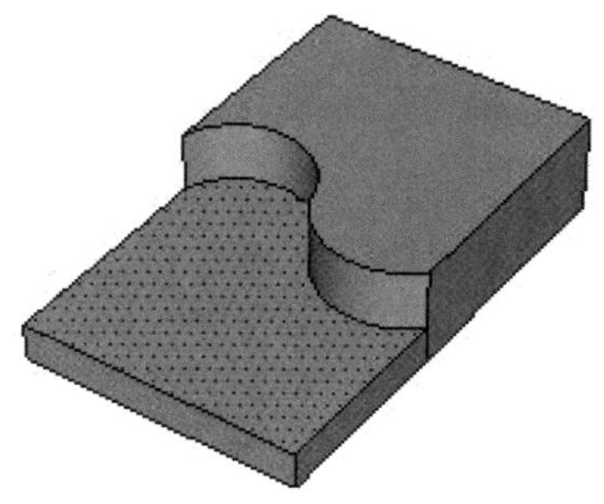

图 2-29

用户可以利用【推/拉】工具推拉带有圆弧边线的表面，推拉的表面成为圆弧曲面系统。虽然曲面系统可以像真的曲面那样显示和操作，但实际上是一系列平面的集合。

（2）执行【圆弧】命令主要有以下两种方式。

- 在菜单栏中，选择【绘图】|【圆弧】|【圆弧】命令。
- 单击【大工具集】工具栏中的【圆弧】按钮。

绘制圆弧时，先确定圆心位置与半径距离，然后绘制圆弧角度，如图 2-30 所示。

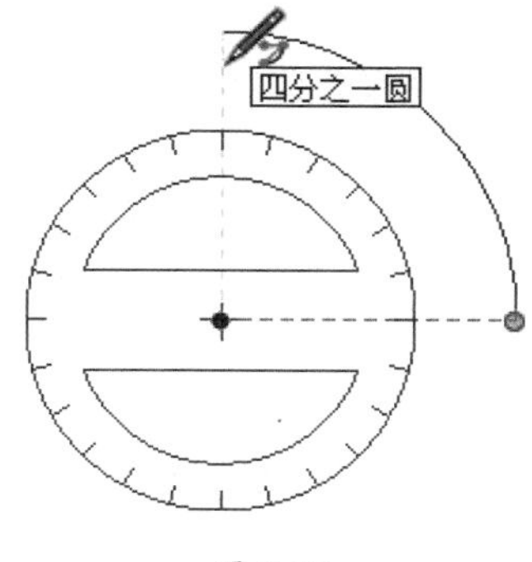

图 2-30

（3）执行【扇形】命令主要有以下两种方式。

- 在菜单栏中，选择【绘图】|【圆弧】|【扇形】命令。
- 单击【大工具集】工具栏中的【扇形】按钮。

绘制扇形时，先确定圆心位置与半径距离，然后绘制圆弧角度，确定圆弧角度之后所绘制的是封闭的圆弧面，如图 2-31 所示。

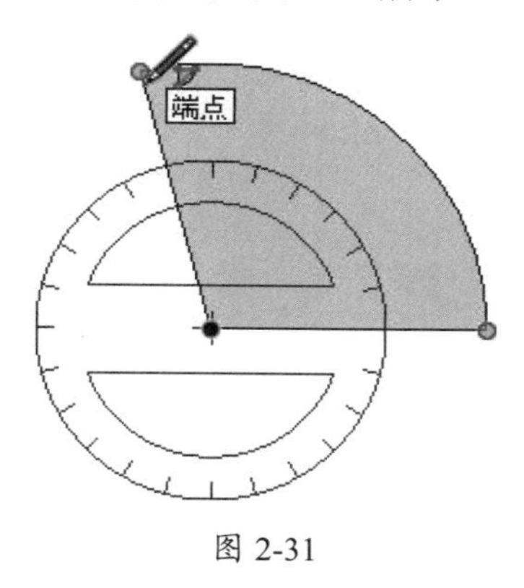

图 2-31

提示

绘制弧线（尤其是连续弧线）的时候常常会找不准方向，此时可以通过设置辅助面，然后在辅助面上绘制弧线来解决。

5. 多边形工具

执行【多边形】命令主要有以下两种方式。

- 在菜单栏中，选择【绘图】|【形状】|【多边形】命令。
- 单击【大工具集】工具栏中的【多边形】按钮。

使用【多边形】工具，在输入框中输入 6，然后单击鼠标左键确定圆心的位置，移动鼠标调整圆的半径，也可以直接输入一个半径，再次单击鼠标左键确定完成绘制，如图 2-32 所示。

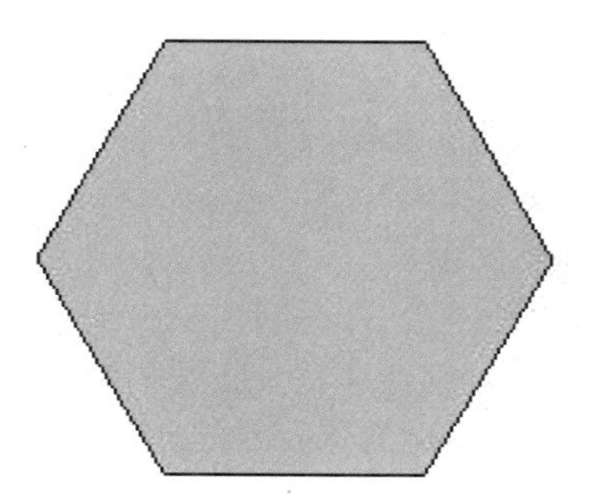

图 2-32

6. 手绘线工具

执行【手绘线】命令主要有以下两种方式。

- 在菜单栏中，选择【绘图】|【直线】|【手绘线】命令。
- 单击【大工具集】工具栏中的【手绘线】按钮。

曲线可放置在现有的平面上，或与现有的几何图形相独立（与轴平面对齐）。选择手绘线工具，当光标变为一支带曲线的铅笔时，单击放置曲线的起点，然后拖动光标即可开始绘图，如图 2-33 所示。

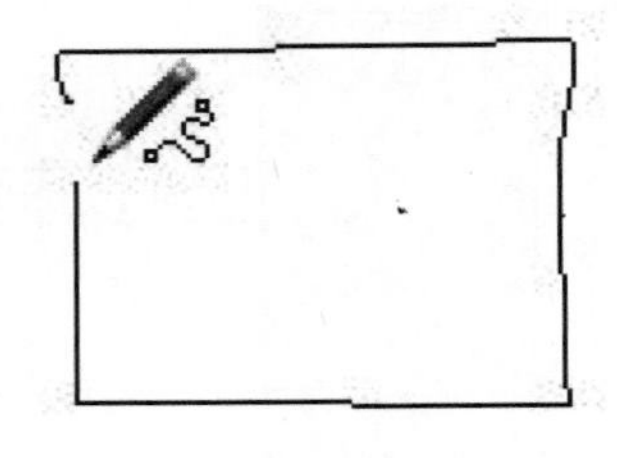

图 2-33

松开鼠标按键停止绘图。如果将曲线终点设在绘制起点处即可绘制闭合形状，如图 2-34 所示。

图 2-34

2.3 绘制三维图形

SketchUp 的三维绘图功能，是通过推拉、缩放等基本命令生成三维体块，并可以通过偏移复制来编辑三维体块，从而形成三维的图形模型。下面来详细介绍各功能命令。

2.3.1 三维图形工具介绍

要使用三维图形工具，可以在菜单栏中选择【绘图】菜单中的命令，或者在【大工具集】工具栏中进行选择，如图 2-35 所示。

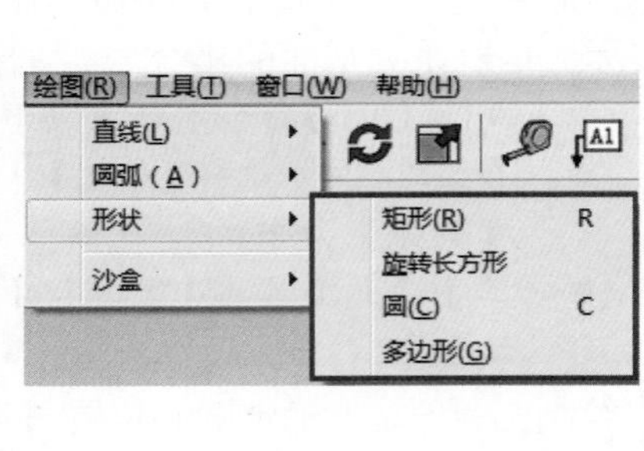

图 2-35

2.3.2 主要工具的使用方法

1. 推/拉工具

执行【推/拉】命令主要有以下几种方式。

- 在菜单栏中，选择【工具】|【推/拉】命令。
- 通过键盘输入 P 键。
- 单击【大工具集】工具栏中的【推/拉】按钮。

根据推拉对象的不同，SketchUp 会进行相应的几何变换，包括移动、挤压和挖空。【推/拉】工具可以完全配合 SketchUp 的捕捉参考来使用。使用【推/拉】工具推拉平面时，推拉的距离会在数值控制框中显示。用户可以在推拉的过程中或完成推拉后输入精确的数值进行修改，在进行其他操作之前可以一直更新数值。如果输入的是负值，则表示往当前的反方向推拉。

【推/拉】工具的挤压功能可以用来创建新的几何体，如图2-36所示。用户可以使用【推/拉】工具对几乎所有的表面进行挤压（不能挤压曲面）。

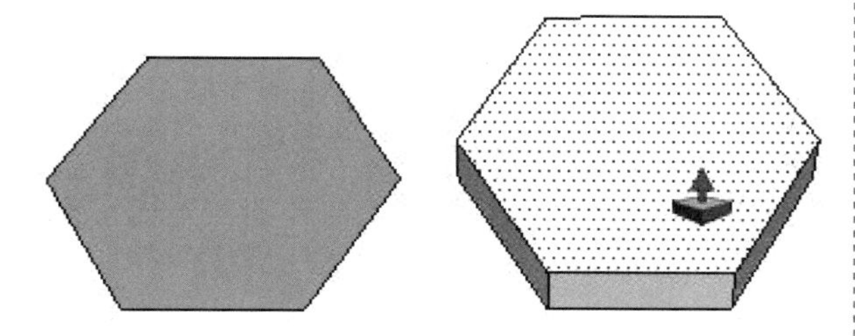

图 2-36

【推/拉】工具还可以用来创建内部凹陷或挖空的模型，如图2-37所示。

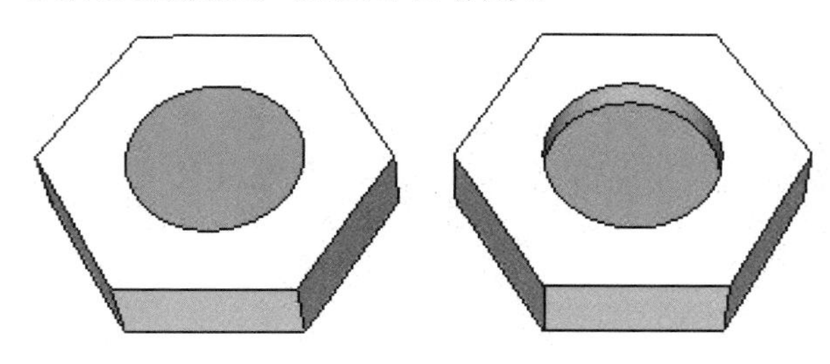

图 2-37

使用【推/拉】工具并配合键盘上的按键可以进行一些特殊的操作。配合Alt键可以强制表面在垂直方向上推拉，否则会挤压出多余的模型，如图2-38所示。

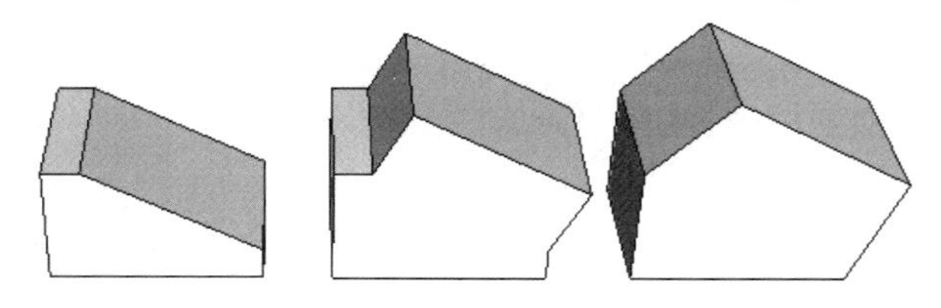

图 2-38

配合Ctrl键可以在推拉的时候生成一个新的面（按下Ctrl键后，鼠标指针的右上角会多出一个“+”号），如图2-39所示。

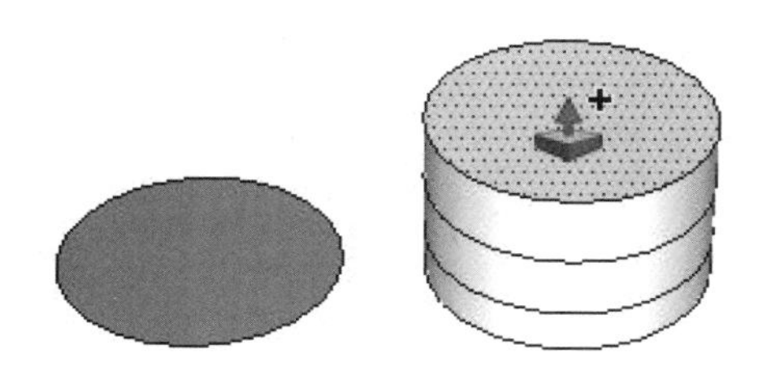

图 2-39

SketchUp不像3ds Max一样有多重合并，然后进行拉伸的命令。但有一个变通的方法，就是在拉伸第一个平面后，在其他平面上进行双击就可以拉伸同样的高度，如图2-40～图2-42所示。

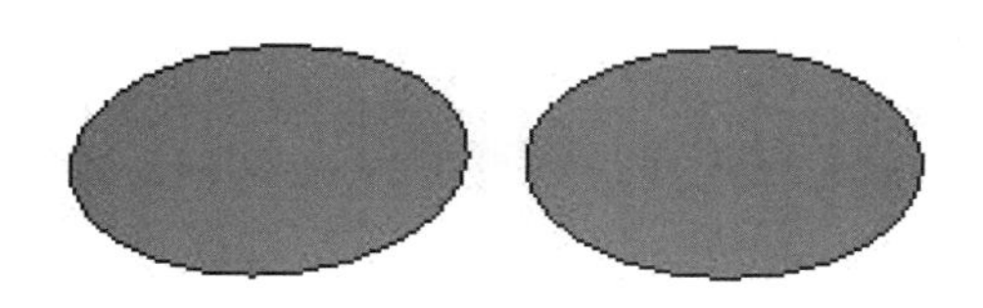

图 2-40

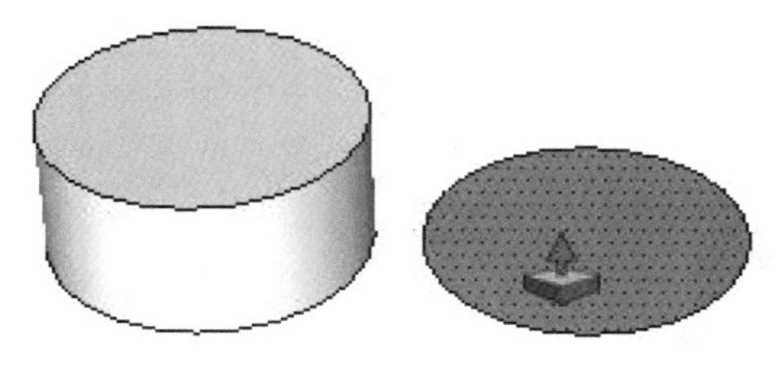

图 2-41

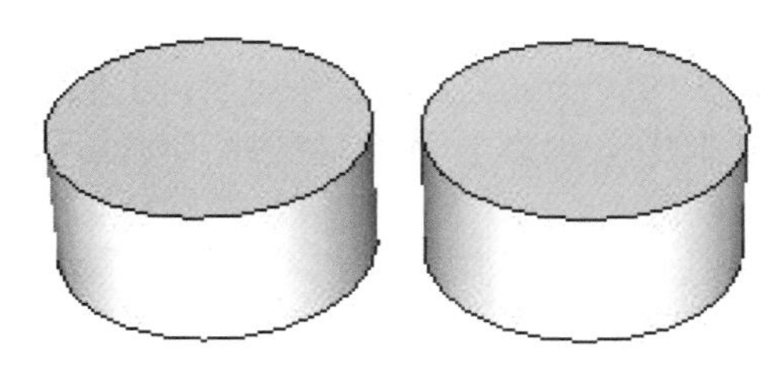

图 2-42

也可以同时选中所有需要拉伸的面，然后使用推/拉工具进行拉伸，如图2-43和图2-44示。

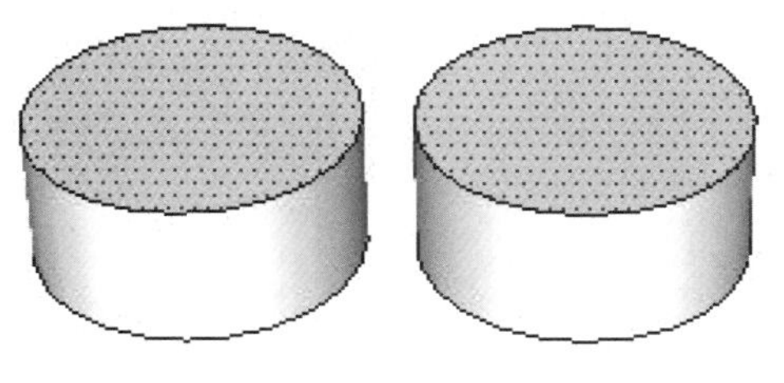

图 2-43

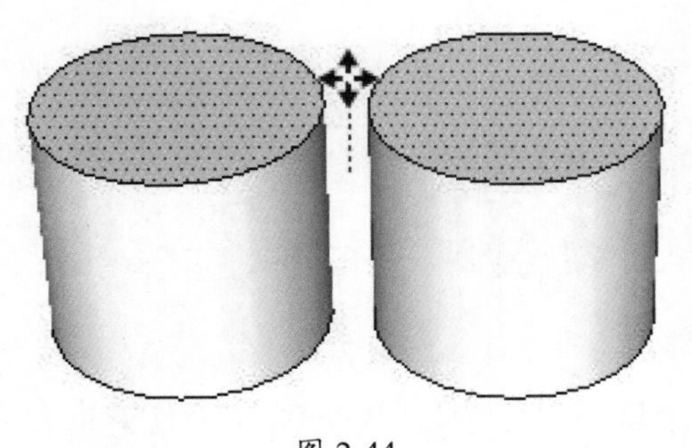

图 2-44

提示

【推/拉】工具只能作用于表面，因此不能在【线框显示】模式下工作。按住 Alt 键的同时进行推拉可以使物体变形，也可以避免挤出不需要的模型。

2. 物体的移动/复制

执行【移动】命令主要有以下两种方式。

- 在菜单栏中，选择【工具】|【移动】命令。
- 通过键盘输入 M 键。

单击【大工具集】工具栏中的【移动】按钮。

使用【移动】工具移动物体的方法非常简单，只需选择需要移动的元素或物体，然后激活【移动】工具，接着移动鼠标即可。在移动物体时，会出现一条参考线；另外，在数值控制框中会动态显示移动的距离（也可以输入移动数值或者三维坐标值进行精确移动）。

在进行移动操作之前或移动的过程中，可以按住 Shift 键来锁定参考。这样可以避免参考捕捉受到别的几何体干扰。

在移动对象的同时按住 Ctrl 键可以复制选择的对象（按住 Ctrl 键后，鼠标指针右上角会多出一个“+”号）。

完成一个对象的复制后，如果在数值控制框中输入“2/”，会在两个图形的中间位置再复制 1 份；如果输入“2*”或“2×”，将会以复制的间距再阵列出 1 份，如图 2-45 所示。

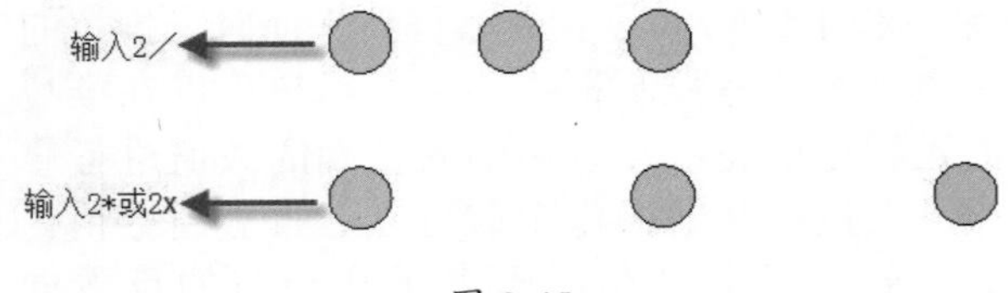

图 2-45

当移动几何体上的一个元素时，SketchUp 会按需要对几何体进行拉伸。用户可以用这个方法移动点、边线和表面，如图 2-46 所示。也可以通过移动线段来拉伸一个物体。

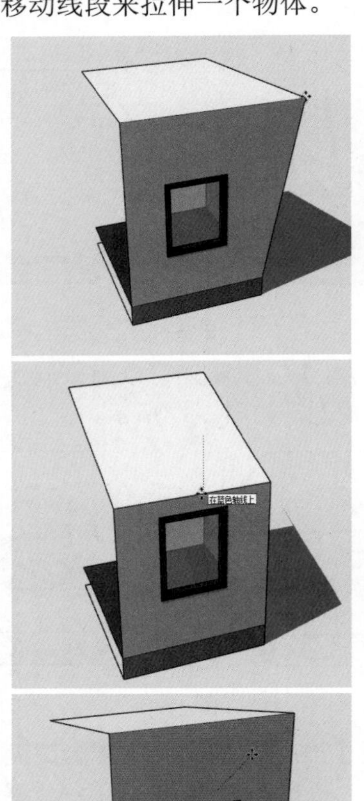

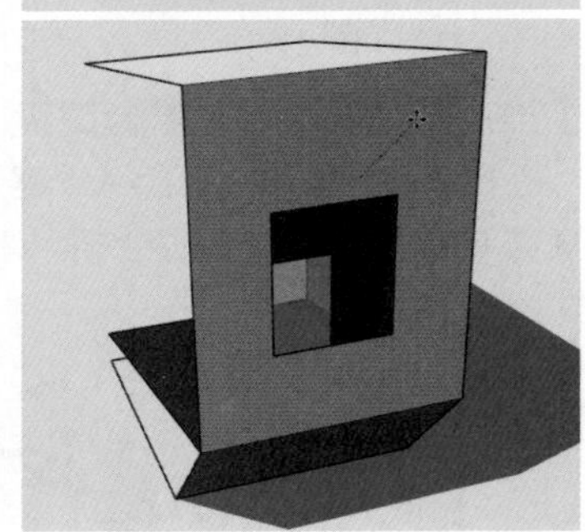

图 2-46

使用【移动】工具的同时按住 Alt 键可以强制拉伸线或面，生成不规则几何体，也就是说 SketchUp 会自动折叠这些表面，如图 2-47 所示。

图 2-47

在 SketchUp 中可以编辑的点只存在于线段和弧线两端，以及弧线的中点。可以使用【移动】工具进行编辑，在激活此工具前不要选中任何对象，直接捕捉即可，如图 2-48 所示。

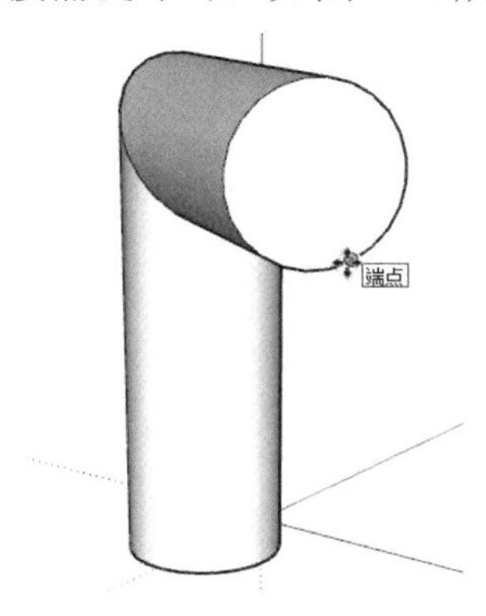

图 2-48

3. 物体的旋转

执行【旋转】命令主要有以下几种方式。

- 在菜单栏中，选择【工具】|【旋转】命令。
- 通过键盘输入 Q 键。
- 单击【大工具集】工具栏中的【旋转】按钮。

打开图形文件，利用 SketchUp 的参考提示可以精确定位旋转中心。如果开启【启用角度捕捉】功能，将会根据设置好的角度进行旋转，如图 2-49 所示。

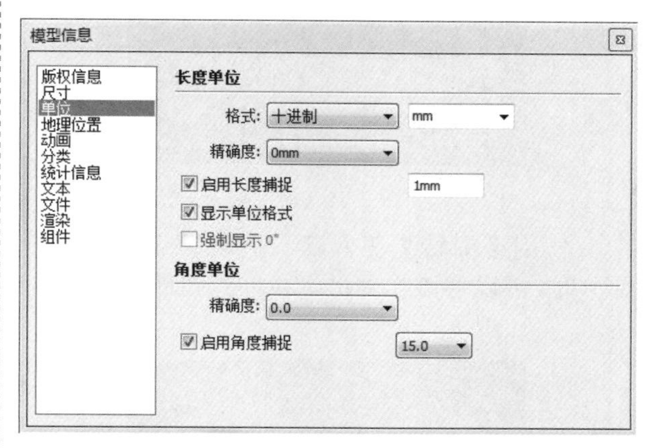

图 2-49

使用【旋转】工具并配合 Ctrl 键可以在旋转的同时复制物体。例如在完成一个圆柱体的旋转复制后，如果输入“6*”或者“6×”就可以按照上一次的旋转角度将圆柱体复制 6 个，共存在 7 个圆柱体，如图 2-50 所示；假如在完成圆柱体的旋转复制后，输入“2/”，那么就可以在旋转的角度内再复制 2 份，共存在 3 个圆柱体，如图 2-51 所示。

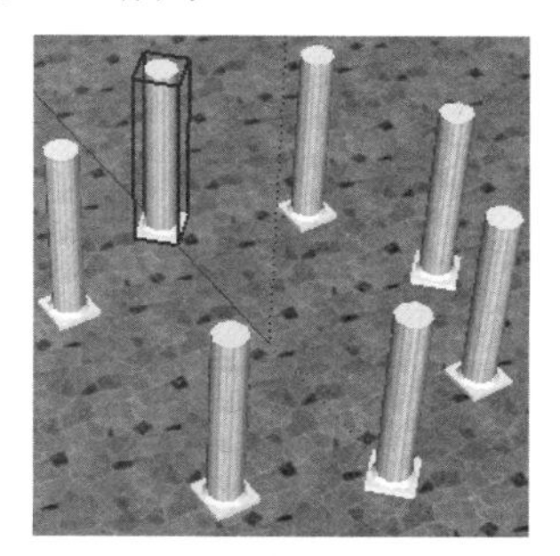

图 2-50

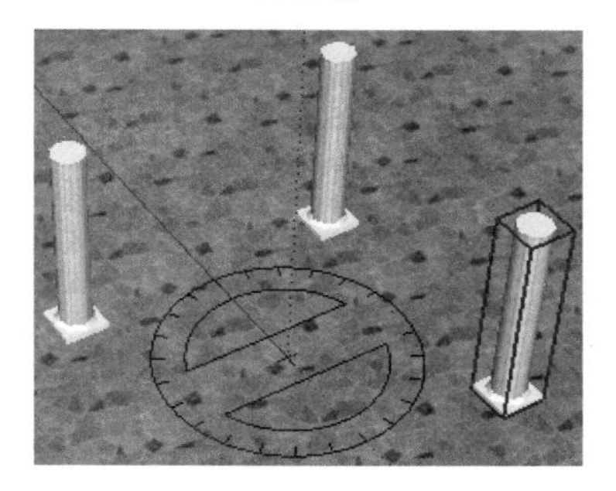

图 2-51

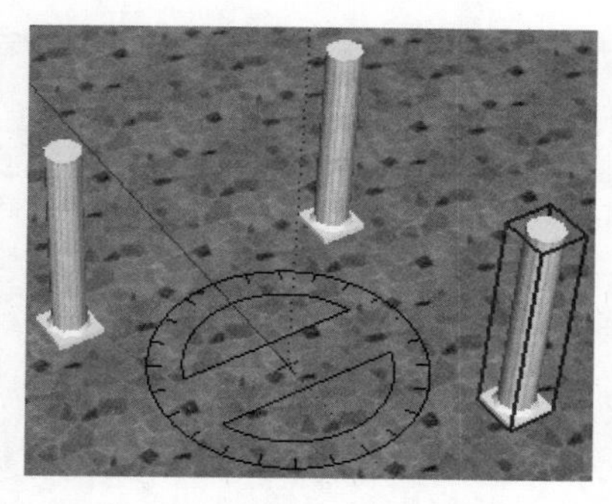

图 2-51（续）

使用【旋转】工具只旋转某个物体的一部分时，可以将该物体进行拉伸或扭曲，如图 2-52 所示。

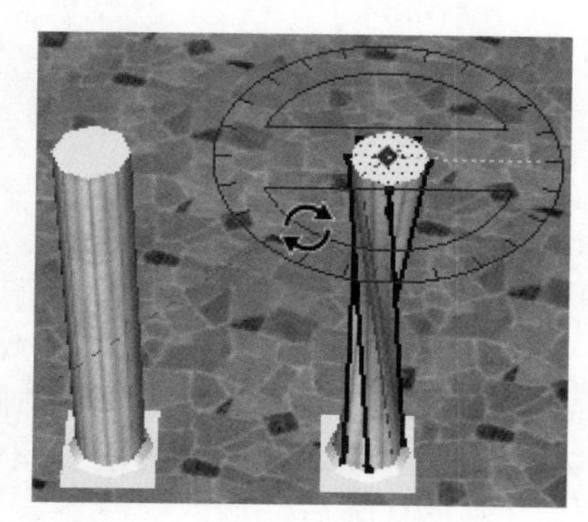

图 2-52

当物体对象是组或者组件时，如果激活【移动】工具（激活前不要选择任何对象），并将鼠标光标指向组或组件的一个面，那么该面上会出现 4 个红色的标记点，移动鼠标光标至一个标记点上，会出现红色的旋转符号，此时就可在这个平面上让物体沿自身轴旋转，并且可以通过数值控制框输入需要旋转的角度值，而不需要使用旋转工具，如图 2-53 所示。

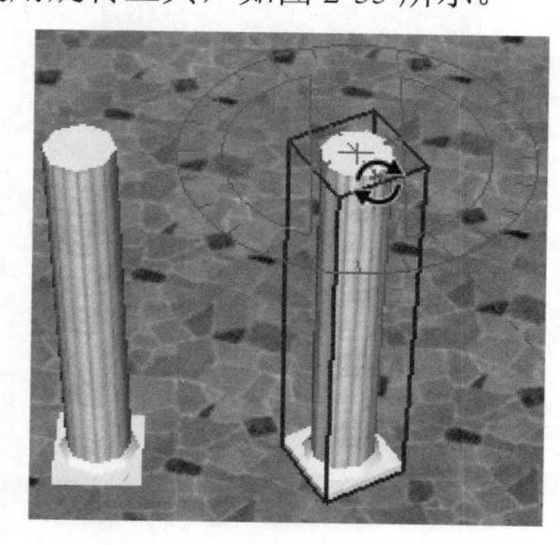

图 2-53

TIPS 提示

如果旋转会导致一个表面被扭曲或变成非平面时，将激活 SketchUp 的自动折叠功能。

4. 图形的路径跟随

执行【路径跟随】命令主要有以下两种方式。

- 在菜单栏中，选择【工具】|【路径跟随】命令。
- 单击【大工具集】工具栏中的【路径跟随】按钮。

SketchUp 中的【路径跟随】工具类似于 3ds Max 中的放样命令，可以将截面沿已知路径放样，从而创建复杂几何体。

TIPS 提示

为了使【路径跟随】工具从正确的位置开始放样，在放样开始时，必须单击邻近剖面的路径。否则，【路径跟随】工具会在边线上挤压，而不是从剖面到边线。

5. 物体的缩放

执行【缩放】命令主要有以下几种方式。

- 在菜单栏中，选择【工具】|【缩放】命令。
- 通过键盘输入 S 键。
- 单击【大工具集】工具栏中的【缩放】按钮。

使用【缩放】工具可以缩放或拉伸选中的物体，方法是在激活【缩放】工具后，通过移动缩放夹点来调整所选几何体的大小。不同的夹点支持不同的操作。

在拉伸的时候，数值控制框会显示缩放比例，用户也可以在完成缩放后输入一个数值，数值的输入方式有以下 3 种。

（1）输入缩放比例。

直接输入不带单位的数字。例如，输入“2.5”，表示缩放 2.5 倍；输入“-2.5”，表示往夹点操作方向的反方向缩放 2.5 倍。缩放比例不能为 0。

（2）输入尺寸长度。

输入一个数值并指定单位，例如，输入 2m 表示缩放到 2 米。

（3）输入多重缩放比例。

一维缩放需要一个数值；二维缩放需要两个数值，用逗号隔开；等比例的三维缩放也只需要一个数值，但非等比的三维缩放却需要 3 个数值，分别用逗号隔开。

上面说过不同的夹点支持不同的操作，这是因为有些夹点用于等比缩放，有些则用于非等比缩放（即一个或多个维度上的尺寸以不同的比例缩放，非等比缩放也可以看作是拉伸）。

如图 2-54 所示，显示了所有可能用到的夹点，有些隐藏在几何体后面的夹点在光标经过时就会显示出来，而且也是可以操作的。

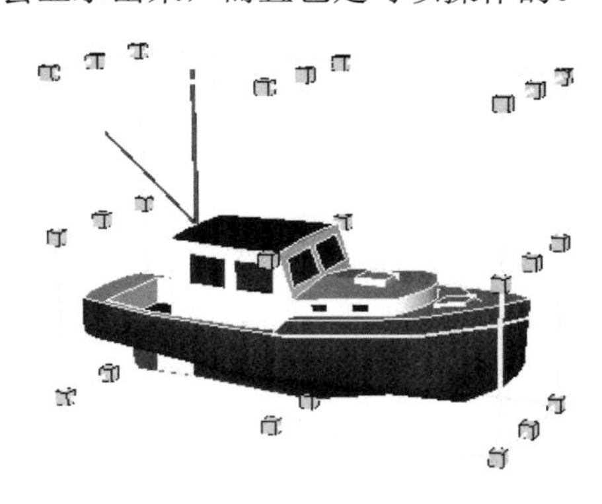

图 2-54

6. 图形的偏移复制

执行【偏移】命令主要有以下几种方式。

- 在菜单栏中，选择【工具】|【偏移】命令。
- 通过键盘输入 F 键。
- 单击【大工具集】工具栏中的【偏移】按钮。

线的偏移方法和面的偏移方法大致相同，唯一需要注意的是，选择线的时候必须选择两条以上相连的线，而且所有的线必须处于同一平面上。如图 2-55 所示的台阶属于偏移。

图 2-55

对于选定的线，通常使用【移动】工具（快捷键为 M）并配合 Ctrl 键进行复制，复制时可以直接输入复制距离。而对于两条以上连续的线段或者单个面，可以使用【偏移】工具（快捷键为 F）进行复制。

提示

使用【偏移】工具一次只能偏移一个面或者一组共面的线。

2.4 模型操作

绘制完成三维图形的模型后，通常要对模型进行修饰或修改操作。本节主要讲解模型交错、实体工具和照片匹配等的模型操作方法。

2.4.1 模型交错

SketchUp 中的【模型交错】命令相当于 3ds Max 中的布尔运算功能。布尔是英国的数学家，在 1847 年发明了处理二值之间关系的逻辑数学计算法，包括联合、相交、相减。后来在计算机图形处理操作中引用了这种逻辑运算方法，以使简单的基本图形组合产生新的形体，并由二维布尔运算发展到三维图形的布尔运算。

执行【模型交错】命令的方式为：在菜单栏中，选择【编辑】|【交错平面】命令，如图 2-56 所示。

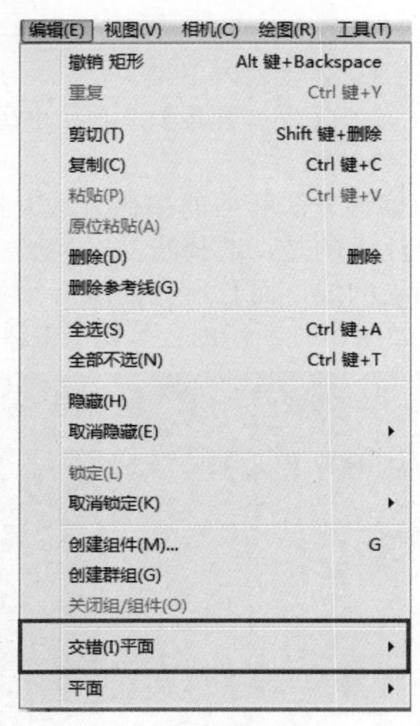

图 2-56

2.4.2 实体工具

执行【实体工具】命令的方式为：在菜单栏中，选择【视图】|【工具栏】|【实体工具】命令；或者在菜单栏中，选择【工具】|【实体工具】命令，这样就打开了实体工具栏，如图 2-57 所示。下面介绍其中主要的工具。

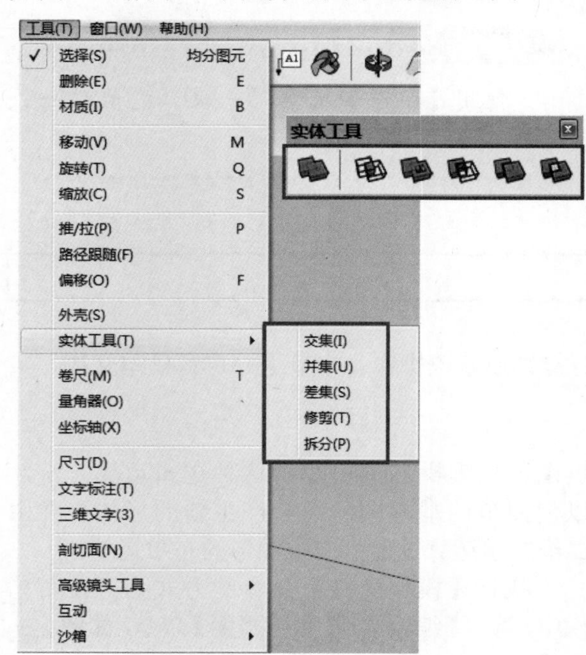

图 2-57

1. 实体外壳

【实体外壳】工具用于对指定的几何体加壳，使其变成一个群组或者组件。下面举例进行说明。

（1）激活【实体外壳】工具，然后在绘图区域移动鼠标，此时鼠标指针显示为，提示用户选择第一个组或组件，单击选择圆柱体组件，如图 2-58 所示。

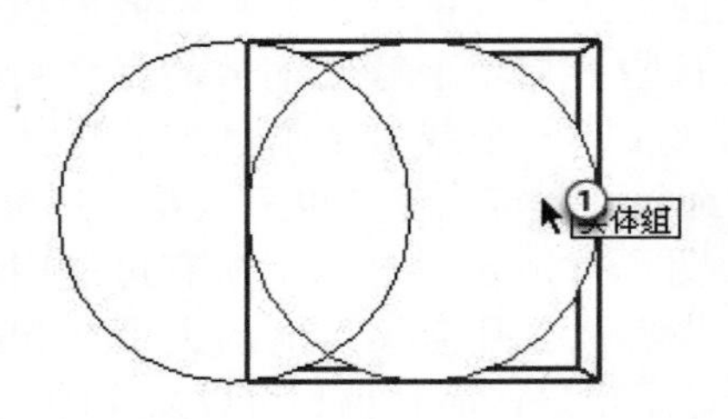

图 2-58

（2）选择一个组件后，鼠标指针显示为，提示用户选择第二个组或组件，单击选中立方体组件，如图 2-59 所示。

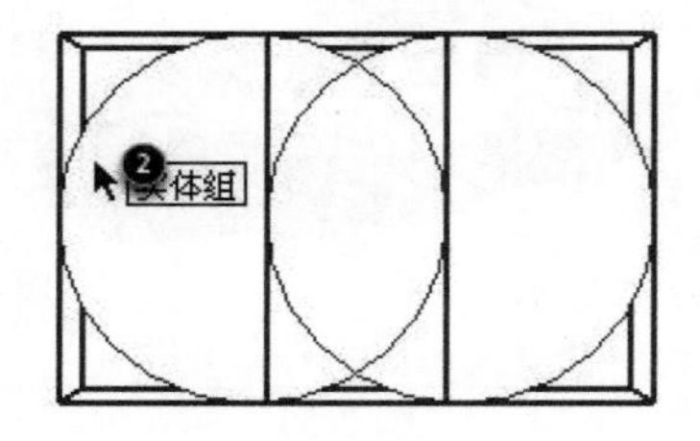

图 2-59

（3）完成选择后，组件会自动合并为一体，相交的边线都被自动删除，且自成一个组件，如图 2-60 所示。

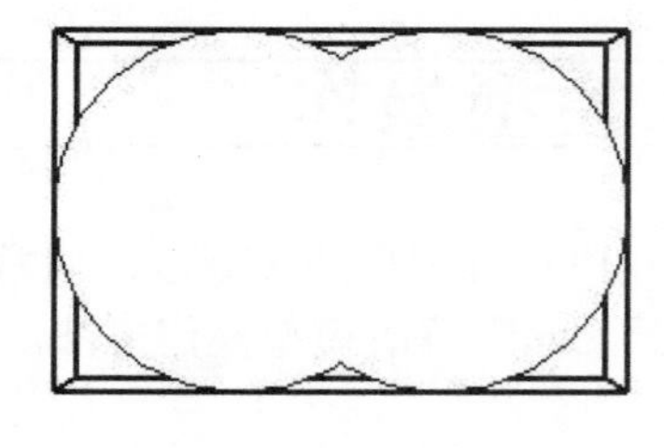

图 2-60

2. 相交

【相交】工具用于保留相交的部分，删除不相交的部分。该工具的使用方法与【实体外壳】工具相似，激活【相交】工具后，鼠标会提示选择第一个物体和第二个物体，完成选择后将保留两者相交的部分，如图 2-61 所示。

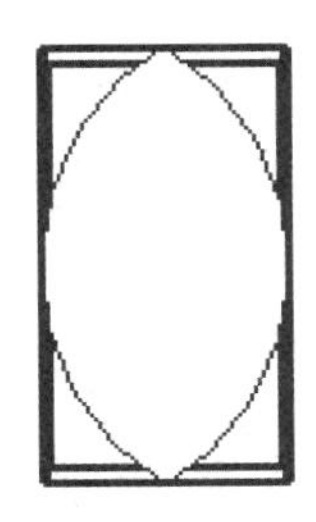

图 2-61

3. 联合

【联合】工具用来将两个物体合并，相交的部分将被删除，运算完成后两个物体将成为一个物体。这个工具在效果上与【实体外壳】工具相同，如图 2-62 所示。

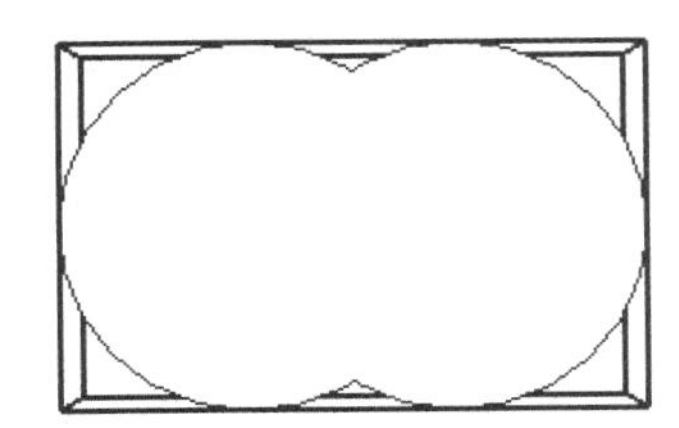

图 2-62

4. 减去

使用【减去】工具的时候同样需要选择第一个物体和第二个物体，完成选择后将删除第一个物体，并在第二个物体中减去与第一个物体重合的部分，只保留第二个物体剩余的部分。

激活【减去】工具后，如果先选择左边圆柱体，再选择右边圆柱体，那么保留的就是圆柱体不相交的部分，如图 2-63 所示。

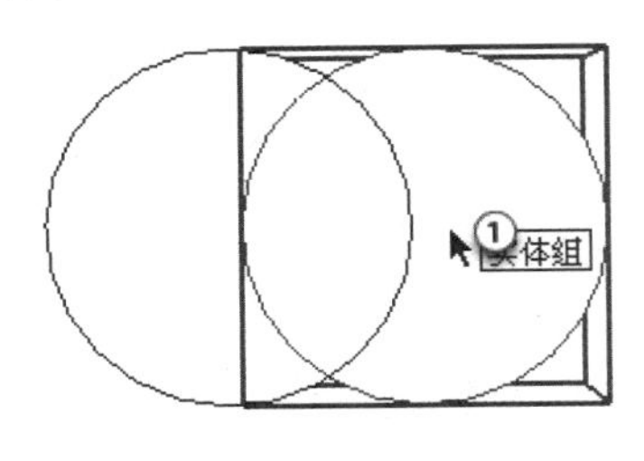

图 2-63

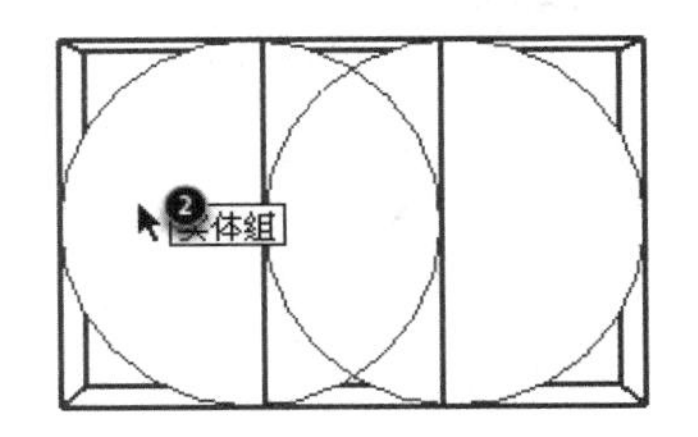

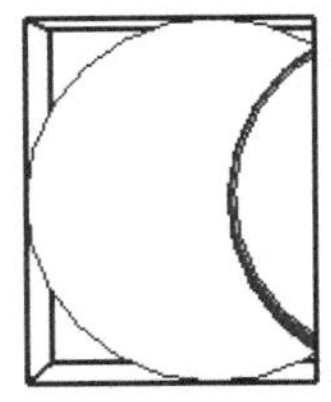

图 2-63（续）

5. 剪辑

激活【剪辑】工具，并选择第一个物体和第二个物体后，将在第二个物体中修剪与第一个物体重合的部分，第一个物体保持不变。

激活【剪辑】工具后，如果先选择左边圆柱体，再选择右边圆柱体，那么修剪之后左边圆柱体将保持不变，右边圆柱体被挖除一部分，如图 2-64 所示。

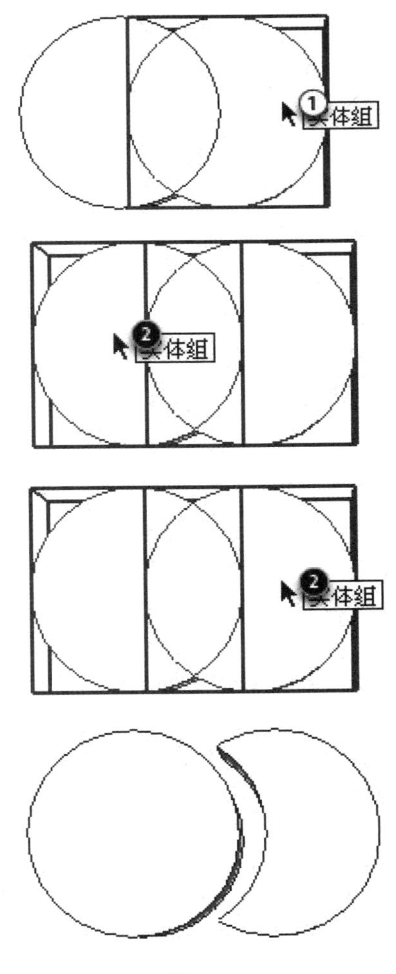

图 2-64

6. 拆分

使用【拆分】工具可以将两个物体相交的部分分离成单独的新物体，原来的两个物体被修剪掉相交的部分，只保留不相交的部分。如图 2-65 所示。

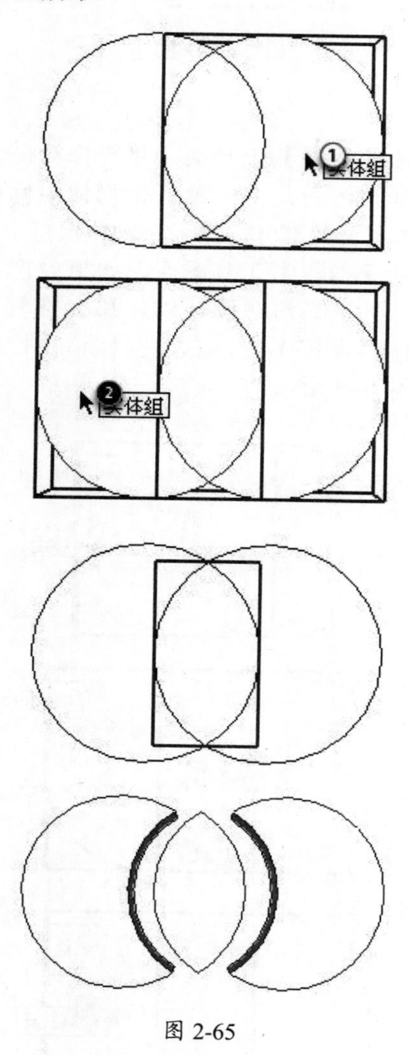

图 2-65

2.4.3 照片匹配

SketchUp 的【照片匹配】功能可以根据实景照片计算出相机的位置和视角，然后在模型中创建与照片相似的环境。

关于照片匹配的命令有两个，分别是【匹配新照片】命令和【编辑匹配照片】命令，这两个命令可以在【相机】菜单中找到，如图 2-66 所示。

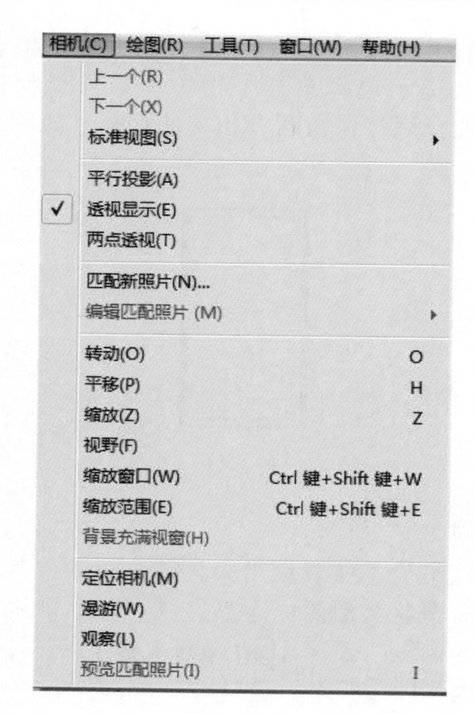

图 2-66

当视图中不存在照片匹配时，【编辑匹配照片】命令将显示为灰色状态，这时不能使用该命令。当一个照片匹配后，【编辑匹配照片】命令才能被激活。用户在新建照片匹配时，将弹出【照片匹配】对话框，如图 2-67 所示。

- 【从照片投影纹理】按钮：单击该按钮，将会把照片作为贴图覆盖模型的表面材质。
- 【栅格】选项组：该选项组中包含 3 种网格，分别为【样式】、【平面】和【间距】。

图 2-67

2.5 设计范例

2.5.1 绘制二维图形范例

本范例完成文件：ywj\02\2-1.skp

案例分析

SketchUp 软件在设计师行业应用得越来越广泛，虽然该软件看起来很简单，但是其强大的能力却超乎想象。当然，只要我们懂得了入门技巧，后期的深奥内涵可以自己去慢慢探索。下面就从最简单的图形绘制开始讲解。

案例操作

步骤 01 绘制矩形

① 单击【大工具集】工具栏中的【矩形】按钮，如图 2-68 所示。

② 在绘图区中，绘制尺寸为 19000mm×17000mm 的矩形。

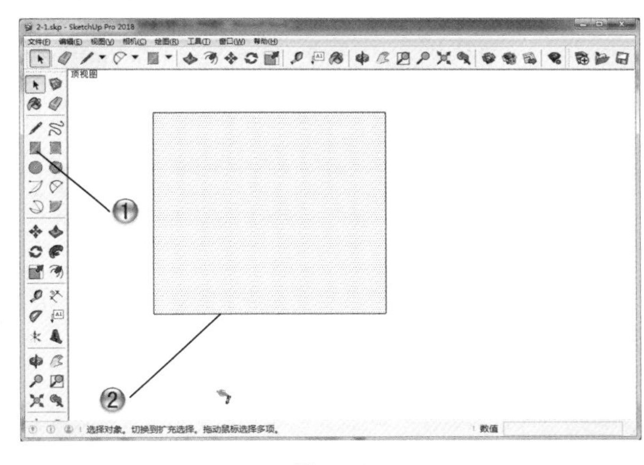

图 2-68

步骤 02 绘制直线

① 单击【大工具集】工具栏中的【直线】按钮，如图 2-69 所示。

② 在绘图区中，绘制直线，得到房屋底面图形。

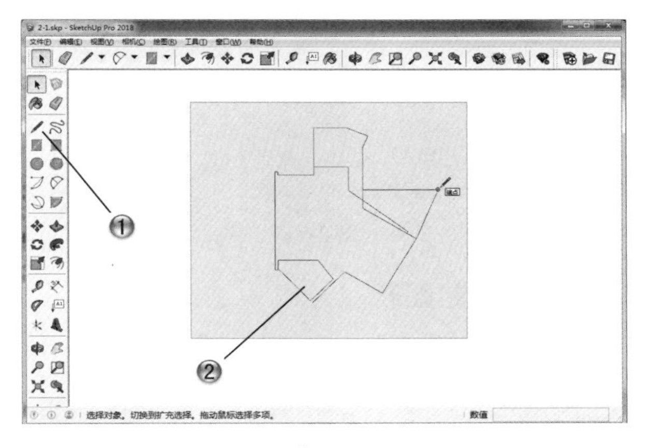

图 2-69

步骤 03 绘制矩形

① 单击【大工具集】工具栏中的【矩形】按钮，如图 2-70 所示。

② 在绘图区中，绘制矩形。

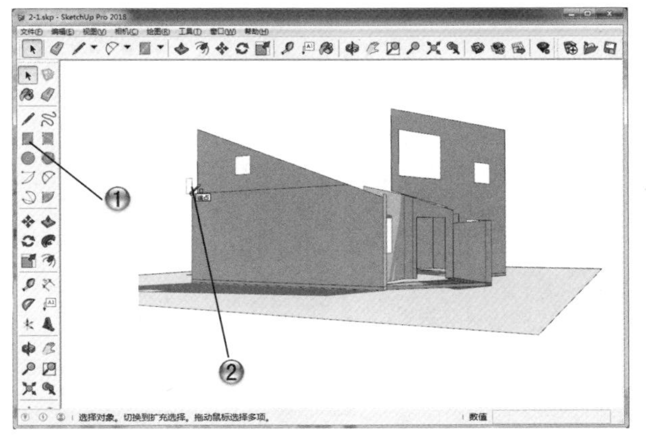

图 2-70

> **提示**
>
> 使用矩形工具，可以绘制单面，之后进行立体图形绘制。

步骤 04 绘制直线

① 单击【大工具集】工具栏中的【直线】按钮，如图 2-71 所示。

② 在绘图区中，绘制直线。

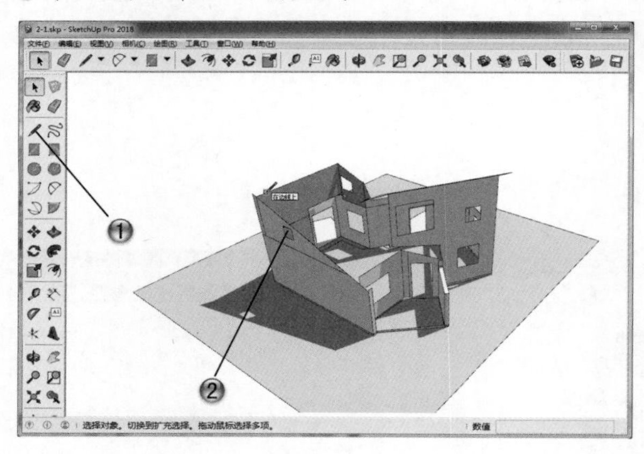

图 2-71

步骤 05 推拉图形

① 单击【大工具集】工具栏中的【推拉】按钮，如图 2-72 所示。

② 在绘图区中，推拉图形。

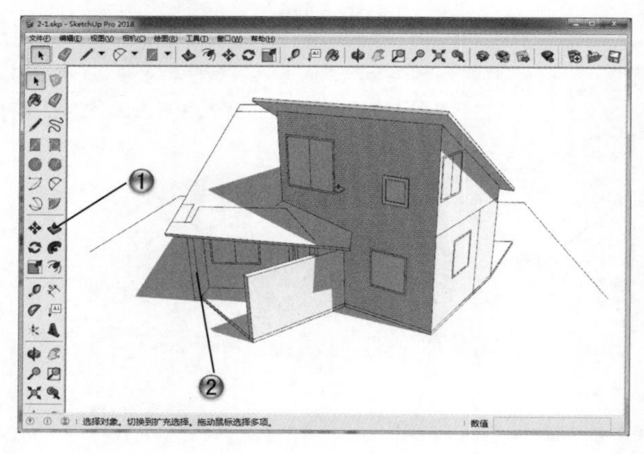

图 2-72

步骤 06 绘制圆形

① 单击【大工具集】工具栏中的【圆】按钮，如图 2-73 所示。

② 在绘图区中，绘制圆形。

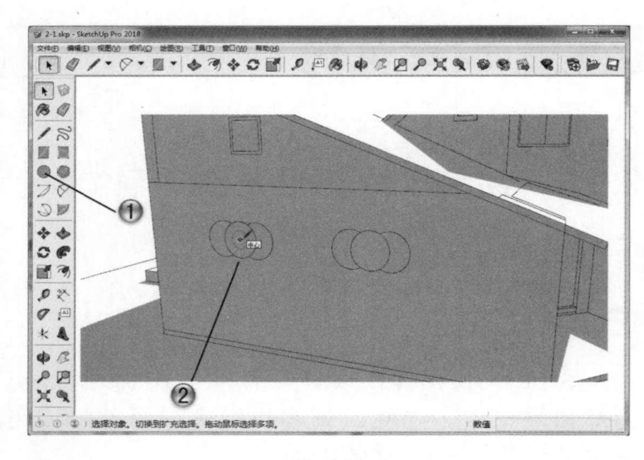

图 2-73

步骤 07 绘制圆弧

① 单击【大工具集】工具栏中的【圆弧】按钮，如图 2-74 所示。

② 在绘图区中，绘制圆弧。

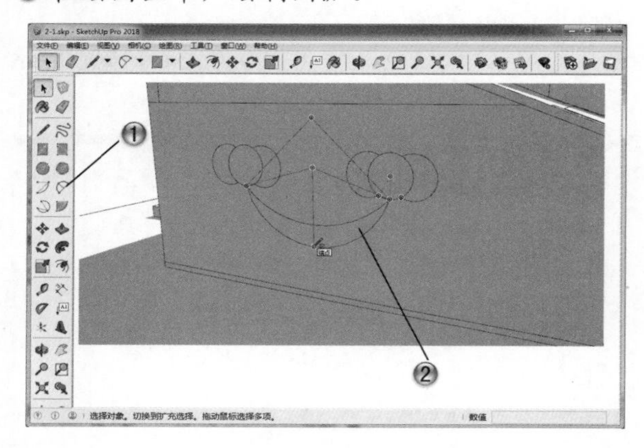

图 2-74

步骤 08 范例制作完成

这样，范例制作完成，得到的最终效果如图 2-75 所示。

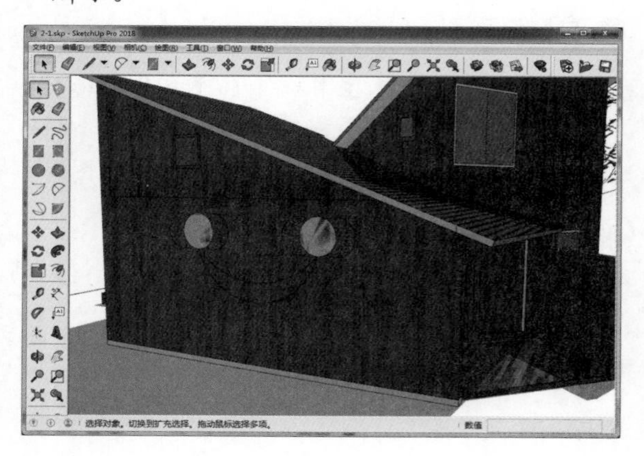

图 2-75

2.5.2 绘制小屋模型范例

本范例完成文件：ywj\02\2-2.skp

案例分析

本小节的案例是进行绘制三维模型的练习，主要是对一个小型的建筑模型进行建模，包括三维的拉伸，绘制墙体、门窗等。

案例操作

步骤 01 绘制矩形

❶ 创建新文件后，单击【大工具集】工具栏中的【矩形】按钮，如图 2-76 所示。

❷ 绘制 10000mm×10000mm 的矩形。

❸ 单击【矩形】按钮，按照尺寸绘制矩形。

❹ 单击【推拉】按钮，将矩形向上推拉 300mm。

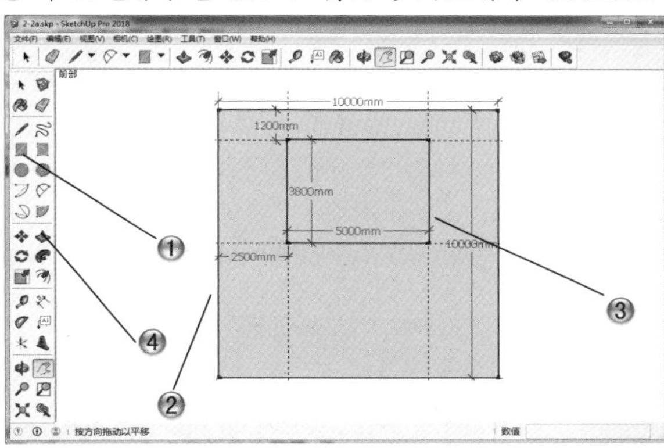

图 2-76

步骤 02 创建墙体

❶ 单击【大工具集】工具栏中的【偏移】按钮，将矩形顶面向内偏移 100mm。

❷ 单击【推拉】按钮。

❸ 将内部矩形向上推拉 4000mm，如图 2-77 所示。

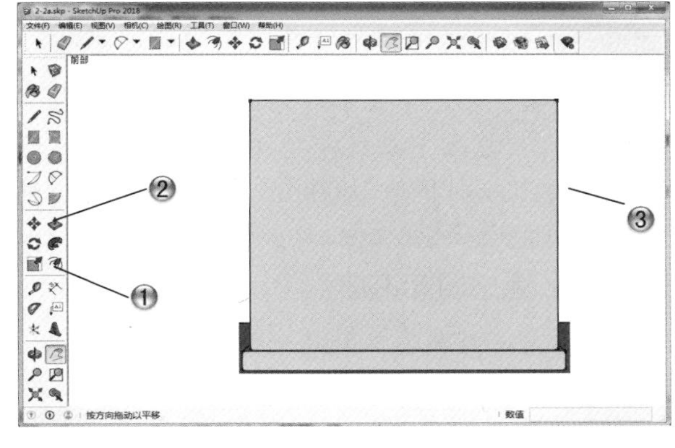

图 2-77

步骤 03 绘制门窗轮廓

❶ 单击【大工具集】工具栏中的【尺寸】按钮。

❷ 在首层绘制出门窗轮廓，如图 2-78 所示。

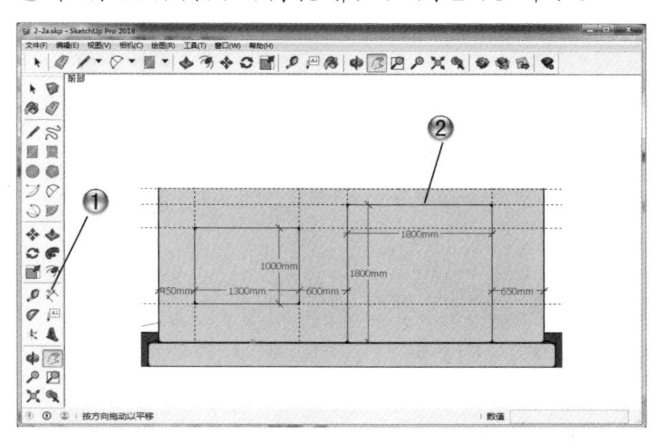

图 2-78

步骤 04 绘制门窗框

❶ 单击【大工具集】工具栏中的【移动】按钮，将门、窗框轮廓移动至外侧。

❷ 单击【偏移】按钮，将门窗图形向内偏移 40mm。

❸ 绘制矩形，内部尺寸均为 40mm，如图 2-79 所示。

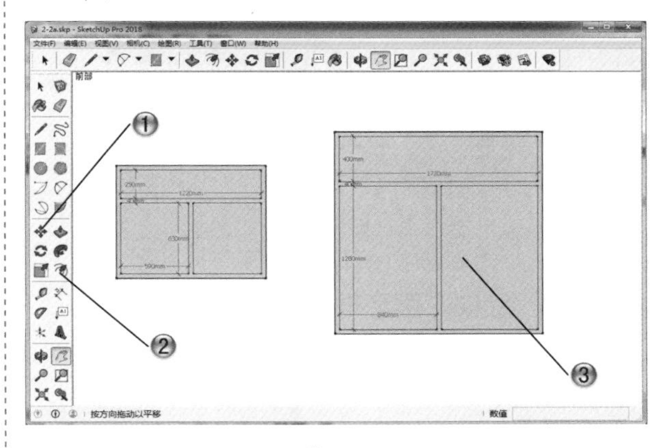

图 2-79

步骤 05 绘制门窗模型

❶ 单击【大工具集】工具栏中的【偏移】按钮，将首层窗子轮廓向外偏移 50mm。

❷ 单击【推拉】按钮。

❸ 将内部矩形向内推拉 70mm，将外部矩形向外推拉 40mm，如图 2-80 所示。

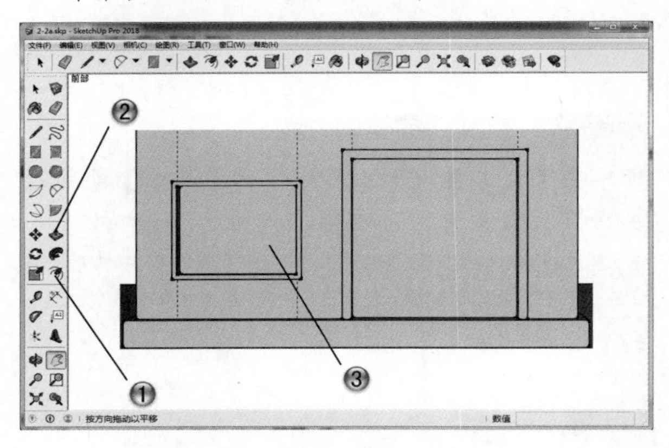

图 2-80

步骤 06 绘制二层窗轮廓

❶ 单击【大工具集】工具栏中的【尺寸】按钮，做出二层窗户尺寸。

❷ 单击【矩形】按钮和【圆弧】按钮。

❸ 按照所给出的尺寸绘制窗户轮廓，如图 2-81 所示。

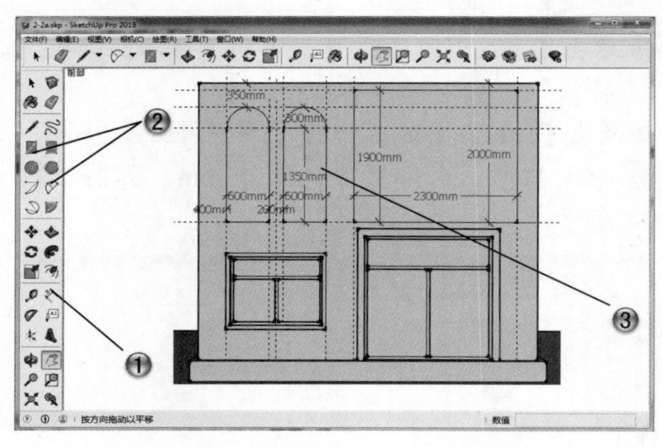

图 2-81

步骤 07 绘制二层窗框

❶ 单击【偏移】按钮，将外部轮廓统一向内偏移 40mm。

❷ 单击【尺寸】按钮，做出所需图形尺寸，内部尺寸均为 30mm。

❸ 单击【矩形】按钮和【圆弧】按钮，绘制图形，如图 2-82 所示。

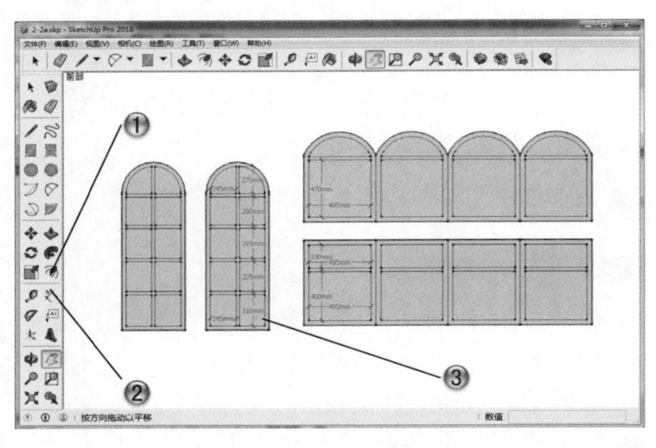

图 2-82

步骤 08 绘制二层窗模型

❶ 单击【大工具集】工具栏中的【推拉】按钮。

❷ 将做好窗框的外部矩形向外推拉 50mm，内部窗框向外推拉 30mm，将二层窗框轮廓向内推拉 80mm，如图 2-83 所示。

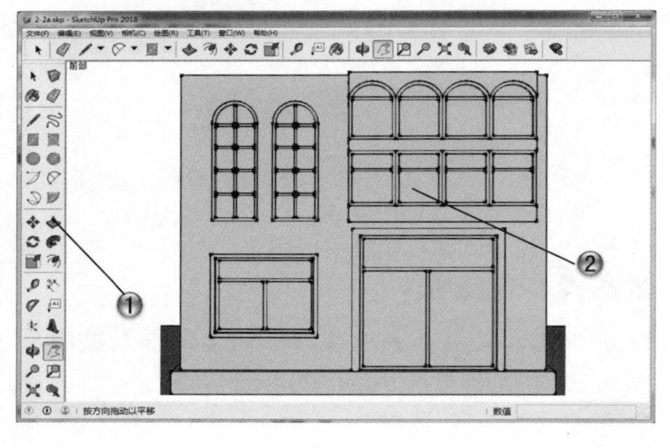

图 2-83

步骤 09 绘制屋顶轮廓辅助线

❶ 单击【大工具集】工具栏中的【卷尺】按钮。

❷ 在屋顶上做出中心线，将两个中心线垂直于屋顶向上分别移动 1400mm、1200mm 做出辅助线，如图 2-84 所示。

步骤 10 完成屋顶轮廓

❶ 单击【大工具集】工具栏中的【直线】按钮。

❷ 将屋顶四角与所做直线相连，再将两端点相连，做出屋顶轮廓，如图 2-85 所示。

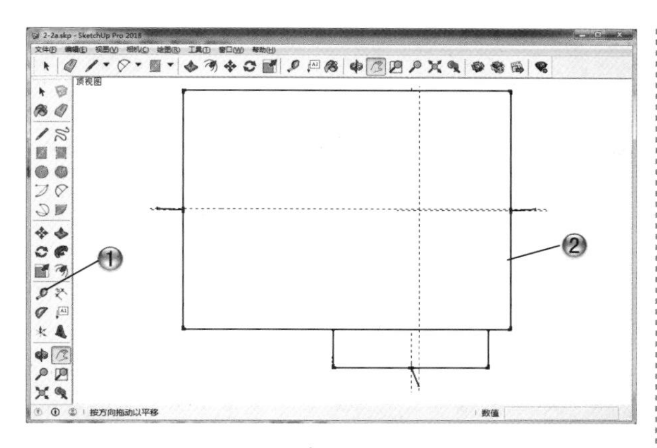

图 2-84

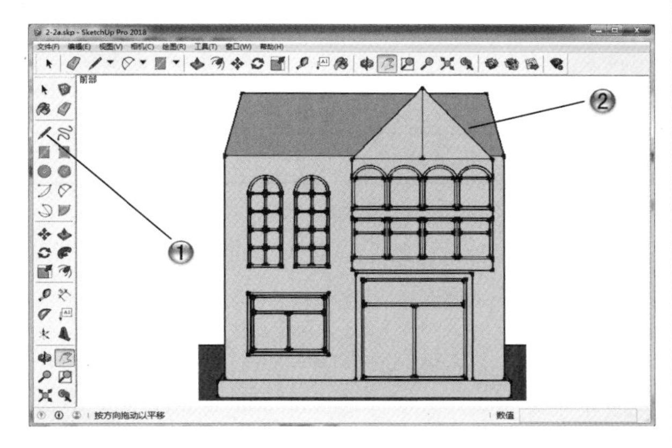

图 2-85

步骤 11 绘制屋顶模型

❶ 单击【大工具集】工具栏中的【推拉】按钮。
❷ 按住 Ctrl 键将屋顶向外推拉 40mm，主屋顶向两侧推拉 200mm，附属屋顶向正面推拉 200mm，主屋顶再向下推拉 200mm，如图 2-86 所示。

图 2-86

步骤 12 绘制台阶轮廓

❶ 单击【大工具集】工具栏中的【尺寸】按钮。
❷ 做出台阶所需尺寸。
❸ 单击【直线】按钮绘制台阶图形，如图 2-87 所示。

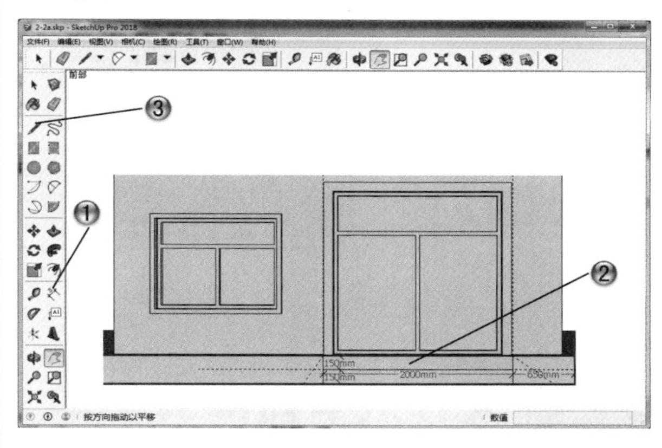

图 2-87

步骤 13 绘制台阶模型

❶ 单击【大工具集】工具栏中的【推拉】按钮。
❷ 将台阶由上至下分别向外推拉 150mm、300mm，如图 2-88 所示。

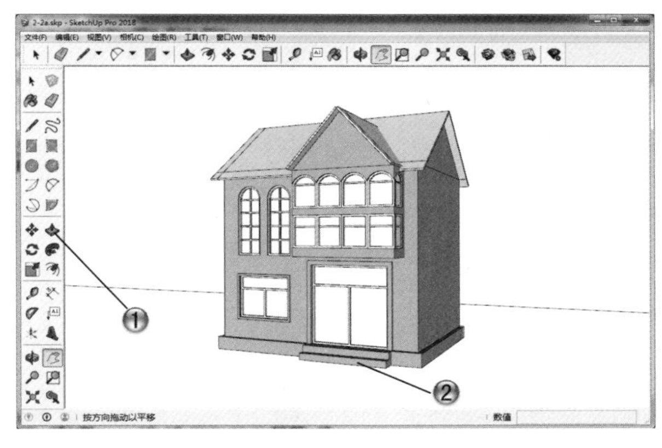

图 2-88

步骤 14 完成范例绘制

这样就完成了小屋模型绘制。最后为其赋上材质并进行渲染和后期处理，得到最终效果，如图 2-89 所示。

图 2-89

2.6 本章小结和练习

2.6.1 本章小结

本章主要学习 SketchUp 中的一些基本命令与工具，使用它们可以制作简单的模型并修改模型。同时通过本章的学习，在以后的绘图中遇到复杂模型可以轻松应对。希望大家熟练掌握这些基本工具的操作，在以后绘图应用中将经常用到。

2.6.2 练习

如图2-90所示为一个简单建筑的三维模型，请大家使用本章学过的命令进行创建。

（1）绘制墙体框架。

（2）绘制窗户和门。

（3）绘制屋顶。

（4）完善模型细节。

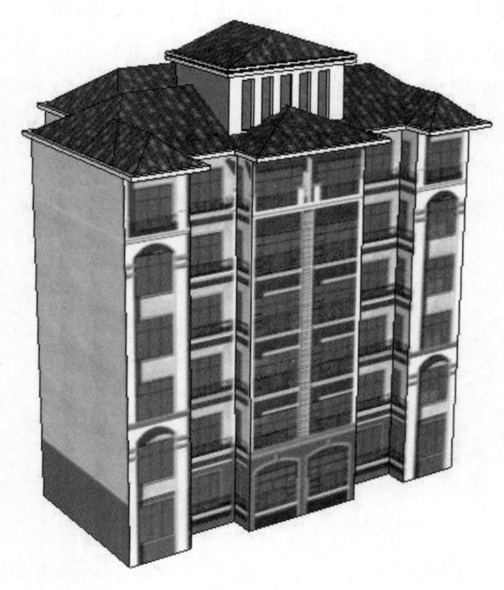

图 2-90

第 3 章

标注尺寸和文字

本章导读

经过前面几章的学习，大家已经掌握了基本模型的制作方法。SketchUp 中的尺寸标注功能可以更直观地观察模型大小，也可以辅助绘图，把握绘图的准确性，而文字绘制功能可以方便地为图形添加说明，同时也可以制作建筑上的文字效果。

本章主要讲解模型测量、尺寸标注、文字标注和三维文字制作。

3.1 模型的测量

测量模型是 SketchUp 模型制作中重要的辅助方法，主要用来对模型的距离、角度等参数进行测量，另外还可以绘制和管理辅助线。

3.1.1 测量距离

测量距离主要使用卷尺工具，执行【卷尺】命令主要有以下几种方式。

- 在菜单栏中，选择【工具】|【卷尺】命令，如图 3-1 所示。
- 通过键盘输入 T 键。
- 单击【大工具集】工具栏中的【卷尺】按钮。

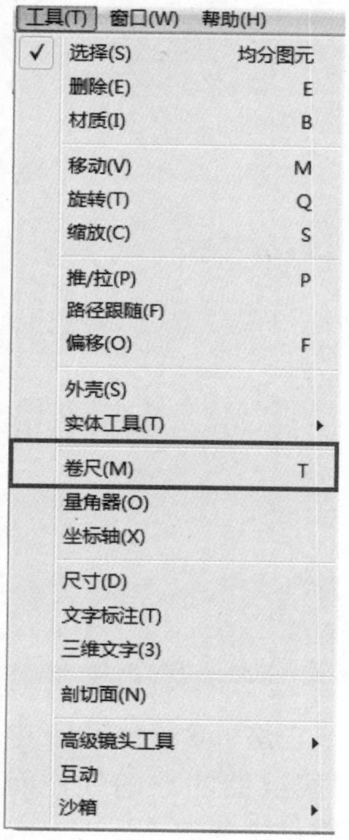

图 3-1

1. 测量两点间的距离

激活【卷尺】工具，然后拾取一点作为测量的起点，拖动鼠标会出现一条类似参考线的“测量带”，其颜色会随着平行的坐标轴而变化，并且数值控制框会实时显示“测量带”的长度，再次单击拾取测量的终点后，测得的距离会显示在数值控制框中。

2. 全局缩放

使用【卷尺】工具可以对模型进行全局缩放，这个功能非常实用。用户可以在方案研究阶段先构建粗略模型，当确定方案后需要更精确的模型尺寸时，只要重新指定模型中两点的距离即可。

> TIPS 提示
>
> 【卷尺】工具没有平面限制，该工具可以测量出模型中任意两点之间的准确距离。尺寸的更改可以根据不同图形的要求进行设置。当调整模型长度的时候，尺寸标注也会随之更改。

3.1.2 测量角度

测量角度主要使用【量角器】，执行【量角器】命令主要有以下两种方式。

- 在菜单栏中，选择【工具】|【量角器】命令。
- 单击【大工具集】工具栏中的【量角器】按钮。

1. 测量角度

激活【量角器】工具后，在视图中会出现一个圆形的量角器，鼠标光标指向的位置就是量角器的中心位置，量角器默认对齐红 / 绿轴平面。

在场景中移动光标时，量角器会根据旁边的坐标轴和几何体而改变自身的定位方向，用户可以按住 Shift 键锁定所在平面。

在测量角度时，将量角器的中心设在角的顶点上，然后将量角器的基线与测量角的起始边重叠，接着再拖动鼠标旋转量角器，捕捉要测量角的第二条边，此时光标处会出现一条绕量角器旋转的辅助线，捕捉到测量角的第二条边后，测量的角度值会显示在数值控制框中，如图 3-2 所示。

2. 创建角度辅助线

激活量角器工具，然后捕捉辅助线将经过的角的顶点，并单击鼠标左键将量角器放置在该点上，接着在已有的线段或边线上单击，将量角器的基线与已有的线重叠，此时会出现一条新的辅助线，移动光标到需要的位置，辅助线和基线之间的角度值会在数值控制框中动态显示，如图 3-3 所示。

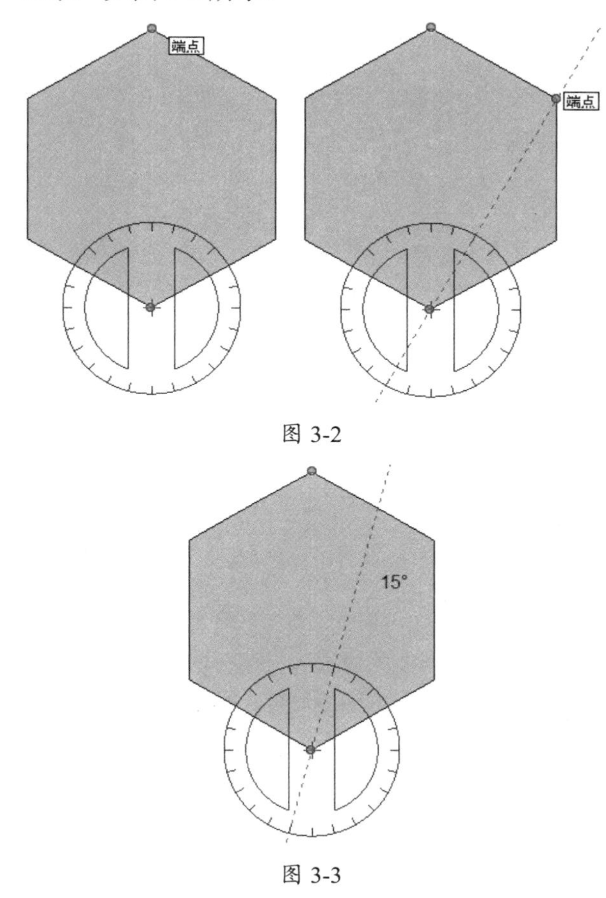

图 3-2

图 3-3

角度可以通过数值控制框输入，输入的值可以是角度（例如 15 度），也可以是斜率（角的正切，例如 1∶6）；输入负值表示将往当前鼠标指定方向的反方向旋转；在进行其他操作之前可以持续输入修改。

3. 锁定旋转的量角器

按住 Shift 键可以将量角器锁定在当前的平面上。

3.1.3 绘制和管理辅助线

下面介绍辅助线的绘制与管理。

1. 绘制辅助线

执行【辅助线】命令主要有以下两种方式，如图 3-4 所示。

- 在菜单栏中，选择【工具】|【卷尺】或【量角器】命令。
- 单击【大工具集】工具栏中的【卷尺】按钮或【量角器】按钮。

图 3-4

使用【卷尺】工具绘制辅助线的方法为：激活【卷尺】工具，然后在线段上单击拾取一点作为参考点，此时在光标上会出现一条辅助线随着光标移动，同时会显示辅助线与参考点之间的距离，接着确定辅助线的位置后，单击鼠标左键即可绘制一条辅助线，如图 3-5 所示。

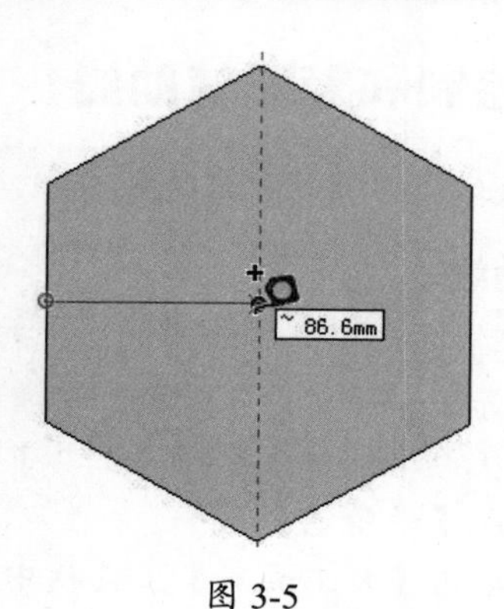

图 3-5

2. 管理辅助线

眼花缭乱的辅助线有时候会影响视线，此时可以通过选择【编辑】|【还原 向导】菜单命令或者【编辑】|【删除参考线】菜单命令删除所有的辅助线，如图 3-6 所示。

编辑(E) 视图(V) 相机(C) 绘图(R)
还原 导向 Alt+Backspace
重做 Ctrl+Y
剪切(T) Shift+删除
复制(C) Ctrl+C
粘贴(P) Ctrl+V
原位粘贴(A)
删除(D) 删除
删除参考线(G)

图 3-6

在【图元信息】对话框中可以查看辅助线的相关信息，并且可以修改辅助线所在的图层，如图 3-7 所示。

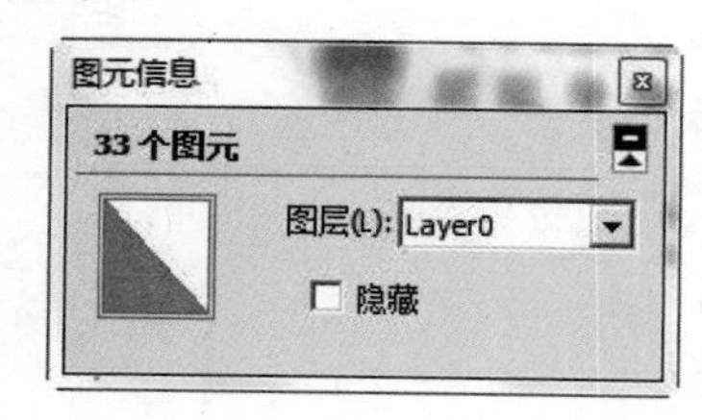

图 3-7

辅助线的颜色可以通过【样式】面板进行设置，在【样式】面板中切换到【编辑】选项卡，然后对【参考线】选项后面的颜色色块进行调整，如图 3-8 所示。

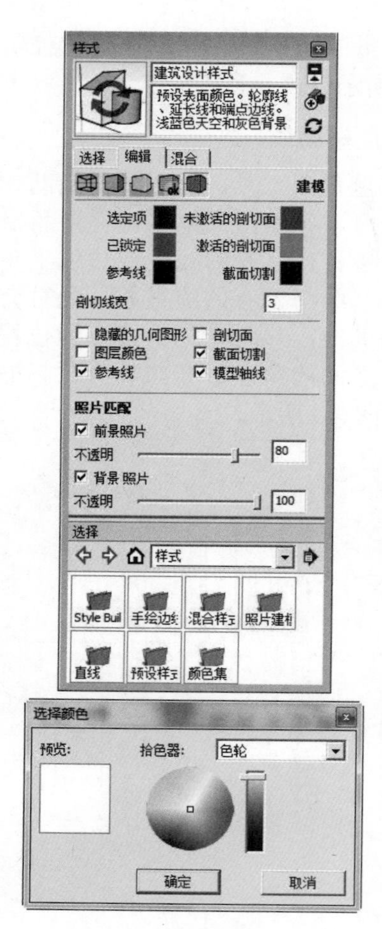

图 3-8

3. 导出辅助线

在 SketchUp 中可以将辅助线导出到 AutoCAD 中，以便为进一步精确绘制立面图提供帮助。导出辅助线的方法如下。

选择【文件】|【导出】|【三维模型】菜单命令，然后在弹出的【输出模型】对话框中设置【保存类型】为 AutoCAD DWG 文件(*.dwg)，接着单击【选项】按钮，并在弹出的【AutoCAD 导出选项】对话框中启用【构造几何图形】复选框，最后依次单击【确定】按钮和【导出】按钮将辅助线导出，如图 3-9 所示。为了能更清晰地显示和管理辅助线，可以将辅助线单独放在一个图层上再进行导出。

图 3-9

提示

在绘图过程中，辅助线可以帮助用户对尺寸进行较好的把握。

3.2 标注尺寸

SketchUp 中的尺寸标注，可以随着模型尺寸的变化而变化。下面主要讲解尺寸标注的具体方法。

3.2.1 标注线段

执行【尺寸】命令主要有以下两种方式，如图 3-10 所示。

- 在菜单栏中，选择【工具】|【尺寸】命令。
- 单击【大工具集】工具栏中的【尺寸】按钮。

激活【尺寸】工具，然后依次单击线段的两个端点，接着移动鼠标至一定的距离，再次单击鼠标左键确定标注的位置，如图 3-11 所示。

用户也可以直接单击需要标注的线段进行标注，选中的线段会呈高亮显示，单击线段后拖曳出一定的标注距离即可，如图 3-12 所示。

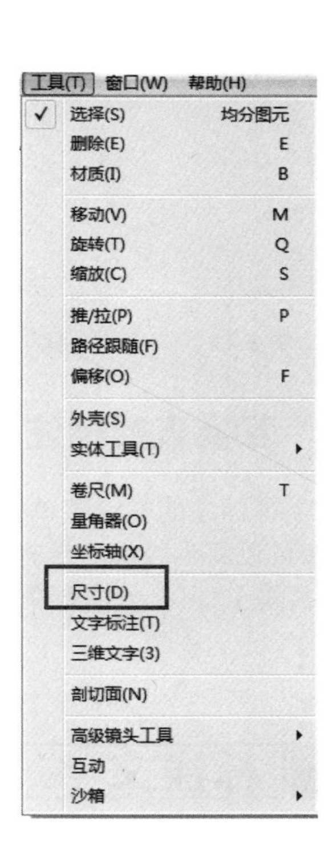

图 3-10

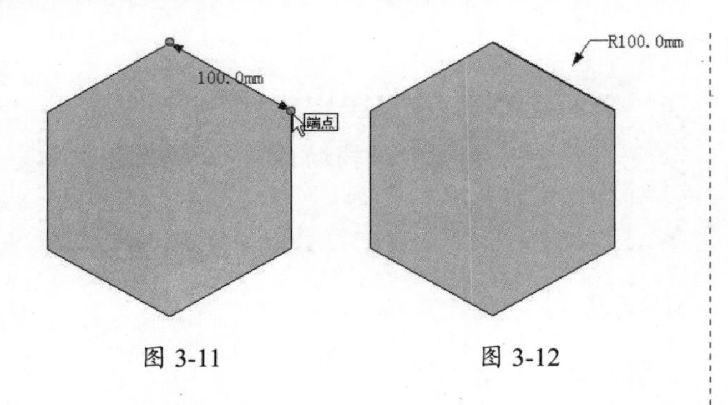

图 3-11　　　　图 3-12

3.2.2 标注直径和半径

标注直径时，首先需要激活【尺寸】工具，然后单击要标注的圆，接着移动鼠标确定标注的距离，再次单击鼠标左键确定标注的位置，如图 3-13 所示。

标注半径时，需要激活【尺寸】工具，然后单击要标注的圆弧，接着移动鼠标确定标注的距离，如图 3-14 所示。

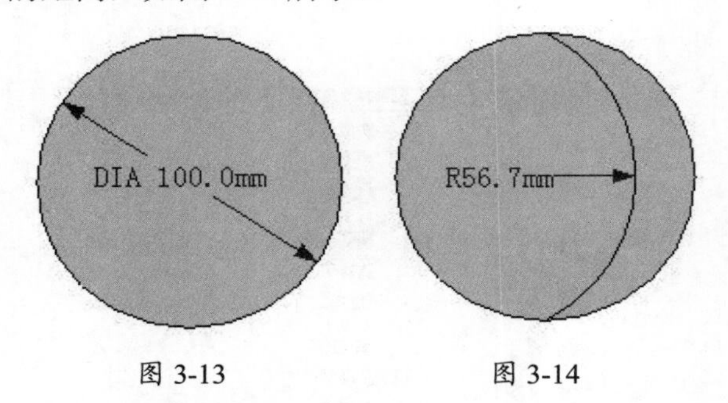

图 3-13　　　　图 3-14

3.2.3 互换直径标注和半径标注

在半径标注的右键菜单中选择【类型】|【直径】命令可以将半径标注转换为直径标注；同样，选择【类型】|【半径】命令可以将直径标注转换为半径标注，如图 3-15 所示。

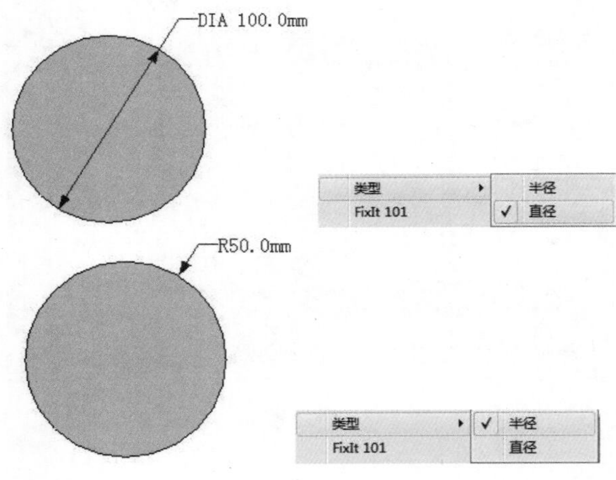

图 3-15

SketchUp 中提供了许多种标注的样式以供用户选择。修改标注样式的步骤如下。

选择【窗口】|【模型信息】菜单命令，然后在弹出的【模型信息】对话框中选择【尺寸】选项，接着在【引线】选项组的【端点】下拉列表框中选择【斜线】或者其他方式，如图 3-16 所示。

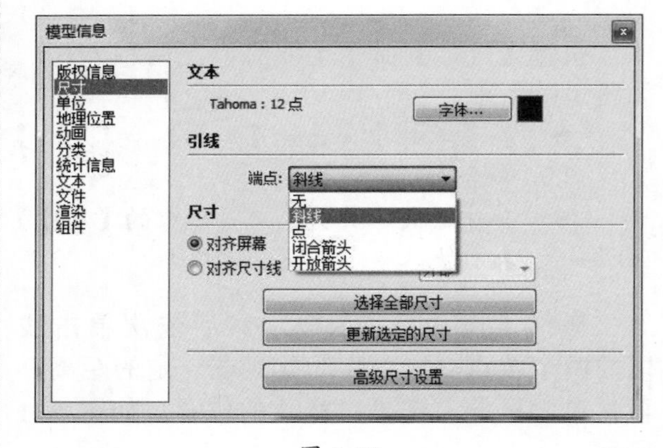

图 3-16

3.3 标注文字

在建筑模型的绘制中，建筑上重要的文字必须标注出来，这样才能显示出一些重要的信息和效果，表达出设计师的设计思想。标注文字，可以让观察者更直观地看到模型的意义，更清楚地了解设计者的意图。同时，有些建筑效果中也会有文字的效果，如标牌等。

3.3.1 标注二维文字

标注二维文字主要有以下两种方式，如图 3-17 所示。

- 在菜单栏中，选择【工具】|【文字标注】命令。
- 单击【大工具集】工具栏中的【文字标注】按钮。

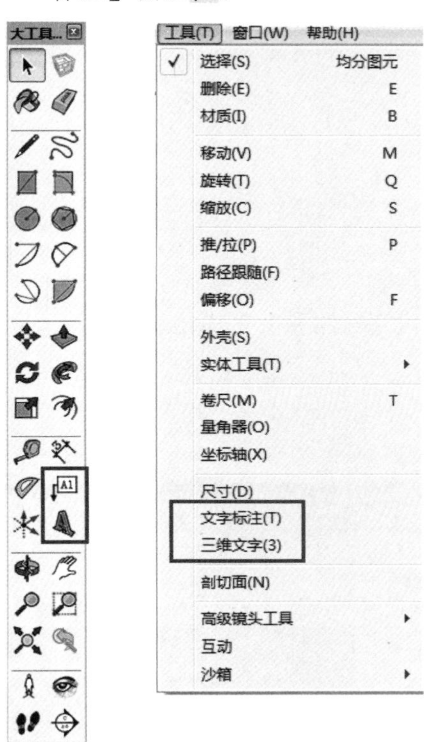

图 3-17

在插入引线文字的时候，要先激活【文字标注】工具，然后在实体（表面、边线、顶点、组件、群组等）上单击，指定引线指向的位置，接着拖曳出引线的长度，并单击确定文本框的位置，最后在文本框中输入注释文字，如图 3-18 所示。

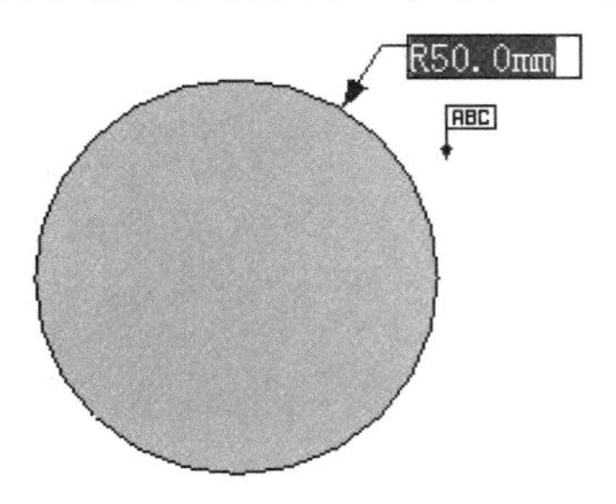

图 3-18

输入注释文字后，按两次 Enter 键或者单击文本框的外侧就可以完成输入，按 Esc 键可以取消操作。

文字也可以不需要引线而直接放置在实体上，只需在插入文字的实体上双击即可，引线将被自动隐藏。

插入屏幕文字的时候，先激活【文字标注】工具，然后在屏幕的空白处单击，接着在弹出的文本框中输入注释文字，最后按两次 Enter 键或者单击文本框的外侧完成输入。

屏幕文字在屏幕上的位置是固定的，受视图改变的影响。另外，在已经编辑好的文字上双击鼠标左键即可重新编辑文字，可以在文字的右键菜单中选择【编辑文字】命令。

3.3.2 标注三维文字

标注三维文字主要有以下两种方式。

- 在菜单栏中，选择【工具】|【三维文字】菜单命令。
- 单击【大工具集】工具栏中的【三维文字】按钮。

激活【三维文字】工具，会弹出【放置三维文本】对话框，该对话框中的【高度】参数表示文字的大小、【已延伸】参数表示文字的厚度，如果禁用【填充】复选框，文字将只有轮廓线，如图 3-19 所示。

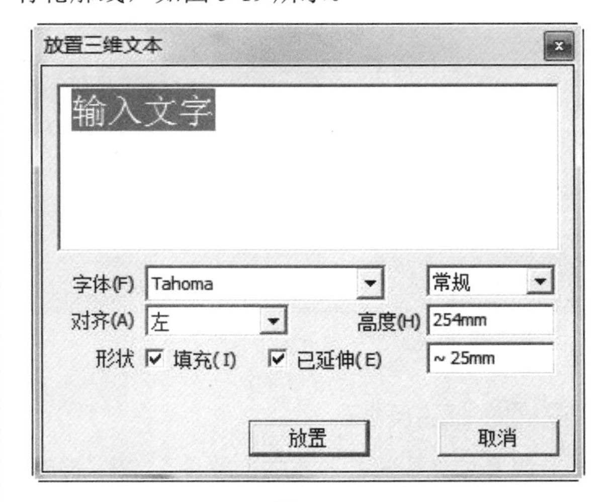

图 3-19

在【放置三维文本】对话框的文本框中输入文字后，单击【放置】按钮，即可将文字拖放至合适的位置，生成的文字自动成组，使用【缩放】工具可以对文字进行缩放，如图 3-20 所示。

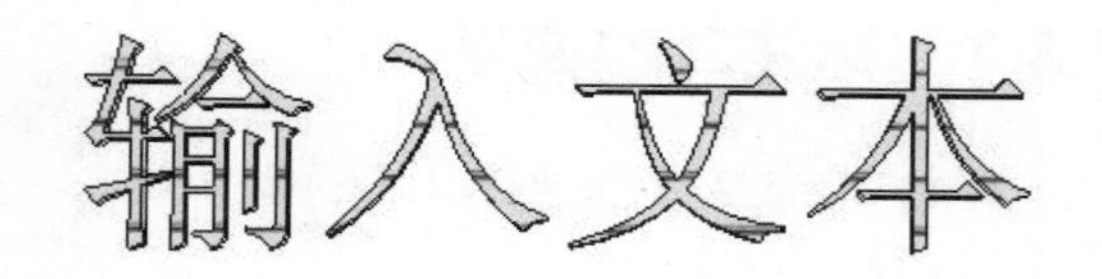

图 3-20

3.4 设计范例

3.4.1 阁楼图尺寸和文字标注范例

本范例操作文件：ywj\03\3-1a.skp

本范例完成文件：ywj\03\3-1.skp

案例分析

本小节主要介绍在绘制物体图形后，为这个物体添加尺寸标注和文字描述的方法。

案例操作

步骤 01 打开文件

① 选择【文件】菜单中的【打开】命令，打开 3-1a.skp 文件，如图 3-21 所示。

② 单击【视图】工具栏中的【顶视图】按钮，展现文件顶视图。

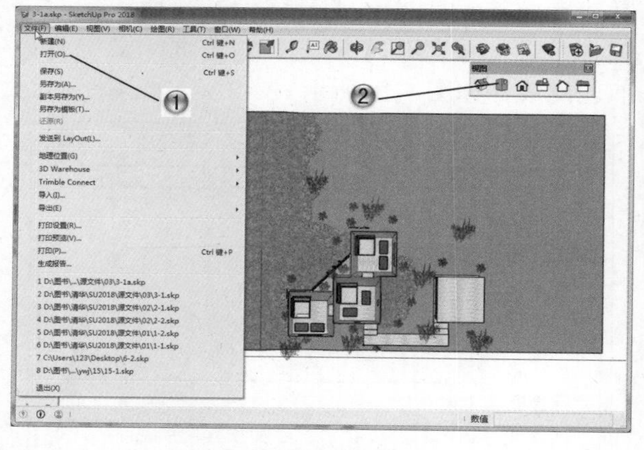

图 3-21

步骤 02 标注尺寸

① 单击【大工具集】工具栏中的【尺寸】按钮，如图 3-22 所示。

② 在绘图区中，绘制尺寸。

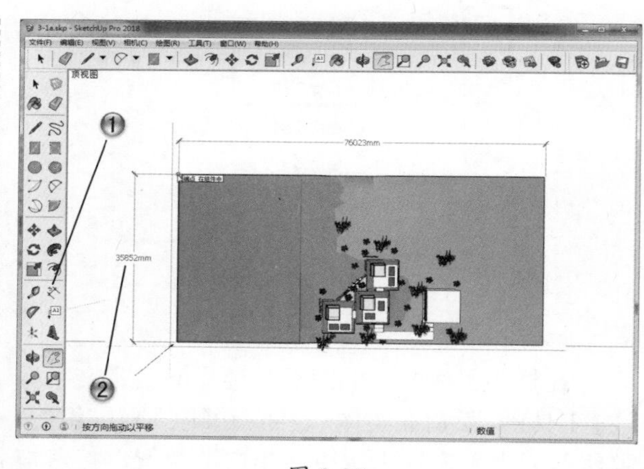

图 3-22

步骤 03 绘制标注文字

① 单击【大工具集】工具栏中的【文字】按钮，如图 3-23 所示。

② 在绘图区中，标注文字。

> **提示**
>
> 使用文字工具，可以在绘制模型的时候，添加说明，这样图形更加直观易懂。

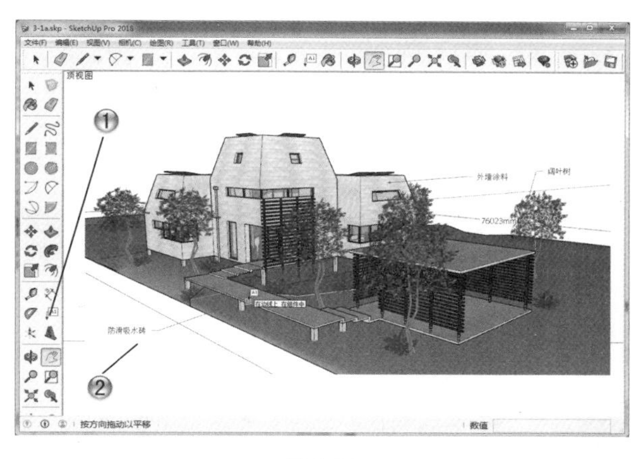

图 3-23

步骤 04 使用卷尺工具绘制虚线

① 单击【大工具集】工具栏中的【卷尺】按钮，如图 3-24 所示。

② 在绘图区中，选择边线拖出虚线。

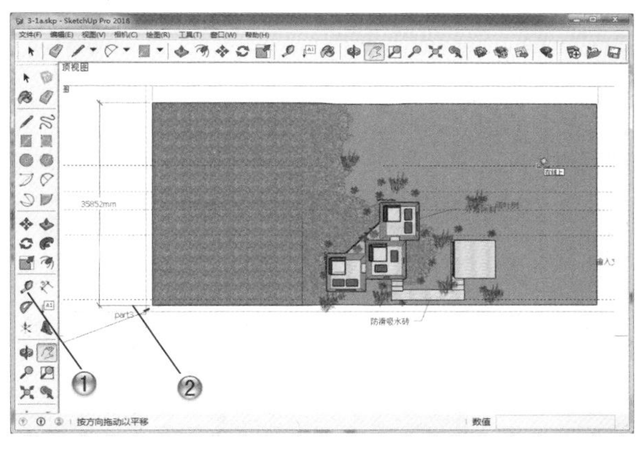

图 3-24

步骤 05 绘制三维文字

① 单击【大工具集】工具栏中的【三维文字】按钮，如图 3-25 所示。

② 在绘图区中，打开【放置三维文本】输入框，输入文字，放置三维文字。

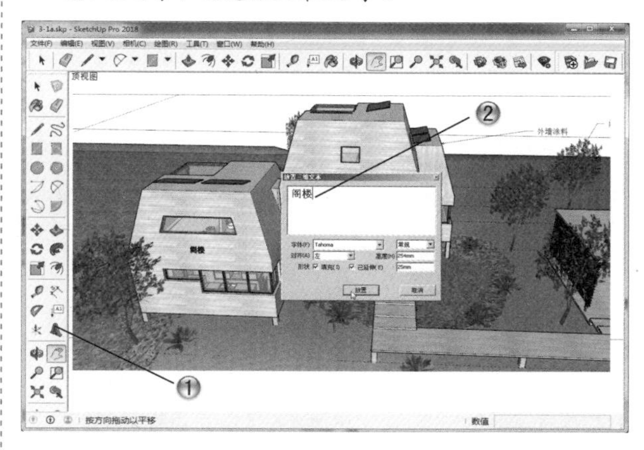

图 3-25

步骤 06 完成范例

阁楼范例制作完成，最终效果如图 3-26 所示。

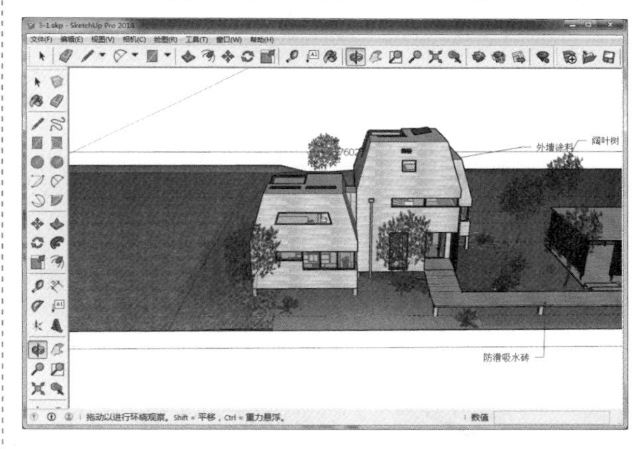

图 3-26

3.4.2 建筑图尺寸标注范例

本范例操作文件：ywj\03\3-2a.skp
本范例完成文件：ywj\03\3-2.skp

⚠ 案例分析

本小节就来介绍在 SketchUp 中进行建筑图尺寸标注的范例，主要介绍在绘制物体图形后，为给这个物体添加尺寸标注的方法。

案例操作

步骤 01 打开文件

❶ 选择【文件】菜单中的【打开】命令，打开3-2a.skp文件，如图3-27所示。

❷ 单击【视图】工具栏中的【顶视图】按钮，展现文件顶视图。

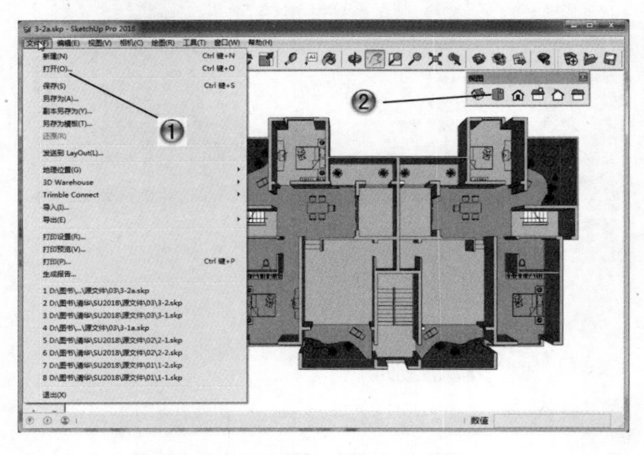

图 3-27

步骤 02 进行长度标注

❶ 单击【大工具集】工具栏中的【尺寸】按钮，如图3-28所示。

❷ 在绘图区中，对右侧房间进行长度标注。

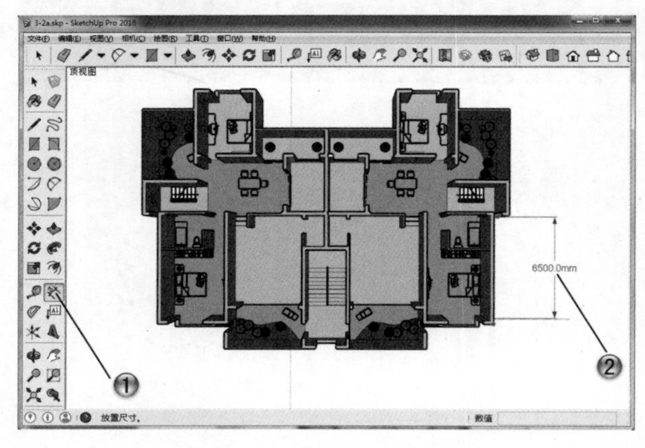

图 3-28

步骤 03 进行宽度标注

❶ 单击【大工具集】工具栏中的【尺寸】按钮，如图3-29所示。

❷ 在绘图区中，对模型上部进行宽度标注。

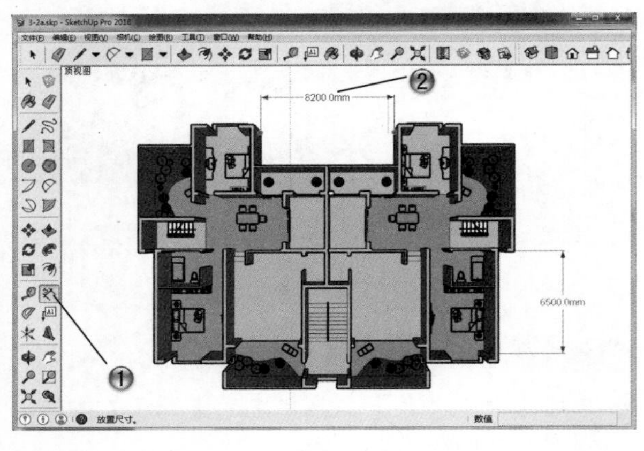

图 3-29

步骤 04 进行面积标注

❶ 单击【大工具集】工具栏中的【文字】按钮，如图3-30所示。

❷ 在绘图区中，对模型左侧房间进行面积标注。

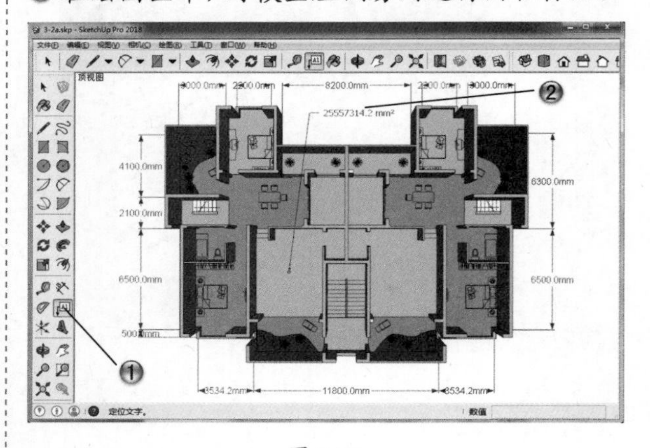

图 3-30

步骤 05 标注其他尺寸

❶ 单击【大工具集】工具栏中的【尺寸】按钮，如图 3-31 所示。

❷ 在绘图区中，按照同样方法标注其他尺寸，这样就完成了范例制作。

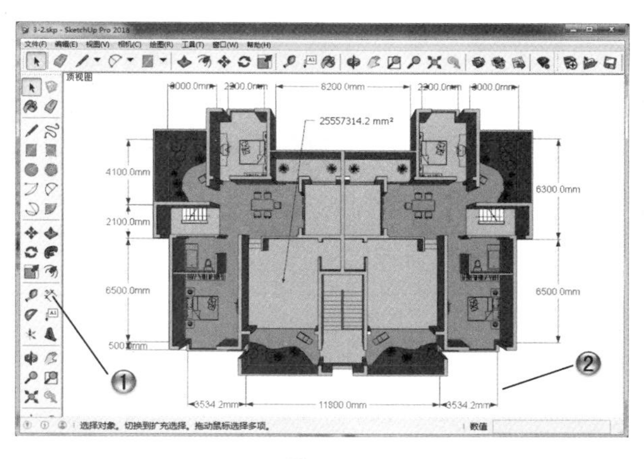

图 3-31

3.5 本章小结和练习

3.5.1 本章小结

本章学习了在 SketchUp 中测量模型、标注尺寸和标注文字的方法。通过学习，可以熟练应用尺寸标注工具对模型进行尺寸标注和尺寸大小控制，以及为模型添加文字说明。

3.5.2 练习

如图 3-32 所示，使用本章学过的命令来创建商场门头。

（1）创建商场模型。

（2）使用三维文字标注商场门头。

图 3-32

学习心得

第4章

设置材质与贴图

本章导读

SketchUp 拥有强大的材质库，可以应用于边线、表面、文字、剖面、组和组件中，并实时显示材质效果，所见即所得。在赋予材质以后，可以方便地修改材质的名称、颜色、透明度、尺寸大小及位置等属性特征，这是 SketchUp 的最大优势之一。

本章将带领大家一起学习 SketchUp 材质功能的应用，包括材质的提取、填充、坐标调整、特殊形体的贴图以及 PNG 贴图的制作及应用等。

4.1 材质操作

建筑模型的材质主要体现建筑实际材质的应用效果，添加材质后的建筑模型会更加接近真实的建筑，因此在建筑草图模型设计中，材质和贴图设计都是非常重要的。

本节主要介绍基本材质的操作方法，为模型添加简单的材质。

4.1.1 基本材质操作

在 SketchUp 中创建几何体的时候，会被赋予默认的材质。默认材质正反两面显示的颜色是不同的，这是因为 SketchUp 使用的是双面材质。默认材质正反两面的颜色可以在【风格】面板的【编辑】选项卡中进行设置，如图 4-1 所示。

图 4-1

双面材质的特性可以帮助用户更容易地区分表面的正反朝向，以方便将模型导入其他软件时调整面的方向。

4.1.2 材料编辑器

在菜单栏中，选择【工具】|【材质】命令，即可打开【材料】编辑器，如图 4-2 所示。在【材料】编辑器中有【选择】和【编辑】两个选项卡，这两个选项卡用来选择与编辑材质，也可以浏览当前模型中使用的材质。

图 4-2

（1）【名称】文本框：选择一个材质赋予模型以后，在【名称】文本框中将显示材质的名称，用户可以在这里为材质重新命名，如图 4-3 所示。

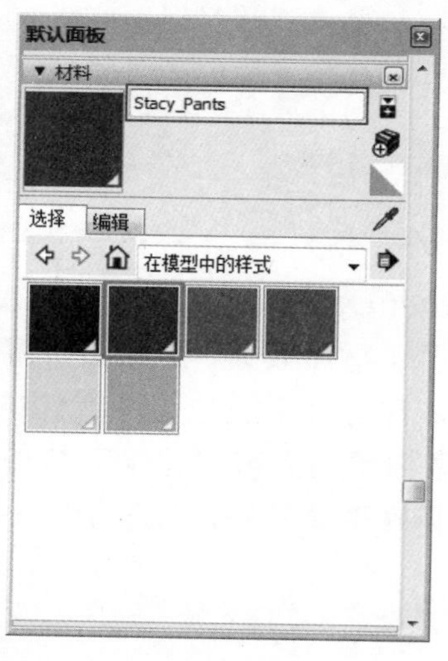

图 4-3

（2）【创建材质】按钮：单击该按钮将弹出【创建材质】对话框，在该对话框中可以设置材质的名称、颜色、大小等属性，如图 4-4 所示。

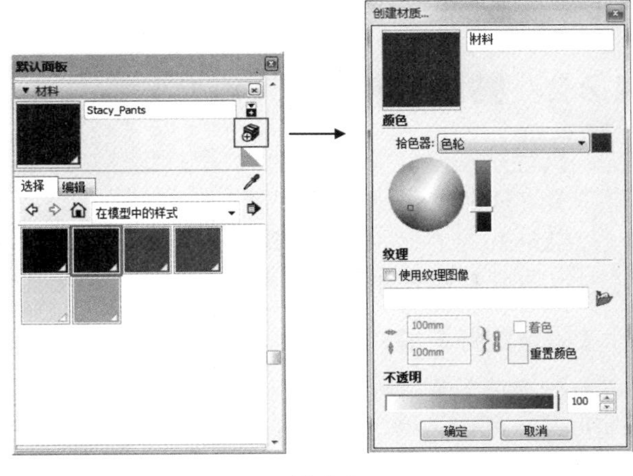

图 4-4

（3）【将绘图材质设置为预设】窗口：该窗口的实质就是用于材质预览，选择或者提取一个材质后，在该窗口中会显示这个材质，同时会自动激活【材质】工具。

4.1.3 设置材质

执行【材质】命令主要有以下几种方式。

- 在菜单栏中，选择【工具】|【材质】命令。
- 通过键盘输入B键。
- 单击【大工具集】工具栏中的【材质】按钮。

1. 单个填充（无须任何按键）

激活【材质】工具后，在单个边线或表面上单击鼠标左键即可填充材质。如果事先选中了多个物体，则可以同时为选中的物体上色。

2. 邻接填充（按住 Ctrl 键）

激活【材质】工具的同时按住 Ctrl 键，可以同时填充与所选表面相邻接并且使用相同材质的所有表面。在这种情况下，当捕捉到可以填充的表面时，【材质】工具图标右下角会横放3个小方块，变为。如果事先选中了多个物体，那么邻接填充操作会被限制在所选范围。

3. 替换填充（按住 Shift 键）

激活【材质】工具的同时按住 Shift 键，【材质】工具图标右下角会直角排列3个小方块，变为，这时可以用当前材质替换所选表面的材质。模型中所有使用该材质的物体都会同时改变材质。

4. 邻接替换（按住 Ctrl+Shift 组合键）

激活【材质】工具的同时按住 Ctrl+Shift 组合键，可以实现邻接填充和替换填充的效果。在这种情况下，当捕捉到可以填充的表面时，【材质】工具图标右下角会竖直排列3个小方块，变为，单击即可替换所选表面的材质，但替换的对象将限制在所选表面有物理连接的几何体中。如果事先选择了多个物体，那么邻接替换操作会被限制在所选范围。

5. 提取材质（按住 Alt 键）

激活【材质】工具的同时按住 Alt 键，图标将变成形状，此时单击模型中的实体，就能提取该材质。提取的材质会被设置为当前材质，用户可以直接用来填充其他物体。

TIPS 提示

配合键盘上的按键，使用【材质】工具可以快速为多个表面同时填充材质。

4.2 基本贴图操作

绘制建筑物模型时，应用贴图可以将建筑物的一些表面效果真实地表现出来，因此贴图在建筑模型制作中是很重要的。

在【材料】编辑器中可以使用 SketchUp 自带的材质库。当然，材质库中只是一些基本贴图，在实际工作中，还需自己动手编辑材质。从外部获得的贴图应尽量控制大小，如有必要，可以使用压缩的图像格式来减小文件，例如 JPEG 或者 PNG 格式。

4.2.1 贴图坐标介绍

如果需要从外部获得贴图纹理，可以在【材料】编辑器的【编辑】选项卡中启用【使用贴图】复选框（或者单击【浏览】按钮），此时将弹出一个对话框用于选择贴图并导入 SketchUp 中。如果需要从外部获得贴图纹理，可以在【材料】编辑器的【编辑】选项卡中启用【使用纹理图像】复选框，如图 4-5 所示，此时将弹出一个对话框用于选择贴图并导入 SketchUp 中。

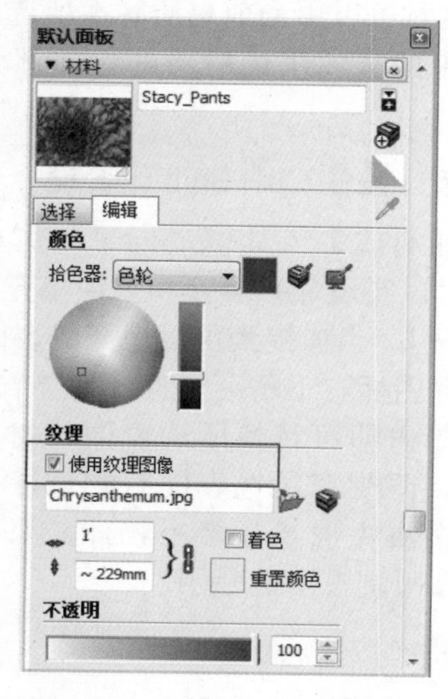

图 4-5

有时贴图不随实体的移动而移动，导致贴图不随物体一起移动的原因在于贴图图片拥有一个坐标系统，其坐标的原点位于 SketchUp 坐标系的原点上。如果贴图正好被赋予物体的表面，就需要使物体的一个顶点正好与坐标系的原点重合，这是非常不方便的。

解决的方法有两种。

（1）在贴图之前，先将物体制作成组件，由于组件都有其自身的坐标系，且该坐标系不会随着组件的移动而改变，因此先制作组件再赋予材质，就不会出现贴图不随着实体的移动而移动的问题。

（2）利用 SketchUp 的贴图坐标，在贴图时用鼠标右键单击，在弹出的快捷菜单中执行【贴图坐标】命令，进入贴图坐标的编辑状态，然后什么也不用做，只需再次用鼠标右键单击，在弹出的快捷菜单中执行【完成】命令。退出编辑状态后，贴图就可以随着实体一起移动了。

4.2.2 贴图坐标操作

执行贴图坐标的命令方式：在右键菜单中，选择【纹理】|【位置】命令。

SketchUp 的贴图坐标有两种模式，分别为【固定图钉】模式和【自由图钉】模式。

1.【固定图钉】模式

在物体的贴图上用鼠标右键单击，在弹出的快捷菜单中选择【纹理】|【位置】命令，此时物体的贴图将以透明的方式显示，并且在贴图上会出现 4 个彩色的图钉，每一个图钉都有固定的特有功能，如图 4-6 所示。

图 4-6

（1）【平行四边形变形】图钉：拖曳蓝色的图钉可以对贴图进行平行四边形变形操作。在移动【平行四边形变形】图钉时，位于上面的两个图钉（【移动】图钉和【缩放旋转】图钉）是固定的。

（2）【移动】图钉：拖曳红色的图钉可以移动贴图。

（3）【梯形变形】图钉：拖曳黄色的图钉可以对贴图进行梯形变形操作，也可以形成透视效果。

（4）【缩放旋转】图钉：拖曳绿色的图钉可以对贴图进行缩放和旋转操作。单击鼠标左键时，贴图上出现旋转的轮盘，移动鼠标时，从轮盘的中心点将放射出两条虚线，分别对应缩放和旋转操作前后比例与角度的变化。或者也可以用鼠标右键单击，在弹出的快捷菜单中选择【重设】命令。进行重设时，会把旋转和按比例缩放都重新设置。

在对贴图进行编辑的过程中，按 Esc 键可以随时取消操作。完成贴图的调整后，用鼠标右键单击，在弹出的快捷菜单中选择【完成】命令或者按 Enter 键确定即可。

2. 【自由图钉】模式

【自由图钉】模式适合设置和消除照片的扭曲。在【自由图钉】模式下，图钉相互之间不受制约，这样就可以将图钉拖曳到任何位置，如图 4-7 所示。

图 4-7

只需在贴图的右键菜单中禁用【固定图钉】命令，即可将【固定图钉】模式调整为【自由图钉】模式，此时 4 个彩色的图钉都会变成相同模样的白色图钉，用户可以通过拖曳图钉进行贴图的调整。

为了更好地锁定贴图的角度，可以在【模型信息】管理器中设置角度的捕捉为 15 度或 45 度，如图 4-8 所示。

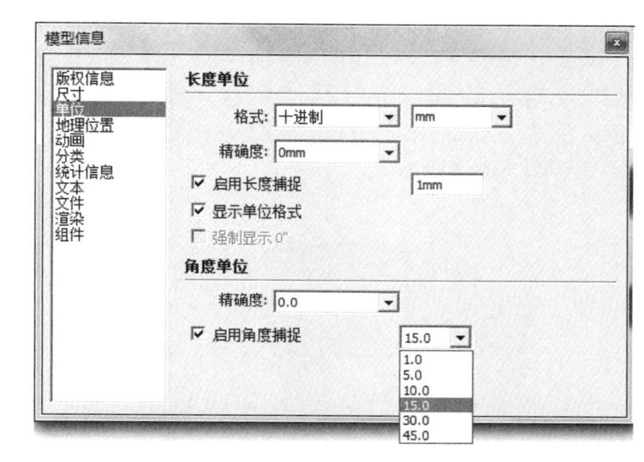

图 4-8

4.3 复杂贴图操作

贴图中有很多比较复杂的效果，如曲面贴图、无缝贴图等，这些贴图对于表现建筑模型中较为真实的效果非常实用。为模型赋予复杂的贴图材质，更能表现设计者的设计意图与想法。这里介绍的复杂贴图主要包括转角贴图、圆柱体的无缝贴图、其他贴图等。

4.3.1 转角贴图

将纹理图片，添加到【材料】编辑器中，接着将贴图材质赋予石头的一个面，如图 4-9 所示。

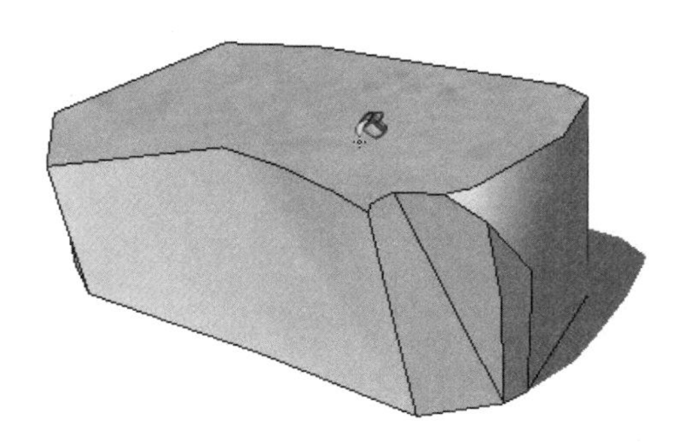

图 4-9

在贴图表面用鼠标右键单击，然后在弹出的快捷菜单中选择【纹理】|【位置】命令，进入贴图坐标的操作状态，此时直接用鼠标右键单击，在弹出的快捷菜单中选择【完成】命令，如图 4-10 所示。

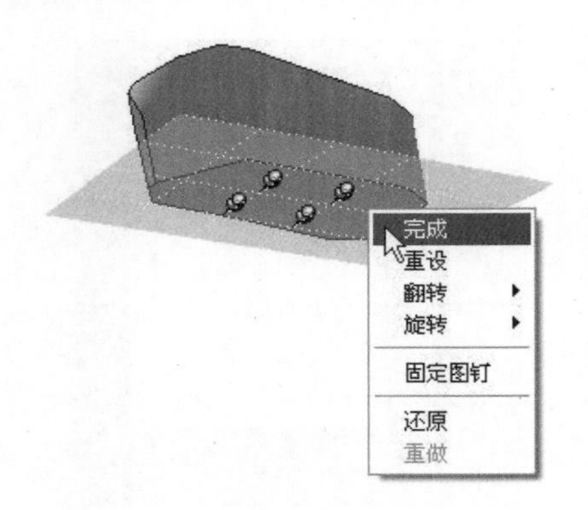

图 4-10

单击【材料】编辑器中的【样本颜料】按钮（或者使用【材质】工具并配合 Alt 键），然后单击被赋予材质的面，进行材质取样，接着单击其相邻的表面，将取样的材质赋予相邻的表面，完成贴图，效果如图 4-11 所示。

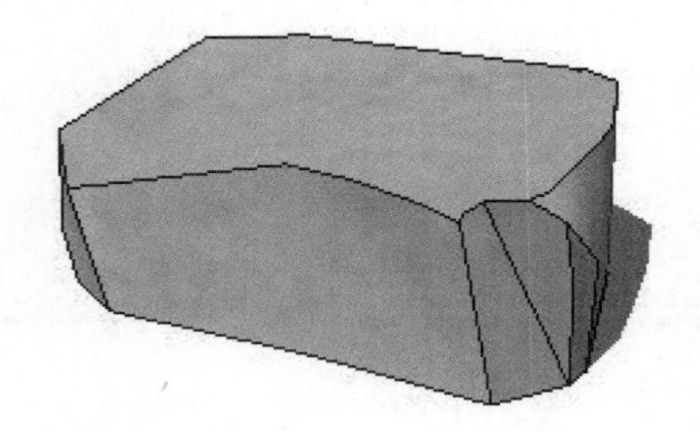

图 4-11

4.3.2 圆柱体的无缝贴图

将纹理图片添加到【材料】编辑器中，接着将贴图材质赋予圆柱体的一个面，会发现没有全部显示贴图，如图 4-12 所示。

图 4-12

选择【视图】|【隐藏几何图形】菜单命令，将物体网格显示出来。在物体上用鼠标右键单击，然后在弹出的快捷菜单中选择【纹理】|【位置】命令，如图 4-13 所示，接着对圆柱体中的一个分面进行重设贴图坐标操作，如图 4-14 所示，再次用鼠标右键单击，在弹出的快捷菜单中选择【完成】命令。

图 4-13

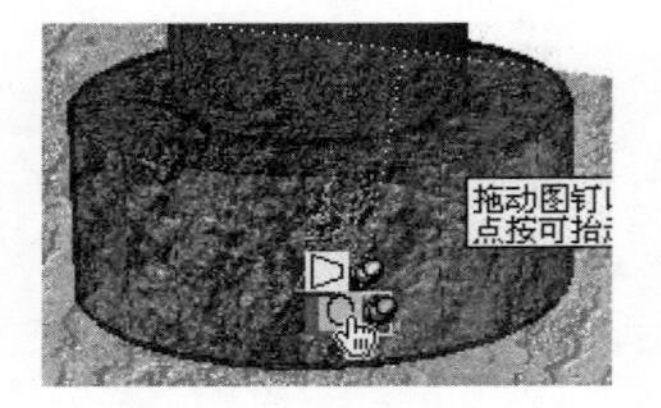

图 4-14

单击【材料】编辑器中的【样本颜料】按钮，然后单击已经赋予材质的圆柱体的面，进行材质取样，接着为圆柱体的其他面赋予材质，此时贴图没有出现错位现象，完成效果如图 4-15 所示。

图 4-15

4.3.3 其他贴图

其他主要的贴图如下。

1. 投影贴图

SketchUp 的贴图坐标可以投影贴图，就像将一个幻灯片用投影机投影一样。如果希望在模型上投影地形图像或者建筑图像，那么投影贴图就非常有用。任何曲面不论是否被柔化，都可以使用投影贴图实现无缝拼接。

> **TIPS 提示**
>
> 实际上，投影贴图不同于包裹贴图的花纹是随着物体形状的转折而转折的，其花纹大小不会改变，但是图像来源于平面，相当于把贴图拉伸，使其与三维实体相交，是贴图正面投影到物体上形成的形状。因此，使用投影贴图会使贴图有一定的变形。

2. 球面贴图

熟悉了投影贴图的原理，那么曲面的贴图自然也就会了，因为曲面实际上就是由很多三角面组成的。

3. PNG 贴图

PNG 是 20 世纪 90 年代中期开发的图像文件存储格式，目的是想要替代 GIF 格式和 TIFF 格式。PNG 格式增加了一些 GIF 格式文件所不具备的特性，在 SketchUp 中主要运用它的透明性。PNG 格式的图片可以在 Photoshop 中进行制作。镂空贴图图片要求为 PNG 格式，或者带有通道的 TIF 格式和 TGA 格式。

在【材料】编辑器中可以直接调用这些格式的图片。另外，SketchUp 不支持镂空显示阴影，要想得到正确的镂空阴影效果，需要将模型中的物体平面进行修改和镂空，尽量与贴图大致相同。

4.4 设计范例

4.4.1 小楼建筑模型材质设计范例

本范例操作文件：ywj\04\4-1a.skp

本范例完成文件：ywj\04\4-1.skp

案例分析

若 SketchUp 自带的材质库里面没有自己想要的材质，该怎么给面添加自己需要的材质呢，本节范例将细致讲解。

案例操作

步骤 01 打开图形

① 选择【文件】菜单中的【打开】命令，打开 4-1a.skp 文件，如图 4-16 所示。

② 在绘图区中打开没有贴图的模型。

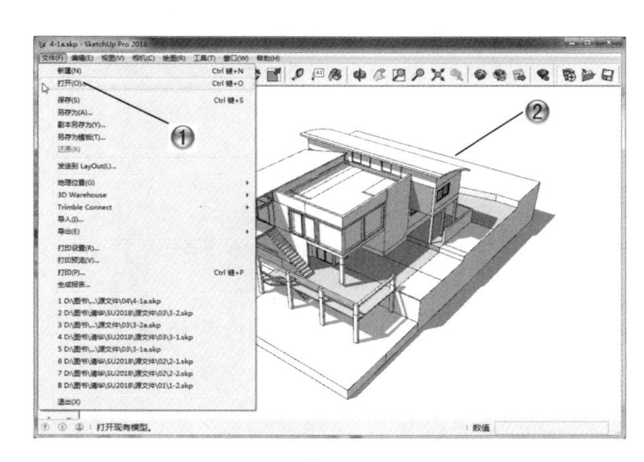

图 4-16

步骤 02 选择材质

① 单击【大工具集】工具栏中的【材质】按钮，如图 4-17 所示。

② 打开【材料】编辑器后，切换到【编辑】选项卡。

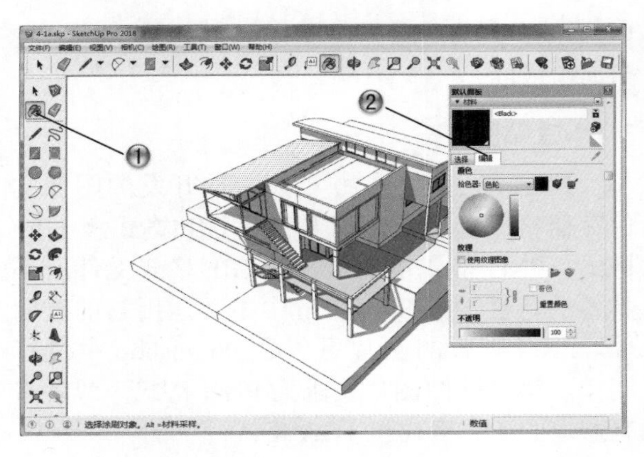

图 4-17

步骤 03 设置材质

❶ 单击【编辑】选项卡中的【浏览图像材质文件】按钮，如图 4-18 所示。

❷ 打开【选择图像】对话框，选择作为材质的图像。

❸ 单击【打开】按钮，设置好材质。

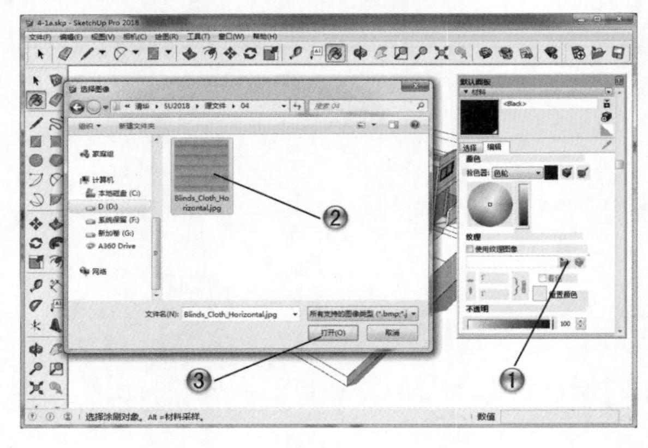

图 4-18

提示

选择的纹理图像，也可以进行图片的颜色设置，这里选择偏黑灰色的颜色。

步骤 04 赋予材质

❶ 单击【大工具集】工具栏中的【材质】按钮，如图 4-19 所示。

❷ 在绘图区中，单击需要赋予材质的地方。

步骤 05 赋予草被材质

❶ 切换到【选择】选项卡，选择园林绿化里面的【人工草被】材质，如图 4-20 所示。

❷ 在绘图区中，赋予材质。

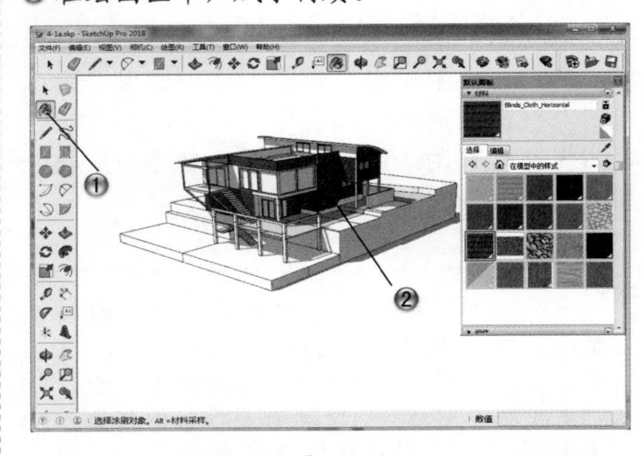

图 4-19

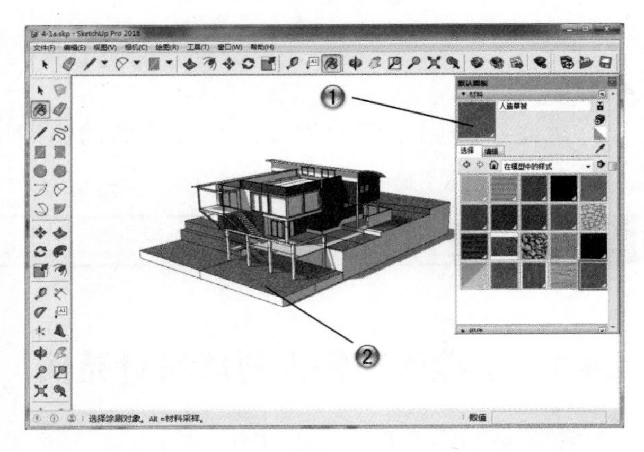

图 4-20

步骤 06 赋予木地板材质

❶ 切换到【选择】选项卡，选择木质纹里面的【浅色木地板】材质，如图 4-21 所示。

❷ 在绘图区中，赋予木地板材质，完成赋予图形材质的操作。

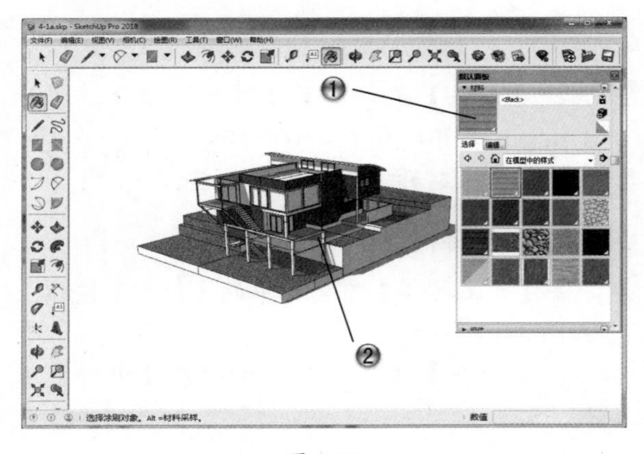

图 4-21

步骤 07 范例完成

至此，小楼建筑模型材质范例就制作完成了，最终效果如图 4-22 所示。

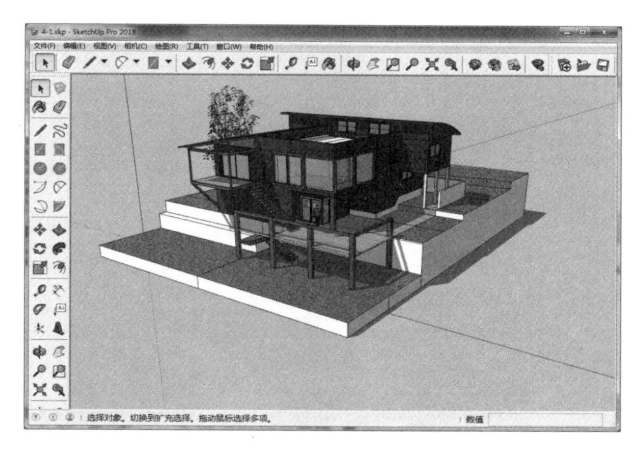

图 4-22

4.4.2 建筑地面材质贴图设计范例

本范例操作文件：ywj\04\4-2a.skp
本范例完成文件：ywj\04\4-2.skp

案例分析

SketchUp 的贴图进行填充后往往会形成一个角度，比如地砖等，看起来是倾斜的。本小节案例将细致讲解建筑地面材质贴图。

案例操作

步骤 01 打开图形

❶ 选择【文件】菜单中的【打开】命令，如图 4-23 所示。

❷ 打开 4-2a.skp 文件，即没有贴图的模型。

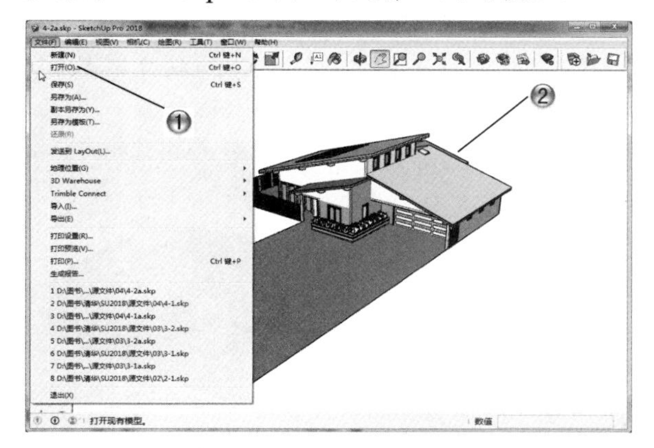

图 4-23

❷ 选择【砖、覆层和壁板】文件夹中的【灰色混凝土砖 8×8】材质。

❸ 赋予地面材质。

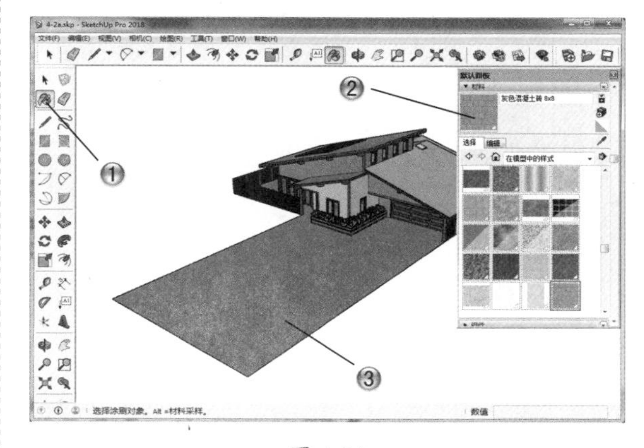

图 4-24

步骤 02 选择材质

❶ 单击【大工具集】工具栏中的【材质】按钮，如图 4-24 所示。

步骤 03 选择纹理位置菜单命令

❶ 选择纹理面，如图 4-25 所示。

② 用鼠标右键单击，在弹出的快捷菜单中选择【纹理】|【位置】命令。

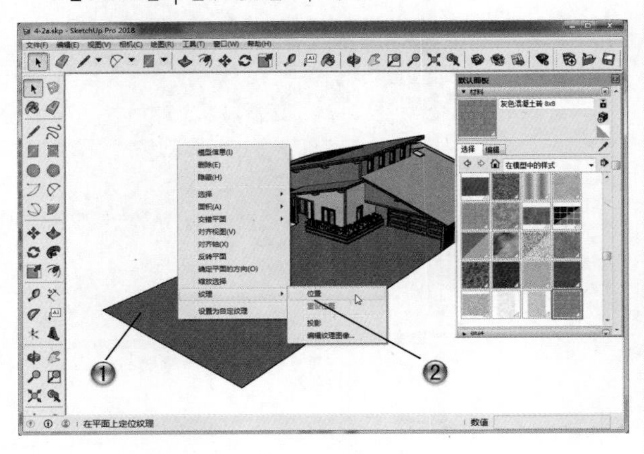

图 4-25

这里选择需要调整纹理材质的贴图。

步骤 04 调整材质

① 选择旋转的图钉，拖动鼠标可以按比例放大材质，如图 4-26 所示。

② 在绘图区中，放大涂层材质。

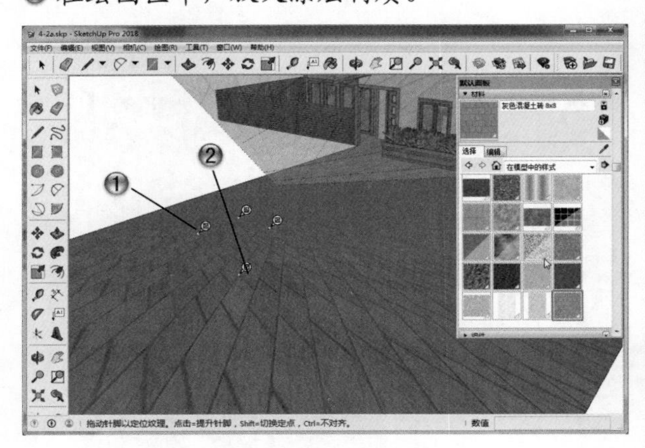

图 4-26

步骤 05 设置贴图

① 选择需要编辑的材质面，如图 4-27 所示。

② 用鼠标右键单击，在弹出的快捷菜单中选择【纹理】|【编辑纹理图像】命令。

步骤 06 打开材质源文件

① 打开材质的源文件，可以根据自己的需要进行编辑，如图 4-28 所示。

② 使用类似方法赋予其他材质层。

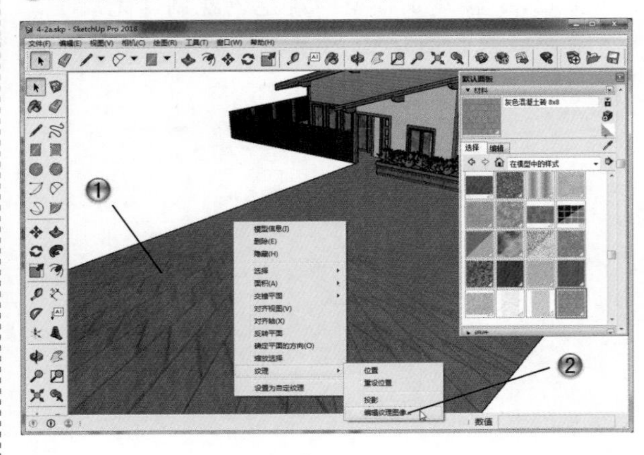

图 4-27

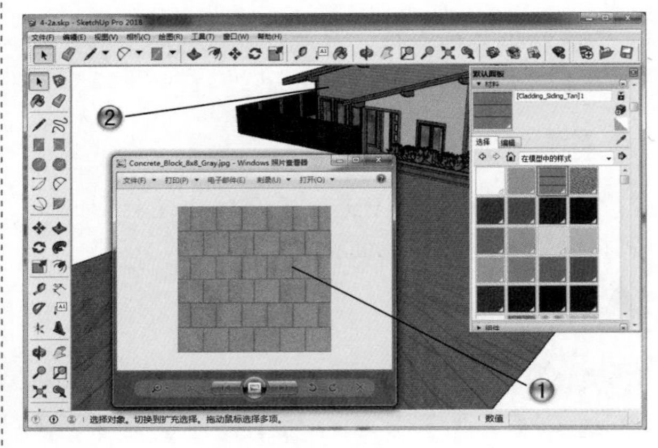

图 4-28

步骤 07 范例完成

这样，建筑地面材质贴图范例就制作完成了，范例的最终效果如图 4-29 所示。

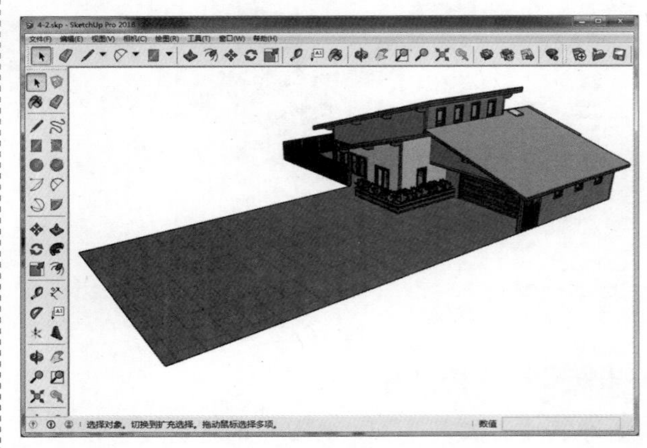

图 4-29

4.4.3 景观亭设计范例

本范例完成文件：ywj\04\4-3.skp

案例分析

SketchUp 的材质贴图进行合理的搭配后也能给模型增色不少，本节案例将通过给景观亭设置材质的例子讲解材质的综合应用。

案例操作

步骤 01 绘制矩形面

❶ 新建文件，单击【大工具集】工具栏中的【矩形】按钮，如图 4-30 所示。

❷ 在绘图区中绘制长度为 82000mm，宽度为 65000mm 的矩形。

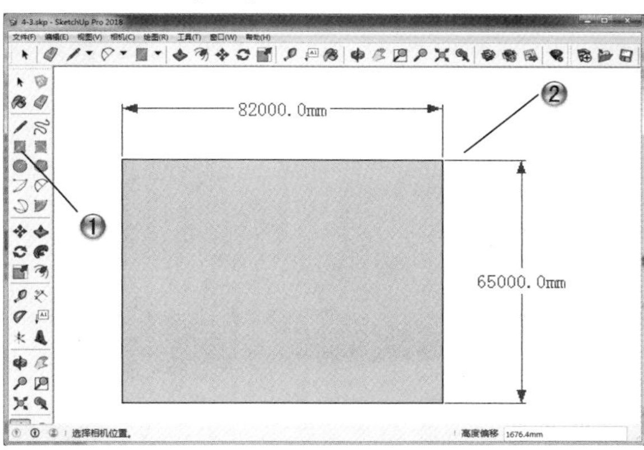

图 4-30

步骤 02 绘制亭子地面轮廓

❶ 分别单击【大工具集】工具栏中的【直线】按钮和【圆】按钮，如图 4-31 所示。

❷ 在矩形面上绘制亭子地面轮廓。

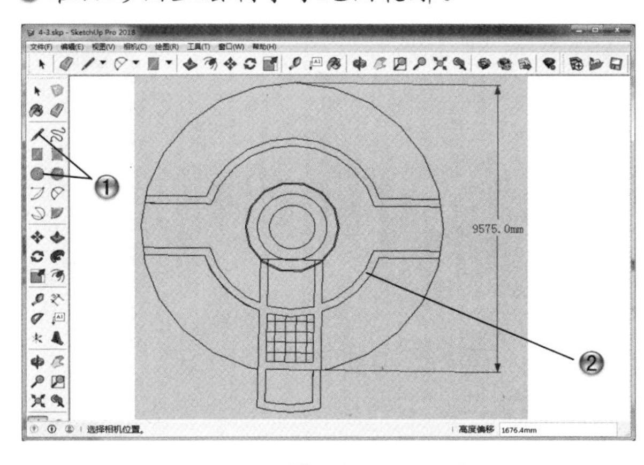

图 4-31

步骤 03 绘制亭子地面

❶ 单击【大工具集】工具栏中的【推/拉】按钮，如图 4-32 所示。

❷ 推拉出亭子地面。

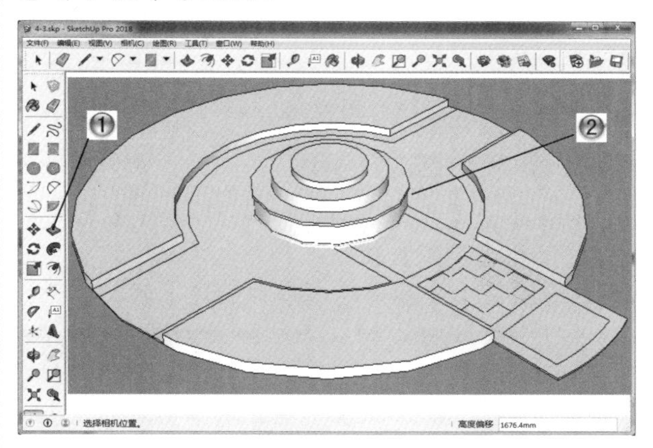

图 4-32

步骤 04 绘制石凳与柱子底部轮廓线

❶ 单击【大工具集】工具栏中的【直线】按钮，如图 4-33 所示。

❷ 在绘图区中绘制石凳与柱子底部的轮廓线。

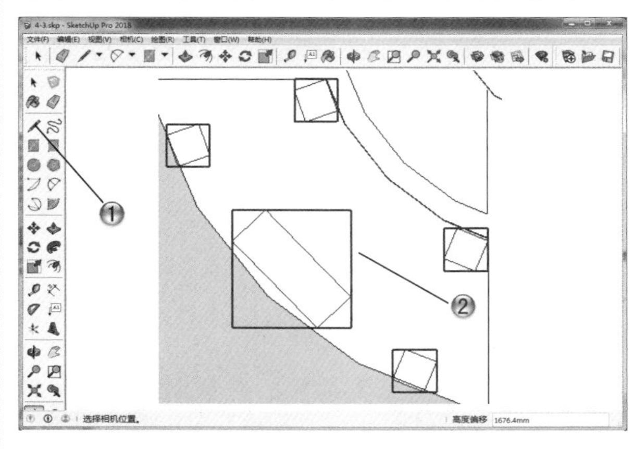

图 4-33

步骤 05 绘制石凳与柱子

❶ 分别单击【大工具集】工具栏中的【推/拉】按钮和【偏移】按钮，如图 4-34 所示。

❷ 绘制出石凳与景观亭的柱子。

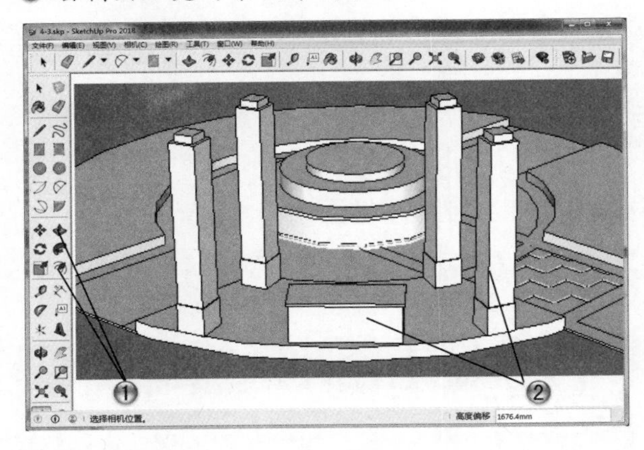

图 4-34

步骤 06 绘制顶部轮廓线

❶ 分别单击【大工具集】工具栏中的【直线】按钮和【圆弧】按钮，如图 4-35 所示。

❷ 在绘图区中绘制景观亭顶部的轮廓线。

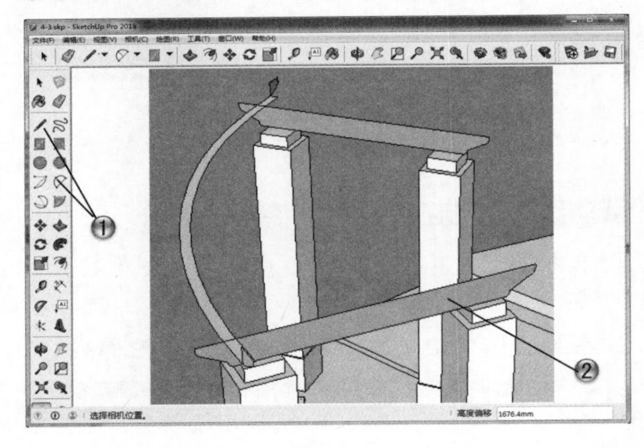

图 4-35

步骤 07 绘制顶部结构

❶ 单击【大工具集】工具栏中的【推/拉】按钮，如图 4-36 所示。

❷ 推拉出顶部结构。

步骤 08 复制出其他构件

❶ 分别单击【大工具集】工具栏中的【移动】按钮和【旋转】按钮，如图 4-37 所示。

❷ 选择绘制好的构件，按住 Ctrl 键复制出其他景观构件。

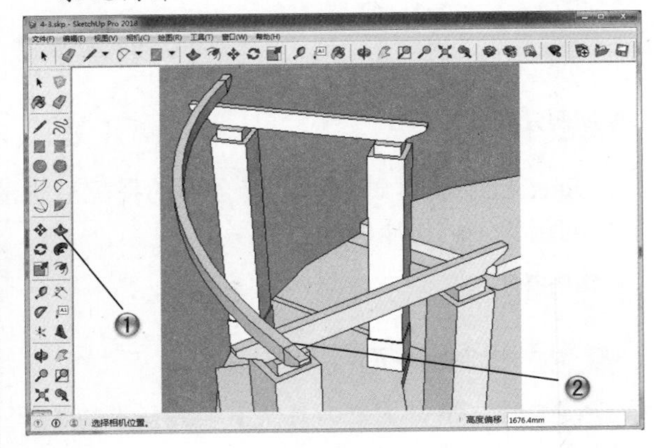

图 4-36

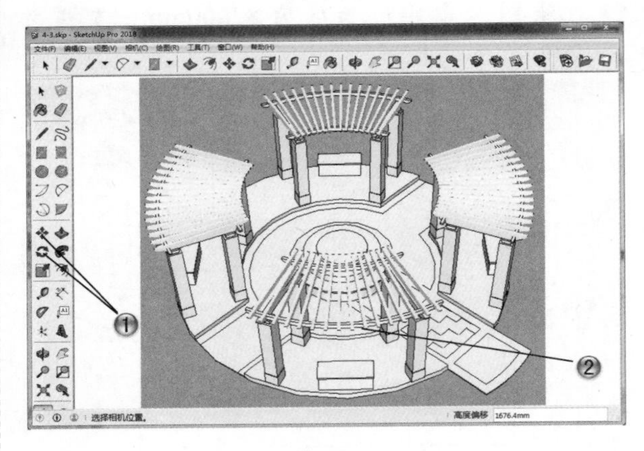

图 4-37

步骤 09 设置景观亭顶部材质

❶ 单击【大工具集】工具栏中的【材质】按钮，如图 4-38 所示。

❷ 在【材料】编辑器中选择【木质纹】材质中的原色樱桃木材质。

❸ 赋予景观亭顶部材质。

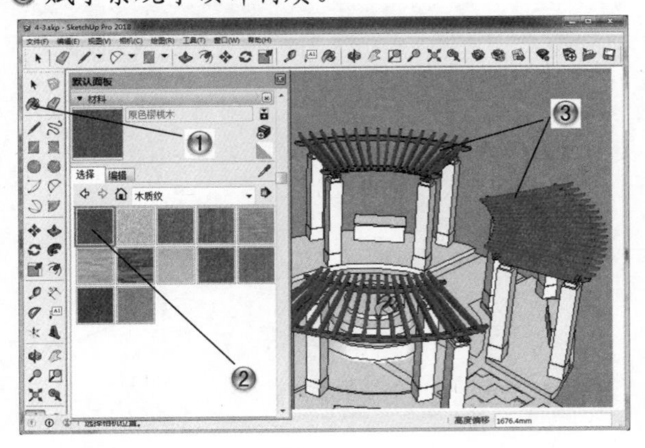

图 4-38

步骤 10 设置石材部分材质

① 在【材料】编辑器中选择【石头】材质中的大理石材质，如图 4-39 所示。

② 赋予柱子等景观石材部分材质。

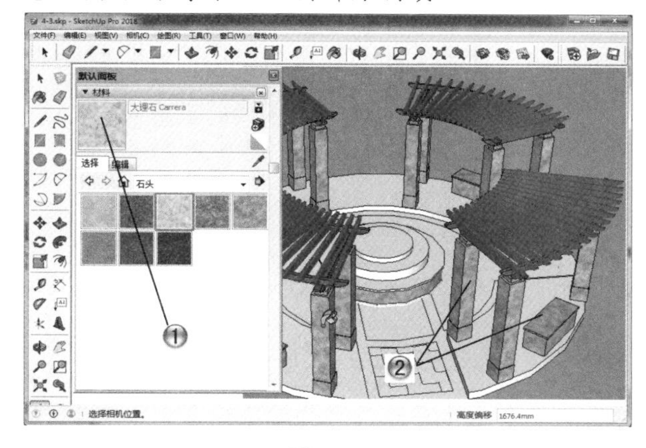

图 4-39

步骤 11 设置部分地面材质

① 在【材料】编辑器中选择木质的材质并进行编辑，如图 4-40 所示。

② 赋予地面木质材质。

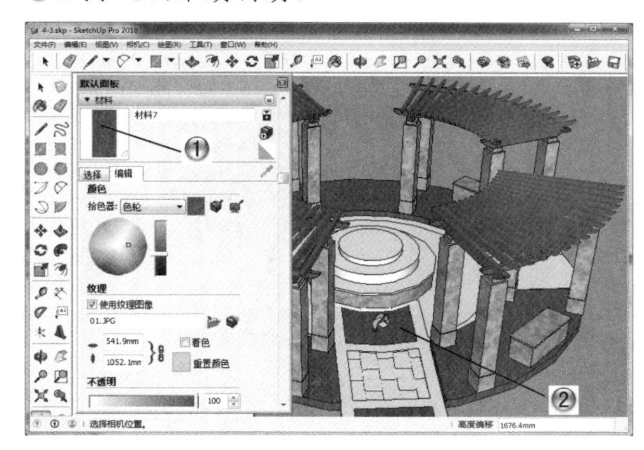

图 4-40

步骤 12 设置其他地面材质

① 在【材料】编辑器中选择砖石建筑的材质，如图 4-41 所示。

② 赋予景观亭地面的砖石部分材质。

步骤 13 进行调整贴图

① 选择地面材质并单击鼠标右键，在弹出的快捷菜单中选择【纹理】|【位置】命令，如图 4-42 所示。

② 调整地面材质贴图的位置。

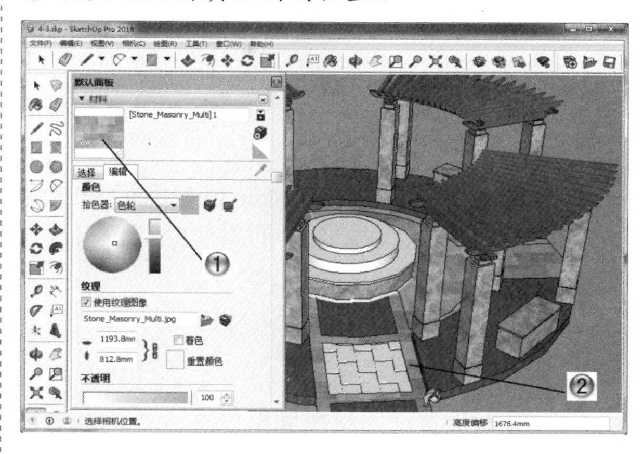

图 4-41

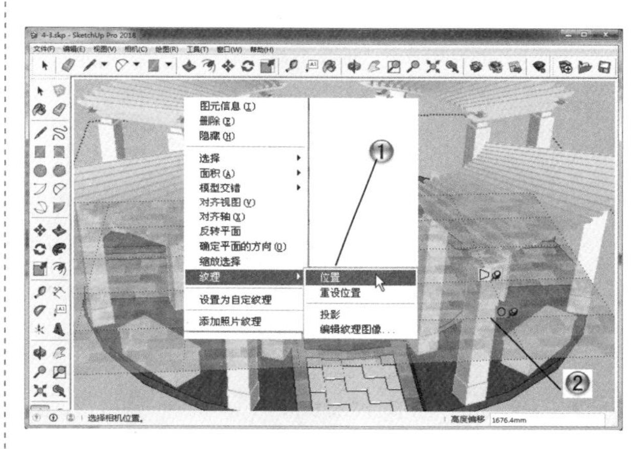

图 4-42

步骤 14 设置草地材质

① 在【材料】编辑器中选择草地的材质，如图 4-43 所示。

② 赋予草地与中心台子材质。

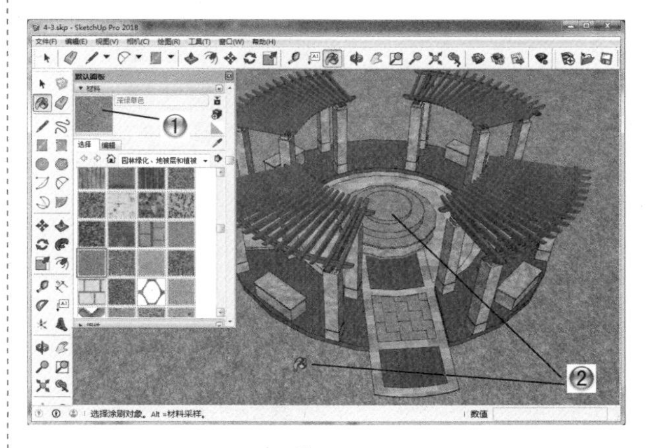

图 4-43

4.5 本章小结和练习

4.5.1 本章小结

本章主要学习了使用 SketchUp 材质与贴图的使用方法，熟悉了调整贴图坐标的方法，运用材质贴图来创建模型。一个好的材质贴图可以更准确地表达设计意图，所以大家要多加练习来巩固所学知识。

4.5.2 练习

使用本章学过的材质和贴图命令，为场景中的建筑和树木模型添加材质和贴图，效果如图 4-44 所示。

（1）添加基本材质。

（2）添加房屋和树木贴图。

图 4-44

第 5 章

图层、群组和组件应用

本章导读

SketchUp 抓住了设计师的职业需求，不依赖图层，而是提供更加方便的群组 / 组件管理功能，这种分类和现实生活中物体的分类十分相似，用户之间还可以通过组或组件进行资源共享，并且它们十分容易修改。

本章主要来讲解 SketchUp 中图层、群组和组件的相关知识，包括图层、群组和组件的创建、编辑、共享及动态组件的制作原理等。

5.1 图层的运用及管理

SketchUp 的图层集成了颜色、线型及状态等属性，以方便制图过程中对图层进行管理。

5.1.1 图层运用

要运用图层，需要选择【窗口】|【默认面板】|【图层】命令，如图 5-1 所示，打开【图层】管理器进行应用。

图 5-1

5.1.2 图层管理

在【图层】管理器中可以查看和编辑模型中的图层，它显示了模型中所有的图层和图层的颜色，并指出了图层是否可见。【图层】管理器如图 5-2 所示。

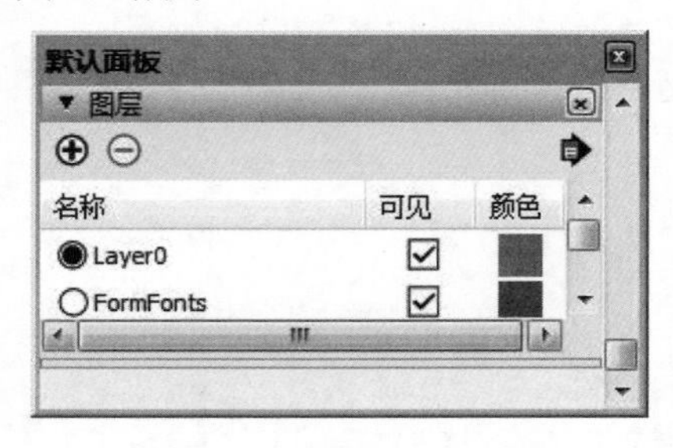

图 5-2

在【图层】管理器中删除图层时会弹出【删除包含图元的图层】对话框，在其中选中【将内容移至默认图层】单选按钮，如图 5-3 所示。

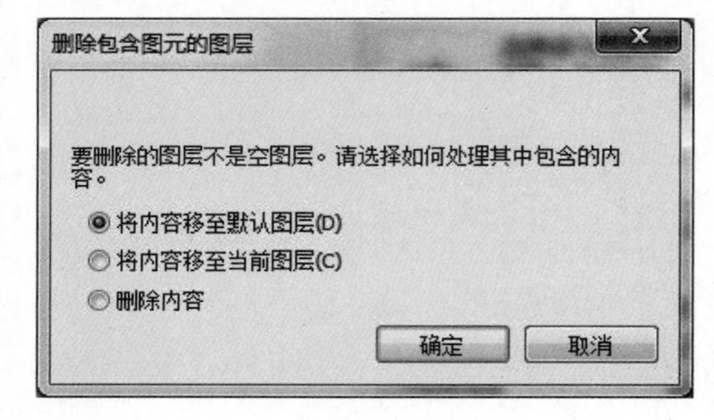

图 5-3

5.2 创建和编辑群组

群组是一些点、线、面或者实体的集合，与组件的区别在于没有组件库和关联复制的特性。但是群组可以作为临时性的群组管理，并且不占用组件库，也不会使文件变大，所以使用起来还是很方便的。

5.2.1 群组的优点

群组的优点有以下 5 个。

（1）快速选择：选中一个组就选中了组内的所有元素。

（2）几何体隔离：组内的物体和组外的物体相互隔离，操作互不影响。

（3）协助组织模型：几个组还可以再次成组，形成一个具有层级结构的组。

（4）提高建模速度：用组来管理和组织划

分模型，有助于节省计算机资源，提高建模和显示速度。

（5）快速赋予材质：分配给组的材质会由组内使用默认材质的几何体继承，而事先制定了材质的几何体不会受影响，这样可以大大提高赋予材质的效率。当组被炸开以后，此特性就无法应用了。

5.2.2 创建群组

执行【创建群组】命令主要有以下两种方式。

- 在菜单栏中，选择【编辑】|【创建群组】菜单命令。
- 在右键菜单中选择【创建群组】命令。

选中要创建为组的物体，选择【编辑】|【创建群组】菜单命令。组创建完成后，外侧会出现高亮显示的边界框，创建群组前后的效果如图5-4和图5-5所示。

图 5-4

图 5-5

5.2.3 编辑群组

执行【编辑组】命令主要有以下两种方式。

- 双击组进入组内部编辑。
- 在右键菜单中选择【编辑组】命令。

创建的组可以被分解，分解后组将恢复到成组之前的状态，同时组内的几何体会和外部相连的几何体结合，并且嵌套在组内的组会变成独立的组。当需要编辑组内部的几何体时，就需要进入组的内部进行操作。在组上双击鼠标左键，或者用鼠标右键单击，在弹出的快捷菜单中选择【编辑组】命令，即可进入组进行编辑。

> **提示**
>
> SketchUp 组件比群组占用的内存更多。

5.3 制作和编辑组件

组件是将一个或多个几何体的集合定义为一个单位，使之可以像一个物体那样进行操作。组件可以是简单的一条线，也可以是整个模型，尺寸和范围也没有限制。组件与组类似，但多个相同的组件之间具有关联性，可以进行批量操作，在与其他用户或其他 SketchUp 组件之间共享数据时也更为方便。

5.3.1 组件的优点

组件的优点有以下 6 个。

（1）独立性：组件可以是独立的物体，小至一条线，大至住宅、公共建筑，包括附着于表面的物体，例如门窗、装饰构架等。

（2）关联性：对一个组件进行编辑时，与其关联的组件将会同步更新。

（3）附带组件库：SketchUp 附带一系列预设组件库，并且还支持自建组件库，只需将自建的模型定义为组件，并保存到安装目录的 Components 文件夹中即可。在【系统设置】对话框的【文件】选项设置界面中，可以查看组件库的位置，如图 5-6 所示。

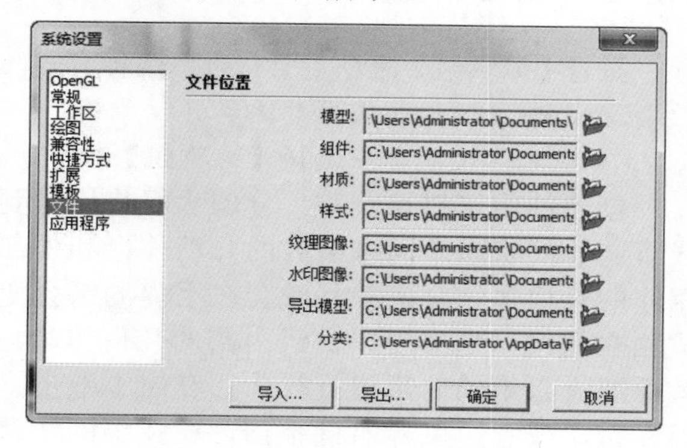

图 5-6

（4）与其他文件链接：组件除了可以存在于创建它们的文件中外，还可以导出到别的 SketchUp 文件中。

（5）组件替换：组件可以被其他文件中的组件替换，以满足不同精度的建模和渲染要求。

（6）特殊的行为对齐：组件可以对齐到不同的表面上，并且在附着的表面上挖洞开口。组件还拥有自己内部的坐标系。

灵活运用组件可以节省绘图时间，提升制图效率。

5.3.2 创建组件

执行【创建组件】命令主要有以下几种方式。

- 在菜单栏中，选择【编辑】|【创建组件】命令。
- 通过键盘输入 G 键。
- 在右键菜单中选择【创建组件】命令。

这时打开【创建组件】对话框，如图 5-7 所示，就可以创建组件了。

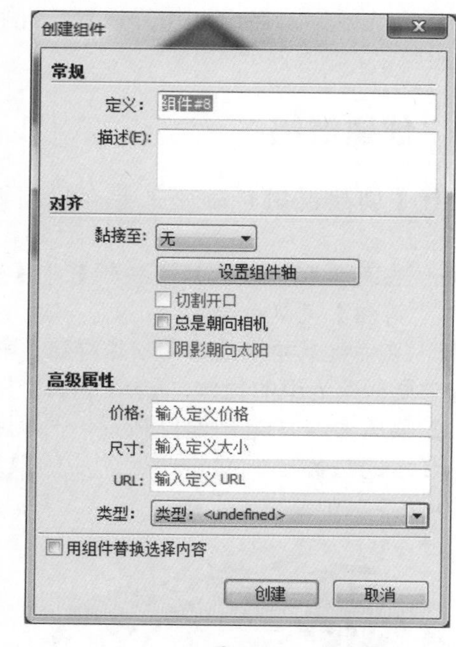

图 5-7

5.3.3 插入组件

执行插入组件命令主要有以下两种方式。

- 在菜单栏中，选择【窗口】|【默认面板】|【组件】菜单命令。
- 在菜单栏中，选择【文件】|【导入】命令。

在 SketchUp 2018 中自带了一些组件。这些组件可随视线转动面向相机，如果想使用这些组件，直接将其拖曳到绘图区即可，如图 5-8 所示。

提示

SketchUp 中的配景也是通过插入组件的方式放置的，这些配景组件可以从外部获得，也可以自己制作。人、车、树配景可以是二维组件物体，也可以是三维组件物体。

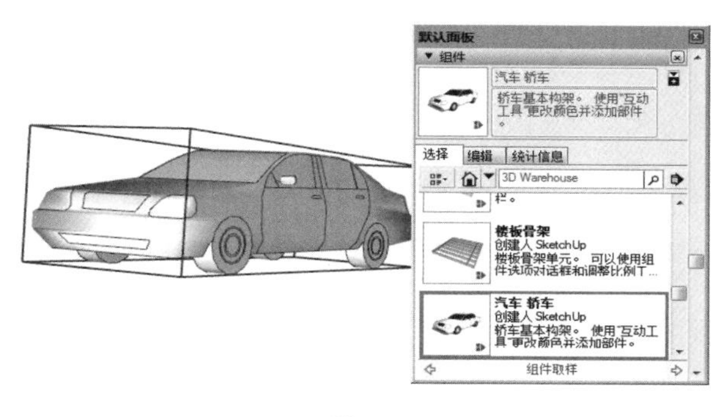

图 5-8

当组件被插入当前模型中时，SketchUp 会自动激活【移动 / 复制】工具，并自动捕捉组件坐标的原点，组件将其内部坐标原点作为默认的插入点。

若要改变默认的插入点，必须在组件插入之前更改其内部坐标系。选择【窗口】|【模型信息】菜单命令，打开【模型信息】对话框，然后在【组件轴线】选项组中启用【显示组件轴线】复选框即可显示内部坐标系，如图 5-9 所示。

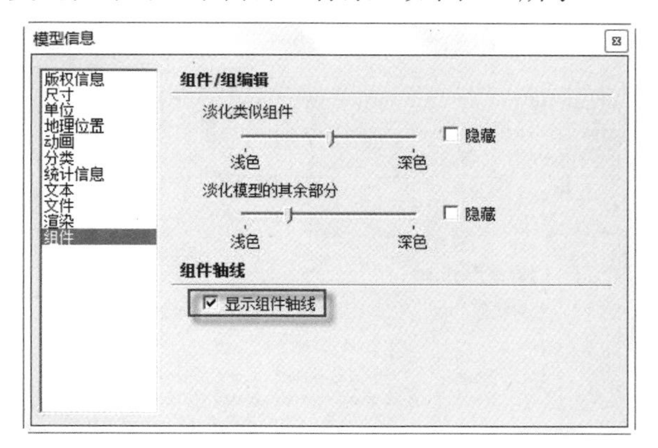

图 5-9

其实在安装完 SketchUp 后，就已经有了一些这样的素材。SketchUp 安装文件并没有附带全部的官方组件，可以登录官方网站：http://sketchup.google.com/3dwarehouse/ 下载全部的组件安装文件（注意，官方网站上的组件是不断更新和增加的，需要及时下载更新）。

另外，还可以在官方论坛网站：http://www.sketchupbbs.com 下载更多的组件，充实自己的 SketchUp 配景库。

5.3.4 编辑组件

执行【编辑组件】命令主要有以下两种方式。

- 双击组件进入组件内部编辑。
- 在右键菜单中选择【编辑组件】命令。

创建组件后，组件中的物体会被包含在组件中而与模型的其他物体分离。SketchUp 支持对组件中的物体进行编辑，这样可以避免炸开组件进行编辑后再重新制作组件。

如果要对组件进行编辑，最常用的是双击组件进入组件内部编辑。

> TIPS 提示
> SketchUp 中所有复制的组件都会自动跟着原组件的变化而改变。

5.4 动态组件

动态组件（Dynamic Components）使用起来非常方便，在制作楼梯、门窗、地板、玻璃幕墙、篱笆栅栏等方面应用较为广泛。例如，当缩放一扇带边框的门窗时，由于事先固定了门（窗）框的相对尺寸，就可以实现门（窗）框的相对尺寸不变，而门（窗）整体尺寸变化。读者也可通过登录 Google 3D 模型库，下载所需动态组件。

5.4.1 动态组件的特点和启动方法

总结这些组件的属性并加以分析，可以发现，动态组件包含以下特征：固定某个构件的参数（尺寸、位置等），复制某个构件，调整某个构件的参数，调整某个构件的活动性等。具备以上一种或多种属性的组件即可被称为动态组件。

在菜单栏中，选择【视图】|【工具栏】|【动态组件】命令，即可打开【动态组件】工具栏。

5.4.2 动态组件工具

【动态组件】工具栏包含3个工具，分别为【与动态组件互动】工具、【组件选项】工具和【组件属性】工具，如图5-10所示。

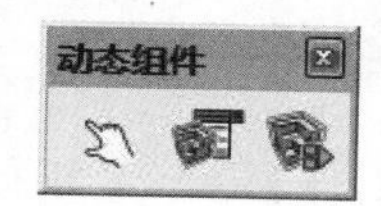

图 5-10

1. 与动态组件互动

激活【与动态组件互动】工具，然后将鼠标指向动态组件，此时鼠标上会多出一个星号，随着鼠标在动态组件上单击，组件就会动态显示不同的属性效果，如图5-11所示。

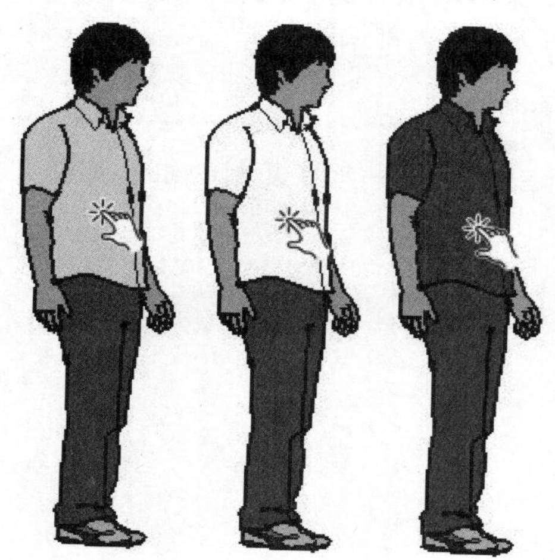

图 5-11

2. 组件选项

激活【组件选项】工具，将弹出【组件选项】对话框，如图5-12所示，主要用来配置组件的编码和内容。

3. 组件属性

激活【组件属性】工具，将弹出【组件属性】对话框，如图5-13所示，在该对话框中可以为选中的动态组件添加属性。

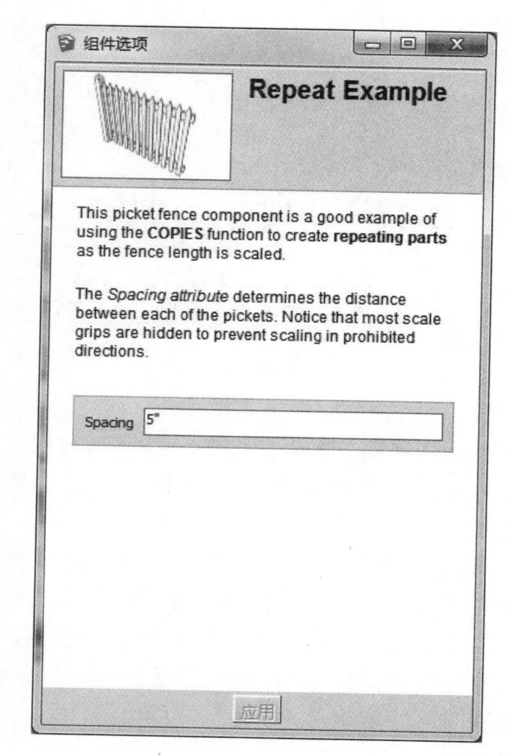

图 5-12

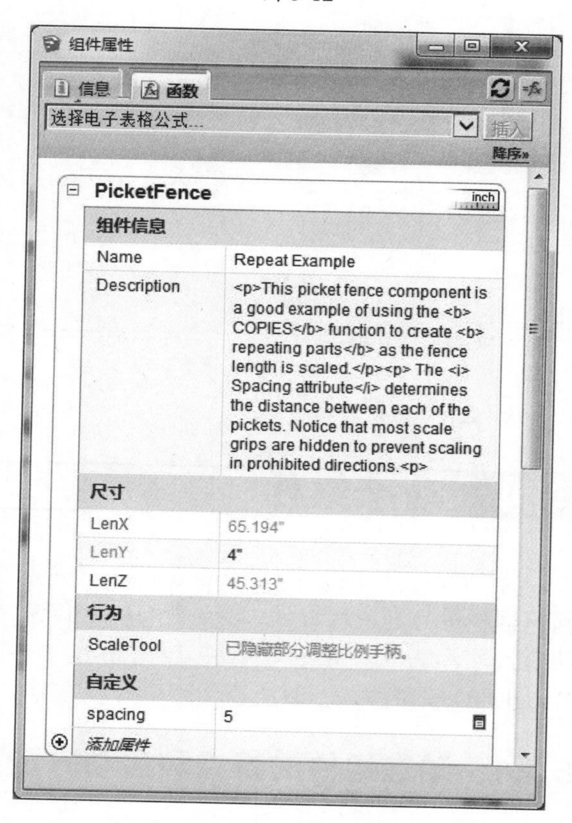

图 5-13

5.5 设计范例

5.5.1 小别墅建筑模型材质设计范例

本范例操作文件：ywj\05\5-1a.skp
本范例完成文件：ywj\05\5-1.skp

案例分析

SketchUp 的组与群组功能可以对多个对象进行打包组合，与 3ds Max 的组模方式基本相同，但又有其独特之处。本案例就是使用组件来进行绘制窗户的操作。

案例操作

步骤 01 打开图形

❶ 选择【文件】菜单中的【打开】命令。
❷ 打开 5-1a.skp 文件，如图 5-14 所示。下面要在空白的墙体位置绘制窗户。

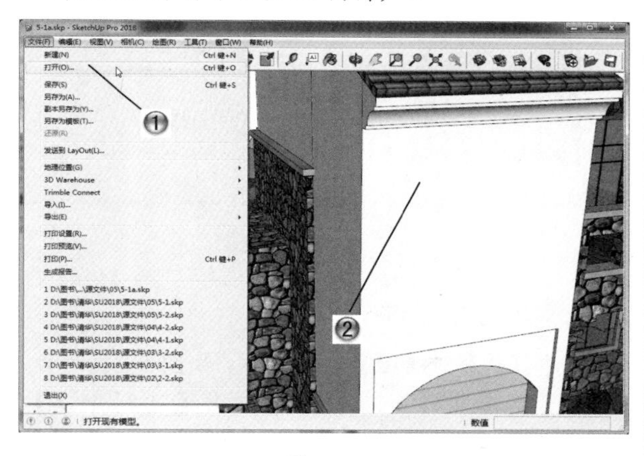

图 5-14

步骤 02 绘制窗户

❶ 单击【大工具集】工具栏中的【直线】按钮，如图 5-15 所示。
❷ 绘制窗户。

步骤 03 绘制矩形窗台

❶ 单击【大工具集】工具栏中的【矩形】按钮，如图 5-16 所示。
❷ 绘制矩形窗台。

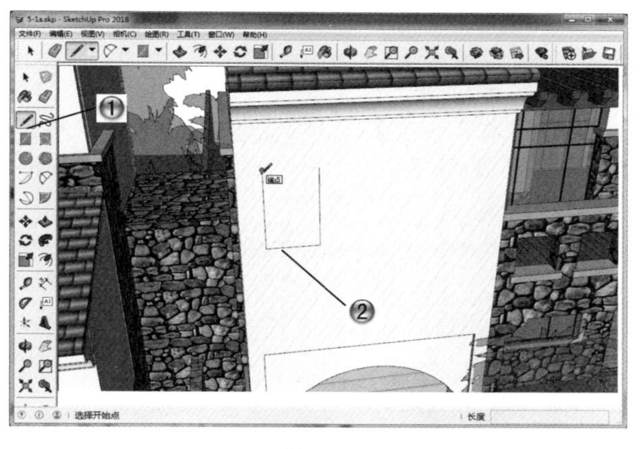

图 5-15

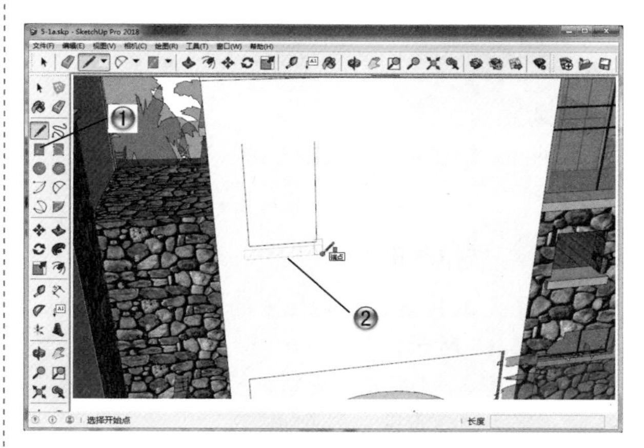

图 5-16

步骤 04 绘制圆弧

❶ 单击【大工具集】工具栏中的【圆弧】按钮，如图 5-17 所示。

❷ 绘制圆弧。

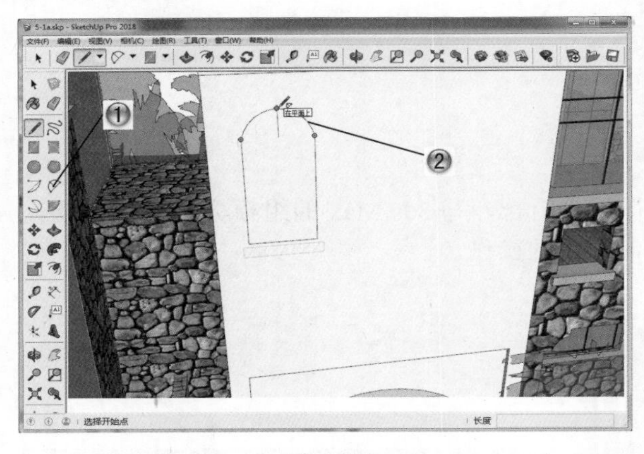

图 5-17

步骤 05 绘制直线

❶ 单击【大工具集】工具栏中的【直线】按钮，如图 5-18 所示。

❷ 绘制直线。

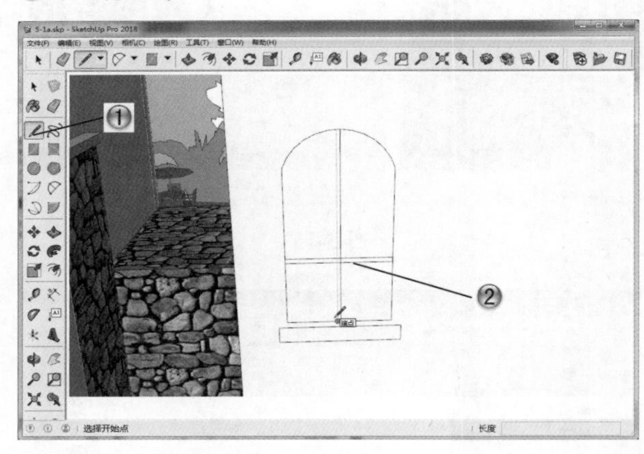

图 5-18

步骤 06 推拉图形

❶ 单击【大工具集】工具栏中的【推 / 拉】按钮，如图 5-19 所示。

❷ 推拉图形，形成窗户模型。

步骤 07 选择【创建组件】命令

❶ 选择图形，单击鼠标右键。

❷ 在弹出的快捷菜单中选择【创建组件】命令，如图 5-20 所示。

图 5-19

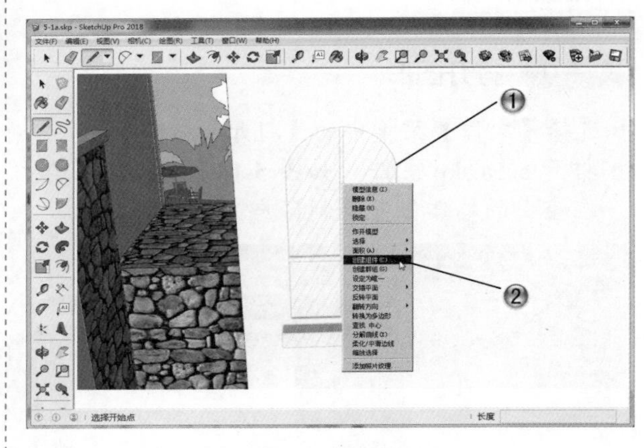

图 5-20

步骤 08 创建组件

❶ 此时打开【创建组件】对话框，如图 5-21 所示。

❷ 在【创建组件】对话框中启用【切割开口】复选框。

❸ 单击【创建】按钮，创建好组件。

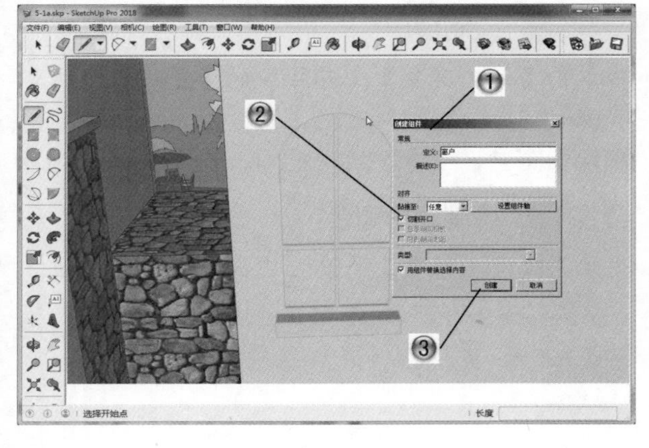

图 5-21

步骤 09 复制组件

① 单击【大工具集】工具栏中的【移动】按钮，按住键盘上的 Ctrl 键。

② 选择创建的窗户组件，将其移动复制到图中位置，窗户会自动切割开口，如图 5-22 所示。

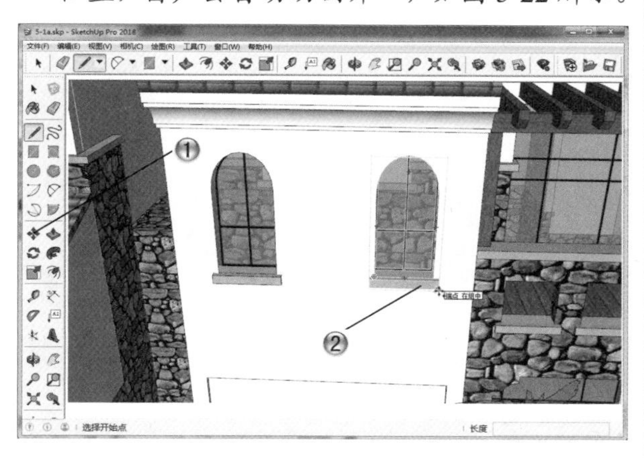

图 5-22

步骤 10 范例完成

至此，别墅建筑模型制作完成，最终效果如图 5-23 所示。

图 5-23

5.5.2 花架模型设计范例

本范例完成文件：ywj\05\5-2.skp

案例分析

本小节介绍一个使用组件快速绘制花架模型的范例，主要介绍绘制组件的方法，同时复习一下绘制三维模型的方法。

案例操作

步骤 01 绘制柱子轮廓

① 首先新建一个文件，然后单击【大工具集】工具栏中的【直线】按钮，如图 5-24 所示。

② 在绘图区绘制柱子线条轮廓。

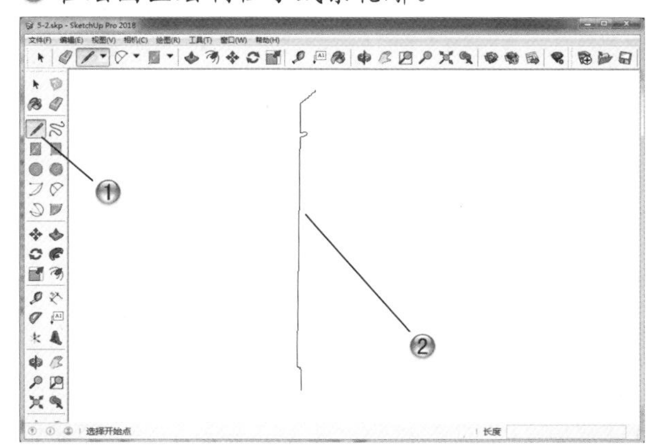

图 5-24

步骤 02 绘制矩形路径

① 单击【大工具集】工具栏中的【矩形】按钮，如图 5-25 所示。

② 在绘图区绘制矩形路径。

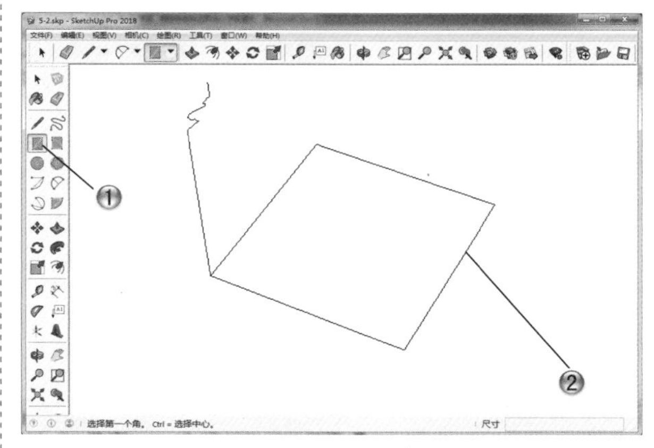

图 5-25

步骤 03 绘制柱子

❶ 单击【大工具集】工具栏中的【路径跟随】按钮，如图 5-26 所示。

❷ 将图形绘制为柱子的模型。

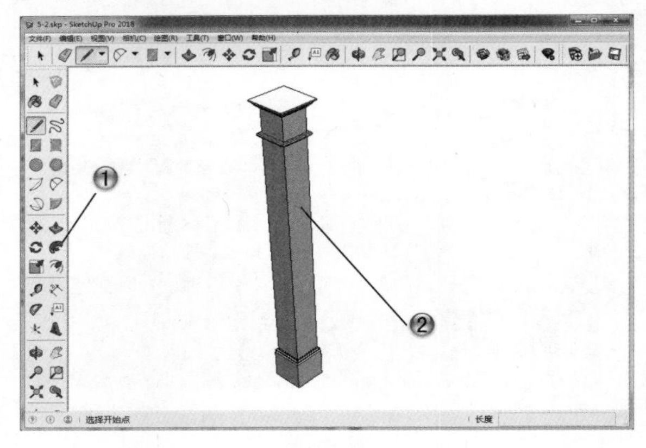

图 5-26

步骤 04 绘制廊架的顶部单个模型

❶ 单击【大工具集】工具栏中的【直线】按钮，如图 5-27 所示。

❷ 在绘图区绘制廊架的顶部轮廓。

❸ 单击【大工具集】工具栏中的【推 / 拉】按钮，将其拉伸成为顶部单个模型。

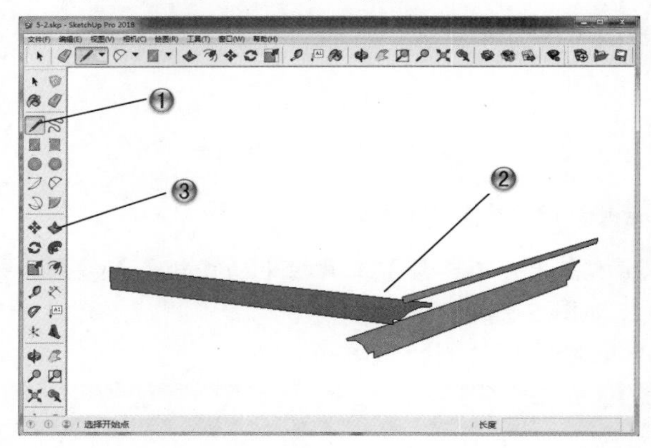

图 5-27

步骤 05 将模型创建为组件

❶ 选择图形，单击鼠标右键，如图 5-28 所示。

❷ 在弹出的快捷菜单中选择【创建组件】命令。

❸ 在打开的【创建组件】对话框中设置参数，然后单击【创建】按钮，创建好组件。

步骤 06 移动复制模型

❶ 单击【大工具集】工具栏中的【移动】按钮，按住键盘上的 Ctrl 键。

❷ 选择创建好的组件，将其移动复制多个，形成花架的顶部，如图 5-29 所示。

❸ 按照相同的方法再移动复制三个柱子。

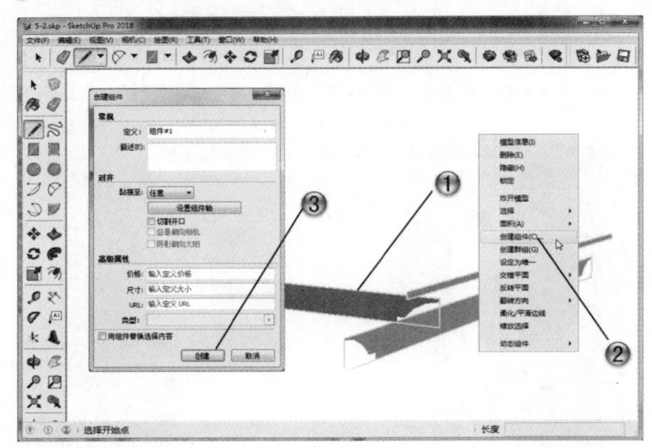

图 5-28

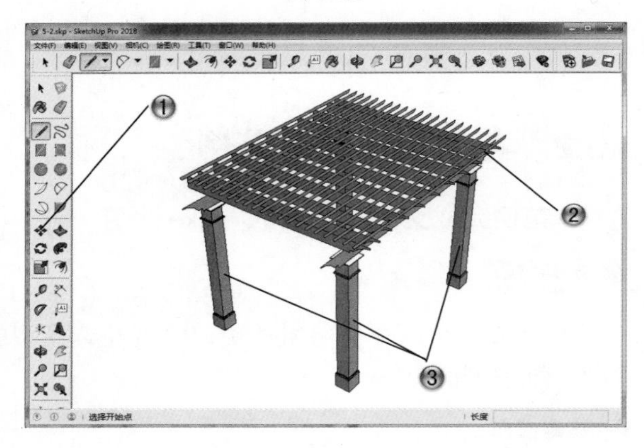

图 5-29

步骤 07 范例完成

至此，花架模型制作完成，最终效果如图 5-30 所示。

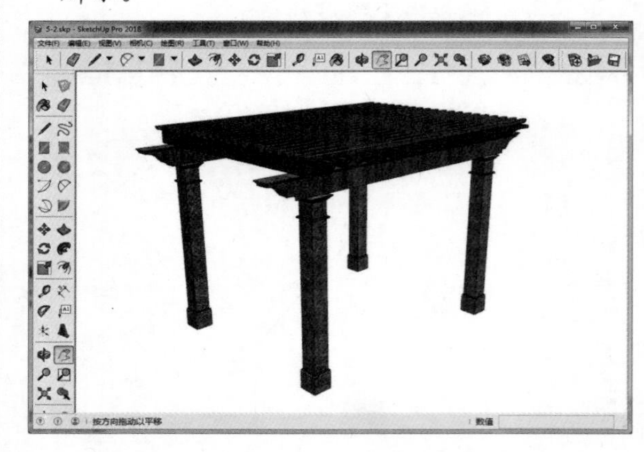

图 5-30

5.5.3 折窗模型设计范例

本范例完成文件：ywj\05\5-3.skp

案例分析

本小节介绍一个使用群组快速绘制折窗模型的范例，主要介绍绘制群组的方法。群组与组件有许多共同之处，很多情况下使用区别不大，都可以将场景中众多的构件编辑成一个整体，在适当时候把模型对象成组，可避免日后模型粘连的情况发生。

案例操作

步骤 01 绘制矩形

❶ 首先新建一个文件，然后单击【大工具集】工具栏中的【矩形】按钮，如图 5-31 所示。

❷ 在绘图区绘制宽度为 120mm、长度为 2380mm 的矩形。

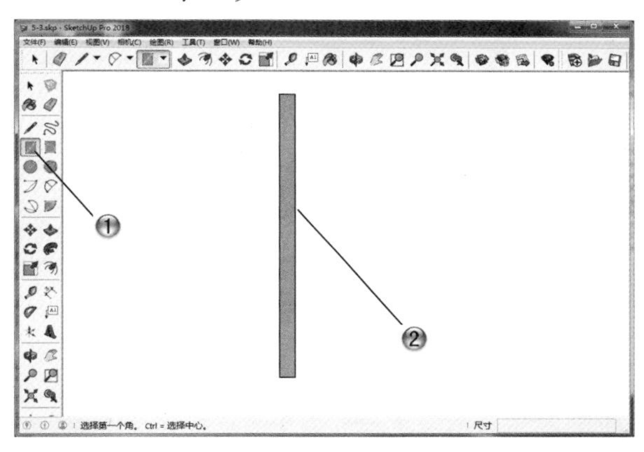

图 5-31

步骤 02 推拉矩形

❶ 单击【大工具集】工具栏中的【推/拉】按钮，如图 5-32 所示。

❷ 推拉矩形，推拉厚度为 50mm。

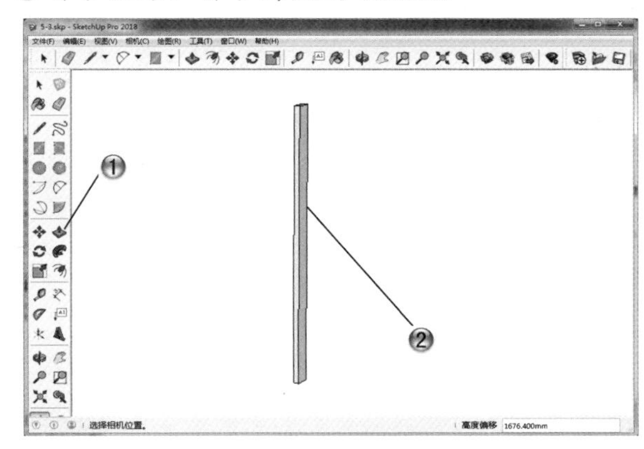

图 5-32

步骤 03 将模型创建为群组

❶ 选择推拉后的模型，单击鼠标右键。

❷ 在弹出的快捷菜单中选择【创建群组】命令，如图 5-33 所示。

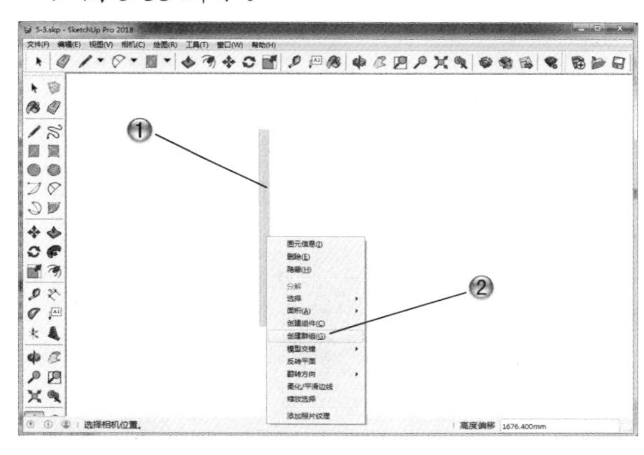

图 5-33

步骤 04 复制多个模型

❶ 单击【大工具集】工具栏中的【移动】按钮，按住键盘上的 Ctrl 键。

❷ 选择创建好的群组，将其移动复制多个，如图 5-34 所示。

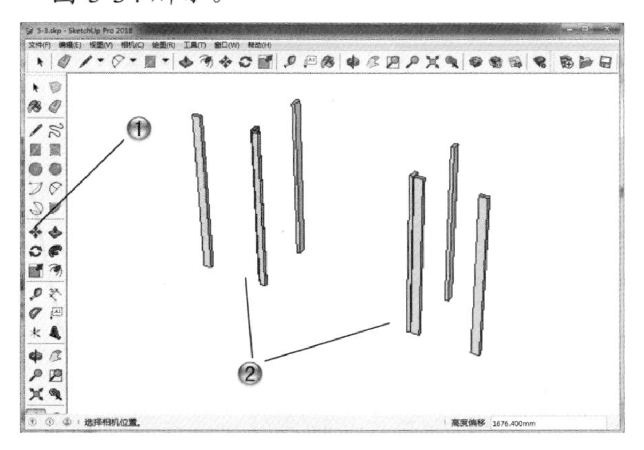

图 5-34

步骤 05 绘制窗户线条

❶ 单击【大工具集】工具栏中的【直线】按钮，如图 5-35 所示。

❷ 绘制窗户轮廓线线条。

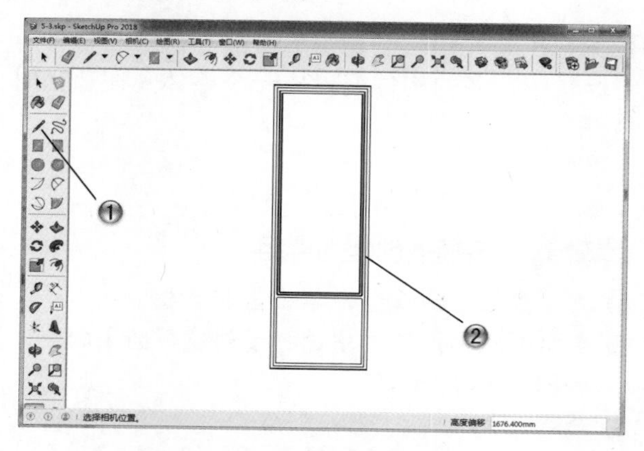

图 5-35

步骤 06 绘制窗户并创建为群组

❶ 单击【大工具集】工具栏中的【推/拉】按钮，如图 5-36 所示。

❷ 推拉出窗户模型，然后选择模型，单击鼠标右键。

❸ 在弹出的快捷菜单中选择【创建群组】命令。

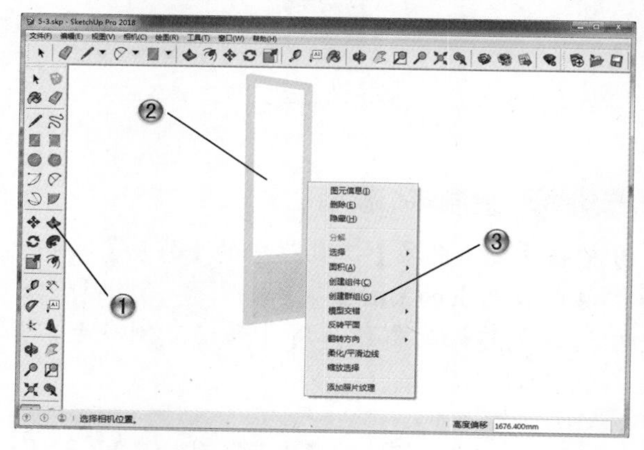

图 5-36

步骤 07 绘制窗框内部及顶部结构轮廓

❶ 单击【大工具集】工具栏中的【直线】按钮，如图 5-37 所示。

❷ 绘制窗框内部及顶部结构轮廓线。

步骤 08 推拉图形并创建为群组

❶ 单击【大工具集】工具栏中的【推/拉】按钮，如图 5-38 所示。

❷ 推拉出整体模型，然后选择模型，单击鼠标右键。

❸ 在弹出的快捷菜单中选择【创建群组】命令。

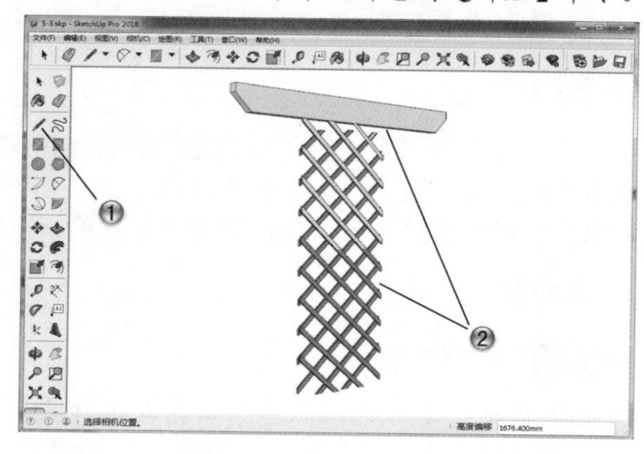

图 5-37

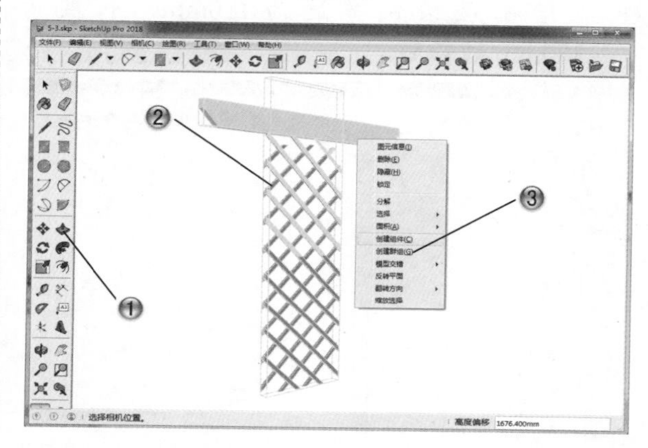

图 5-38

步骤 09 移动复制模型

❶ 单击【大工具集】工具栏中的【移动】按钮，按住键盘上的 Ctrl 键，如图 5-39 所示。

❷ 选择创建好的群组，将其移动复制多个，最后添加材质，完成范例模型的绘制。

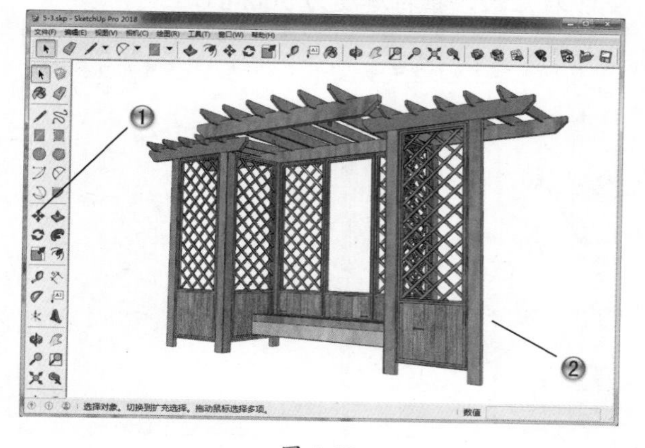

图 5-39

5.6 本章小结和练习

5.6.1 本章小结

本章学习了 SketchUp 中图层、群组和组件的管理功能，用户之间可以通过组或组件进行资源共享，在修改图形的时候更加得心应手。

5.6.2 练习

如图 5-40 所示，使用本章学过的命令来创建古建筑亭子建筑模型。

（1）绘制亭子底座。

（2）绘制亭子柱子并形成组件。

（3）绘制亭子屋脊。

（4）完成整个亭子的最终效果。

图 5-40

学习心得

第 6 章

页面和动画设计

本章导读

一般在设计方案初步确定以后，我们会以不同的角度或属性设置不同的储存场景，通过【场景】标签的选择，可以方便地进行多个场景视图的切换，并对方案进行多角度对比。另外，通过场景的设置可以批量导出图片。SketchUp 还可以制作展示动画，并结合阴影或剖切面制作出生动有趣的光影动画和生长动画，为实现动态设计提供了条件。本章将系统介绍设计后期中的页面设计、场景的设置以及与动画制作有关的内容。

6.1 页面设计

在 SketchUp 设计中，要选择适合的角度透视，作为一个页面（一张图片）。要查看另外一个角度的透视效果时，需要添加新的页面。当对一个页面进行角度或者阴影等的调整后产生新的效果时，应对其进行“页面更新”，否则将不会在该页面中保存所做的改动。

6.1.1 【场景】管理器

SketchUp 中场景的功能主要用于保存视图和创建动画，场景可以存储显示设置、图层设置、阴影和视图等，通过绘图窗口上方的【场景】标签可以快速切换场景显示。SketchUp 2018 有场景缩略图功能，用户可以在【场景】管理器中进行直观的浏览和选择。

执行【场景】命令的方式为：在菜单栏中，选择【窗口】|【默认面板】|【场景】命令，如图 6-1 所示。

图 6-1

选择【窗口】|【场景】命令即可打开【场景】管理器，通过【场景】管理器可以添加和删除场景，也可以对场景进行属性修改，如图 6-2 所示。

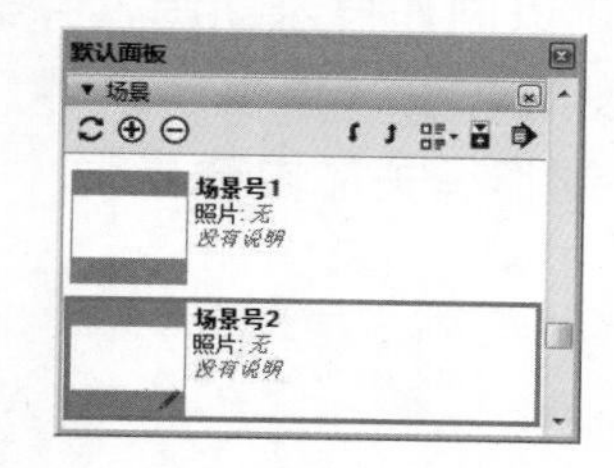

图 6-2

（1）【更新场景】按钮：如果对场景进行了改变，则需要单击该按钮进行更新，也可以在【场景】标签上用鼠标右键单击，然后在弹出的快捷菜单中选择【更新】命令。

（2）【添加场景】按钮：单击该按钮将在当前相机设置下添加一个新的场景。

（3）【删除场景】按钮：单击该按钮将删除选择的场景，也可以在【场景】标签上用鼠标右键单击，在弹出的快捷菜单中执行【删除】命令进行删除。

（4）【向下移动场景】按钮 /【向上移动场景】按钮：这两个按钮用于移动场景的前后位置，也可以在【场景】标签上用鼠标右键单击，在弹出的快捷菜单中选择【左移】或者【右移】命令。

（5）【查看选项】按钮：单击此按钮可以改变场景视图的显示方式，如图 6-3 所示。

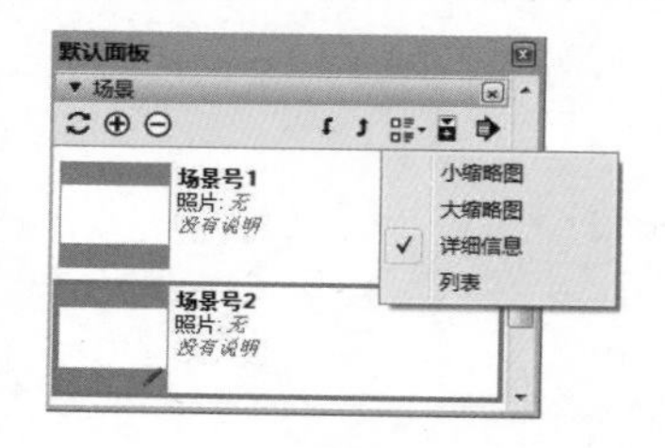

图 6-3

注意

在缩略图右下角有一个铅笔的场景，表示为当前场景。在场景数量多并且难以快速准确地找到所需场景的情况下，这项新增功能显得非常重要。

（6）【隐藏 / 显示详细信息】按钮：每一个场景都包含很多属性设置，如图 6-4 所示。单击该按钮即可显示或者隐藏这些属性。

- 【名称】：可以改变场景的名称，也可以使用默认的场景名称。

- 【说明】：可以为场景添加简单的描述。
- 【包含在动画中】：当动画被激活以后，启用该复选框则场景会连续显示在动画中。如果禁用此复选框，则播放动画时会自动跳过该场景。
- 【要保存的属性】：包含很多属性选项，启用则记录相关属性的变化，禁用则不记录。在禁用的情况下，当前场景的这个属性会延续上一个场景的特征。例如，禁用【阴影设置】复选框，那么从前一个场景切换到当前场景时，阴影将停留在前一个场景的阴影状态；同时，当前场景的阴影状态将被自动取消。如果需要恢复，就必须再次启用【阴影设置】复选框，并重新设置阴影，并需要再次刷新。

图 6-4

SketchUp 2018 的【场景】管理器包含场景缩略图，可以直观地显示场景视图，使查找场景变得更加方便，也可以用鼠标右键单击缩略图进行场景的添加和更新等操作，如图 6-5 所示。

单击绘图窗口左上方的【场景】标签可以快速切换所记录的视图窗口。用鼠标右键单击【场景】标签也能弹出快捷菜单，可对场景进行更新、添加或删除等操作，如图 6-6 所示。

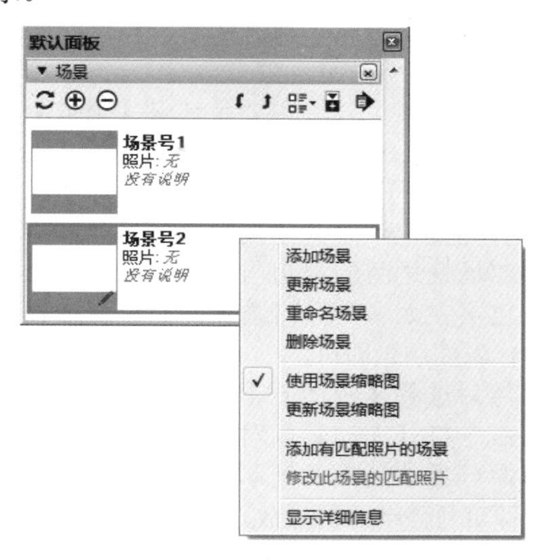

图 6-5

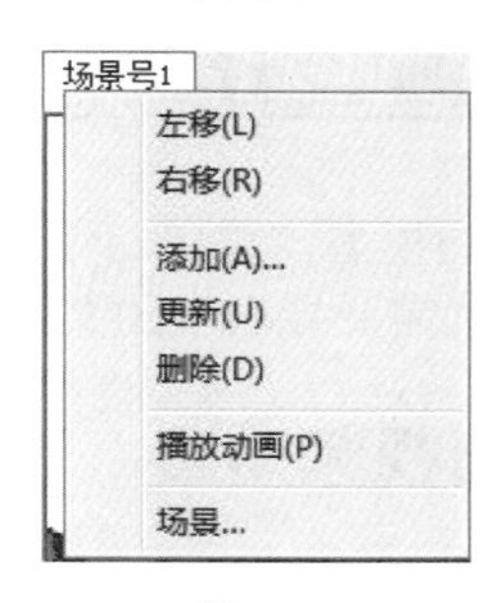

图 6-6

在创建场景时，会弹出【警告 - 场景和样式】对话框，如图 6-7 所示，提示对场景进行保存。

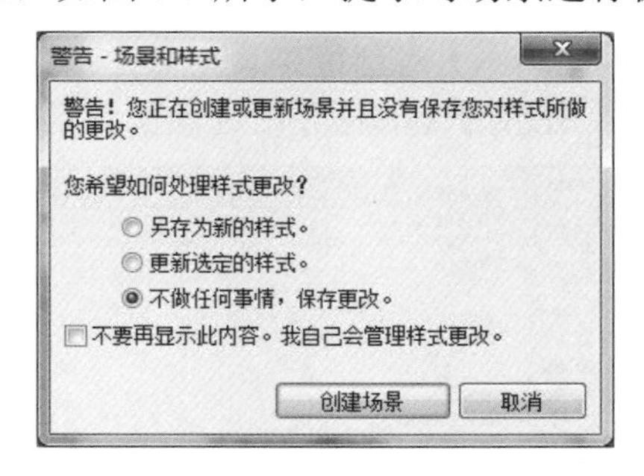

图 6-7

注意

在某个页面中增加或删除几何体会影响整个模型，其他页面也会相应增加或删除，而每个页面的显示属性却都是独立的。

6.1.2 幻灯片演示

通过【场景】标签的选择，可以方便地进行多个场景视图的切换，并对方案进行多角度对比，形成幻灯片演示效果。

幻灯片演示效果主要是通过【播放】命令来实现，可以在菜单栏中，选择【视图】|【动画】|【播放】命令，如图 6-8 所示。

首先设定一系列不同视角的场景，并尽量使相邻场景之间的视角与视距不要相差太远，数量也不宜太多，只需选择能充分表达设计意图的代表性场景即可。

然后选择【视图】|【动画】|【播放】菜单命令打开【动画】对话框，单击【播放】按钮即可播放场景的展示动画，单击【停止】按钮即可暂停动画的播放，如图 6-9 所示。

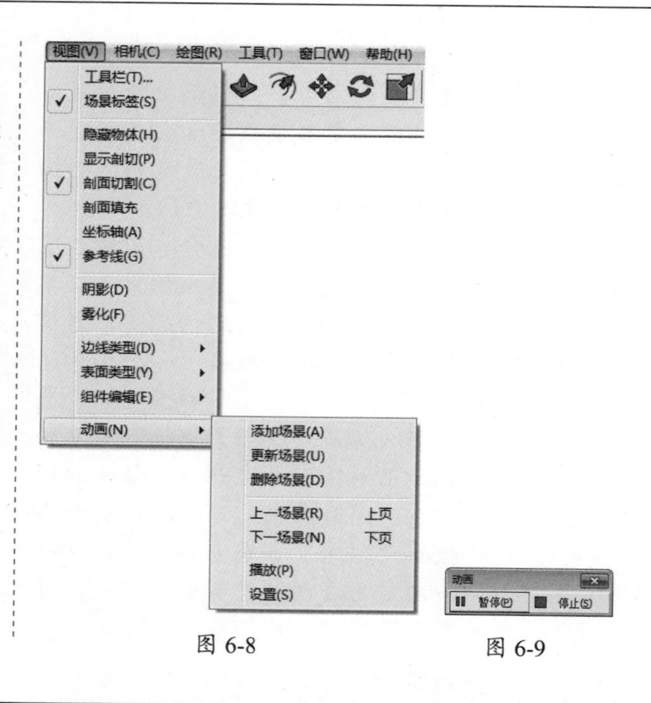

图 6-8　　图 6-9

6.2 动画设计

对于简单的模型，采用幻灯片播放能保持平滑动态显示，但在处理复杂模型的时候，如果仍要保持画面流畅就需要导出动画文件了。

6.2.1 导出视频动画

采用幻灯片播放时，每秒显示的帧数取决于计算机的即时运算能力，而导出视频文件的话，SketchUp 会使用额外的时间来渲染更多的帧，以保证画面的流畅播放，因此导出视频文件需要更多的时间。

要想导出动画文件，只需选择【文件】|【导出】|【动画】|【视频】菜单命令，然后在弹出的【输出动画】对话框中设定导出格式为 *.mp4 即可，如图 6-10 所示，接着对导出选项进行设置。如图 6-11 所示为【动画导出选项】对话框。

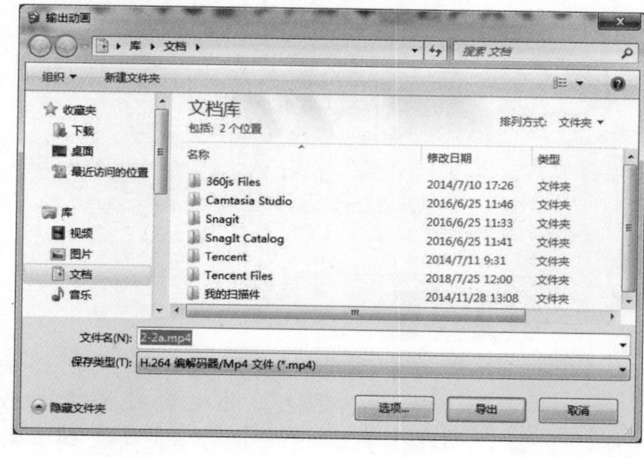

图 6-10

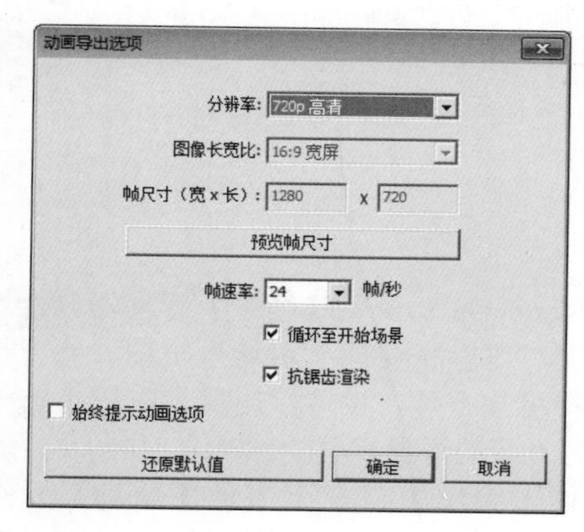

图 6-11

【帧尺寸（宽 × 长）】：该选项的数值用于控制每帧画面的尺寸，以像素为单位。一般情况下，帧画面尺寸设为 400 像素 ×300 像素或者 320 像素 ×240 像素即可。如果是 640 像素 ×480 像素的视频文件，就可以全屏播放了。如果是用 DVD 播放，画面的宽度需要 720 像素。电视机、大多数计算机屏幕和 1950 年前电影的标准比例是 4∶3，宽荧屏显示（包括数字电视、等离子电视等）的标准比例是 16∶9。

【帧速率】：帧速率指每秒产生的帧画面数。帧速率与渲染时间以及视频文件大小呈正比，帧速率值越大，渲染所花费的时间以及输出后的视频文件就越大。帧速率设置为 3 ～ 10 帧 / 秒是画面连续的最低要求；设置为 12 ～ 15 帧 / 秒，既可以控制文件的大小，也可以保证流畅播放；设置为 24 ～ 30 帧 / 秒就相当于全速播放了。当然，还可以设置 5 帧 / 秒来渲染一个粗糙的动画预览效果，这样能节约大量时间，并且发现一些潜在的问题，例如高宽比不对、照相机穿墙等。

【循环至开始场景】：启用该复选框可以从最后一个场景倒退到第一个场景，创建无限循环的动画。导出 AVI 文件时，禁用此复选框即可让动画停在最后位置。

【抗锯齿渲染】：启用该复选框后，SketchUp 会对导出的图像作平滑处理。这需要更多的导出时间，但是可以减少图像中的线条锯齿。

【始终提示动画选项】：在创建视频文件之前总是先显示【动画导出选项】对话框。

提示

SketchUp 有时无法导出 AVI 文件，建议在建模时使用英文名的材质，文件也保存为一个英文名或者拼音，保存路径中最好不要有中文（包括【桌面】也不行）。

除了前文所讲述的直接将多个场景导出为动画以外，我们还可以将 SketchUp 的动画功能与其他功能结合起来生成动画。此外，还可以将剖切功能与场景功能结合生成剖切生长动画，也可以将 SketchUp 的阴影设置和场景功能结合生成阴影动画，为模型带来阴影变化的视觉效果。

6.2.2 批量导出场景图像

当场景设置过多的时候，就需要批量导出图像，这样可以避免在场景之间进行烦琐的切换，并能节省大量的出图等待时间。批量导出图像可以用【图像集】命令。

执行【图像集】命令的方式为：在菜单栏中，选择【文件】|【导出】|【动画】|【图像集】命令，然后在弹出的【输出动画】对话框中设定导出格式为 *.jpg，如图 6-12 所示，接着对导出选项进行设置即可。如图 6-13 所示为【动画导出选项】对话框。

图 6-12

动画导出选项

分辨率：720p 高清

图像长宽比：16:9 宽屏

帧尺寸（宽 × 长）：1280 x 720

预览帧尺寸

帧速率：24 帧/秒

☑ 循环至开始场景

☐ 始终提示动画选项

还原默认值　确定　取消

图 6-13

6.3 设计范例

6.3.1 小镇展示多页面和动画设计范例

本范例操作文件：ywj\06\6-1a.skp

本范例完成文件：ywj\06\6-1.skp，6-1.mp4

案例分析

SketchUp 的场景创建功能，可以更好地观察想要设定的场景展现。本案例就是利用现有的小镇模型，经过多个场景创建，从而形成多页面场景的效果，以展示小镇的风采。

案例操作

步骤 01 打开图形

① 选择【文件】菜单中的【打开】命令。

② 打开 6-1a.skp 文件，如图 6-14 所示。

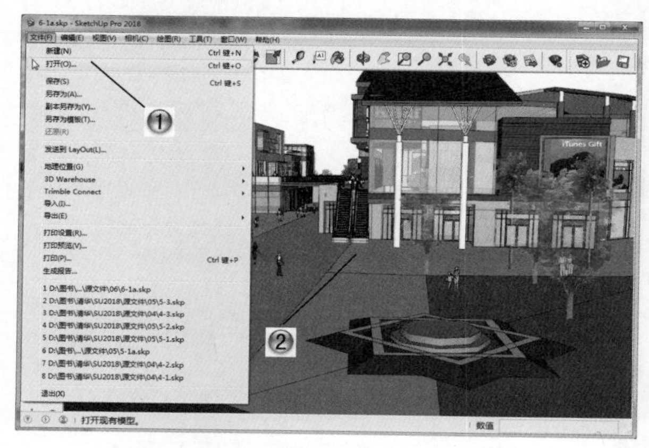

图 6-14

步骤 02 场景操作

① 选择【窗口】|【默认面板】|【场景】命令，如图 6-15 所示。

② 打开【场景】管理器。

步骤 03 添加场景 1

① 在【场景】管理器中单击【添加场景】按钮，如图 6-16 所示。

② 在窗口中创建“场景号 1”。

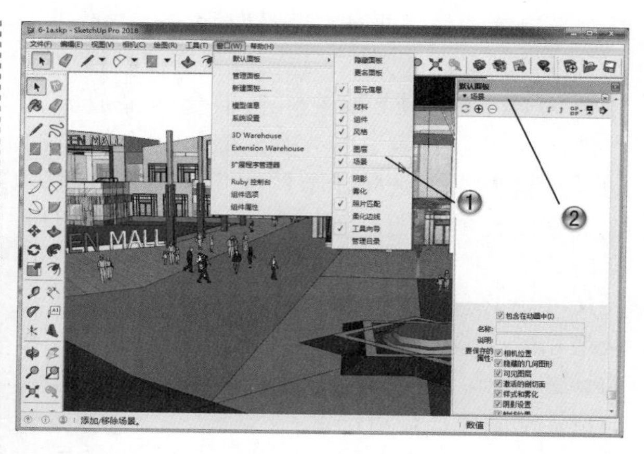

图 6-15

图 6-16

先调整好视图角度，再创建场景。

步骤04 添加其他场景

❶ 改变场景角度后继续单击【添加场景】按钮依次添加场景，如图6-17所示。

❷ 标签上显示出多个场景号，这样，页面设计完成。最终的多页面效果如图6-18所示。

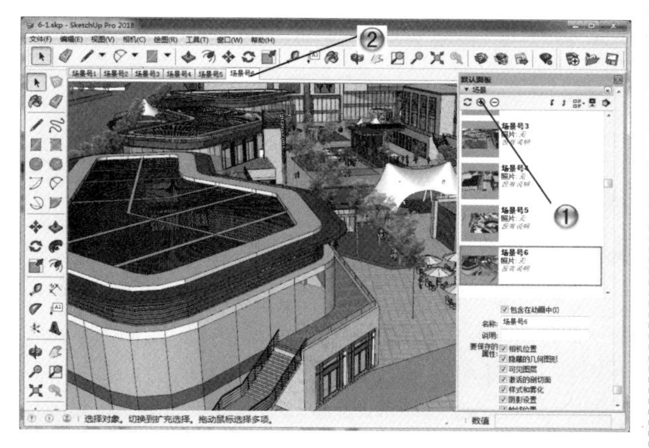

图 6-17

图 6-18

步骤05 输出视频

❶ 选择【文件】|【导出】|【动画】|【视频】命令，如图6-19所示。

❷ 打开【输出动画】对话框，设置输出文件的名称。

步骤06 设置动画导出参数

❶ 单击【输出动画】对话框中的【选项】按钮，如图6-20所示。

❷ 打开【动画导出选项】对话框，设置其中的参数。

❸ 单击【动画导出选项】对话框中的【确定】按钮。

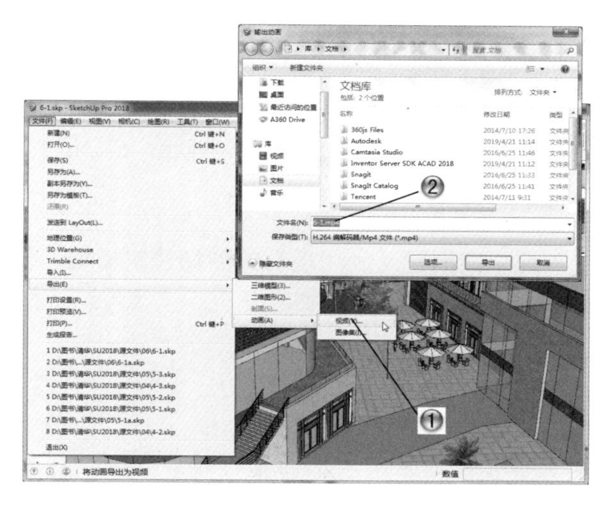

图 6-19

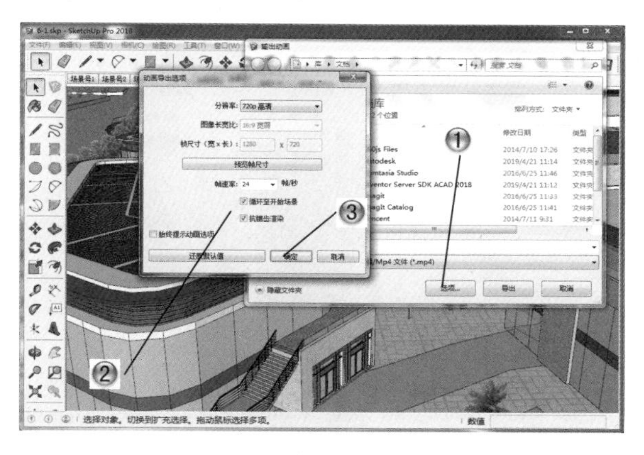

图 6-20

步骤07 导出动画

❶ 单击【输出动画】对话框中的【导出】按钮，如图6-21所示。

❷ 打开【正在输出动画…】对话框，进行输出，输出完成后，形成本例最终的mp4动画视频。

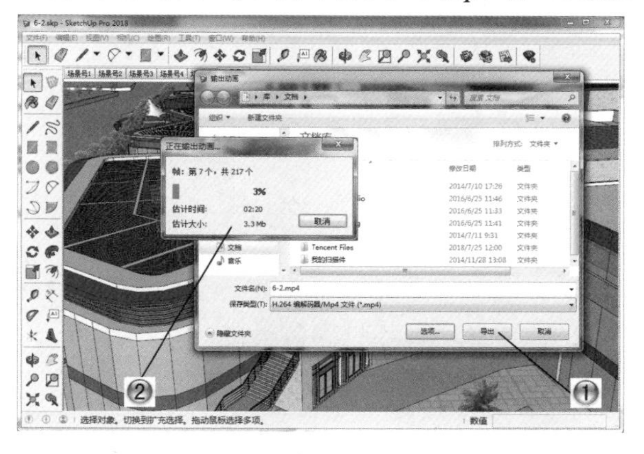

图 6-21

6.3.2 商场场景和动画设计范例

本范例操作文件：ywj\06\6-2a.skp

本范例完成文件：ywj\06\6-2.skp，6-2.mp4

案例分析

这个案例就是利用现有的商场建筑模型，使用页面设计创建多个场景，从而形成多页面场景展示商场各个角度的效果。

案例操作

步骤 01 打开图形

① 选择【文件】菜单中的【打开】命令，打开6-2.skp 图形文件，如图 6-22 所示。

② 在打开的模型中，可以看到已经设置好了多个场景。

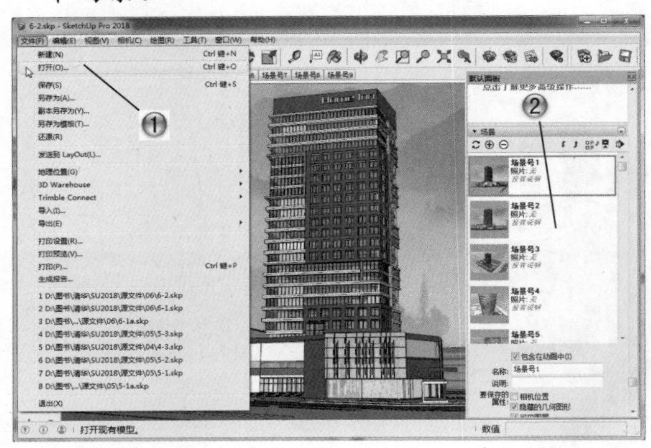

图 6-22

步骤 02 设置阴影

① 选择【窗口】|【默认面板】|【阴影】命令，如图 6-23 所示。

② 打开【阴影】管理器，在其中可以设置阴影参数。

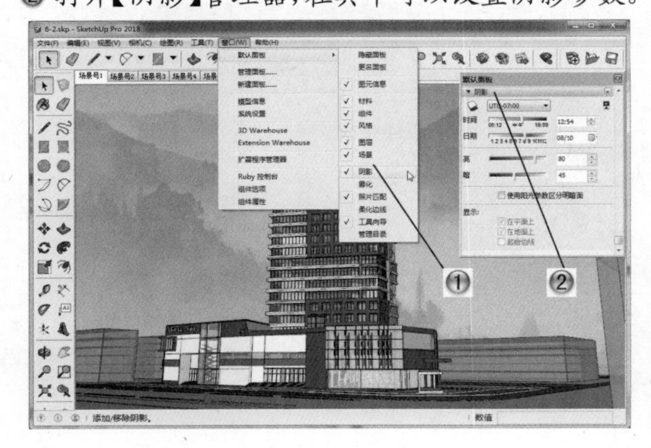

图 6-23

步骤 03 设置场景中的阴影参数

① 依次单击各场景号的标签，打开不同的场景和场景阴影，如图 6-24 所示。

② 在打开的【阴影】管理器中，设置不同场景的阴影参数。

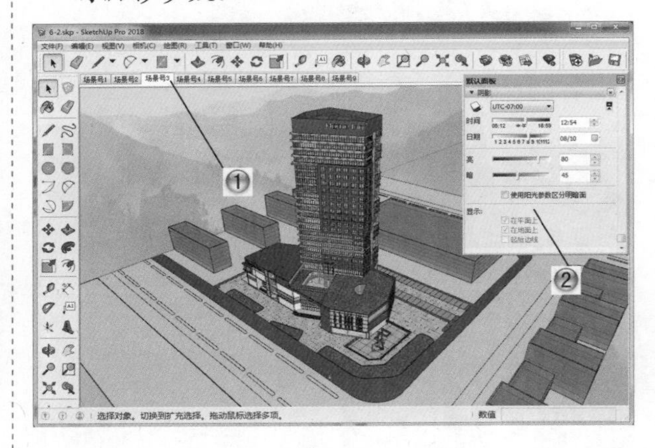

图 6-24

步骤 04 设置模型动画选项

① 选择【窗口】|【模型信息】命令，如图 6-25 所示。

② 打开【模型信息】对话框，选择其中的【动画】选项，设置场景转换和场景暂停参数。

步骤 05 输出视频

① 选择【文件】|【导出】|【动画】|【视频】命令，如图 6-26 所示。

② 打开【输出动画】对话框，设置输出文件的名称。

步骤 06 设置动画导出参数

① 单击【输出动画】对话框中的【选项】按钮，如图 6-27 所示。

② 打开【动画导出选项】对话框，设置其中的参数。

❸ 单击【动画导出选项】对话框中的【确定】按钮。

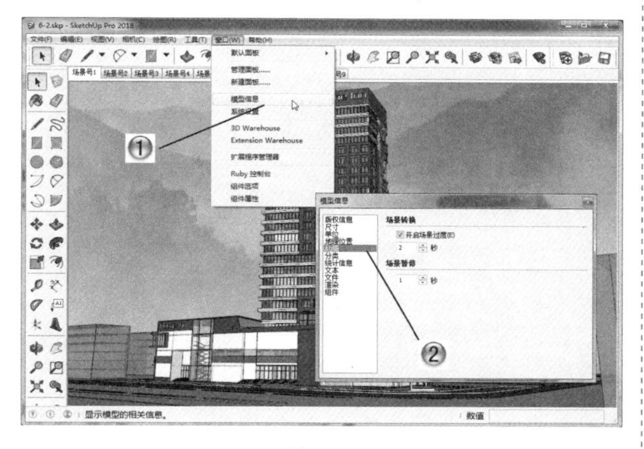

图 6-25

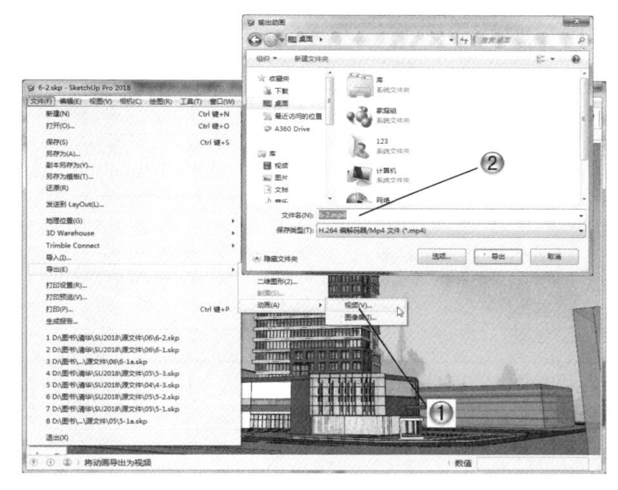

图 6-26

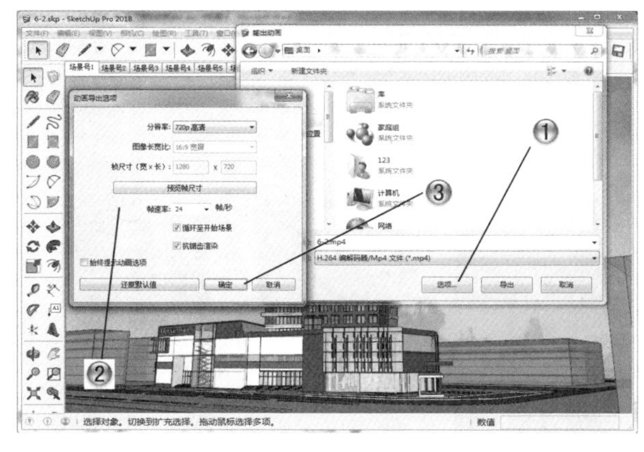

图 6-27

步骤 07 导出动画

❶ 单击【输出动画】对话框中的【导出】按钮，如图 6-28 所示。

❷ 打开【正在输出动画…】对话框，进行输出，输出完成后，形成本例最终的 mp4 动画视频。

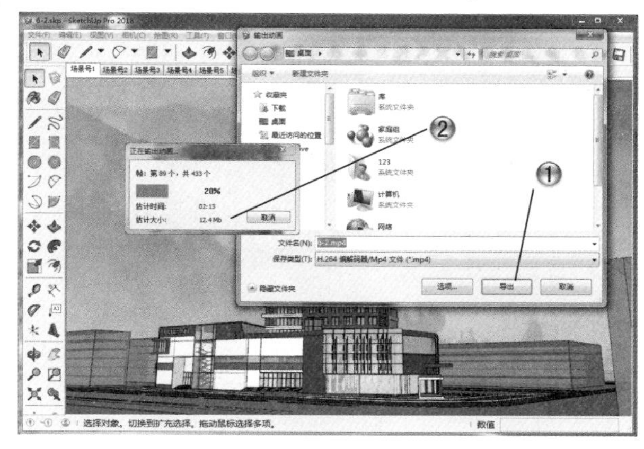

图 6-28

步骤 08 导出图像

❶ 选择【文件】|【导出】|【动画】|【图像集】命令，如图 6-29 所示。

❷ 打开【输出动画】对话框，设置输出图像集文件的名称。

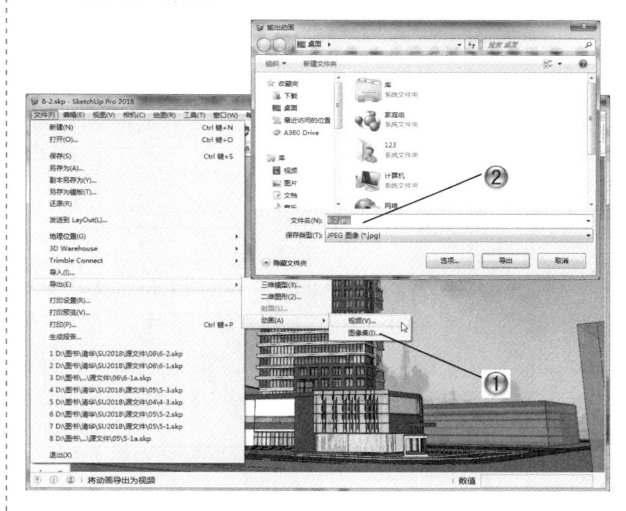

图 6-29

步骤 09 设置输出图像集导出参数

❶ 单击【输出动画】对话框中的【选项】按钮，如图 6-30 所示。

❷ 打开【动画导出选项】对话框，设置其中的参数。

❸ 单击【动画导出选项】对话框中的【确定】按钮。

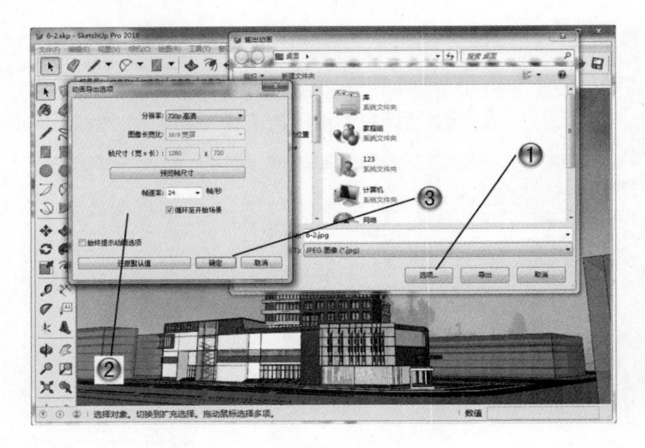

图 6-30

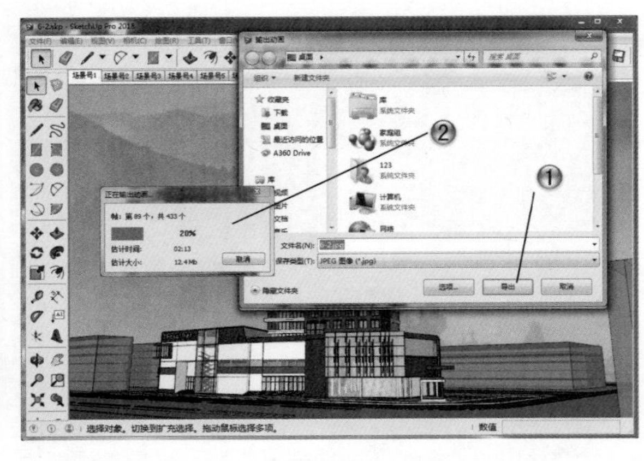

图 6-31

步骤 10 导出图像集

❶ 单击【输出动画】对话框中的【导出】按钮，如图 6-31 所示。

❷ 打开【正在输出动画…】对话框，进行输出。输出完成后，批量导出的图片如图 6-32 所示。至此，这个范例就制作完成了。

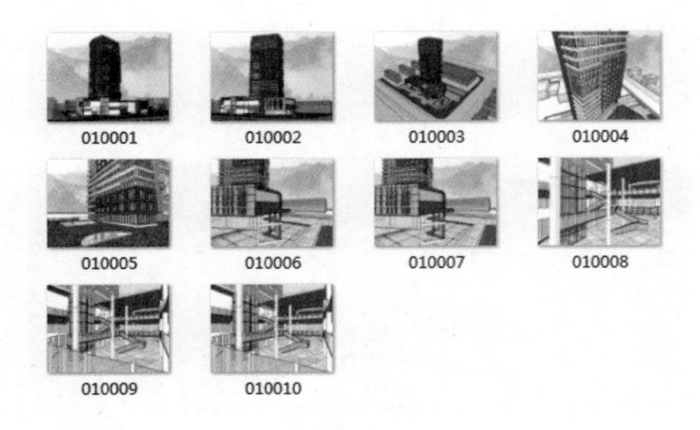

图 6-32

6.4 本章小结和练习

6.4.1 本章小结

本章学习了怎样添加不同角度的场景并保存，可以方便地进行多个场景视图的切换。另外，也学习了如何导出设置好的场景图片，让设计师能更好地多角度观察图形。希望大家全面掌握 SketchUp 中导出动画的方法以及批量导出场景图像的方法。

6.4.2 练习

使用本章学过的命令，对轮船场景进行多页面设计，并导出如图 6-33 所示的多页面动画图片。

（1）使用页面设计设置不同场景。

（2）制作场景转换动画。

（3）导出动画多页面图片。

图 6-33

第7章

剖切平面设计

本章导读

虽然可以通过不同角度观察建筑模型效果，但是主要看到的还是建筑外部效果，要想同时看到内部效果，如同建筑图剖面图一样，就要使用剖切平面的功能。

本章主要讲解剖切平面功能的使用方法，包括创建剖切面、编辑剖切面和导出剖切面，以及输出剖切面动画。

7.1 创建和编辑剖切面

【剖切面】是 SketchUp 中的特殊命令，用来控制截面效果。物体在空间的位置以及与群组和组件的关系，决定了剖切效果的本质。

7.1.1 创建剖切面

创建剖切面可以更方便地观察模型内部结构，在作为展示的时候，可以让观察者更多更全面地了解模型。

执行【剖切面】命令主要有以下两种方式。

- 在菜单栏中，选择【工具】|【剖切面】命令，如图 7-1 所示。
- 在菜单栏中，选择【视图】|【工具栏】|【截面】命令，打开【截面】工具栏，如图 7-2 所示，再单击【剖切面】工具。

图 7-1

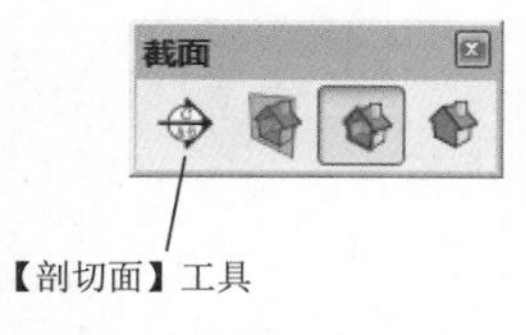

图 7-2

此时打开【放置剖切面】对话框，如图 7-3 所示，单击【放置】按钮后光标会出现一个剖切面，接着移动光标到几何体上，剖切面会对齐到所在表面上，如图 7-4 所示。移动截面至适当位置，然后用鼠标右键单击放置截面即可，如图 7-5 所示。

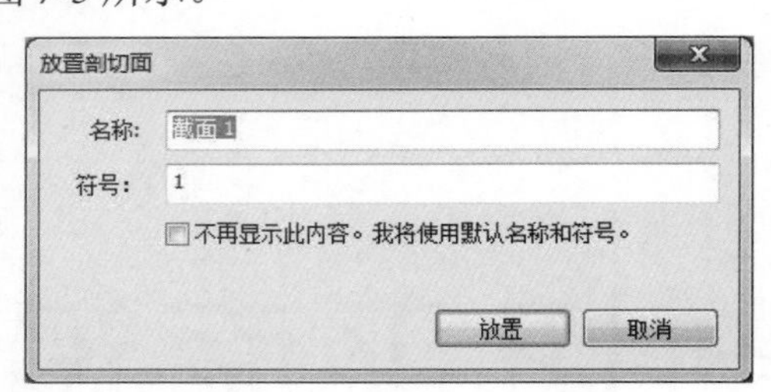

图 7-3

图 7-4

图 7-5

用户可以控制截面线的颜色，或者将截面线创建为组。使用【剖切面】命令可以方便地对物体的内部模型进行观察和编辑，展示模型内部的空间关系，减少编辑模型时所需的隐藏操作。在【样式】面板中可以对截面线的粗细和颜色进行调整，如图 7-6 所示。

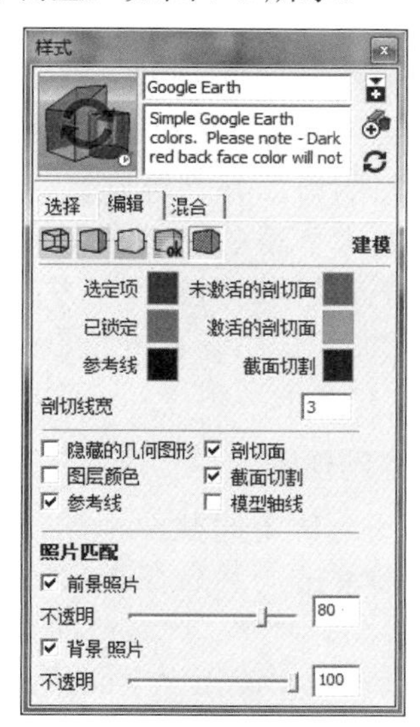

图 7-6

7.1.2 编辑剖切面

编辑剖切面可以更方便地展示模型，可以把需要显示的地方表现出来，使观察者更好地观察模型内部。

1.【截面】工具栏

【截面】工具栏中的工具可以控制全局截面的显示和隐藏。选择【视图】|【工具栏】|【截面】菜单命令，即可打开【截面】工具栏。该工具栏共有 4 个工具，分别为【剖切面】工具、【显示剖切面】工具、【显示剖面切割】工具和【显示剖面填充】工具，如图 7-7 所示。

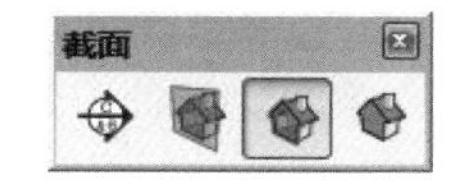

图 7-7

- 【显示剖切面】工具：该工具用于在截面视图和完整模型之间的切换，如图 7-8 和图 7-9 所示。
- 【显示剖面切割】工具：该工具用于快速显示和隐藏所有剖切的面，如图 7-10 和图 7-11 所示。
- 【显示剖面填充】工具：该工具用于快速显示和隐藏剖切面的填充效果。

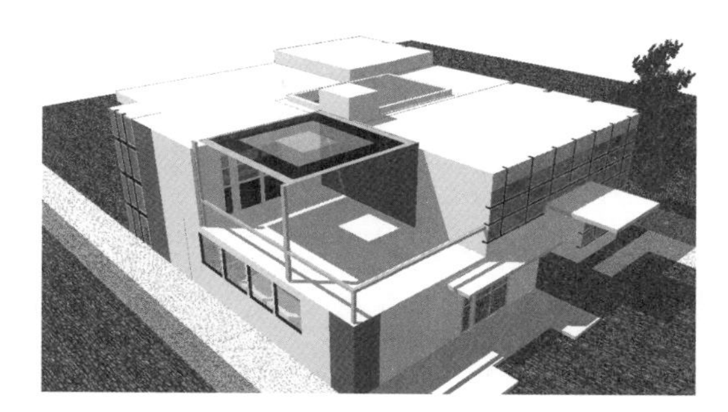

图 7-8

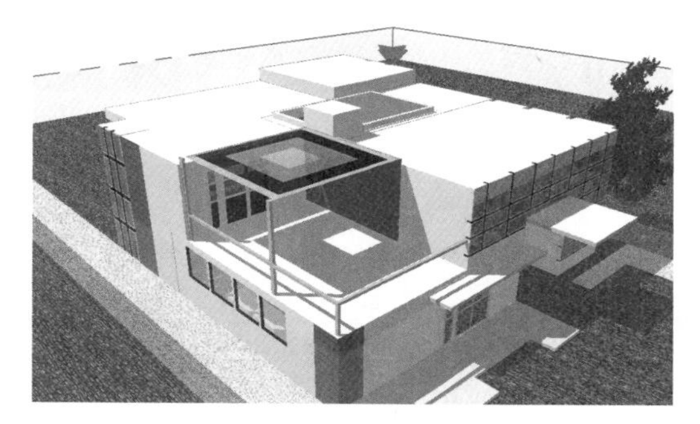

图 7-9

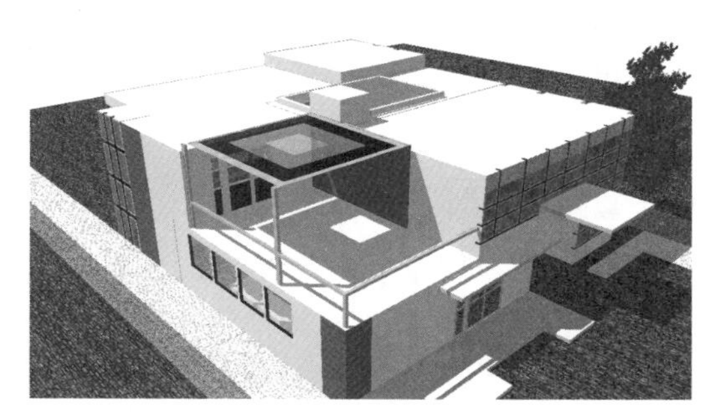

图 7-10

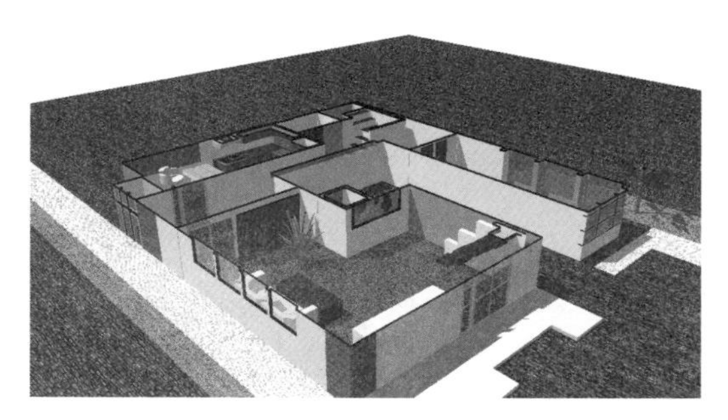

图 7-11

2. 移动和旋转截面

使用【移动】工具和【旋转】工具可以对截面进行移动和旋转。

与其他实体一样，使用【移动】工具和【旋转】工具可以对截面进行移动和旋转，如图7-12和图7-13所示。

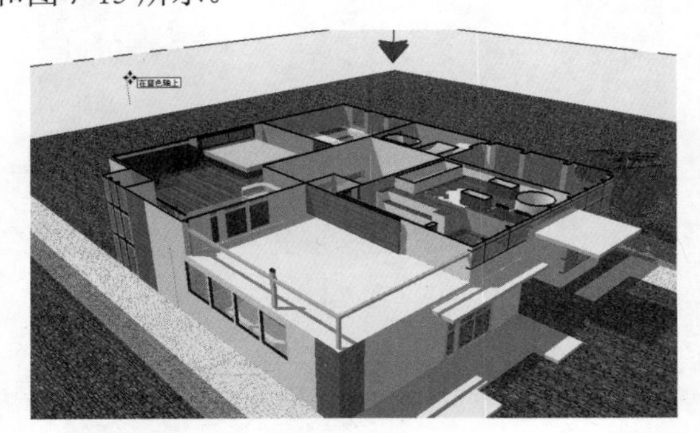

图 7-12

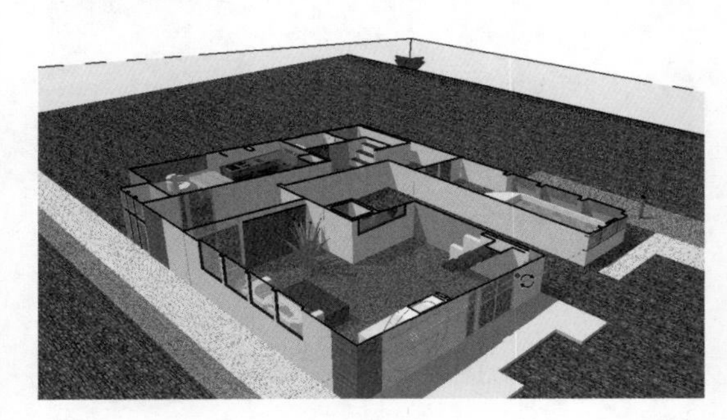

图 7-13

3. 反转截面的方向

在剖切面上用鼠标右键单击，然后在弹出的快捷菜单中选择【反转】命令，或者直接选择【编辑】|【剖切面】|【翻转】菜单命令，可以翻转剖切的方向，如图7-14所示。

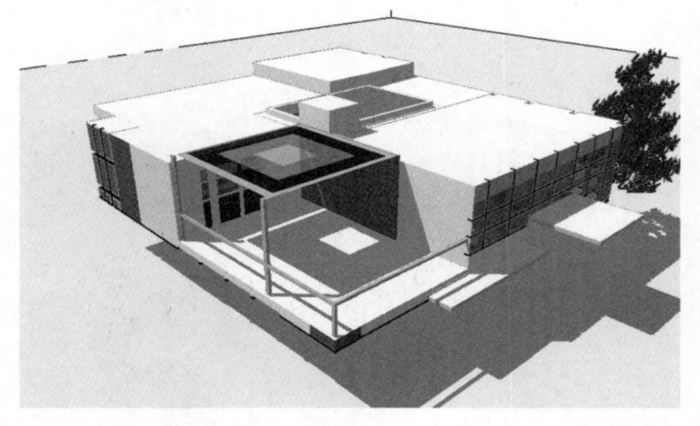

图 7-14

4. 激活截面

放置一个新的截面后，该截面会自动激活。在同一个模型中可以放置多个截面，但一次只能激活一个截面，激活一个截面的同时会自动淡化其他截面。

虽然一次只能激活一个截面，但是组合组件相当于“模型中的模型”，在它们内部还可以有各自的激活截面。例如一个组里还嵌套了两个带剖切面的组，并且分别具有不同的剖切方向，再加上这个组的一个截面，那么在这个模型中就能对该组同时进行3个方向的剖切。也就是说，剖切面能作用于它所在的模型等级（包括整个模型、组合嵌套组等）中的所有几何体。

5. 将截面对齐到视图

要得到一个传统的截面视图，可以在截面上用鼠标右键单击，然后在弹出的快捷菜单中选择【对齐视图】命令。此时截面对齐到屏幕，显示为一点透视截面或正视平面截面，如图7-15所示。

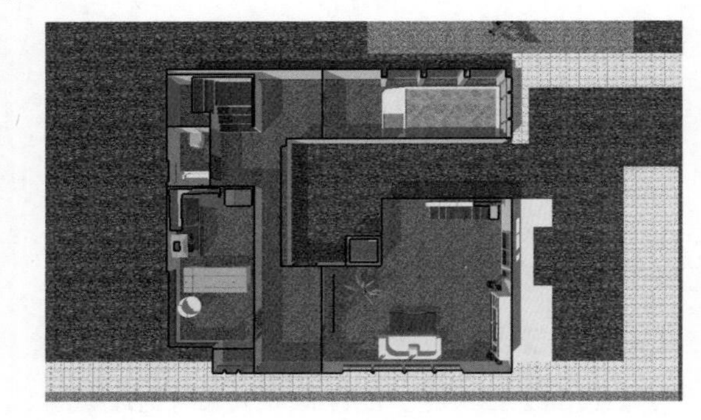

图 7-15

6. 从剖面创建组

在截面上用鼠标右键单击，然后在弹出的快捷菜单中选择【从剖面创建组】命令。在截面与模型表面相交的位置会产生新的边线，并封装在一个组中，如图7-16所示。从剖切口创建的组可以被移动，也可以被分解。

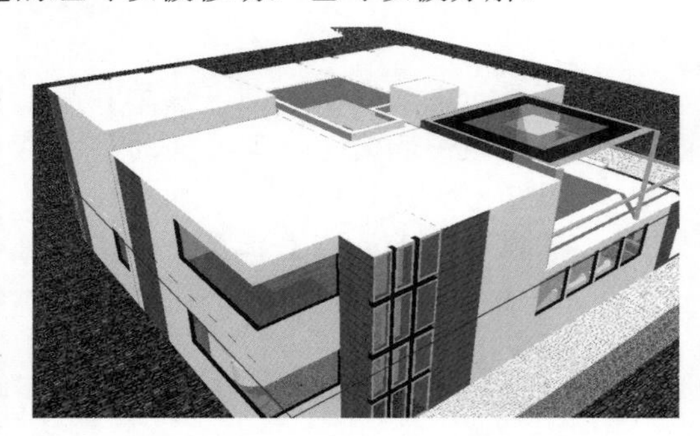

图 7-16

7.2 导出剖切面和动画

导出剖切平面，可以很方便地应用到其他绘图软件中，例如将剖面导出为 DWG 和 DXF 格式的文件，这两种格式的文件可以直接应用于 AutoCAD 中，这样可以利用其他软件对图形进行修改。另外，结合 SketchUp 的剖面功能和页面功能可以生成剖面动画。例如在建筑设计方案中，可以制作剖面生长动画，产生建筑层层生长的视觉效果。

7.2.1 导出剖切面

SketchUp 的剖面可以导出为以下两种类型。

第 1 种：将剖切视图导出为光栅图像文件。只要模型视图中有激活的剖切面，任何光栅图像导出都会包括剖切效果。

第 2 种：将剖面导出为 DWG 和 DXF 格式的文件，这两种格式的文件可以直接应用于 AutoCAD 中。

选择【文件】|【导出】|【剖面】菜单命令，打开【输出二维剖面】对话框，设置【输出类型】为【AutoCAD DWG 文件（*.dwg）】，如图 7-17 所示。

设置文件保存的类型后即可直接导出，也可以单击【选项】按钮，打开【二维剖面选项】对话框，如图 7-18 所示，然后在该对话框中进行相应的设置，再进行输出。

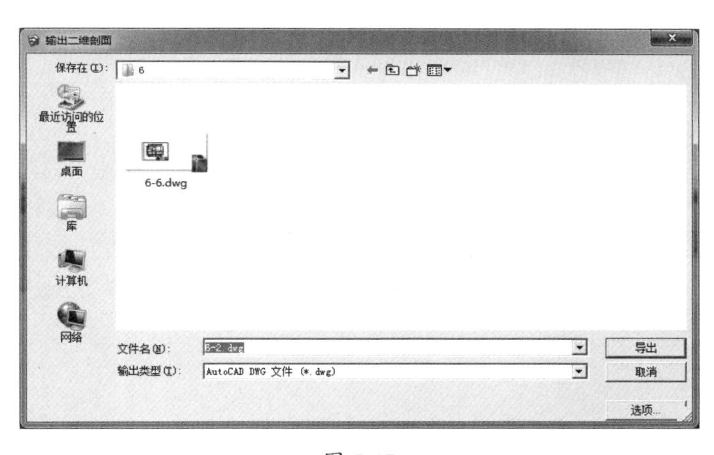

图 7-17

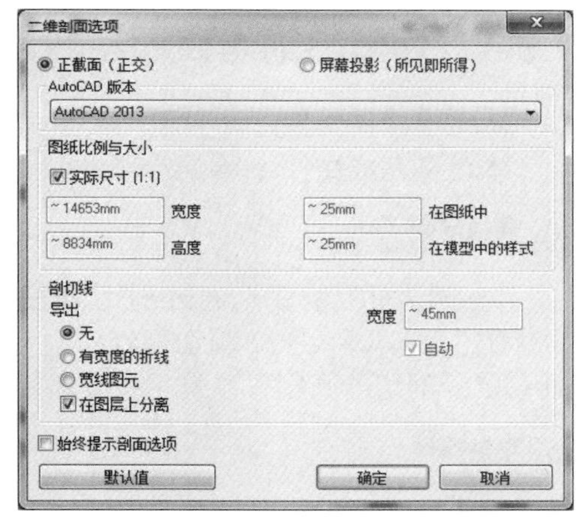

图 7-18

7.2.2 输出剖切面动画

要制作剖切面动画，首先要完成模型信息的设置。

选择【窗口】|【模型信息】菜单命令，打开【模型信息】对话框，如图 7-19 所示。在【动画】选项设置界面中启用【开启场景过渡】复选框并设置【场景暂停】参数。

选择【文件】|【导出】|【动画】|【视频】菜单命令，就可以导出动画，如图 7-20 和图 7-21 所示。

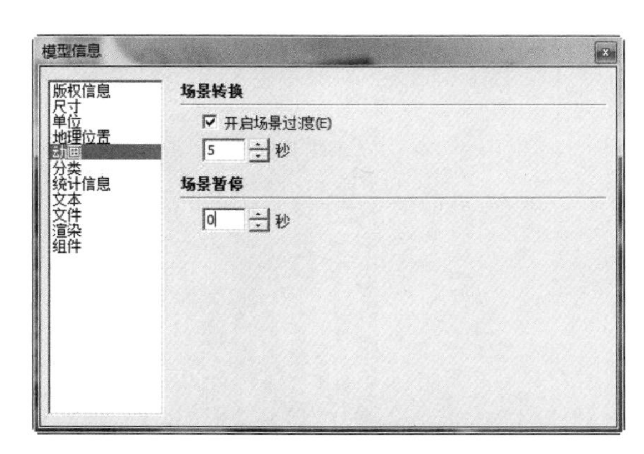

图 7-19

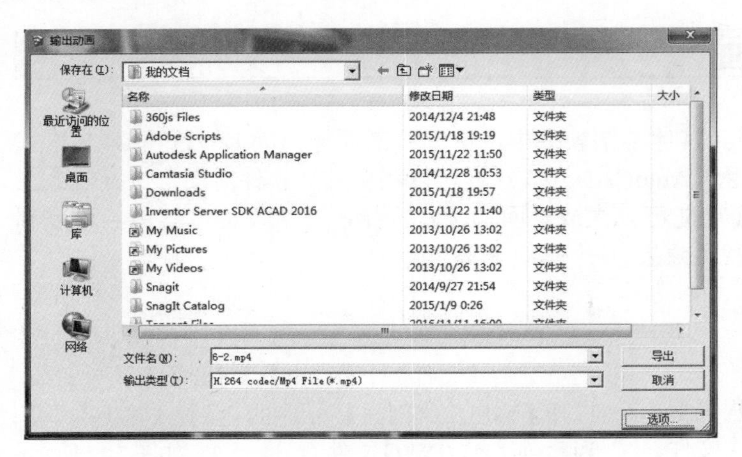

图 7-20

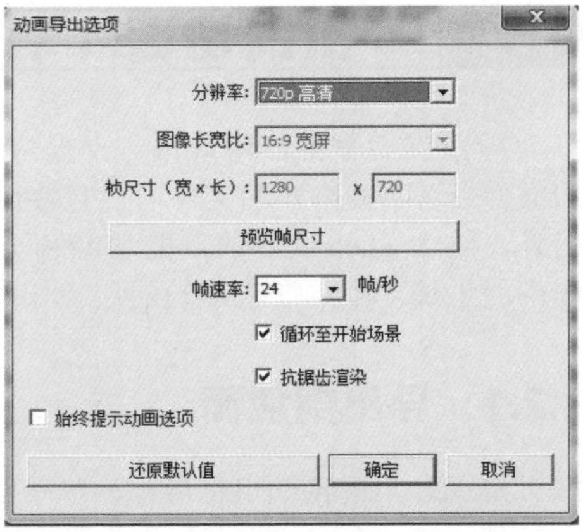

动画导出选项
分辨率: 720p 高清
图像长宽比: 16:9 宽屏
帧尺寸（宽 x 长）: 1280 x 720
预览帧尺寸
帧速率: 24 帧/秒
循环至开始场景
抗锯齿渲染
始终提示动画选项
还原默认值
确定
取消

图 7-21

7.3 设计范例

7.3.1 休闲吧剖切面和动画设计范例

本范例操作文件：ywj\07\7-1a.skp

本范例完成文件：ywj\07\7-1.skp，7-1b.skp ，7-1.mp4

案例分析

本小节的范例就是通过剖切面工具展示一个休闲吧建筑内部结构或者空间效果，同时制作出建筑生长动画效果。剖切面经常会用到快速表现建筑、景观方案，同时在本例中还讲解了使用 SketchUp 剖切动画制作建筑生长动画效果的方法。

案例操作

步骤 01 打开图形

① 选择【文件】菜单中的【打开】命令，打开 7-1a.skp 文件，如图 7-22 所示。

② 打开创建好的休闲吧模型范例。

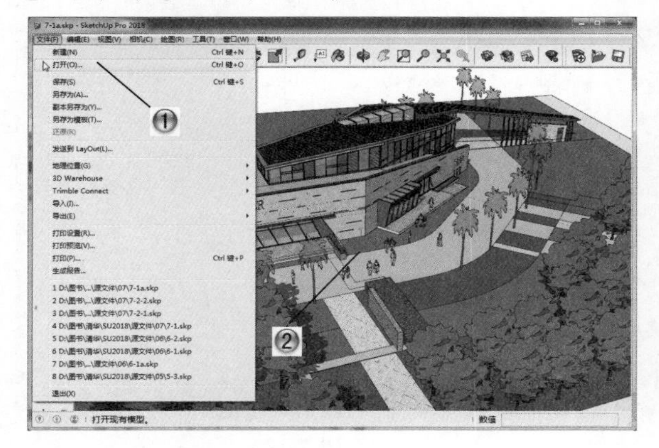

图 7-22

步骤 02 使用剖切工具

① 在【截面】工具栏中单击【剖切面】按钮，如图 7-23 所示。

② 将鼠标放在需要剖切的地方，显示出剖切平面。

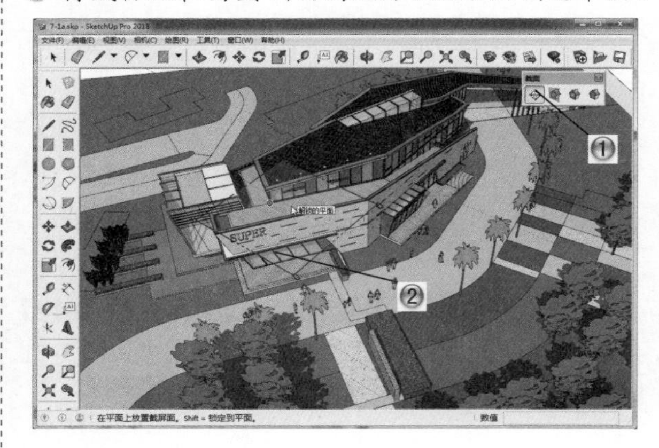

图 7-23

步骤03 剖切面

① 此时红色区域就是选择的剖切面。

② 灰色区域就是剖切面，如图7-24所示。

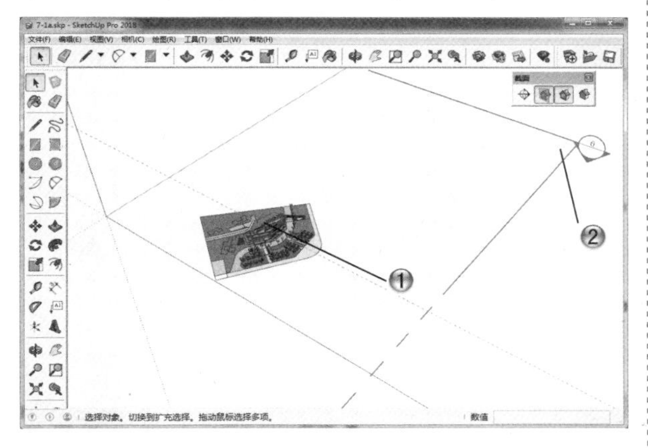

图 7-24

步骤04 显示/隐藏剖面切割

① 在【截面】工具栏中单击【显示剖面切割】按钮，如图7-25所示。

② 可以在视图中隐藏或者显示剖面切割。

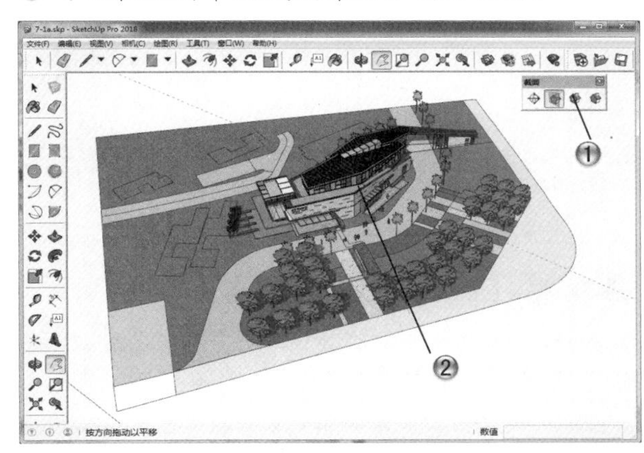

图 7-25

步骤05 显示/隐藏剖切面

① 在【截面】工具栏中单击【显示剖切面】按钮，如图7-26所示。

② 可以在视图中隐藏或者显示剖切面，得到剖切面的最终效果，将文件保存为7-1.skp。

步骤06 使用剖切工具

① 下面来制作剖面动画。再次打开7-1a.skp文件图形，在【截面】工具栏中单击【剖切面】按钮，如图7-27所示。

② 鼠标放在需要剖切的地方，显示出剖切平面。

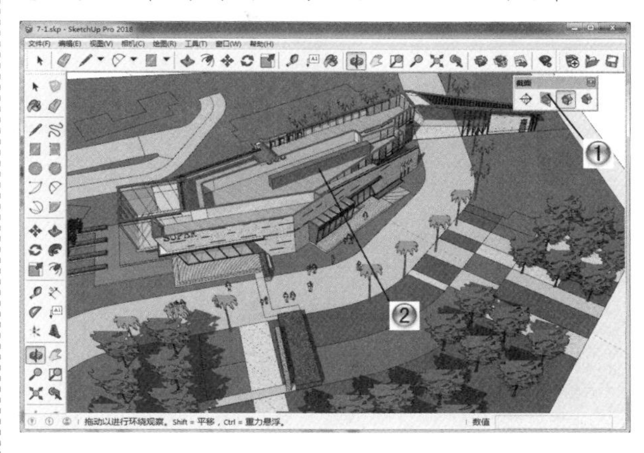

图 7-26

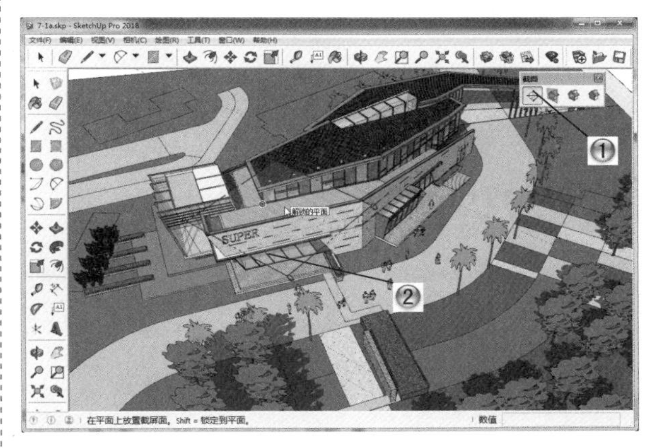

图 7-27

步骤07 剖切面

① 此时红色区域就是选择的剖切面。

② 这里先从底部进行剖切，如图7-28所示。

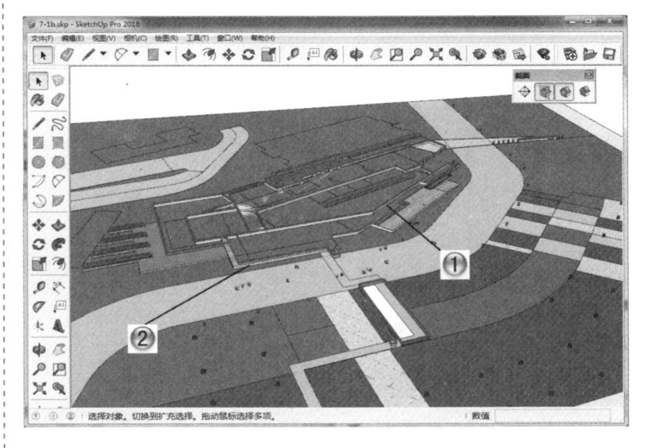

图 7-28

步骤 08 添加场景号 1

❶ 在【场景】管理器中单击【添加场景】按钮，如图 7-29 所示。

❷ 添加场景号 1。

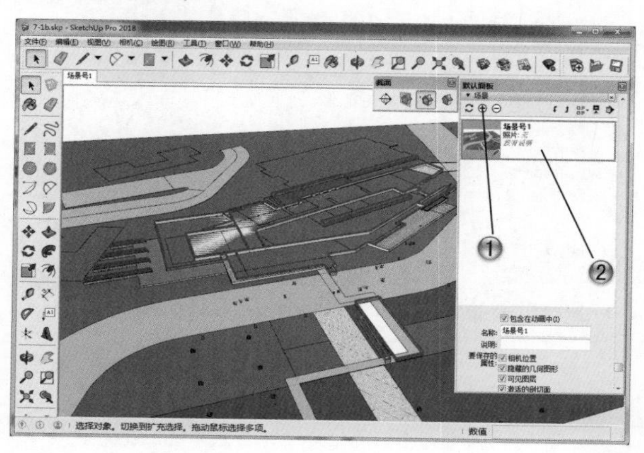

图 7-29

步骤 09 移动复制剖切面

❶ 选择剖切面，如图 7-30 所示。

❷ 选择移动工具，按住 Ctrl 键移动复制剖切面。

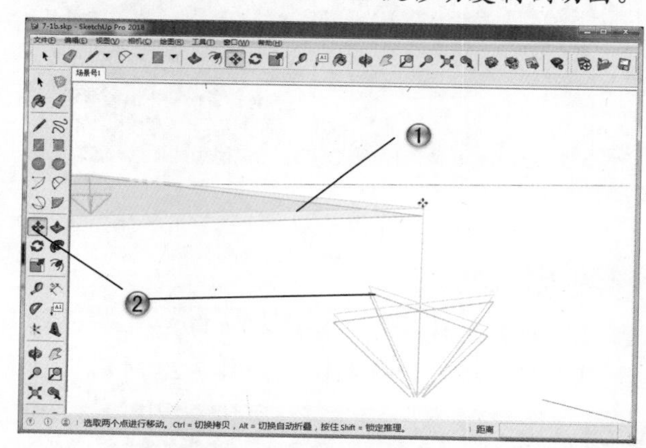

图 7-30

步骤 10 隐藏剖切面

❶ 选择下面的剖切面，用鼠标右键单击，如图 7-31 所示。

❷ 在弹出的快捷菜单中选择【隐藏】命令，就将剖切面隐藏起来。

步骤 11 创建场景号 2

❶ 在【场景】管理器中单击【添加场景】按钮，如图 7-32 所示。

❷ 创建场景号 2。

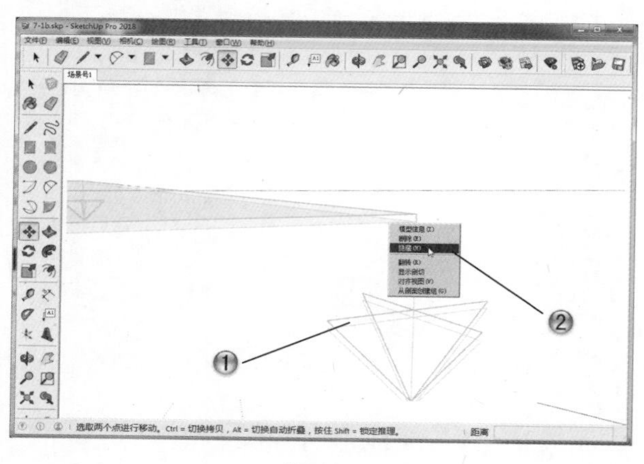

图 7-31

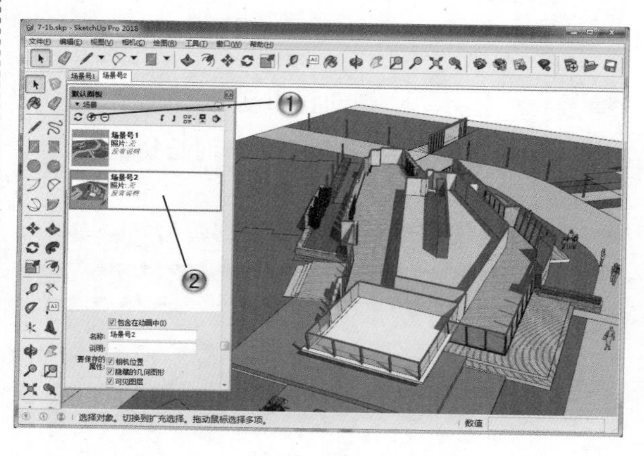

图 7-32

步骤 12 创建其他场景

❶ 按照同样的方法创建其他场景，如图 7-33 所示。

❷ 单击【场景】标签转换到其他场景。

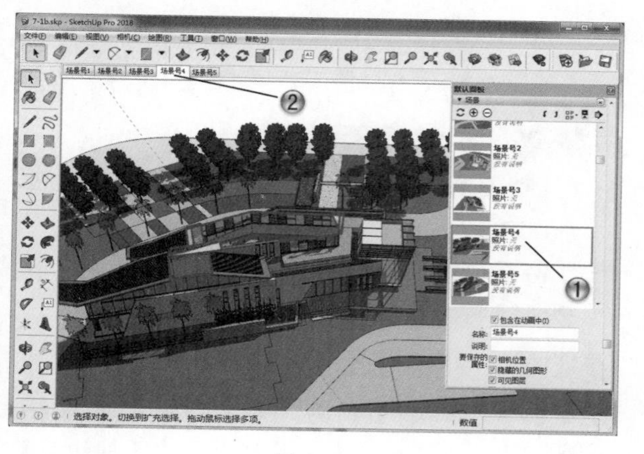

图 7-33

步骤 13 导出动画

① 选择【文件】|【导出】|【动画】|【视频】菜单命令，如图 7-34 所示。

② 打开【输出动画】对话框，单击【导出】按钮，即可输出动画，这样，该范例制作完成。

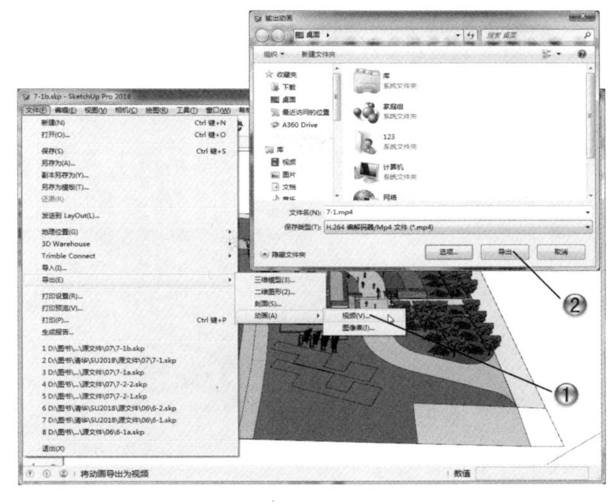

图 7-34

7.3.2 街区剖切动画设计范例

本范例操作文件：ywj\07\7-2a.skp

本范例完成文件：ywj\07\7-2.skp，7-2.mp4

案例分析

本节的范例就是通过剖切面工具和动画设计展示一个街区中的某建筑生长动画的效果，这样可以快速表现建筑的内部构造和生长的效果。

案例操作

步骤 01 打开图形

① 选择【文件】菜单中的【打开】命令，打开 7-2a.skp 文件，如图 7-35 所示。

② 打开创建好的街区模型范例。

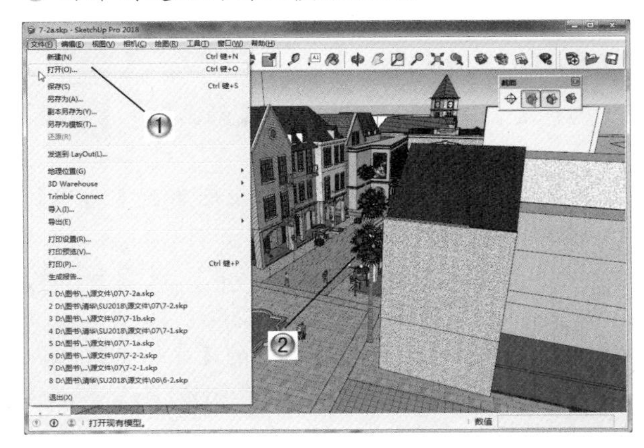

图 7-35

步骤 02 创建为组

① 选择将需要制作动画的建筑体，然后单击鼠标右键，如图 7-36 所示。

② 在弹出的快捷菜单中选择【创建群组】命令，将模型创建为组。

图 7-36

步骤 03 创建剖切面

❶ 在【截面】工具栏中单击【剖切面】按钮，如图 7-37 所示。

❷ 双击进入组内部编辑，在建筑最底层创建一个剖切面。

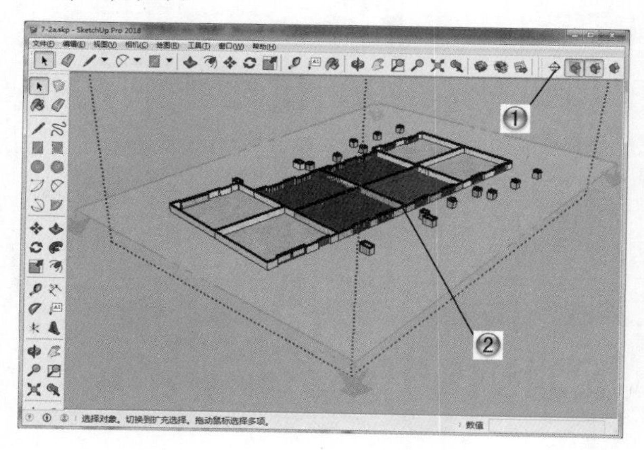

图 7-37

步骤 04 复制剖切面

❶ 在【大工具集】工具栏中单击【移动】按钮，如图 7-38 所示。

❷ 选择剖切面将其向上移动复制 21 份。

图 7-38

步骤 05 创建一个新的场景

❶ 在【场景】管理器中单击【添加场景】按钮，如图 7-39 所示。

❷ 将所有剖切面隐藏，添加场景号 1。

步骤 06 设置动画选项

❶ 按照同样的方法添加其余剖切面的场景，如图 7-40 所示。

❷ 选择【窗口】|【模型信息】菜单命令。

❸ 打开【模型信息】对话框，选择其中的【动画】选项，设置【场景转换】和【场景暂停】参数。

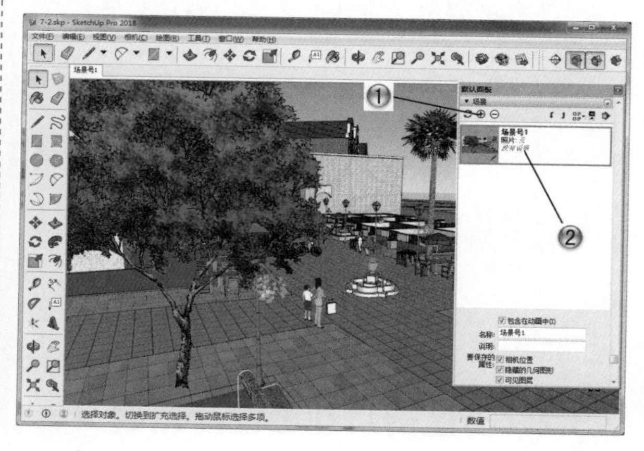

图 7-39

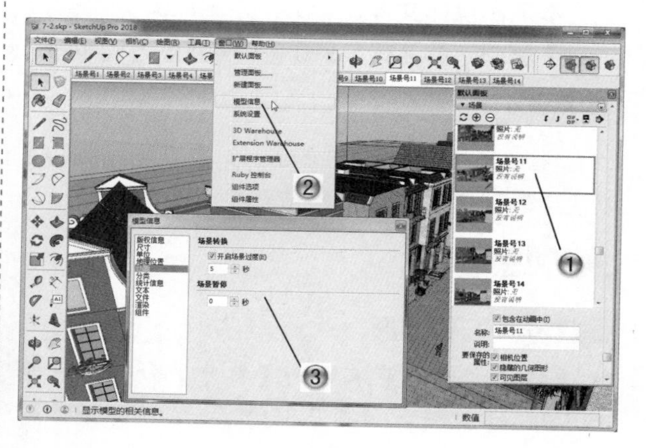

图 7-40

步骤 07 导出动画

❶ 选择【文件】|【导出】|【动画】|【视频】菜单命令，如图 7-41 所示。

❷ 在打开的【输出动画】对话框中单击【选项】按钮。

❸ 打开【动画导出选项】对话框，设置其中的参数，然后单击【确定】按钮。

❹ 单击【输出动画】对话框中的【导出】按钮，进行输出，输出完成后，形成本例最终 mp4 动画视频。

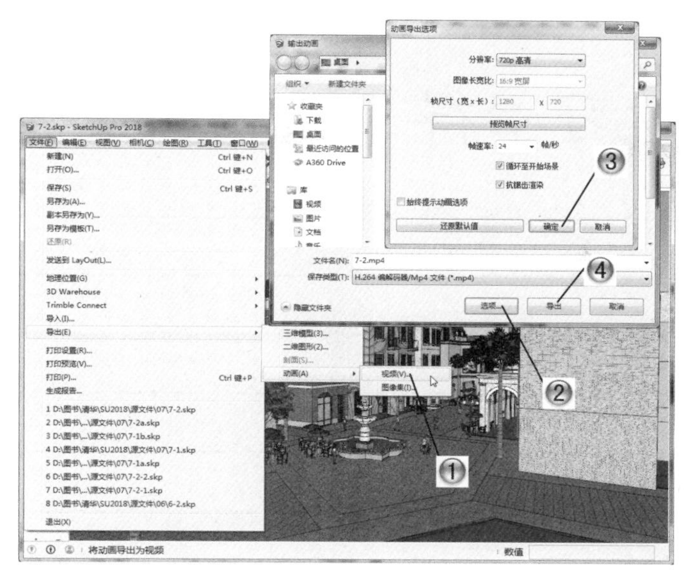

图 7-41

7.4 本章小结和练习

7.4.1 本章小结

通过本章学习，大家应掌握 SketchUp 中创建截面的方法，编辑截面的方法，导出截面的方法和截面生长动画的制作，创建截面可以了解所创建模型的内部结构。

7.4.2 练习

使用本章学过的命令创建如图 7-42 所示的建筑生长动画效果。

（1）运用剖切面工具创建建筑不同剖面。

（2）设置不同剖面场景。

（3）导出场景动画。

 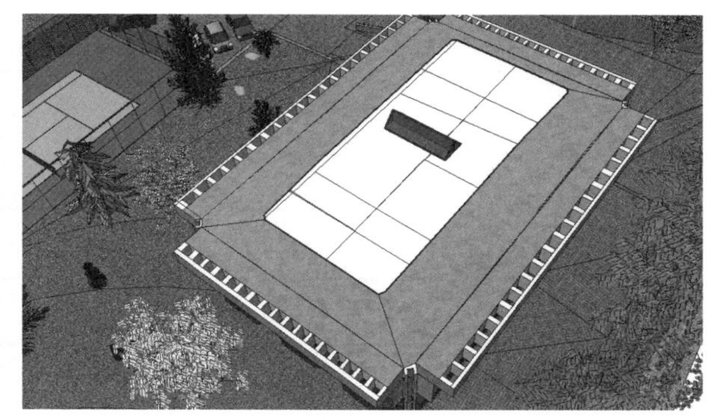

图 7-42

学习心得

第8章

沙箱工具和导出导入文件

本章导读

不管是城市规划、园林景观设计还是游戏动画的场景，创建出一个好的地形环境能为设计增色不少。地形是建筑效果和景观效果中很重要的部分，SketchUp 创建地形有其独特的优势，也很方便快捷。从 SketchUp 5 以后，创建地形使用的都是沙箱工具。另外，SketchUp 可以与 AutoCAD、3ds Max 等相关图形处理软件共享数据成果，以弥补 SketchUp 在精确建模方面的不足。本章主要介绍沙箱工具创建地形的方法。另外，本章还将介绍文件的导入导出方法。

8.1 沙箱工具

确切地说，沙箱工具也是一个插件，它是用 Ruby 语言结合 SketchUp Ruby API 编写的，并对其源文件进行了加密处理。从 SketchUp 2014 开始，其沙箱功能自动加载到了软件中。本节就来对沙箱工具进行讲解。

8.1.1 【沙箱】工具栏

选择【视图】|【工具栏】|【沙箱】菜单命令将打开【沙箱】工具栏，该工具栏中包含了 7 个工具，分别是【根据等高线创建】工具、【根据网格创建】工具、【曲面起伏】工具、【曲面平整】工具、【曲面投射】工具、【添加细部】工具和【对调角线】工具，如图 8-1 所示。

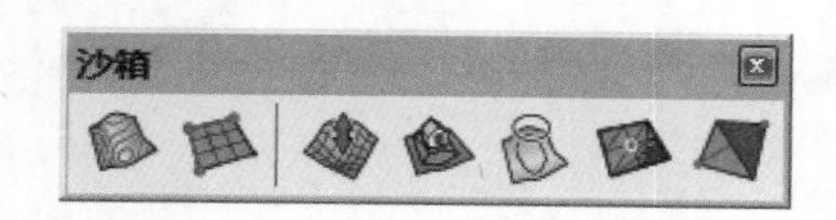

图 8-1

8.1.2 沙箱工具介绍

下面分别介绍沙箱工具的用途和使用方法。

1.【根据等高线创建】工具

使用【根据等高线创建】工具（或选择【绘图】|【沙箱】|【根据等高线创建】菜单命令），可以让封闭相邻的等高线形成三角面。等高线可以是直线、圆弧、圆、曲线等，使用该工具将会使这些闭合或不闭合的线封闭成面，从而形成坡地。

例如使用【手绘线】工具在上视图，创建地形，如图 8-2 所示。

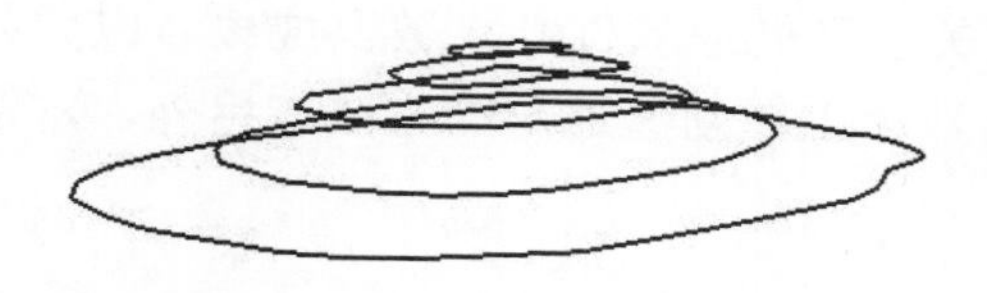

图 8-2

选择绘制好的等高线，然后使用【根据等高线创建】工具，生成的等高线地形会自动形成一个组，在组外将等高线删除，如图 8-3 所示。

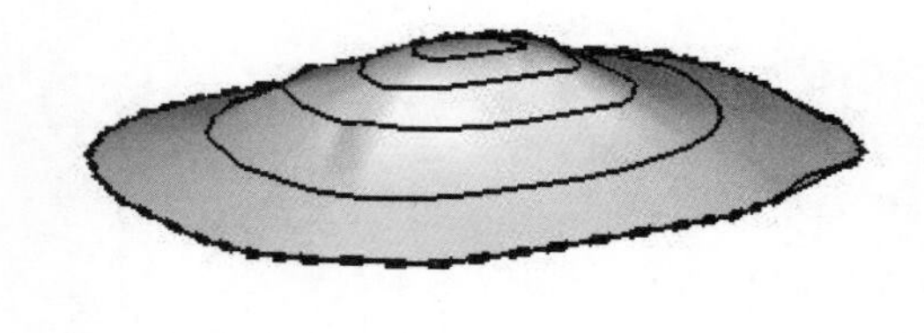

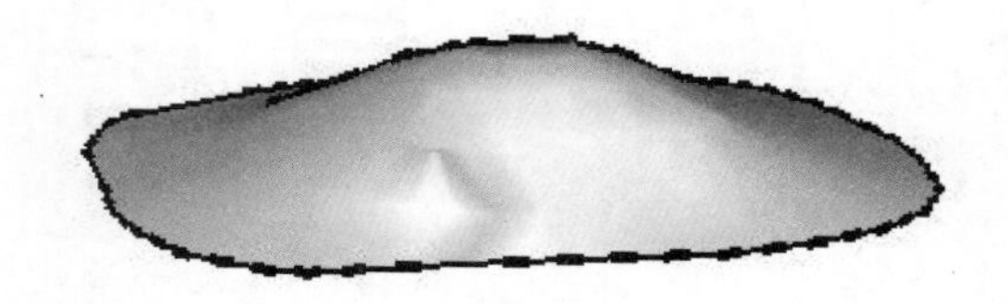

图 8-3

2.【根据网格创建】工具

使用【根据网格创建】工具（或者选择【绘图】|【沙箱】|【根据网格创建】菜单命令）可以根据网格创建地形。当然，创建的只是大体的地形空间，并不十分精确。如果需要精确的地形，还是要使用上文提到的【根据等高线创建】工具。

3.【曲面起伏】工具

使用【曲面起伏】工具可以将网格中的部分进行曲面拉伸。

4.【曲面平整】工具

使用【曲面平整】工具可以在复杂的地形表面上创建建筑基面和平整场地，使建筑物能够与地面更好地结合。使用【曲面平整】工具不支持镂空的情况，遇到有镂空的面会自动闭合；同时，也不支持 90 度垂直方向或大于 90 度以上的转折，遇到此种情况会自动断开，如图 8-4 所示。

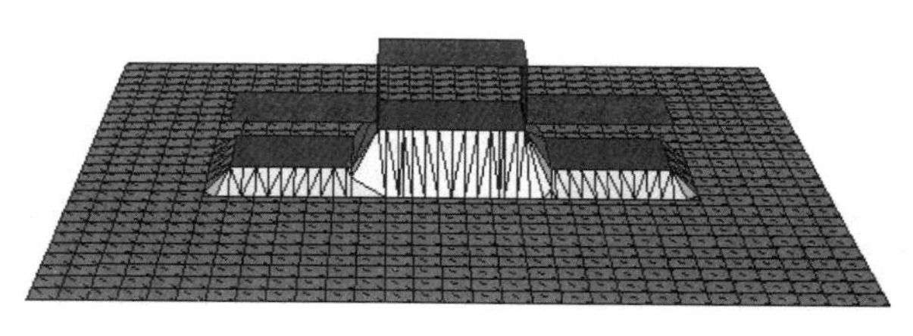

图 8-4

提示

在 SketchUp 中，剖面图的绘制、调整、显示很方便，可以很随意地完成需要的剖面图，设计师可以根据方案中垂直方向的结构、构件等去选择剖面图，而不是为了绘制剖面图而绘制。

5. 【曲面投射】工具

使用【曲面投射】工具可以将物体的形状投射到地形上。与【曲面平整】工具不同的是，【曲面平整】工具是在地形上建立一个基底平面，使建筑物与地面更好地结合，而【曲面投射】工具是在地形上划分一个投射面物体的形状。

6. 【添加细部】工具

使用【添加细部】工具可以在根据网格创建地形不够精确的情况下，对网格进行进一步修改。细分的原则是将一个网格分成 4 块，共形成 8 个三角面，但破面的网格会有所不同，如图 8-5 所示。

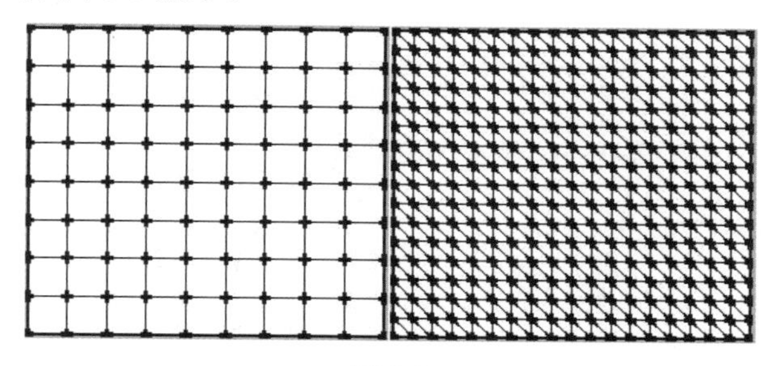

图 8-5

7. 【对调角线】工具

使用【对调角线】工具可以人为地改变地形网格边线的方向，对地形的局部进行调整。某些情况下，对于一些地形的起伏不能顺势而下，选择【对调角线】命令，改变边线凹凸的方向就可以很好地解决此问题。

8.2 文件导入和导出

SketchUp 在建模之后还可以导出准确的平面图、立面图和剖面图，为下一步施工图的制作提供基础条件。在本节将详细介绍 SketchUp 与几种常用软件的衔接，以及不同格式文件的导入导出操作。

8.2.1 CAD 文件的导入和导出

在 CAD 中导入 SketchUp 之前，要把坐标原点设置好。有时导入 SketchUp 后，会发现 SketchUp 在离坐标很远的地方，这是因为 CAD 中如果有“块”，每个块的坐标原点都是在很远的地方。在 SketchUp 中简单地把整个模型移动到坐标原点是解决不了破面问题的，需要每个组重新设置轴坐标。所以，在画 CAD 时，就养成设置好原点坐标的好习惯，在拿到别人的 CAD 建模时，也应先检查一下坐标原点。

AutoCAD 中有宽度的多段线可以导入 SketchUp 中变成面，而填充命令生成的面导入 SketchUp 中则不生成面。

1. 导入 DWG/DXF 格式的文件

作为真正的方案推敲软件，SketchUp 必须支持方案设计的全过程。粗略抽象的概念设计是很重要的，但精确的图纸也同样重要。因此，SketchUp 一开始就支持导入和导出 AutoCAD 的 DWG / DXF 格式的文件。

选择【文件】|【导入】菜单命令，然后在弹出的【导入】对话框中设置文件类型为【AutoCAD 文件（*.dwg，*.dxf）】，如图 8-6 所示。

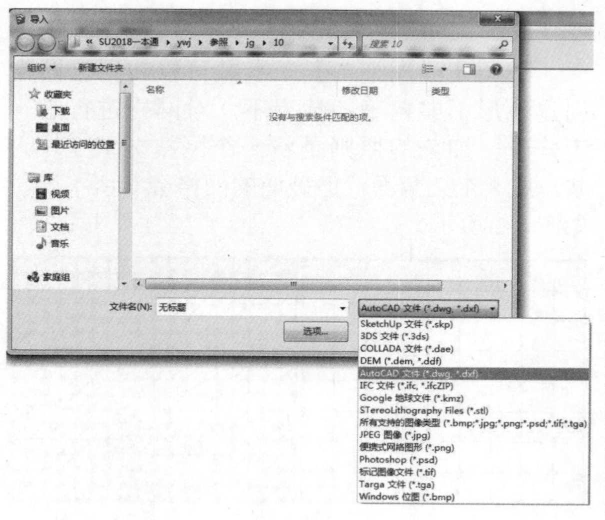

图 8-6

选择需要导入的文件，然后单击【选项】按钮，接着在弹出的【导入 AutoCAD DWG/DXF 选项】对话框中，根据导入文件的属性设置一个导入的单位，一般设置为【毫米】或者【米】，如图 8-7 所示，最后单击【确定】按钮。

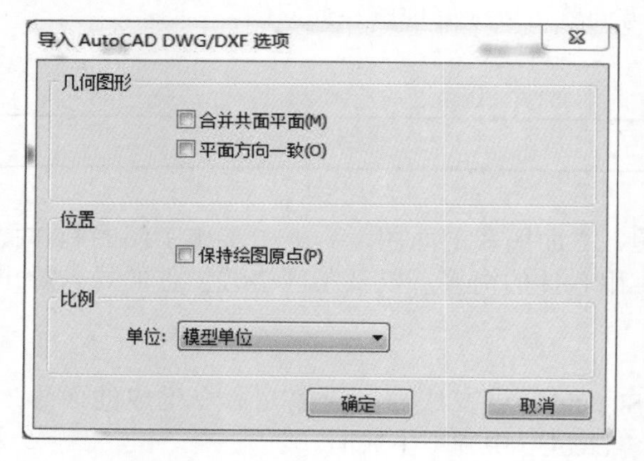

图 8-7

有些文件可能包含非标准的单位、共面的表面以及朝向不一的表面，用户可以通过启用【导入 AutoCAD DWG / DXF 选项】对话框中的【合并共面平面】复选框和【平面方向一致】复选框纠正这些问题。

- 【合并共面平面】：导入 DWG 或 DXF 格式的文件时，会发现一些平面上有三角形的划分线。手工删除这些多余的线是很麻烦的，可以使用该选项让 SketchUp 自动删除多余的划分线。
- 【平面方向一致】：启用该复选框后，系统会自动分析导入表面的朝向，并统一表面的法线方向。

完成设置后单击【确定】按钮，开始导入文件。导入完成后，SketchUp 会显示一个导入实体的报告，如图 8-8 所示。

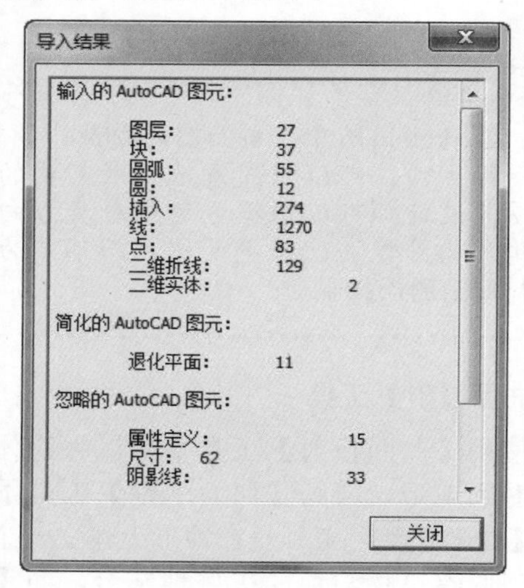

图 8-8

如果导入之前，SketchUp 中已经有了别的实体，那么所有导入的几何体会合并为一个组，以免干扰（黏住）已有的几何体，但如果是导入到空白文件中就不会创建组。

SketchUp 支持导入的 AutoCAD 实体包括线、圆弧、圆、多段线、面、有厚度的实体、三维面、嵌套的图块以及图层。目前，SketchUp 还不能支持 AutoCAD 实心体、区域、样条线、锥形宽度的多段线、XREFS、填充图案、尺寸标注、文字和 ADT、ARX 物体，这些在导入时将被忽略。如果想导入这些未被支持的实体，需要在 AutoCAD 中先将其分解（快捷键为 X），有些物体还需要分解多次才能在导出时转换为 SketchUp 几何体，有些即使被分解也无法导入，读者需注意。

在导入文件的时候，尽量简化文件，只导入需要的几何体。这是因为导入一个大的 AutoCAD 文件时，系统会对每个图形实体都进行分析，这需要很长的时间，而且一旦导入，由于 SketchUp 中智能化的线和表面需要比 AutoCAD 更多的系统资源，复杂的文件会影响 SketchUp 的系统性能。

一些AutoCAD文件以统一单位来保存数据，例如导入DXF格式的文件，这意味着导入时必须指定导入文件使用的单位以保证进行正确的缩放。如果已知AutoCAD文件使用的单位为毫米，而在导入时却选择了米，那么就意味着图形放大了1000倍。

在SketchUp中导入DWG格式的文件时，在【打开】对话框中单击【选项】按钮并在弹出的对话框中设置导入的【单位】为【毫米】即可，如图8-9所示。

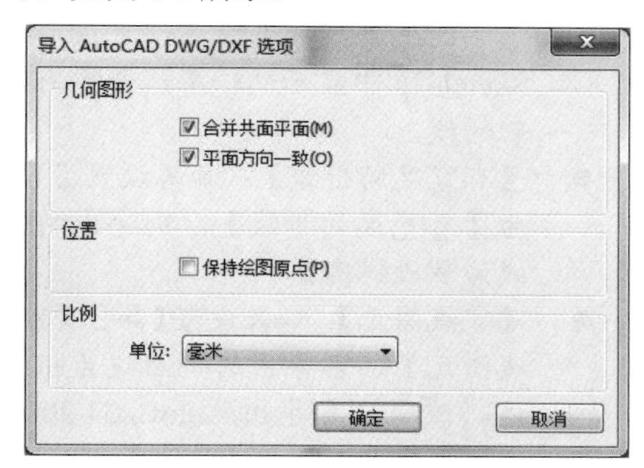

图 8-9

不过，需要注意的是，在SketchUp中只能识别0.001平方单位以上的表面，如果导入的模型有0.01单位长度的边线，将不能导入，因为0.01×0.01=0.0001平方单位。所以在导入未知单位文件时，宁愿设定大的单位也不要选择小的单位，因为模型比例缩小会使一些过小的表面在SketchUp中被忽略，剩余的表面也可能发生变形。如果指定单位为米，导入的模型虽然过大，但所有的表面都被正确导入了，可以缩放模型到正确的尺寸。

导入的AutoCAD图形需要在SketchUp中生成面，然后才能拉伸。对于在同一平面内本来就封闭的线，只需要绘制其中一小段线段就会自动封闭成面；对于开口的线，将开口处用线连接好就会生成面，如图8-10所示。

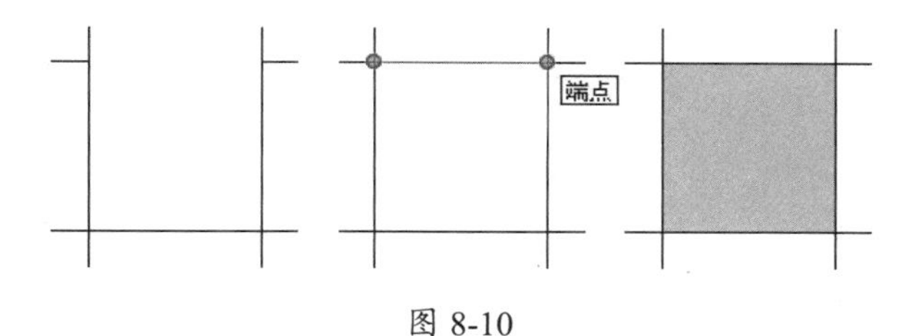

图 8-10

在需要封闭很多面的情况下，可以使用Label Stray Lines插件，它可以快速标明图形的缺口，读者可以尝试使用一下。另外，还可以使用所讲的SUAPP插件集中的线面工具进行封面。

具体步骤为：选中要封面的线，接着选择【插件】|【线面工具】|【生成面域】菜单命令，在运用插件进行封面的时候需要等待一段时间，在绘图区下方会显示一条进度条显示封面的进程。插件没有封到的面可以使用【线条】工具进行补充。

> **提示**
>
> 在导入AutoCAD图形时，有时会发现导入的线段不在一个面上，可能是在AutoCAD中没有对线的标高进行统一。如果已经统一了标高，但是导入后还是会出现线条弯曲的情况，或者是出现线条晃动的情况，建议复制这些线条，然后重新打开SketchUp并粘贴至一个新的文件中。

2. 导出DWG/DXF格式的二维矢量图文件

SketchUp允许将模型导出为多种格式的二维矢量图，包括DWG、DXF、EPS和PDF格式。导出的二维矢量图可以方便地在任何CAD软件或矢量处理软件中导入和编辑。SketchUp的一些图形特性无法导出到二维矢量图中，包括贴图、阴影和透明度。

在绘图窗口中调整好视图的视角（SketchUp会将当前视图导出，并忽略贴图、阴影等不支持的特性）。

选择【文件】|【导出】|【二维图形】菜单命令，打开【输出二维图形】对话框，然后设置【输出类型】为【AutoCAD DWG文件(*.dwg)】或者【AutoCAD DWG文件(*.dxf)】，接着设置导出的文件名，如图8-11所示。

单击【选项】按钮，弹出【DWG/DXF消隐选项】对话框，从中设置输出的参数，如图8-12所示。完成设置后单击【确定】按钮，即可进行输出。

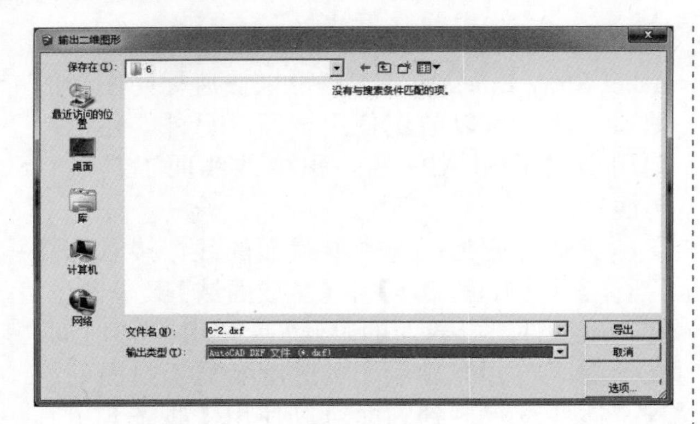

图 8-11

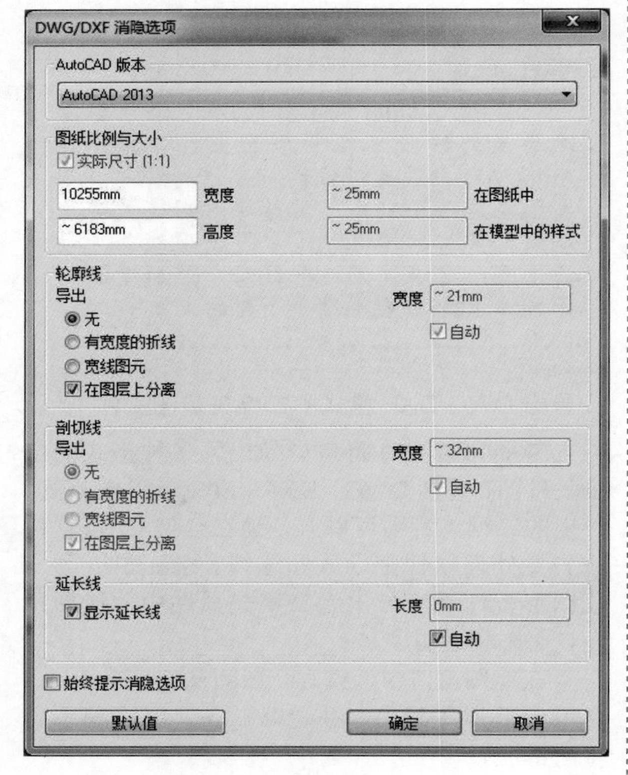

图 8-12

（1）【AutoCAD 版本】选项组。

在该选项组中可以选择导出的 AutoCAD 版本。

（2）【图纸比例与大小】选项组。

- 【实际尺寸】：启用该复选框将按真实尺寸 1∶1 导出。
- 【宽度】/【高度】：定义导出图形的宽度和高度。
- 【在图纸中】/【在模型中的样式】：【在图纸中】和【在模型中的样式】的比例就是导出时的缩放比例。例如，【在图纸中】/【在模型中的样式】为 1 毫米 /1 米，就相当于导出 1∶1000 的图形。另外，开启【透视显示】模式时不能定义这两项的比例，即使在【平行投影】模式下，也必须是表面的法线垂直视图时才可以。

（3）【轮廓线】选项组。

- 【无】：如果设置【导出】为【无】，则导出时会忽略屏幕显示效果而导出正常的线条；如果没有设置该项，则 SketchUp 中显示的轮廓线会导出为较粗的线。
- 【有宽度的折线】：如果设置【导出】为【有宽度的折线】，则导出的轮廓线为多段线实体。
- 【宽线图元】：如果设置【导出】为【宽线图元】，则导出的剖面线为粗线实体。该项只有导出 AutoCAD 2000 以上版本的 DWG 文件时才有效。
- 【在图层上分离】：如果设置【导出】为【在图层上分离】，将导出专门的轮廓线图层，便于在其他程序中设置和修改。

（4）【剖切线】选项组。

【剖切线】选项组与【轮廓线】选项组类似，这里不再赘述。

（5）【延长线】选项组。

- 【显示延长线】：启用该复选框后，将导出 SketchUp 中显示的延长线。如果禁用该复选框，将导出正常的线条。这里有一点要注意，延长线在 SketchUp 中对捕捉参考系统没有影响，但在别的 CAD 程序中就可能出现问题，如果想编辑导出的矢量图，最好禁止该项。
- 【长度】：用于指定延长线的长度。该项只有在启用【显示延长线】复选框并禁用【自动】复选框后才生效。
- 【自动】：启用该复选框将分析用户指定的导出尺寸，并匹配延长线的长度，让延长线和屏幕上显示的相似。

该选项只有在启用【显示延长线】复选框时才生效。

（6）【始终提示消隐选项】：启用该复选框后，每次导出DWG和DXF格式的二维矢量图文件时都会自动打开【DWG/DXF消隐选项】对话框；如果禁用该复选框，将使用上次的导出设置。

（7）【默认值】按钮：单击该按钮可以恢复系统默认值。

3. 导出DWG/DXF格式的三维模型文件

导出DWG和DXF格式的三维模型文件的具体操作步骤如下。

选择【文件】|【导出】|【三维模型】菜单命令，然后在【输出模型】对话框中设置【输出类型】为【AutoCAD DWG文件（*.dwg）】或者【AutoCAD DXF文件（*.dxf）】。

完成设置后即可按当前设置进行保存，也可以对导出选项进行设置后再保存，如图8-13所示。

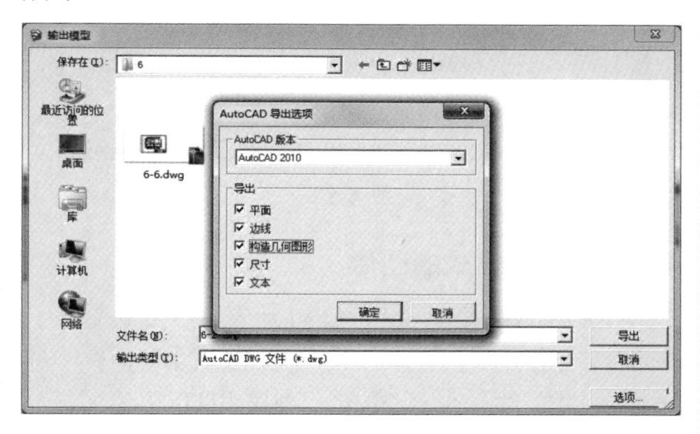

图 8-13

SketchUp可以导出面、线（线框）或辅助线，所有SketchUp的表面都将导出为三角形的多段网格面。

导出为AutoCAD文件时，SketchUp使用当前的文件单位导出。例如，SketchUp的当前单位设置是十进制（米），以此为单位导出的DWG文件在AutoCAD中也必须将单位设置为十进制（米）才能正确转换模型。另外一点需要注意，导出时，负数的线实体不会被创建为多段线实体。

8.2.2 图像文件的导入和导出

作为一名设计师，可能经常需要对扫描图、传真、图片等图像进行描绘，SketchUp允许用户导入JPEG、PNG、TGA、BMP和TIF格式的图像到模型中。另外，在绘图过程中，三维图形的导入也可以提高我们的工作效率，同时也能减少工作量。

通常导出的和导入的图像文件分为两种：二维图片和三维图形（3DS格式文件）。SketchUp可以导出JPG、BMP、TGA、TIF、PNG和Epix等格式的二维光栅图像，也可以导出3DS格式的三维图形文件，以及VRML格式的文件和OBJ格式的文件。

1. 导入二维图片

选择【文件】|【导入】菜单命令，弹出【导入】对话框，从中选择图片导入，如图8-14所示。

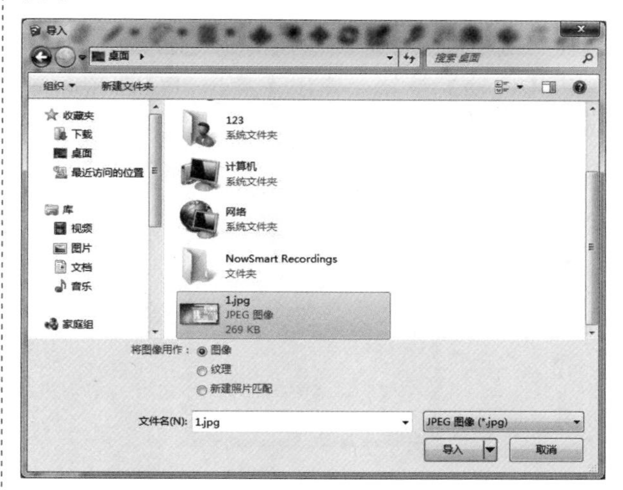

图 8-14

也可以用鼠标右键单击桌面左下角的【开始】按钮，在弹出的快捷菜单中选择【资源管理器】命令，打开图像所在的文件夹，选中图像，拖放至SketchUp绘图窗口中。

2. 导入3DS格式的文件

导入3DS格式文件的具体操作步骤如下。

选择【文件】|【导入】菜单命令，然后在弹出的【导入】对话框中找到需要导入的文件并将其导入。在导入前可以先设置导入的单

位为【3DS 文件（*.3ds）】，单击【选项】按钮，弹出【3DS 导入选项】对话框，如图 8-15 所示。

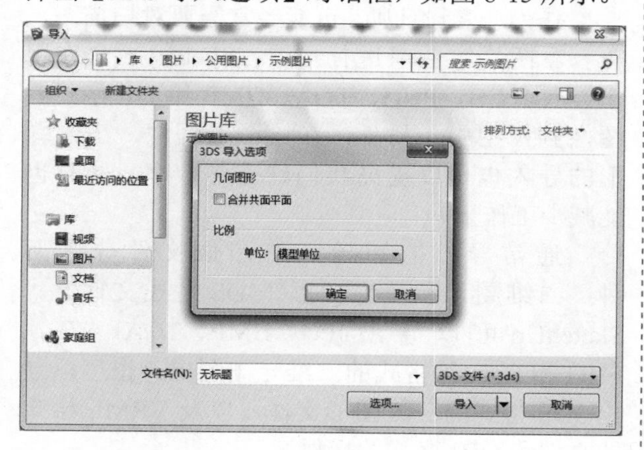

图 8-15

3. 导出 JPG 格式的图像

在绘图窗口中设置好需要导出的模型视图后，选择【文件】|【导出】|【二维图形】菜单命令，打开【输出二维图形】对话框，然后设置输出的文件名和文件格式（JPG 格式），单击【选项】按钮，弹出【导出 JPG 选项】对话框，如图 8-16 所示。

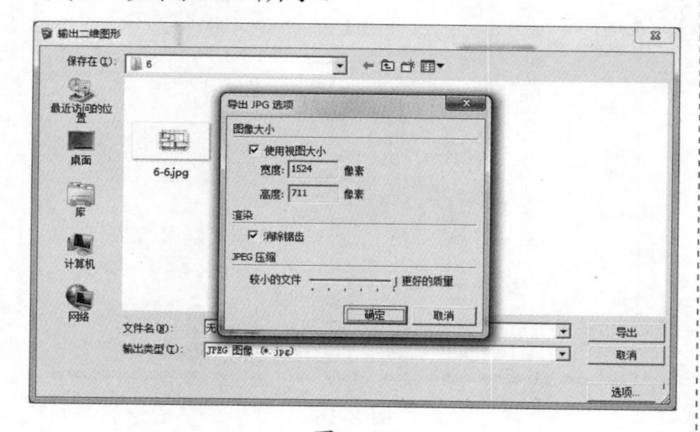

图 8-16

（1）【导出 JPG 选项】对话框中各参数说明如下。

- 【使用视图大小】：启用该复选框，则导出图像的尺寸大小为当前视图窗口的大小，禁用该复选框则可以自定义图像尺寸。
- 【宽度】/【高度】：指定图像的尺寸，以【像素】为单位，指定的尺寸越大，导出时间越长，消耗内存越多，生成的图像文件也越大，最好只按需要导出相应大小的图像文件。
- 【消除锯齿】：启用该复选框后，SketchUp 会对导出图像做平滑处理。这样会需要更多的导出时间，但可以减少图像中的线条锯齿。

（2）在 SketchUp 中导出高质量位图的方法。

SketchUp 的图片导出质量与显卡的质量有很大关系，显卡越好，抗锯齿的能力就越强，导出的图片就越清晰。

选择【窗口】|【系统设置】菜单命令，打开【系统设置】对话框，然后在 OpenGL 选项设置界面中启用【使用硬件加速】复选框，如图 8-17 所示。

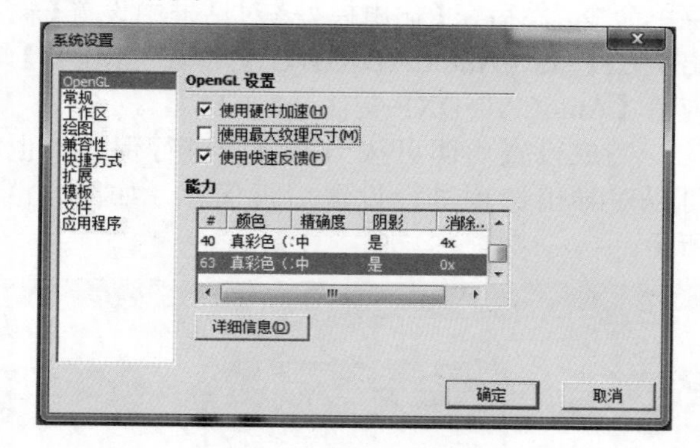

图 8-17

4. 导出 PDF 格式的图像

PDF 文件是 Adobe 公司开发的开放式电子文档，支持各种字体、图片、格式和颜色，是压缩过的文件，便于发布、浏览和打印。

导出 PDF 格式的最初目的是矢量图输出，因此导出文件中可以包括线条和填充区域，但不能导出贴图、阴影、平滑着色、背景和透明度等显示效果。另外，由于 SketchUp 没有使用 OpenGL 来输出矢量图，因此也不能导出那些由 OpenGL 渲染出来的效果。如果想要导出所见即所得的图像，可以导出为光栅图像。

设置好视图后，选择【文件】|【导出】|【二维图形】菜单命令，打开【输出二维图形】对话框，然后设置好导出的文件名和文件格式（PDF 格式），如图 8-18 所示。单击【选项】按钮，弹出【便携文档格式（PDF）消隐选项】对话框，如图 8-19 所示。

输出二维图形
库 ▸ 图片 ▸ 公用图片 ▸ 示例图片
搜索 示例图片
组织
新建文件夹
收藏夹
下载
桌面
最近访问的位置
库
视频
图片
文档
音乐
图片库
示例图片
排列方式: 文件夹
没有与搜索条件匹配的项。
文件名(N): 无标题.pdf
保存类型(T): PDF 文件 (*.pdf)
隐藏文件夹
选项...
导出
取消

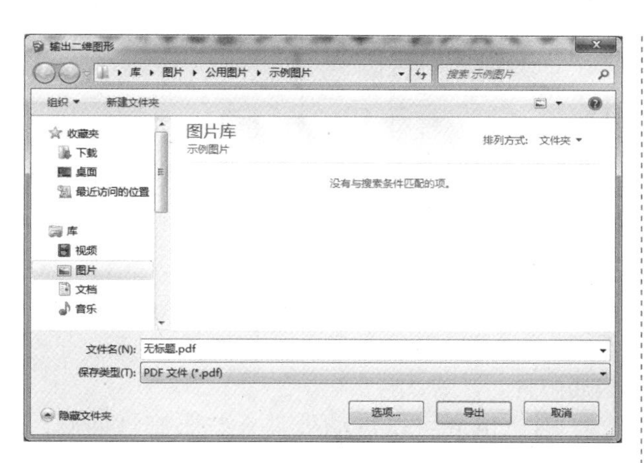

图 8-18

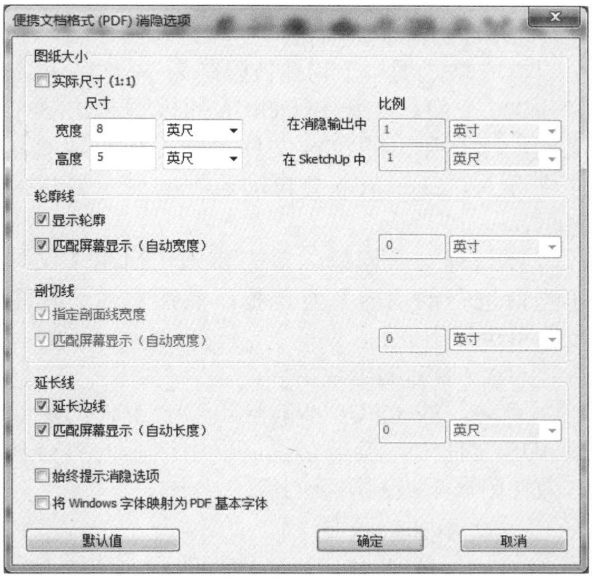

便携文档格式 (PDF) 消隐选项
图纸大小
实际尺寸 (1:1)
尺寸
比例
宽度 8 英尺
高度 5 英尺
在消隐输出中 1 英寸
在 SketchUp 中 1 英尺
轮廓线
显示轮廓
匹配屏幕显示（自动宽度） 0 英寸
剖切线
指定剖面线宽度
匹配屏幕显示（自动宽度） 0 英寸
延长线
延长边线
匹配屏幕显示（自动长度） 0 英尺
始终提示消隐选项
将 Windows 字体映射为 PDF 基本字体
默认值
确定
取消

图 8-19

5. 导出 3DS 格式的文件

3DS 格式的文件支持 SketchUp 导出材质、贴图和照相机，比 DWG 格式和 DXF 格式更能完美地转换 SketchUp 模型。

选择【文件】|【导出】|【三维模型】菜单命令，打开【输出模型】对话框，然后设置导出的文件名和文件格式（3DS 格式），如图 8-20 所示。单击【选项】按钮，弹出【3DS 导出选项】对话框，如图 8-21 所示。

（1）【几何图形】选项组用于设置导出的模式。

- 【导出】下拉列表框中包含了 4 个不同的选项，如图 8-22 所示。

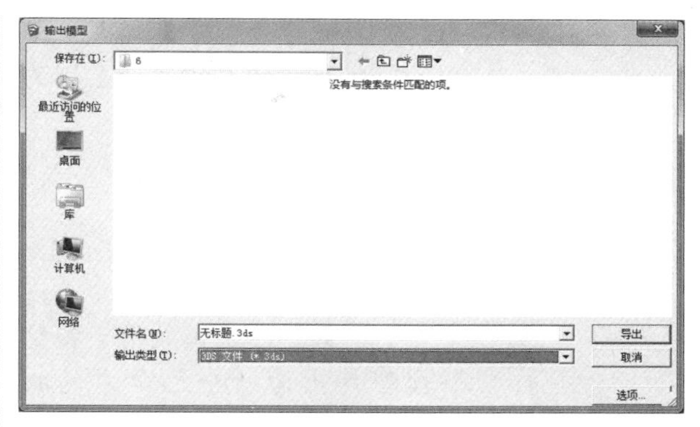

输出模型
保存在(I):
没有与搜索条件匹配的项。
最近访问的位置
桌面
库
计算机
网络
文件名(N): 无标题.3ds
输出类型(T): 3DS 文件 (*.3ds)
导出
取消
选项...

图 8-20

3DS 导出选项
几何图形
导出:
完整层次结构
仅导出当前选择的内容
导出两边的平面
为:
材料
几何图形
导出独立的边线
材料
导出纹理映射
喜好:
保留纹理坐标
固定顶点
相机
从页面生成相机
比例
模型单位
确定
取消

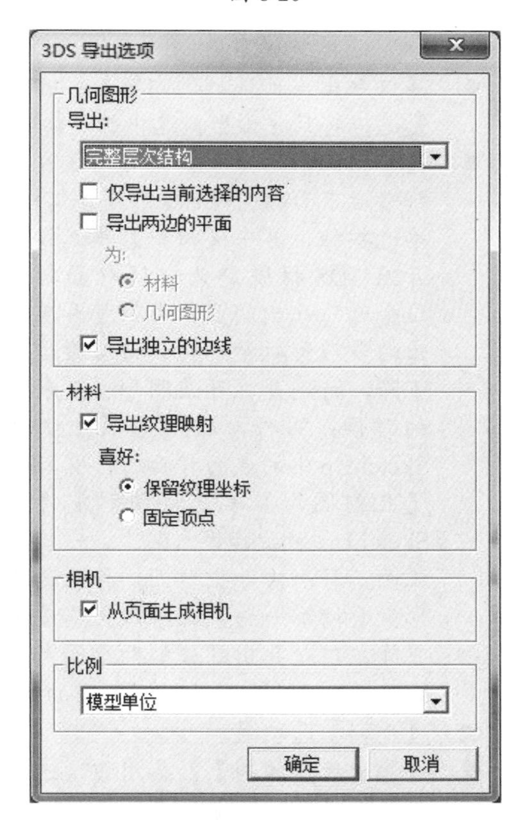

图 8-21

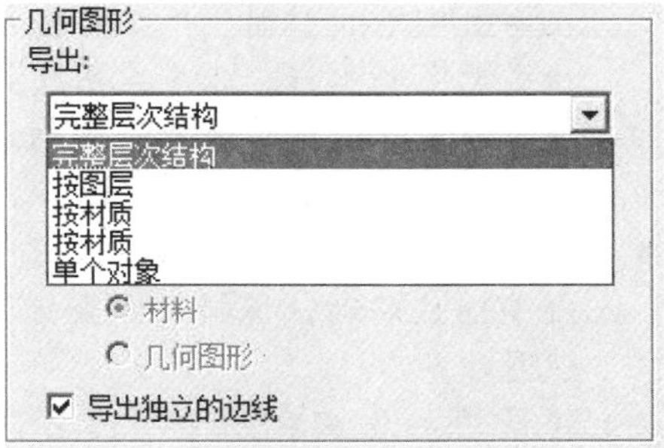

几何图形
导出:
完整层次结构
完整层次结构
按图层
按材质
按材质
单个对象
材料
几何图形
导出独立的边线

图 8-22

- 【完整层次结构】：该模式下，SketchUp 将按组与组件的层级关系导出模型。
- 【按图层】：该模式下，模型将按同一图层上的物体导出。
- 【按材质】：该模式下，SketchUp 将按材质贴图导出模型。
- 【单个对象】：该模式用于将整个模型导出为一个已命名的物体，常用于导出为大型基地模型创建的物体，例如导出一个单一的建筑模型。

- 【仅导出当前选择的内容】：启用该复选框将只导出当前选中的实体。
- 【导出两边的平面】：启用该复选框将激活下面的【材料】和【几何图形】单选按钮，其中【材料】单选按钮能开启 3DS 材质定义中的双面标记，这个选项导出的多边形数量和单面导出的多边形数量一样，但渲染速度会下降，特别是在开启阴影和反射效果的时候；另外，这个选项无法使用 SketchUp 中的表面背面的材质。相反，【几何图形】单选按钮则是将每个 SketchUp 的面都导出两次，一次导出正面，另一次导出背面，导出的多边形数量增加一倍，同样渲染速度也会下降，但是导出的模型两个面都可以渲染，并且正反两面可有不同的材质。

（2）【材料】选项组。

- 【导出纹理映射】：启用该复选框可以导出模型的材质贴图。
- 【保留纹理坐标】：该单选按钮用于在导出 3DS 文件时，不改变 SketchUp 材质贴图的坐标。只有启用【导出纹理映射】复选框，该单选按钮和【固定顶点】单选按钮才能被激活。
- 【固定顶点】：该单选按钮用于在导出 3DS 文件时，保持贴图坐标与平面视图对齐。

（3）【从页面生成相机】：该复选框用于保存时为当前视图创建照相机，也为每个 SketchUp 页面创建照相机。

（4）【比例】：指定导出模型使用的测量单位。默认设置是【模型单位】，即 SketchUp 的系统属性中指定的当前单位。

6. 导出 3DS 格式文件的问题和限制

SketchUp 专为方案推敲而设计，它的一些特性不同于其他的 3D 建模程序。在导出 3DS 文件时一些信息不能保留。3DS 格式本身也有一些局限性。

SketchUp 可以自动处理一些限制性问题，并提供一系列导出选项以适应不同的需要。以下是需要注意的内容。

（1）物体顶点限制。

3DS 格式的一个物体被限制为 64000 个顶点和 64000 个面。如果 SketchUp 的模型超出这个限制，那么导出的 3DS 文件可能无法在别的程序中导入。SketchUp 会自动监视并显示警告对话框。

要处理这个问题，首先要确定启用【仅导出当前选择的内容】复选框，然后试着将模型依次单个导出。

（2）嵌套的组或组件。

目前，SketchUp 不能导出组合组件的层级到 3DS 文件中。换句话说，组中嵌套的组会被打散并附属于最高层级的组。

（3）双面的表面。

在一些 3D 程序中，多边形的表面法线方向是很重要的，因为默认情况下只有表面的正面可见。这好像违反了直觉，真实世界的物体并不是这样的，但这样能提高渲染效率。

而在 SketchUp 中，一个表面的两个面都可见，用户不必担心面的朝向。例如，在 SketchUp 中创建了一个带默认材质的立方体，立方体的外表面为棕色，而内表面为蓝色。如果内外表面都赋予相同材质，那么表面的方向就不重要了。

如果导出的模型没有统一法线，那么在别的应用程序中就可能出现“丢面”的现象。并不是真的丢失了，而是面的朝向不对。

解决这个问题的一个方法是用【将面翻转】命令对表面进行手工复位，或者用【统一面的方向】命令将所有相邻表面的法线方向统一，这样可以同时修正多个表面法线的问题。另外，【3DS 导出选项】对话框中的【导出两边的平面】复选框也可以修正这个问题，这是一种强力有效的方法，如果没有时间手工修改表面法线时，使用这个命令非常方便。

（4）双面贴图。

表面有正反两面，但只有正面的 UV 贴图可以导出。

（5）复数的 UV 顶点。

3DS 文件中每个顶点只能使用一个 UV 贴图坐标，所以共享相同顶点的两个面上无法具有不同的贴图。为了打破这个限制，SketchUp 通过分割几何体，让在同一平面上的多边形的组拥有各自的顶点，如此虽然可以保持材料贴图，但由于顶点重复，也可能会造成无法正确进行一些 3D 模型操作，例如平滑或布尔运算。

幸运的是，当前的大部分 3D 应用程序都可以保持正确贴图和结合重复的顶点，在由 SketchUp 导出的 3DS 文件中进行此操作，不论是在贴图中，还是在模型中，都能得到理想的结果。

这里有一点需要注意，表面的正反两面都赋予材质的话，背面的 UV 贴图将被忽略。

（6）独立边线。

一些 3D 程序使用的是【顶点 - 面】模型，不能识别 SketchUp 的独立边线定义，3DS 文件也是如此。要导出边线，SketchUp 会导出细长的矩形来代替这些独立边线，但可能导致无效的 3DS 文件。如果可能，不要将独立边线导出到 3DS 文件中。

（7）贴图名称。

3DS 文件使用的贴图文件名格式有基于 DOS 系统的字符限制，不支持长文件名和一些特殊字符。

SketchUp 在导出时会试着创建 DOS 标准的文件名。例如，一个命名为 corrugated metal.jpg 的文件在 3DS 文件中被描述为 corrug ～ 1.jpg。别的使用相同的头 6 个字符的文件被描述为 corrug ～ 2.jpg，并以此类推。

不过这样的话，如果要在别的 3D 程序中使用贴图，就必须重新指定贴图文件或修改贴图文件的名称。

（8）贴图路径。

保存 SketchUp 文件时，使用的材质会封装到文件中。当用户将文件 Email 给他人时，不需要担心找不到材质贴图的问题。但是，3DS 文件只是提供了贴图文件的链接，没有保存贴图的实际路径和信息。这一局限很容易破坏贴图分配，最容易的解决办法就是在导入模型的 3D 程序中添 SketchUp 的贴图文件目录，这样就能解决贴图文件找不到的问题。

如果贴图文件不是保存在本地文件夹中，就不能使用，如果别人将 SketchUp 文件发送给自己，该文件封装自定义的贴图材质，这些材质无法导出到 3DS 文件中，这就需要另外再把贴图文件传送过来，或者将 SKP 文件中的贴图导出为图像文件。

（9）材质名称。

SketchUp 允许使用多种字符的长文件名，而 3DS 不行。因此，导出时，材质名称会被修改并截至 12 个字符。

（10）可见性。

只有当前可见的物体才能导出到 3DS 文件中，隐藏的物体或处于隐藏图层中的物体是不会被导出的。

（11）图层。

3DS 格式不支持图层，所有 SketchUp 图层在导出时都将丢失。如果要保留图层，最好导出为 DWG 格式。

（12）单位。

SketchUp 导出 3DS 文件时可以在选项中指定单位。例如，在 SketchUp 中边长为 1 米的立方体在设置单位为米时，导出到 3DS 文件后，边长为 1。如果将导出单位设成厘米，则该立方体的导出边长为 100。

3DS 格式通过比例因子来记录单位信息，这样别的程序读取 3DS 文件时都可以自动转换为真实尺寸。例如上面的立方体虽然边长一个为 1，另一个为 100，但导入程序后却是一样大小。

有些程序忽略了单位缩放信息，这将导致边长为 100 厘米的立方体在导入后是边长为 1 米的立方体的 100 倍。碰到这种情况，只能在导出时就把单位设成其他程序导入时需要的单位。

8.3 设计范例

8.3.1 山地模型设计范例

本范例完成文件：ywj\08\8-1.skp

案例分析

本小节范例就是利用沙箱工具制作山地效果，沙箱工具的曲面投射，也叫悬置、投影等，也是曲面建模过程中一个较方便的命令，这个案例主要就是运用这个命令。

案例操作

步骤 01 绘制网格

① 新建一个文件，在【沙箱】工具栏中单击【根据网格创建】按钮，如图 8-23 所示。

② 在绘图区中绘制间隔宽度为 100mm 的网格。

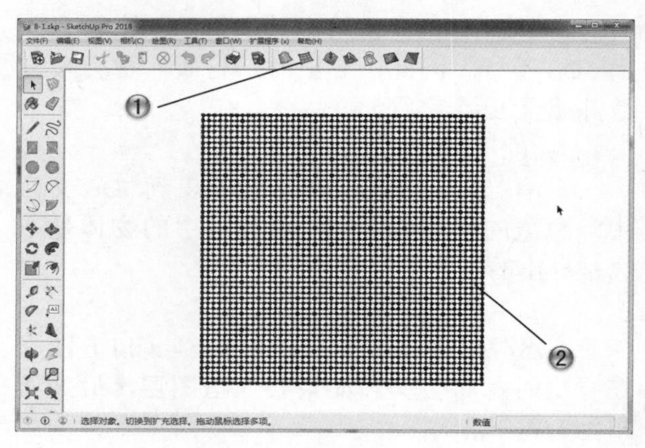

图 8-23

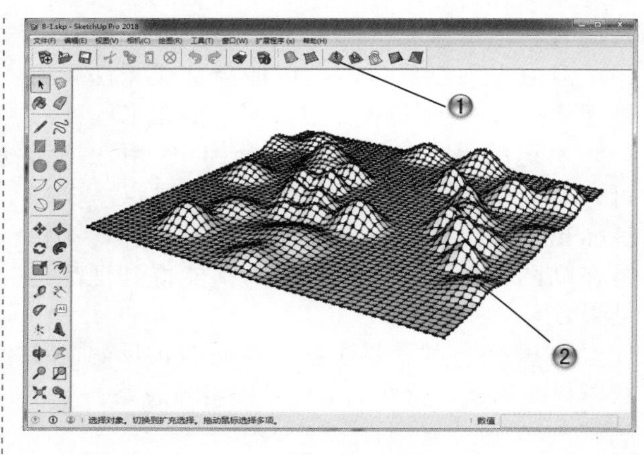

图 8-24

步骤 02 进行拉伸

① 在【沙箱】工具栏中单击【曲面起伏】按钮，如图 8-24 所示。

② 选择网格面并进行拉伸。

步骤 03 绘制矩形

① 在【大工具集】工具栏中单击【矩形】按钮，如图 8-25 所示。

② 在绘图区中绘制一个矩形。

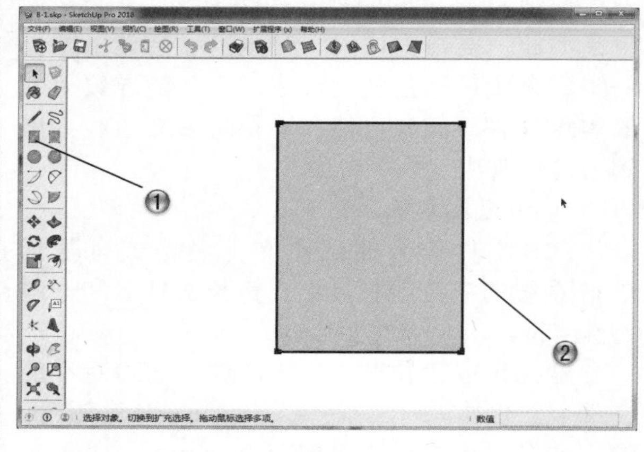

图 8-25

步骤 04 移动矩形

❶ 在【大工具集】工具栏中单击【移动】按钮，如图 8-26 所示。

❷ 将绘制好的矩形移动到地形上方。

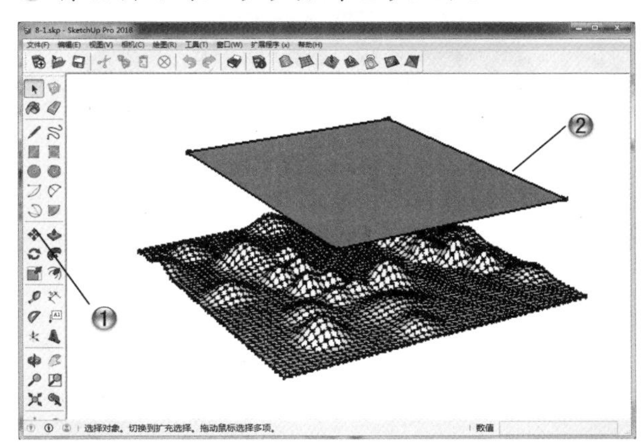

图 8-26

步骤 05 绘制圆弧

❶ 在【大工具集】工具栏中单击【圆弧】按钮，如图 8-27 所示。

❷ 在矩形面上绘制圆弧形状。

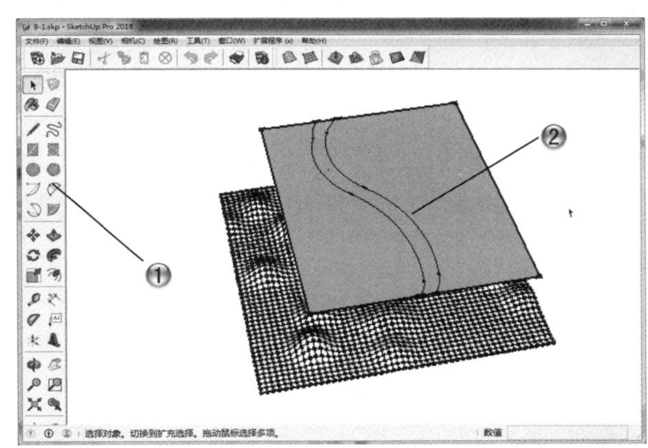

图 8-27

步骤 06 创建道路

❶ 在【沙箱】工具栏中单击【曲面投射】按钮，如图 8-28 所示。

❷ 将圆弧投射在地形上，形成山间的道路。

步骤 07 设置山地材质

❶ 单击【大工具集】工具栏中的【材质】按钮，如图 8-29 所示。

❷ 打开【材料】编辑器后，选择【人工草被】材质。

❸ 将材质赋予山地上。

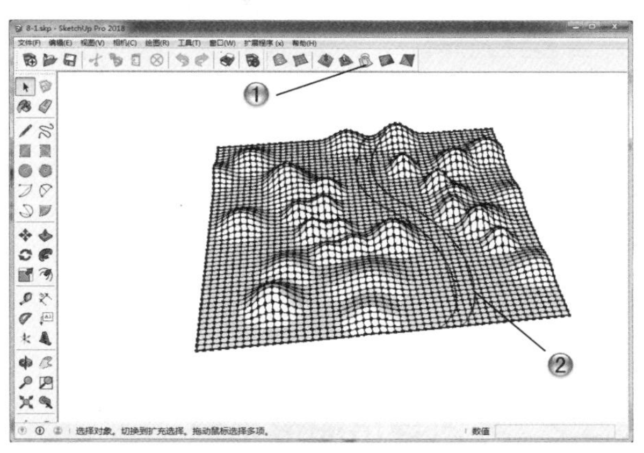

图 8-28

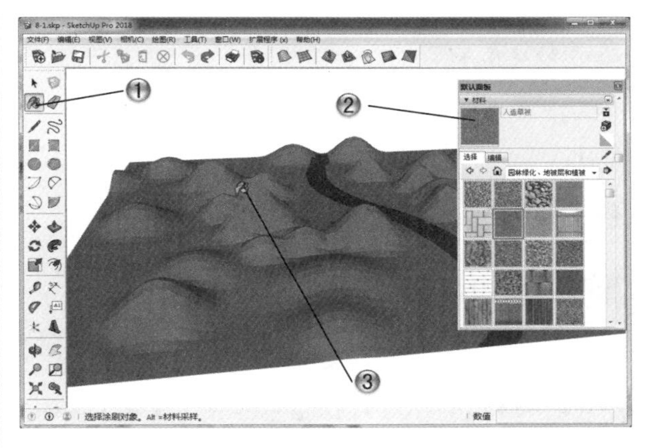

图 8-29

步骤 08 设置路面材质

❶ 在【材料】编辑器中选择【新沥青】，如图 8-30 所示。

❷ 将材质赋予道路上。

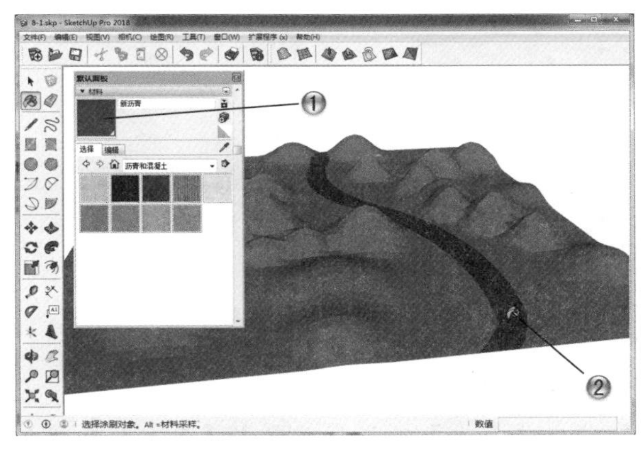

图 8-30

步骤 09

这样范例制作完成，完成的山地模型如图 8-31 所示。

图 8-31

8.3.2 导入导出图形范例

本范例完成文件：ywj\08\8-2.skp

案例分析

这个案例就是导入现有的 CAD 模型后，再输出二维图形效果，主要进行导入导出图形的操作练习。

案例操作

步骤 01 设置导入

❶ 新建一个文件，选择【文件】菜单中的【导入】命令，如图 8-32 所示。

❷ 在打开的【导入】对话框中单击【选项】按钮。

❸ 打开【导入 AutoCAD DWG/DXF 选项】对话框后设置其中的参数，然后单击【确定】按钮。

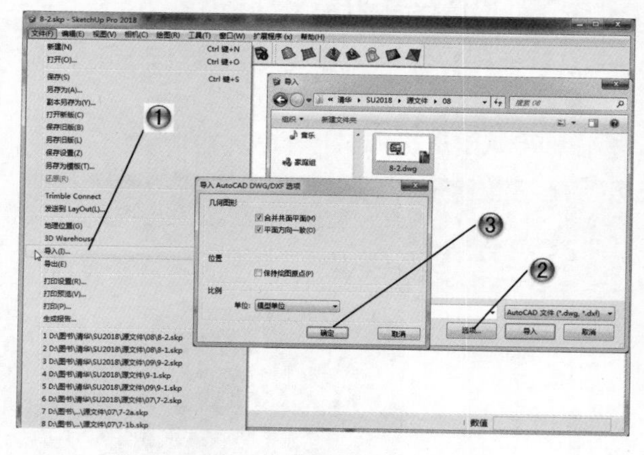

图 8-32

步骤 02 导入文件

❶ 返回【导入】对话框后单击【导入】按钮，如图 8-33 所示。

❷ 此时开始导入文件，出现【导入进度】对话框。

❸ 完成后打开【导入结果】对话框，会显示一个导入结果的报告。

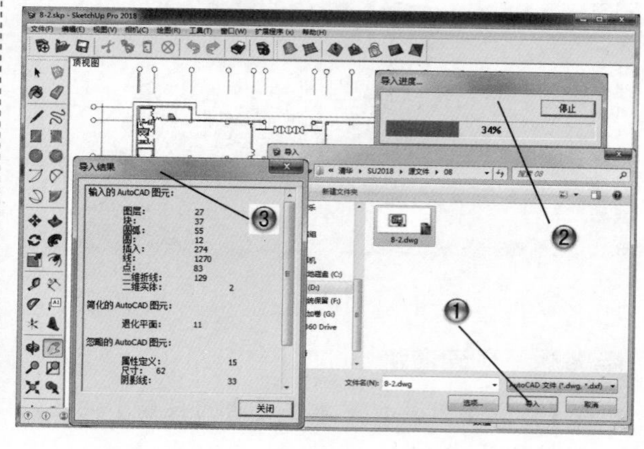

图 8-33

步骤 03 导出 JPG 文件

❶ 选择【文件】|【导出】|【二维图形】菜单命令，如图 8-34 所示。

❷ 打开【输出二维图形】对话框，设置输出类型和名称。

❸ 单击【输出二维图形】对话框中的【导出】按钮。

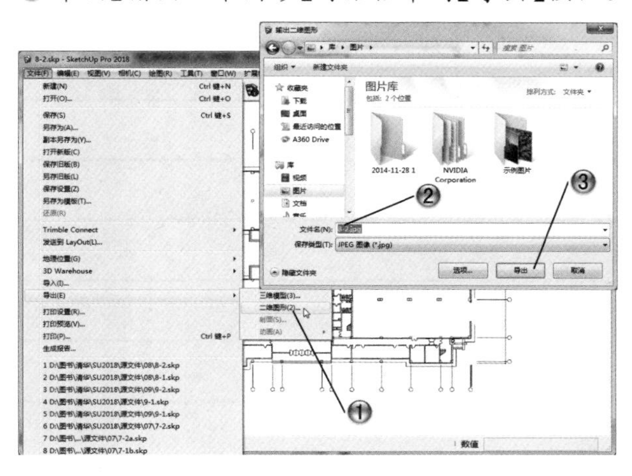

图 8-34

这样，范例就制作完成了，导出的二维图形效果如图 8-35 所示。

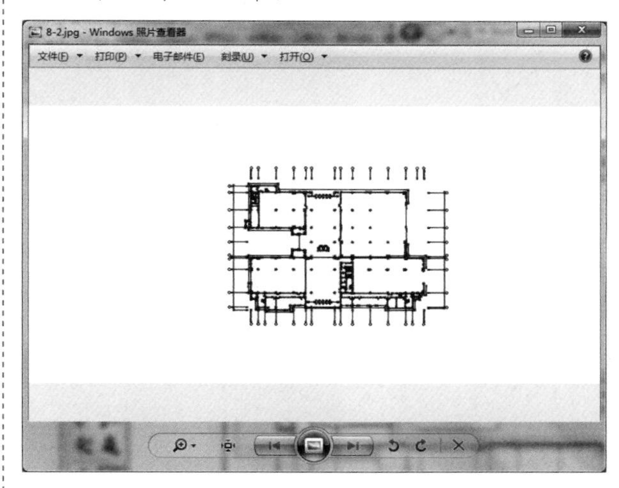

图 8-35

8.4 本章小结和练习

8.4.1 本章小结

在本章学习中，希望大家掌握 SketchUp 沙箱工具的使用方法，CAD 文件和图像文件的导入导出方法。掌握这些方法，可以帮助我们在建模时更加得心应手。

8.4.2 练习

如图 8-36 所示，使用本章学过的命令来创建帐篷的模型。

一般创建步骤和方法如下。

（1）绘制底部形状。

（2）绘制侧面形状。

（3）使用沙盒工具绘制出模型。

（4）绘制门等细部形状。

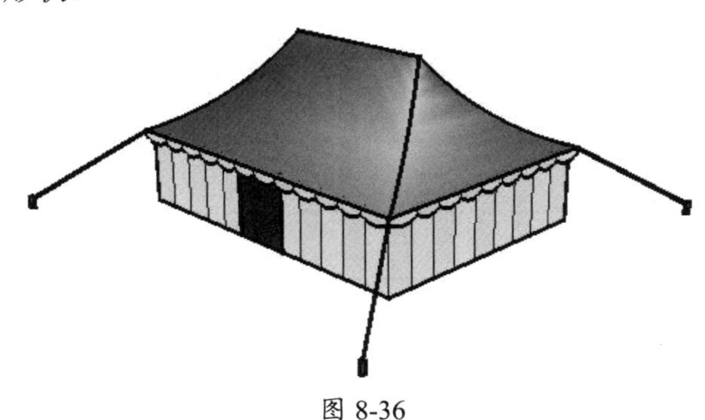

图 8-36

学习心得

第 9 章

利用插件设计和渲染

本章导读

使用插件可以快速简洁地完成很多模型效果，这在 SketchUp 设计中很有用，安装和使用插件是设计师在草图设计中的必修课。前面章节为了让读者熟悉 SketchUp 的基本工具和使用技巧，就没有使用 SketchUp 以外的工具。但是在制作一些复杂模型时，使用 SketchUp 自身的工具来制作就会很烦琐，在这种时候使用插件会起到事半功倍的作用。本章主要介绍一些常用插件，这些插件都是专门针对 SketchUp 的缺陷而设计开发的，具有很强的实用性。另外，本章还将介绍模型渲染的方法，以便更加深入地展示模型效果。

9.1 使用插件

SketchUp 的插件也称为脚本（Script），它是用 Ruby 语言编制的实用程序。2004 年在 SketchUp 发布 4.0 版本的时候，增加了针对 Ruby 语言的接口，这是一个完全开放的接口，任何人只要熟悉 Ruby 语言就可以自行扩展 SketchUp 的功能。Ruby 语言是由日本人松本行弘所开发的，是一种简单快捷面向对象编程（面向对象程序设计）的脚本语言，掌握起来比较简单，容易上手。这就使得 SketchUp 的插件如雨后春笋般发展起来，到目前为止，SketchUp 的插件数量已不下千种。正是由于 SketchUp 插件的繁荣，所以给 SketchUp 带来了无尽的活力。

通常插件程序文件的后缀名为 .rb。一个简单的 SketchUp 插件只有一个 .rb 文件，复杂一点的可能会有多个 .rb 文件，并带有自己文件夹和工具图标。安装插件时只需要将他们复制到 SketchUp 安装的 Plugins 子文件夹即可。个别插件有专门的安装文件，在安装时可 Windows 应用程度一样进行安装。

> **提示**
>
> 添加 SketchUp 插件可以通过互联网来获取，某些网站提供了大量插件，很多插件都可以通过这些网站下载使用。

9.1.1 标记线头插件

执行【标记线头】命令的方法如下。

在菜单栏中选择【扩展程序】|【线面辅助工具】|【查找线头工具】|【标记线头】命令，如图 9-1 所示。

这款插件在进行封面操作时非常有用，可以快速地显示导入的 CAD 图形线段之间的缺口。

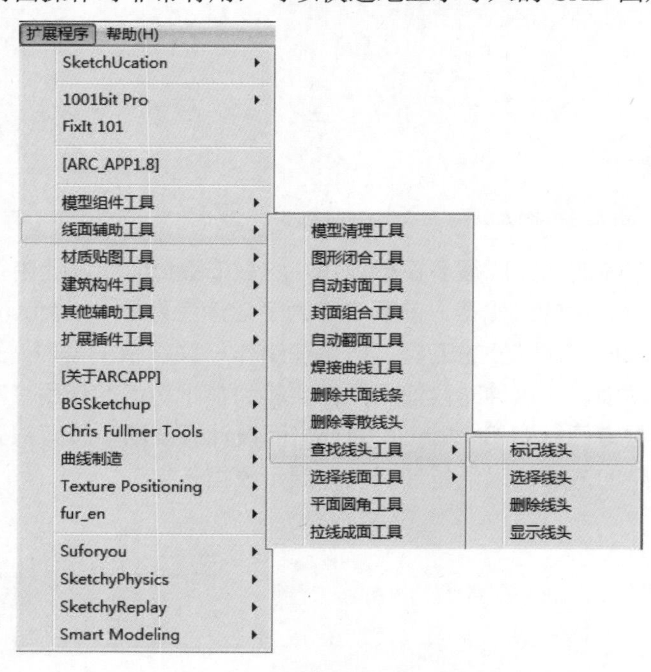

图 9-1

9.1.2 焊接曲线工具插件

执行【焊接曲线工具】命令的方法如下。

在菜单栏中，选择【扩展程序】|【线面辅助工具】|【焊接曲线工具】命令，如图 9-2 所示。

在使用 SketchUp 建模的过程中，经常会遇到某些边线会变成分离的多条小线段，很不方便选择和管理，特别是在需要重复操作它们时会更麻烦，而使用【焊接曲线工具】插件就能很容易解决这个问题。

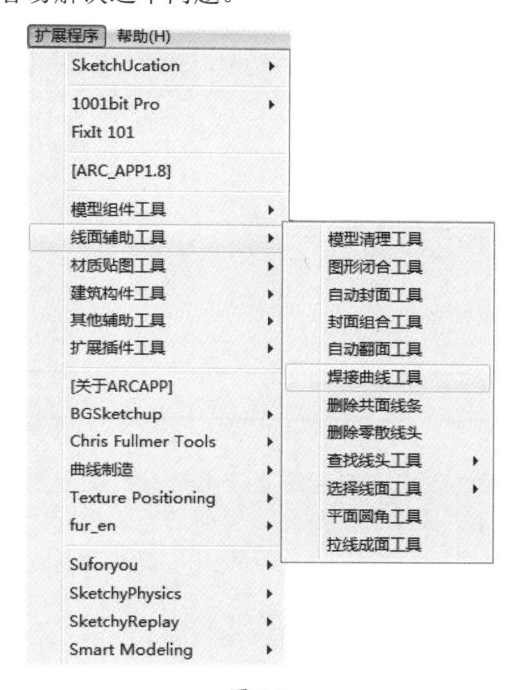

图 9-2

9.1.3 拉线成面工具插件

执行【拉线成面工具】命令的方法如下。

在菜单栏中，选择【扩展程序】|【线面辅助工具】|【拉线成面工具】命令。

使用时选定需要挤压的线就可以直接应用该插件，挤压的高度可以在数值输入框中输入准确数值，当然也可以通过拖曳光标的方式拖出高度。拉伸线插件可以快速将线拉伸成面，其功能与 SUAAP 中的“线转面”功能类似。

有时在制作室内场景时，可能只需要单面墙体，通常的做法是先做好墙体截面，然后使用【推 / 拉】工具推出具有厚度的墙体，接着删除朝外的墙面，才能得到需要的室内墙面，操作起来比较麻烦。使用 Extruded Lines 插件（拉线成面工具插件）可以简化操作步骤，只需要绘制出室内墙线就可以通过这个插件挤压出单面墙。

拉线成面工具插件不但可以对一个平面上的线进行挤压，而且对空间曲线同样适用。如在制作旋转楼梯的扶手侧边曲面时，有了这个插件后就可以直接挤压出曲面，如图 9-3 所示。

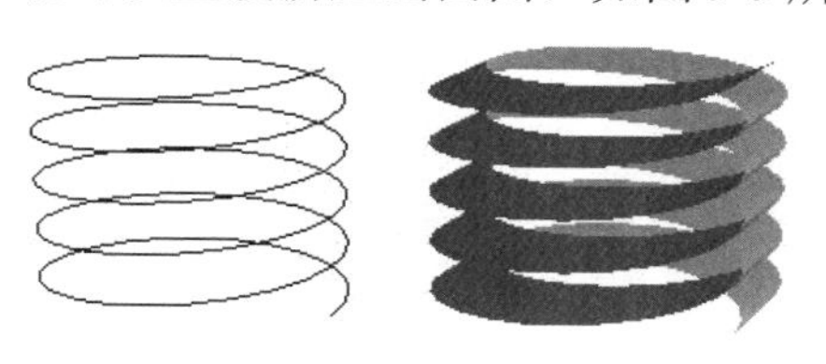

图 9-3

9.1.4 距离路径阵列插件

执行【距离路径阵列】命令的方法为：在菜单栏中，选择【扩展程序】|【模型组件工具】|【距离路径阵列】命令，如图 9-4 所示。

在 SketchUp 中沿直线或圆心阵列多个对象是比较容易的，但是沿一条稍复杂的路径进行阵列就很难了，遇到这种情况可以使用距离路径阵列插件来完成。距离路径阵列插件只能对组和组件进行操作。

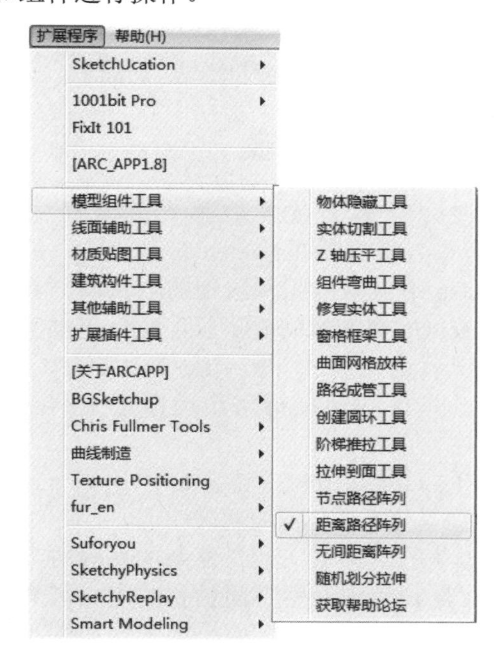

图 9-4

9.1.5 平面圆角工具插件

执行【平面圆角工具】命令的方法为：在菜单栏中，选择【扩展程序】|【线面辅助工具】|【平面圆角工具】命令。

选择两条相交或延长线相交的线后调用【平面圆角工具】命令，输入倒角半径，按 Enter 键确认，如图 9-5 所示。

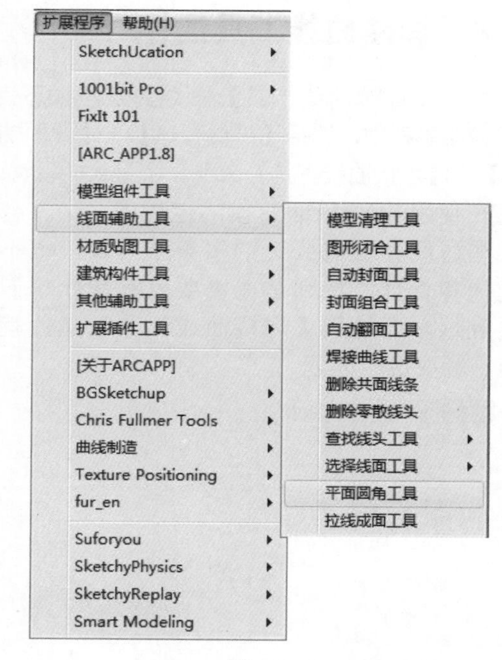

图 9-5

9.2 模型渲染

虽然直接从 SketchUp 中导出的图片已经具有比较好的效果，但若想要获得更具有说服力的效果图，就需要在模型的材质以及空间的光影关系方面进行更加深入的刻画。以前处理效果图的方法通常是将 SketchUp 模型导入到 3ds Max 中调整模型的材质，然后借助当前的主流渲染器 VRay for Max 获得商业效果图，但是这一环节制约了设计师对细节的掌控和完善，而一款能够和 SketchUp 完美兼容的渲染器成为设计人员的渴望。在这种情况下，VRay for SketchUp 诞生了。

9.2.1 VRay 基础

VRay 作为一款功能强大的全局光渲染器，可以直接安装在 SketchUp 软件中，能够在 SketchUp 中渲染出照片级别的效果图。其应用在 SketchUp 中的时间并不长，2007 年推出了它的第一个正式版本 VRay for SketchUp 1.0。后来，ASGVIS 公司根据用户反馈意见不断完善 VRay。

VRay for SketchUp 特征如下。

（1）优秀的全局照明（GI）。

传统的渲染器在应付复杂的场景时，必须花费大量时间来调整不同位置的多个灯光，以得到均匀的照明效果。而全局光照明则不同，它用一个类似于球状的发光体包围整个场景，让场景的每一个角落都能受到光线的照射。VRay 支持全局照明，而且与同类渲染程序相比，效果更好、速度更快。不放置任何灯光的场景，VRay 利用 GI 就可以计算出比较自然的光线效果。

（2）超强的渲染引擎。

VRay for SketchUp 提供了 4 种渲染引擎：发光贴图、光子贴图、纯蒙特卡罗和灯光缓存。每个渲染引擎都有各自的特性，计算方法不一样，渲染效果也不一样。用户可以根据场景的大小、类型和出图像素要求以及出图品质要求来选择合适的渲染引擎。

（3）支持高动态贴图（HDRI）。

一般的 24bit 图片从最暗到最亮的 256 阶无法完整表现真实世界中的真正亮度，例如户外的太阳强光就比白色要亮上百万倍。而高动态贴图 HDRI 是一种 32bit 的图片，它记录了某个场景的环境的真实光线，因此 HDRI 对亮度数值的真实描述能力就可以成为渲染程序用来模拟环境光源的依据。

（4）强大的材质系统。

VRay for SketchUp 的材质功能系统强大且设置灵活。除了常见的漫射、反射和折射，还增加有自发光的灯光材质，另外还支持透明贴图、双面材质、纹理贴图以及凹凸贴图，每个主要材质层后面还可以增加第二层、第三层，以得到真实的效果。利用光泽度的控制可以计算如磨砂玻璃、磨砂金属以及其他磨砂材质的效果，更可以透过“光线分散”计算如玉石、蜡和皮肤等表面稍微透光的材质。默认的多个程序控制的纹理贴图可以用来设置特殊的材质效果。

（5）便捷的布光方法。

灯光照明在渲染出图中扮演着重要的角色，没有好的照明条件便得不到好的渲染品质。光线的来源分为直接光源和间接光源。VRay for SketchUp 的全方向灯（点光）、矩形灯、自发光物体都是直接光源；环境选项里的 GI 天光（环境光），间接照明选项里的一、二次反射等都是间接光源。利用这些，VRay for SketchUp 可以完美地模拟出现实世界的光照效果。

（6）超快的渲染速度。

比起 Brazil 和 Maxwell 等渲染程序，VRay 的渲染速度是非常快的。关闭默认灯光，打开 GI，其他都使用 VRay 默认的参数设置，就可以得到逼真的透明玻璃的折射、物体反射以及非常高品质的阴影。值得一提的是，几个常用的渲染引擎所计算出来的光照资料都可以单独存储起来，调整材质或者渲染大尺寸图片时可以直接导出而无须再次重新计算，可以节省很多计算时间，从而提高作图的效率。

（7）简单易学。

VRay for SketchUp 参数较少、材质调节灵活、灯光简单而强大，只要掌握了正确的学习方法，多思考、勤练习，借助 VRay for SketchUp 很容易做出照明级别的效果图。

9.2.2 设置材质

设置材质，可以用 SketchUp 中【材料】编辑器的【提取材质】工具提取材质，V-Ray 材质编辑器会自动跳转到该材质的属性上，并选中该材质，然后单击鼠标右键，在弹出的快捷菜单中执行 Create Layer（创建图层）| Reflection（反射）命令，如图 9-6 所示，并调整反射值，接着单击反射层后面的 M 符号，并在弹出的对话框中选择反射的模式，如图 9-7 所示，即可设置材质。

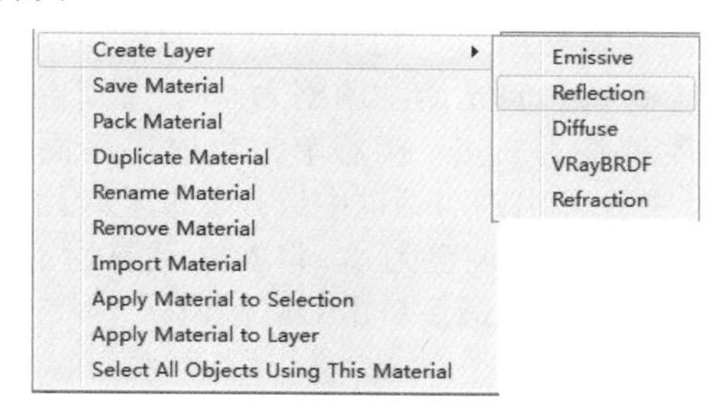

图 9-6

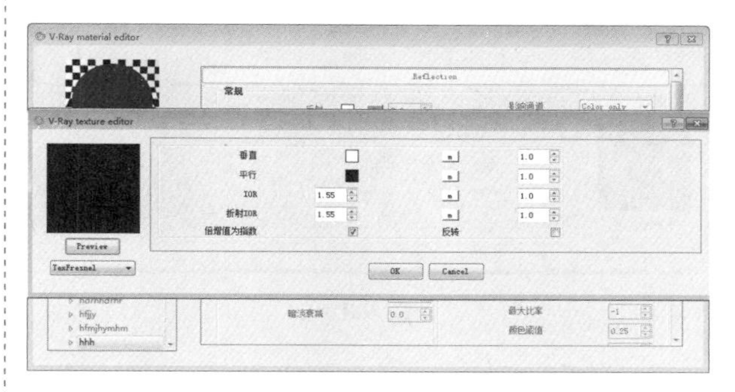

图 9-7

如果需要调整水纹材质，可将反射调整为较大数值，并单击 M 符号，接着在弹出的对话框中渲染【TexNoise（噪波）】模式，如图 9-8 和图 9-9 所示。

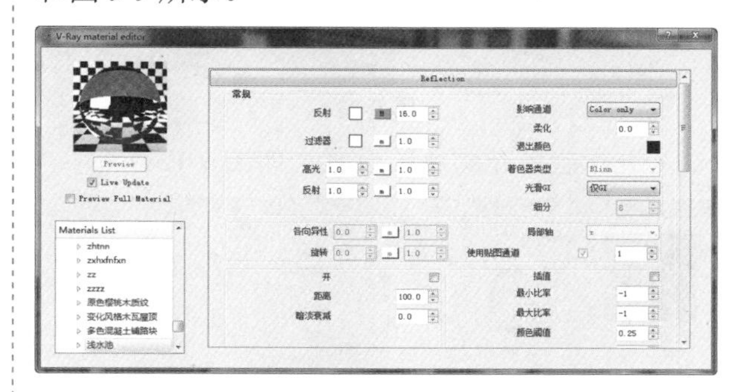

图 9-8

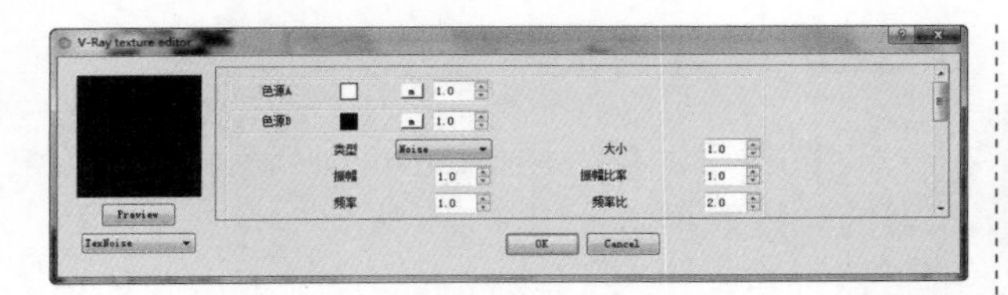

图 9-9

如果设置金属材质，用 SketchUP 中【材料】编辑器的【提取材质】工具，提取材质，VRay 材质编辑器会自动跳转到该材质的属性上，并选中该材质，然后用鼠标右键单击，在弹出的快捷菜单中执行【创建材质层】|【反射】命令。金属材质有一定模糊反射的效果，所以要把【高光】的光泽度调整为 0.8，【反射】的光泽度调整为 0.85，接着单击反射层后面的 M 符号，并在弹出的对话框中选择【菲涅尔】模式，将【折射 IOR】调整为 6，将 IOR 调整为 1.55，如图 9-10 所示，最后单击 OK 按钮。

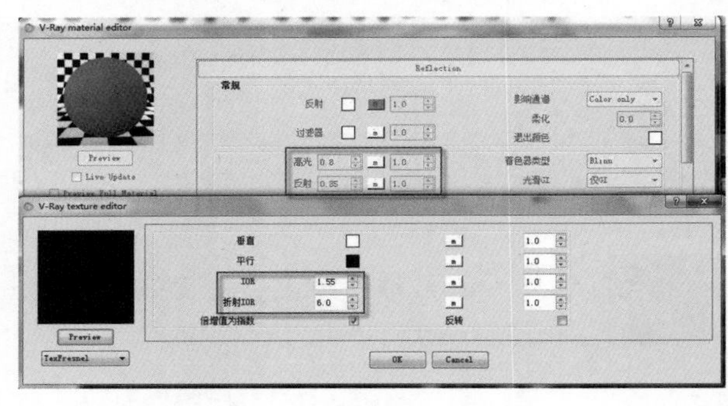

图 9-10

9.2.3 环境和灯光设置

下面进行 Environment（环境）设置，打开 V-Ray 渲染设置面板，如图 9-11 所示。

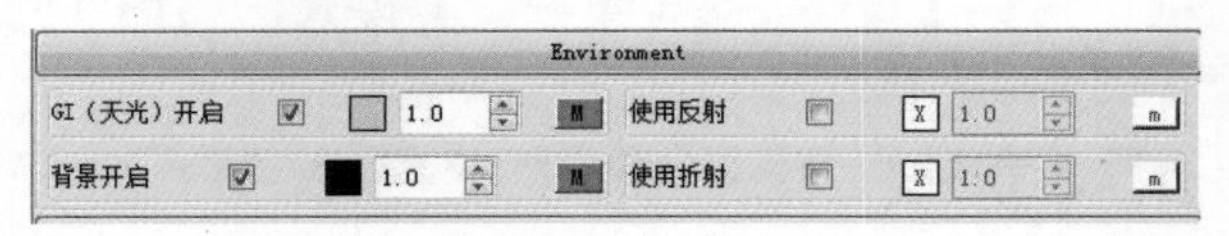

图 9-11

进行全局光颜色的设置，如图 9-12 所示。

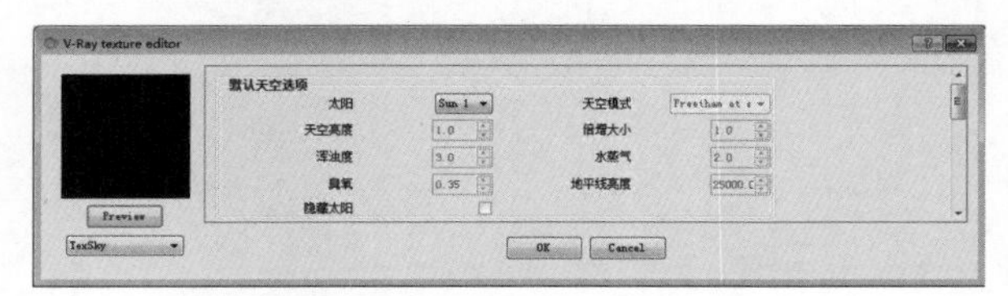

图 9-12

进行背景颜色的设置，如图 9-13 所示。

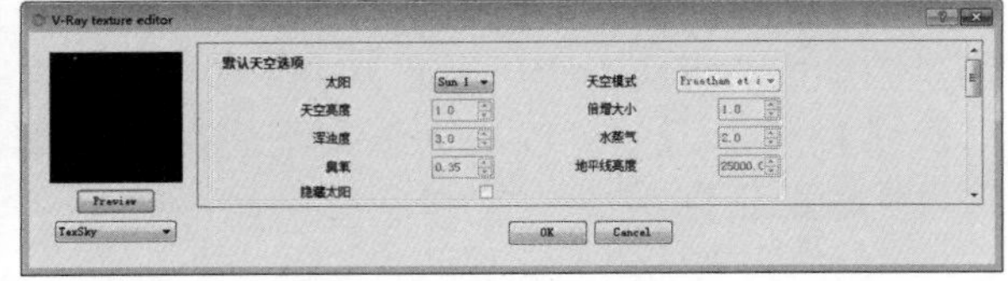

图 9-13

下面设置贴图对于环境的反映效果，将采样器类型更改为【自适应 DMC】，设置【最大细分】参数，提高细节区域的采样，然后将【抗锯齿过滤器】激活，并选择常用的 Catmull Rom 过滤器，如图 9-14 所示。

图 9-14

进一步细化贴图效果，修改【Irradiance map（发光贴图）】中的数值，设置【最小比率】参数和【最大比率】参数，如图 9-15 所示。

Irradiance map

基本参数

最小比率	-3	颜色阈值	0.4
最大比率	0	法线阈值	0.3
半球细分	50	距离极限	0.1
插值采样	20	帧插值采样	2

图 9-15

最后来设置灯光效果，这主要通过【Light cache（灯光缓存）】中的【细分】参数来进行，如图 9-16 所示。

图 9-16

9.3 设计范例

9.3.1 假山设计范例

本范例完成文件：ywj\09\9-1.skp

案例分析

本节案例是使用插件制作一个假山的效果，插件的应用可以使作图更加高效，做出更加复杂的模型。

案例操作

步骤 01 绘制山体侧边轮廓

❶ 新建一个文件，首先绘制山体。在【大工具集】工具栏中单击【直线】按钮，如图 9-17 所示。

❷ 在绘图区中绘制山体侧边轮廓。

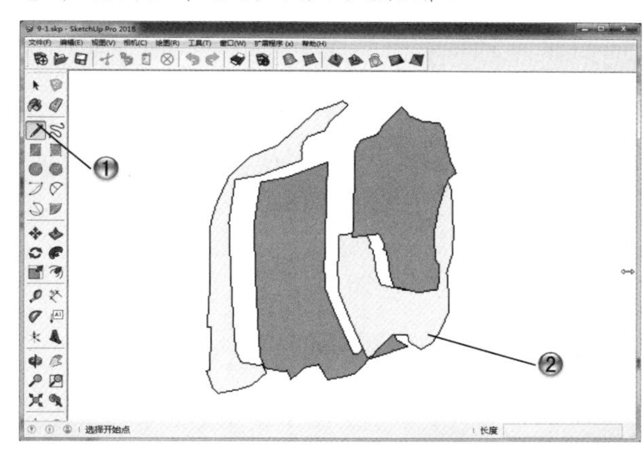

图 9-17

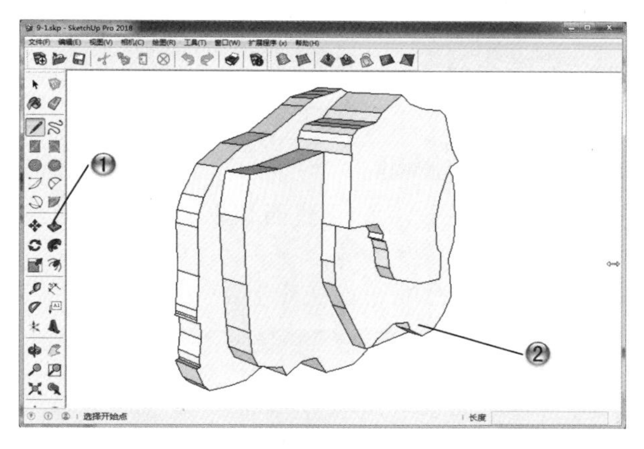

图 9-18

步骤 02 推拉山体模型

❶ 在【大工具集】工具栏中单击【推 / 拉】按钮，如图 9-18 所示。

❷ 在图中选择轮廓，推拉出山体模型。

步骤 03 绘制其他山体模型

❶ 使用同样的方法，单击【大工具集】工具栏中的【直线】和【推 / 拉】工具，如图 9-19 所示。

❷ 在绘图区中绘制其他山体模型。

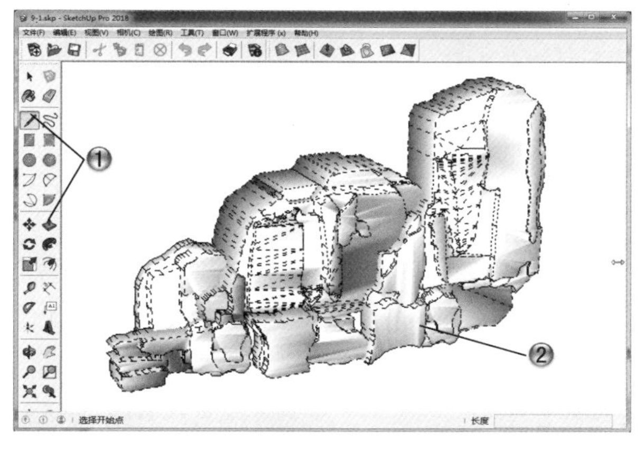

图 9-19

步骤 04 绘制圆弧

① 下面绘制花草。在【大工具集】工具栏中单击【圆弧】按钮，如图 9-20 所示。

② 在绘图区中绘制圆弧。

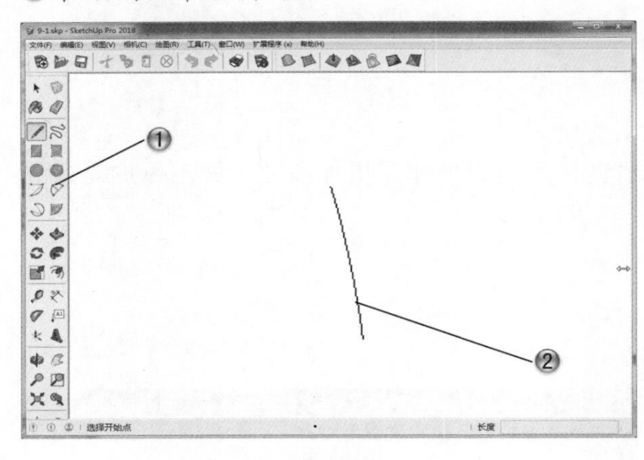

图 9-20

步骤 05 绘制模型

① 选择【扩展程序】|【线面辅助工具】|【拉线成面工具】菜单命令，如图 9-21 所示。

② 在绘图区中绘制出面的模型。

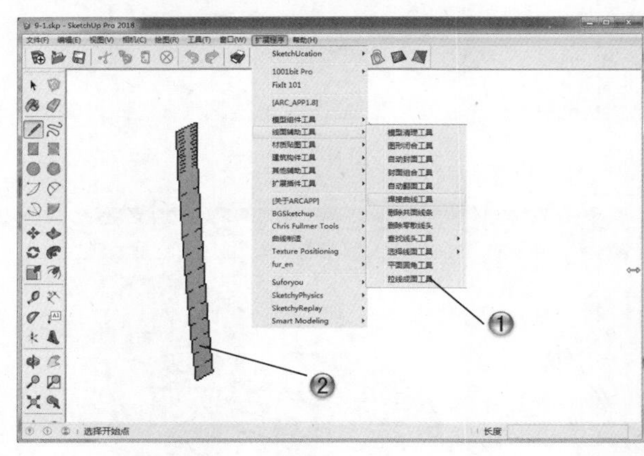

图 9-21

步骤 06 缩放模型

① 在【大工具集】工具栏中单击【缩放】按钮，如图 9-22 所示。

② 在绘图区中缩放模型。

步骤 07 绘制花草

① 运用相同的方法，使用扩展程序，如图 9-23 所示。

② 在绘图区中绘制花草的模型。

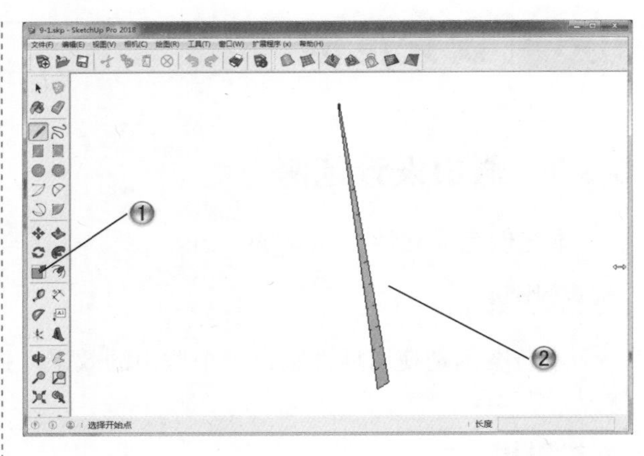

图 9-22

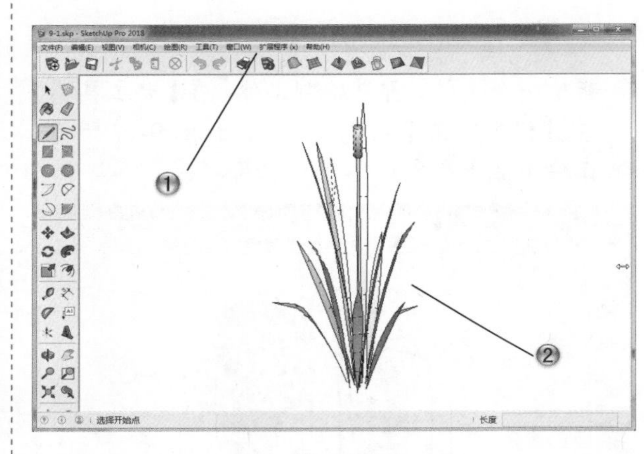

图 9-23

步骤 08 设置贴图材质完成模型

① 单击【大工具集】工具栏中的【材质】按钮，如图 9-24 所示。

② 打开【材料】编辑器后，选择 01.jpg 贴图材质。

③ 将材质赋予绘制好的假山模型上。

图 9-24

步骤 09

这样就绘制完成假山范例，最终效果如图 9-25 所示。

图 9-25

9.3.2 建筑渲染设计范例

本范例完成文件：ywj\09\9-2.skp

案例分析

本小节案例是使用 VRay 渲染器渲染一个建筑的模型，使读者熟悉使用 VRay 渲染器渲染的方法，从而得到最终的建筑效果图。

案例操作

步骤 01 打开图形

❶ 选择【文件】菜单中的【打开】命令，打开 9-2.skp 文件，如图 9-26 所示。

❷ 打开创建好的单个建筑模型案例。

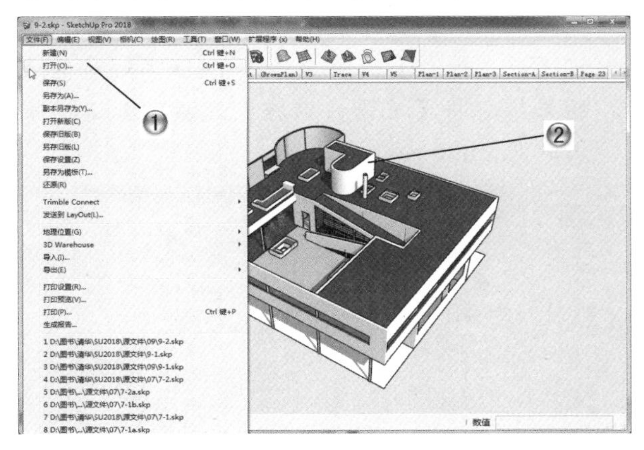

图 9-26

步骤 02 提取材质

❶ 打开【材料】编辑器和 VRay 贴图编辑器，在【材料】编辑器中选择提取材质，如图 9-27 所示。

❷ 在 VRay 贴图编辑器中单击鼠标右键，在弹出的快捷菜单中选择【反射】命令。

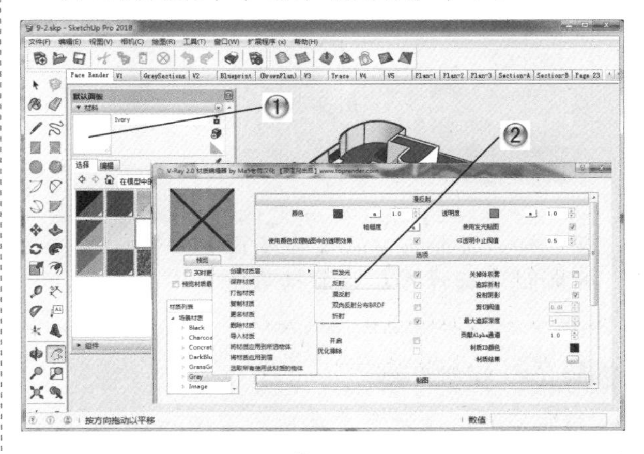

图 9-27

步骤 03 设置菲涅尔参数

❶ 在 VRay 贴图编辑器中单击【反射】参数后面的 M 符号，如图 9-28 所示。

❷ 设置菲涅尔参数。

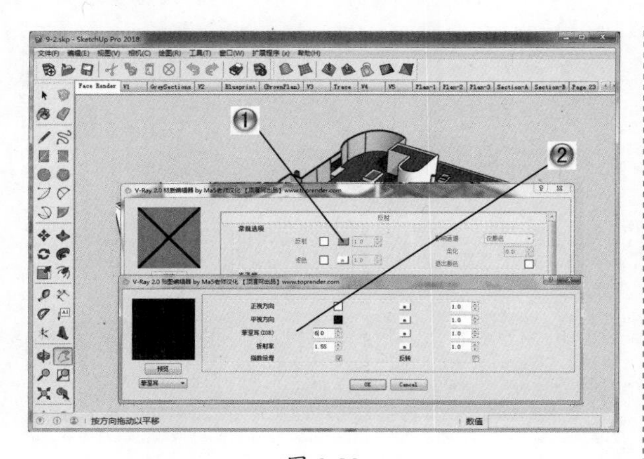

图 9-28

步骤 04 设置金属材质

① 提取材质后设置反射的光泽度参数，如图 9-29 所示。

② 设置菲涅尔参数。

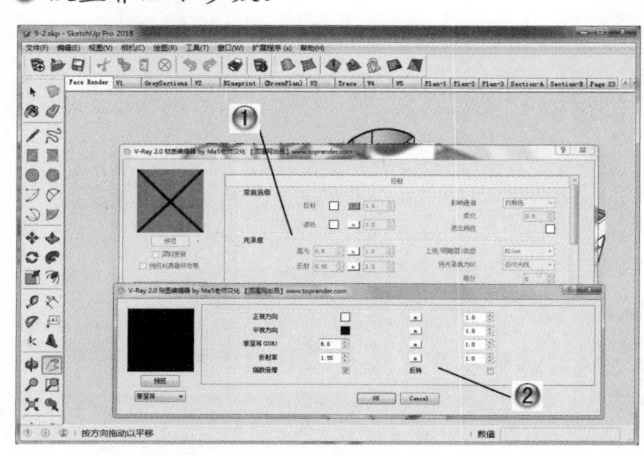

图 9-29

提示

金属漆的材质有一定的模糊反射的效果，所以要把高光的【光泽度】调整为 0.8，反射的【光泽度】调整为 0.85。

步骤 05 设置环境

① 打开 V-Ray 渲染设置面板，如图 9-30 所示。

② 设置环境参数。

步骤 06 设置全局光颜色

① 单击【全局照明】参数后的 M 符号，如图 9-31 所示。

② 设置全局光颜色。

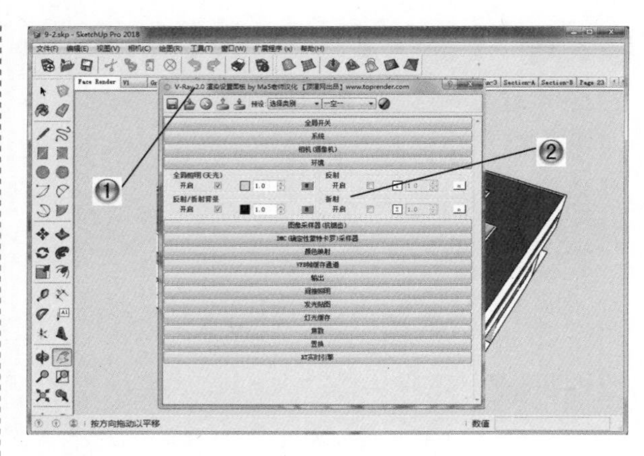

图 9-30

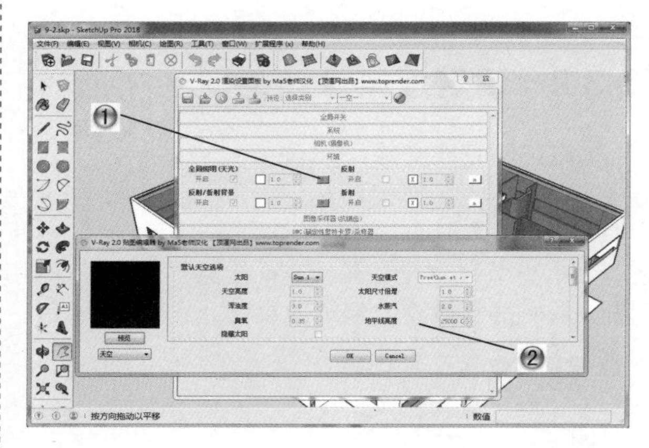

图 9-31

步骤 07 更改采样器类型并设置参数

① 打开 V-Ray 渲染设置面板中的【图像采样器（抗锯齿）】选项卡，如图 9-32 所示。

② 将【最多细分】设置为 16，以提高细节区域的采样，将【抗锯齿过滤】激活，并选择常用的 Catmull Rom 过滤器。

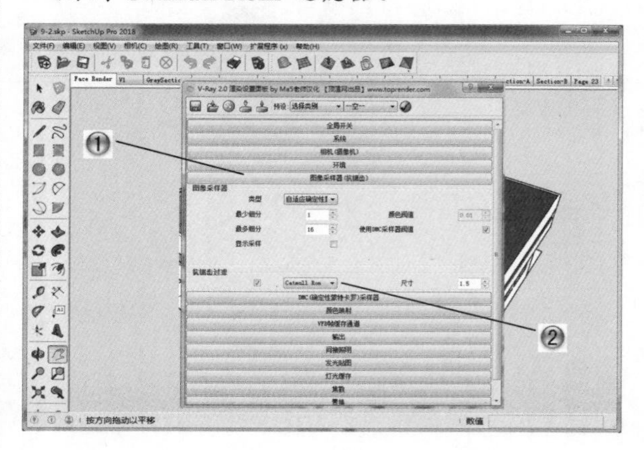

图 9-32

步骤 08 设置蒙特卡罗采样器参数

❶ 打开 V-Ray 渲染设置面板中的【DMC（确定性蒙特卡罗）采样器】选项卡，如图 9-33 所示。

❷ 设置纯蒙特卡罗采样器参数，使图面噪波进一步减小。

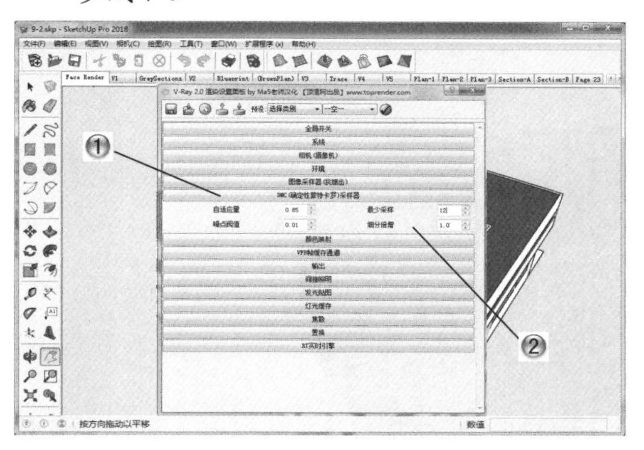

图 9-33

步骤 09 修改【发光贴图】中的数值

❶ 打开 V-Ray 渲染设置面板中的【发光贴图】选项卡，如图 9-34 所示。

❷ 设置发光贴图参数，将其【最小比率】改为 -3，【最大比率】改为 0。

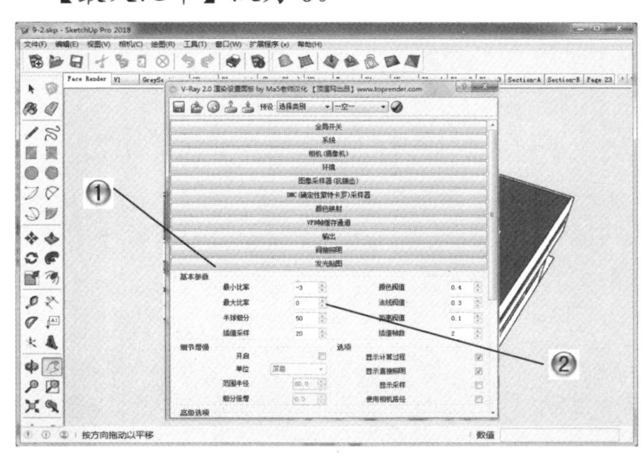

图 9-34

步骤 10 设置灯光缓存参数

❶ 打开 V-Ray 渲染设置面板中的【灯光缓存】选项卡，如图 9-35 所示。

❷ 设置灯光缓存参数，将【细分】修改为 1000。

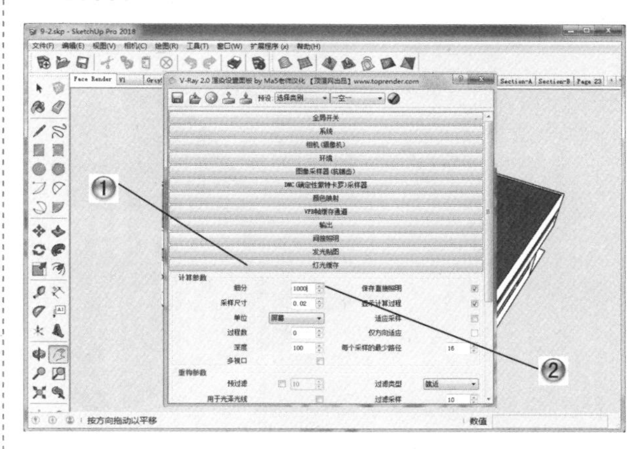

图 9-35

设置完成后进行渲染，这样范例就制作完成了，最终渲染效果如图 9-36 所示。

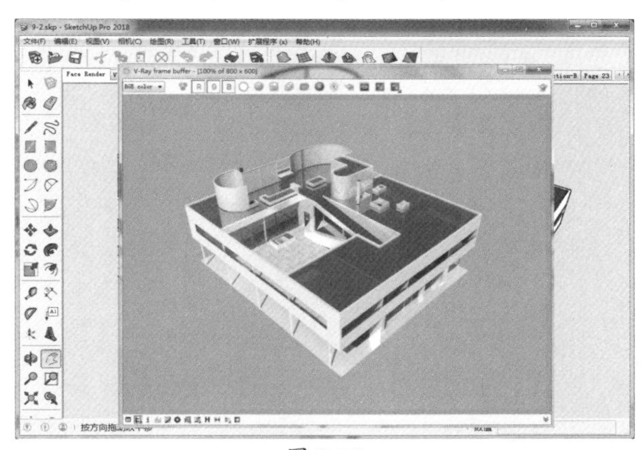

图 9-36

9.4 本章小结和练习

9.4.1 本章小结

在本章学习中，要掌握插件的使用方法，达到熟练运用的程度。另外，还要掌握模型渲染的方法，渲染效果设计更能展现设计成果与意图，所以要勤加练习。

9.4.2 练习

如图 9-37 所示，使用本章学过的插件创建阁楼建筑模型。

（1）创建基本建筑模型。

（2）使用拉线成面插件。

图 9-37

第10章

综合设计范例(一)——建筑设计范例

本章导读

在学习了 SketchUp 的主要设计功能后，本章开始介绍 SketchUp 在建筑设计领域的综合范例，以加深读者对 SketchUp 设计方法的理解和掌握，同时增强设计实战经验。本章介绍的三个案例是 SketchUp 建筑设计中比较典型的案例，分别是酒店建筑设计、住宅楼建筑设计和高层办公楼建筑设计，覆盖了建筑的主要设计领域，具有很强的代表性，希望读者能认真学习掌握。

10.1 酒店建筑设计范例

本范例完成文件：ywj\10\10-1.skp

10.1.1 范例分析

本节范例介绍了制作商业建筑——酒店建筑的步骤和思路，创建模型时主要应用了矩形、圆形绘制和推拉命令，还介绍了空间直线的绘制，在建筑场景上，使用了贴图命令。通过该范例的制作，可以学习了解酒店建筑的建模步骤和应用技巧，掌握建筑场景的创建方法和步骤，以及建模之后的材质应用等知识。通过这个范例的操作，将熟悉以下内容。

（1）通过推拉制作酒店楼层。

（2）复制楼层特征。

（3）添加材质和贴图，渲染和编辑图片。

10.1.2 范例操作

步骤 01 创建楼体底平面

① 新建一个文件，首先创建酒店建筑的首层部分，主要包括底面、外墙、门窗和柱子，另外还有大堂部分。单击【大工具集】工具栏中的【矩形】按钮，如图 10-1 所示。

② 在绘图区中绘制 51440mm×45940mm 的矩形。

③ 单击【大工具集】工具栏中的【推/拉】按钮，将长方形向上推拉 150。

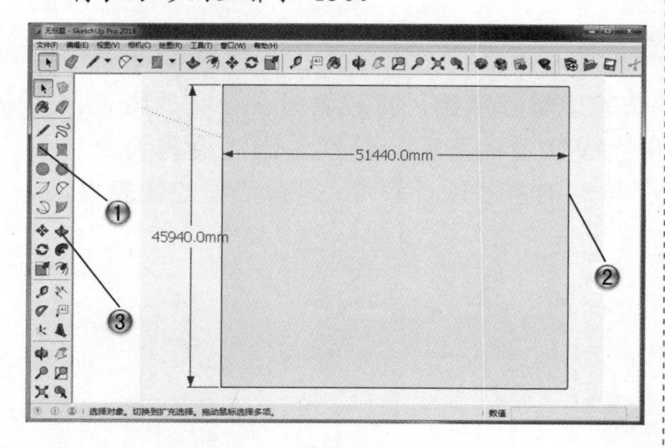

图 10-1

步骤 02 绘制首层外墙轮廓

① 单击【大工具集】工具栏中的【尺寸】按钮，绘制所需矩形尺寸，如图 10-2 所示。

② 单击【大工具集】工具栏中的【偏移】按钮，向内偏移 50。

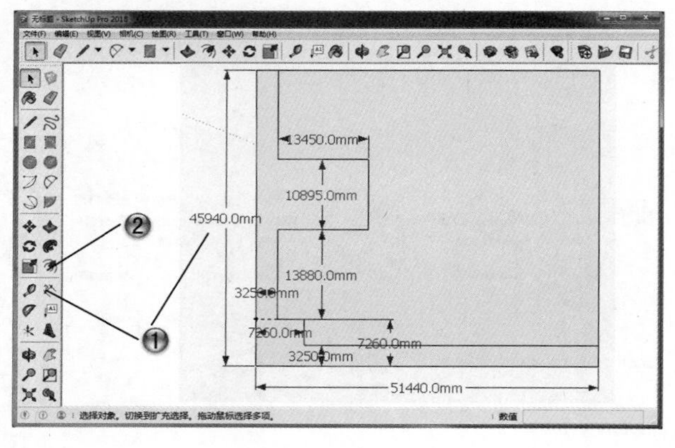

图 10-2

步骤 03 绘制首层外墙

① 单击【大工具集】工具栏中的【推/拉】按钮，如图 10-3 所示。

② 将图形向上推拉 4350mm，形成首层外墙。

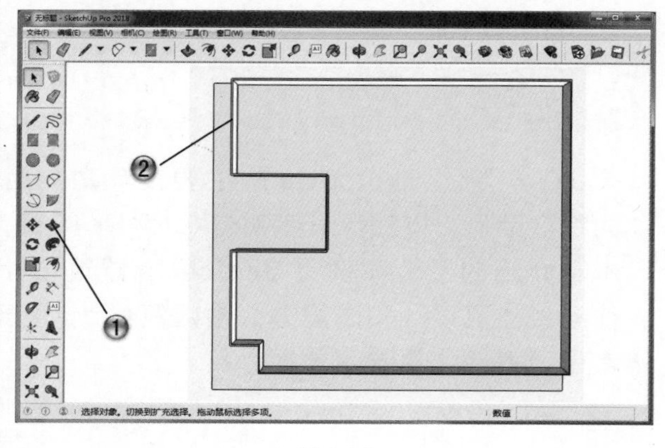

图 10-3

步骤 04 创建门外框

① 单击【大工具集】工具栏中的【尺寸】按钮，

绘制出所需图形尺寸，如图 10-4 所示。

❷ 单击【大工具集】工具栏中的【矩形】按钮，绘制门框。

❸ 单击【大工具集】工具栏中的【推 / 拉】按钮，向外推拉 25.4mm，绘制门外框。

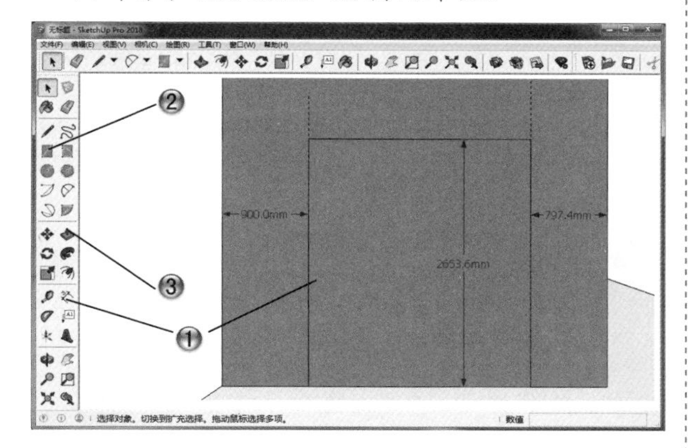

图 10-4

步骤 05 创建上部门内框

❶ 在推拉出来的矩形顶端向下移动 50.8mm、再向下移动 298.4mm，左右两个各向内移动 69.2mm。按住 Ctrl 键向外推拉 25.4mm，上下分别向内移动 29.7mm，左右各向内移动 109.9mm，两个矩形相同。

❷ 在推拉出来的矩形下端向上移动 50.8mm，再向上移动 1982.6mm，左右两个各向内移动 69.2mm，向外推拉 76.2mm，绘制门上部的内框，如图 10-5 所示。

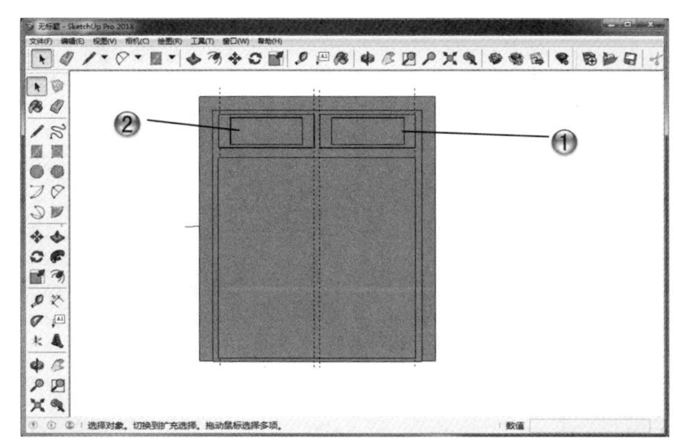

图 10-5

步骤 06 创建下部门内框

❶ 单击【大工具集】工具栏中的【推 / 拉】按钮，如图 10-6 所示。

❷ 将内侧框向外推拉 76.2mm，绘制门下部的内框。

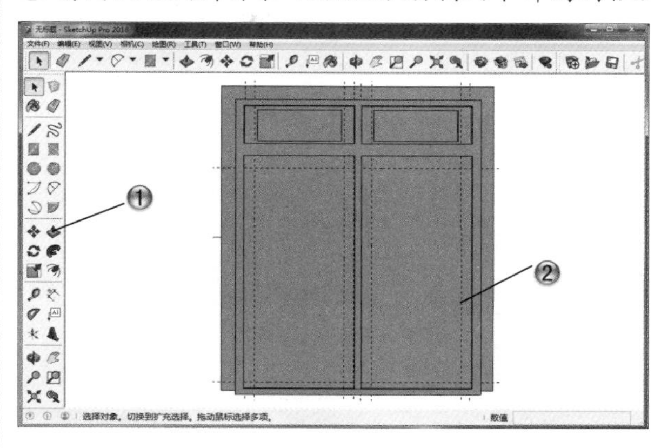

图 10-6

步骤 07 调整门

❶ 按照辅助线绘制矩形，将图形向内推拉 25.4mm，如图 10-7 所示。

❷ 绘制矩形后将外框向外移动 152.4mm，完成门的绘制。

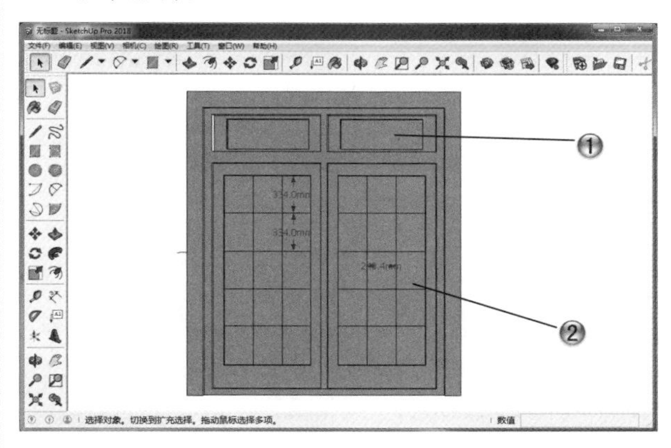

图 10-7

步骤 08 放置门

❶ 单击【大工具集】工具栏中的【组件】按钮，将做好的门进行组件，如图 10-8 所示。

❷ 单击【移动】按钮，按住 Ctrl 键复制门到做出尺寸线的指定位置。

步骤 09 绘制窗框

❶ 做出辅助线并标出尺寸，绘制矩形窗外框，如图 10-9 所示。

❷ 做出辅助线并标出尺寸，左右分别向内移动 50.6mm、101.6mm，单击【矩形】按钮，绘

制窗内框。

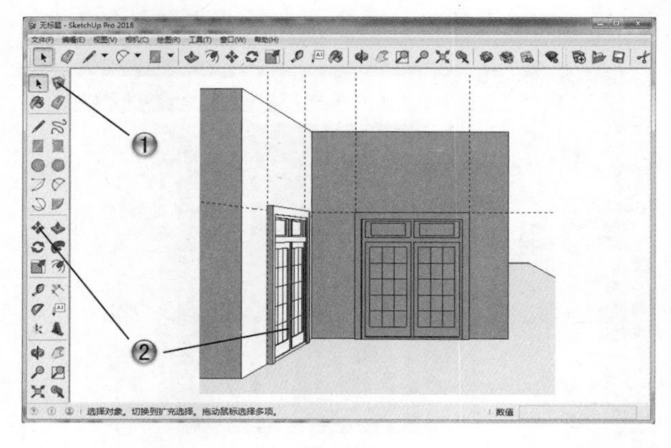

图 10-8

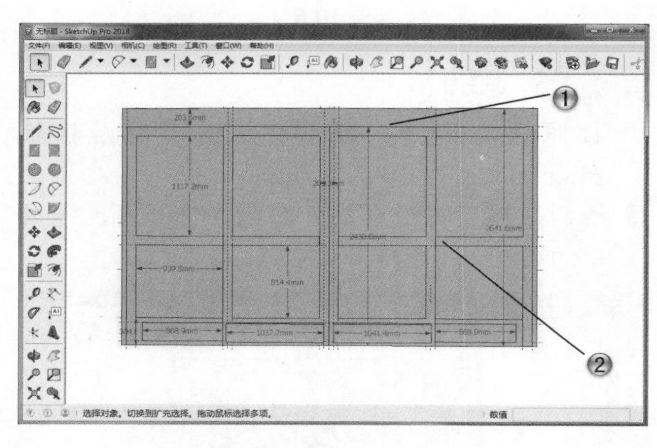

图 10-9

步骤 10 绘制窗

❶ 单击【大工具集】工具栏中的【推/拉】按钮，如图 10-10 所示。

❷ 左右两侧图形向外推拉 25.4mm，中间和外侧图形向外推拉 50.8mm，绘制出窗。

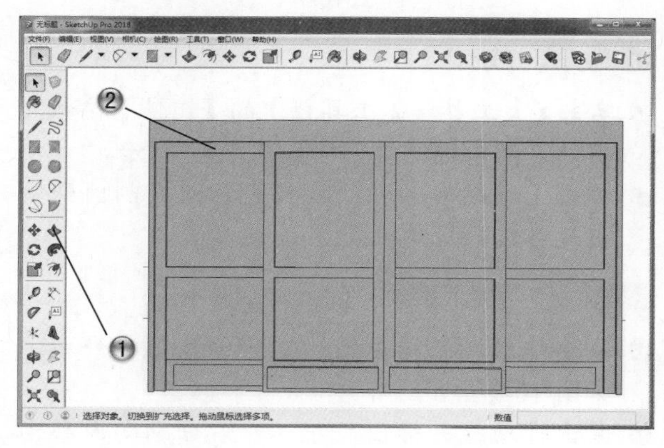

图 10-10

步骤 11 复制窗

❶ 将左侧边线向右移动 629.3mm 后，单击【大工具集】工具栏中的【移动】按钮，如图 10-11 所示。

❷ 按住 Ctrl 键复制做好的窗到指定位置，将窗右侧边线向右移动 999mm，方法同上，复制完成后输入 X7。

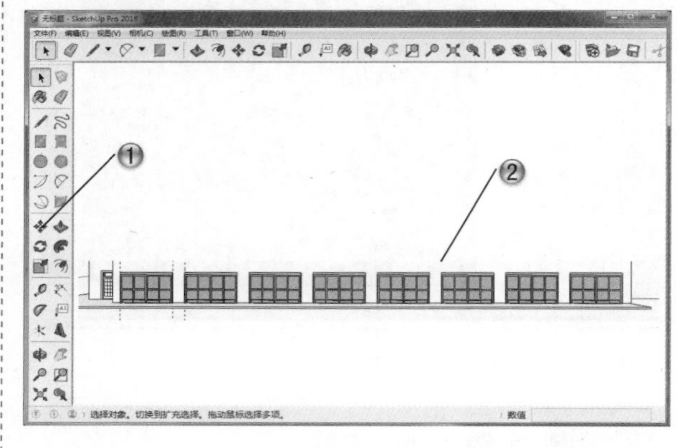

图 10-11

步骤 12 调整窗

❶ 单击【大工具集】工具栏中的【卷尺】按钮，将左侧边线向右移动 1054.8mm，如图 10-12 所示。

❷ 单击【移动】按钮，按住 Ctrl 键复制做好的窗到指定位置。将窗右侧边线向右移动 2794.9mm。

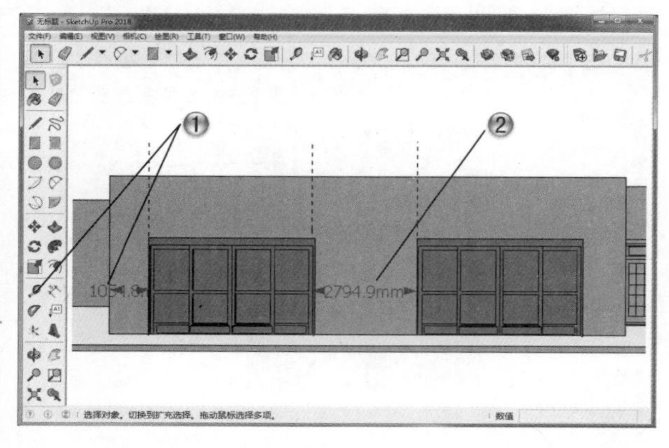

图 10-12

步骤 13 绘制柱子

❶ 绘制长宽均为 600mm 的方形，单击【推/拉】按钮，向上推拉 4350mm，如图 10-13 所示。

② 单击【移动】按钮，按住Ctrl键复制右侧方形柱体到指定位置，输入X4。

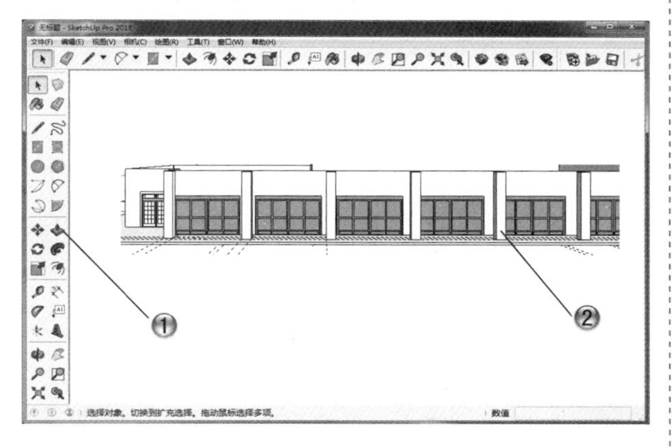

图 10-13

步骤14 绘制柱子上方装饰

① 绘制矩形，长宽均为150mm，单击【推/拉】按钮，向上推拉17400mm，做出方形柱上方装饰，如图10-14所示。

② 使用上述方法将所有方形柱体绘制完成。

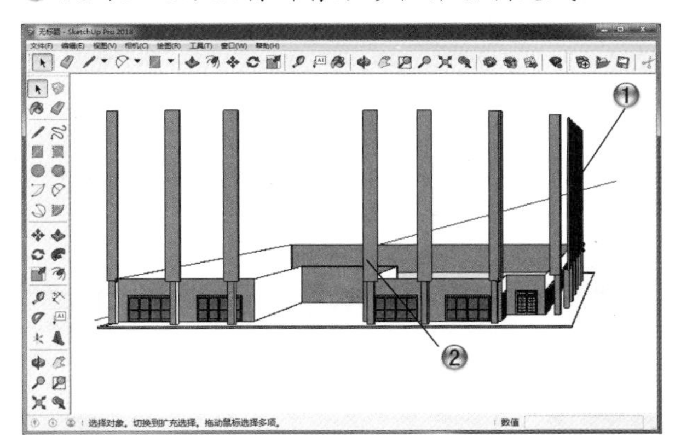

图 10-14

步骤15 绘制首层屋顶

① 单击【大工具集】工具栏中的【偏移】按钮，绘制屋顶，如图10-15所示。

② 将屋顶顶面向外偏移2030mm。

步骤16 绘制大堂截面

① 在首层正面屋顶上绘制半径为3063mm的圆形，向上推拉154mm，如图10-16所示。

② 将圆外边线向内偏移190mm，绘制半径为100mm的五个圆。将两根方形柱相连，绘制圆弧，与圆弧相连，绘制五条斜线，创建圆形装饰。

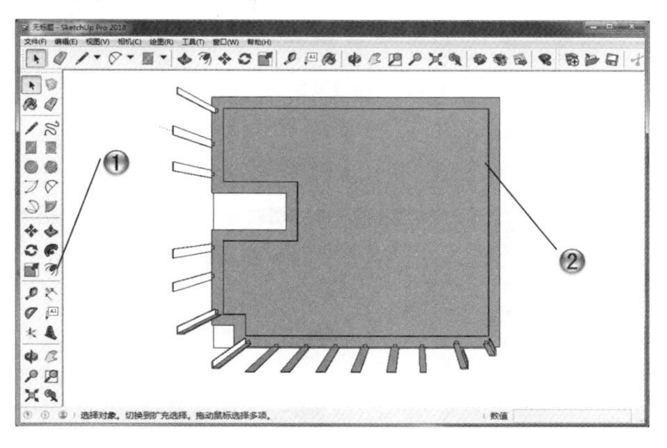

图 10-15

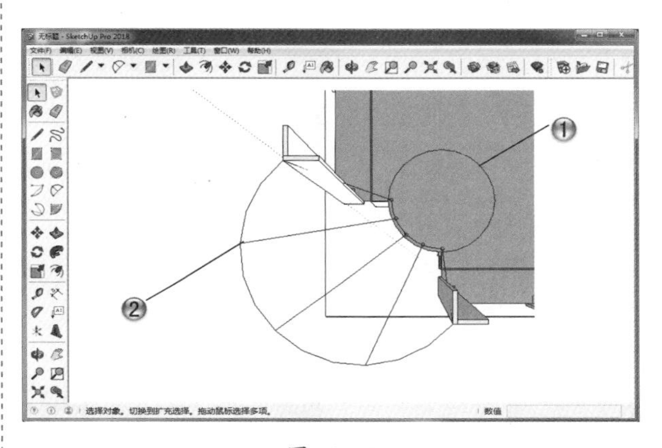

图 10-16

步骤17 制作大堂

① 单击【大工具集】工具栏中的【路径跟随】按钮，如图10-17所示。

② 选择直线作为路径，创建大堂效果。

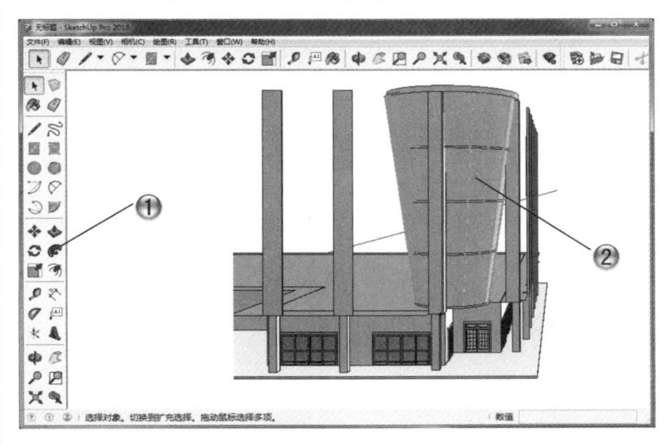

图 10-17

步骤18 创建其他层墙壁

❶ 完成首层和大堂制作后，下面创建其他层的墙壁、装饰和屋顶的模型。单击【大工具集】工具栏中的【推/拉】按钮，如图10-18所示。

❷ 将前面偏移出来的顶面向上推拉17400mm，后面的小屋顶向上推拉8700mm。

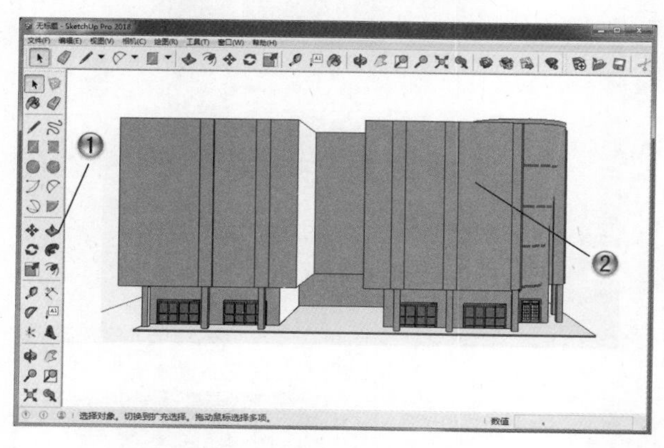

图 10-18

步骤19 创建侧面装饰条

❶ 沿墙底边线向上移动150mm，将所做辅助线连接，将图形向外推拉200mm，创建外墙装饰条，如图10-19所示。

❷ 将装饰条线向上移动650mm，选中所做装饰条，单击【移动】按钮，按住Ctrl键复制到指定位置，输入X20。

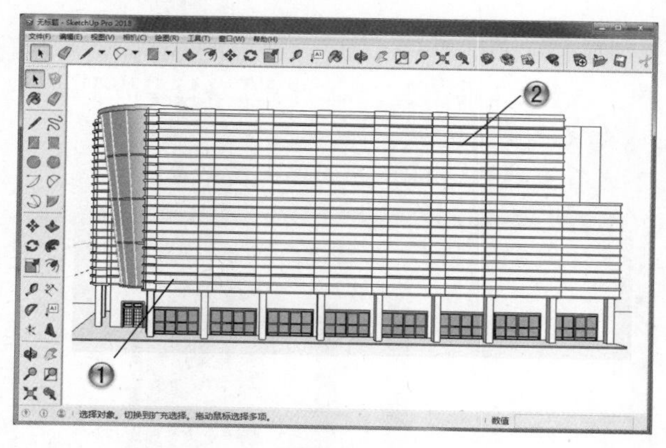

图 10-19

步骤20 绘制另一侧装饰条

❶ 将底下装饰条的左边线向左移动50mm，右边线向右移动50mm，如图10-20所示。

❷ 按照所做辅助线绘制矩形，推拉14248mm。

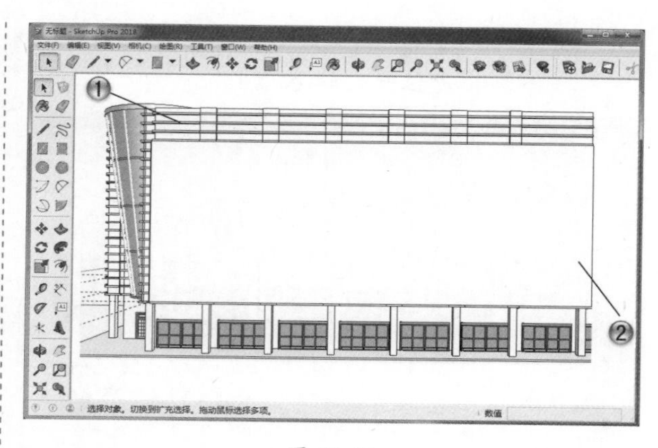

图 10-20

步骤21 绘制正面装饰条

❶ 使用上述方法绘制正面装饰条，如图10-21所示。

❷ 单击【移动】按钮，按住Ctrl键复制多个。

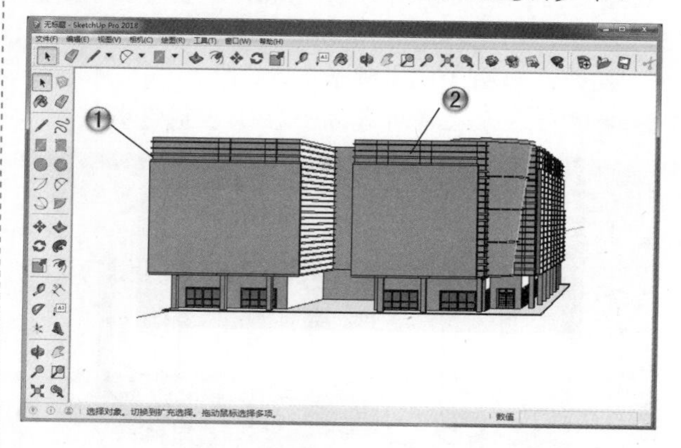

图 10-21

步骤22 绘制圆形屋顶

❶ 沿圆顶面绘制半径为100mm的圆形，向上推拉1347mm，如图10-22所示。

❷ 绘制半径为5454mm的圆，推拉1710mm。单击【缩放】按钮，按住Ctrl键进行缩放，上顶比下底大一些。

❸ 单击【偏移】按钮，向内偏移300mm，将外侧圆向上推拉300mm，并删除内部圆。

步骤23 绘制酒店整体屋顶

❶ 单击【大工具集】工具栏中的【矩形】按钮，如图10-23所示。

❷ 绘制屋顶后，向上推拉矩形将屋顶补全。

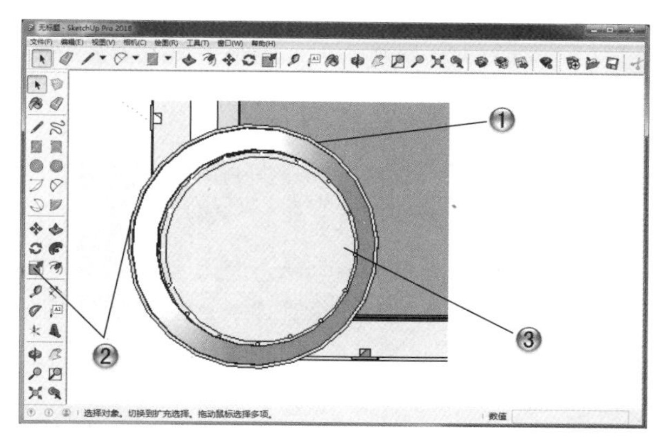

图 10-22

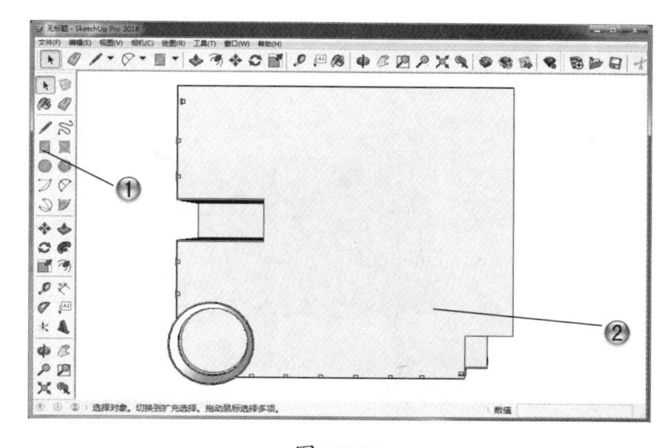

图 10-23

步骤 24 绘制道路及停车位

❶ 单击【大工具集】工具栏中的【矩形】按钮，如图 10-24 所示。

❷ 绘制道路及停车位的轮廓。

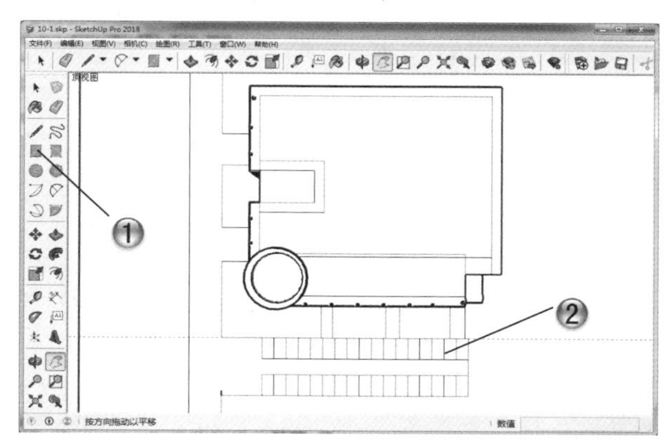

图 10-24

❸ 单击【大工具集】工具栏中的【推 / 拉】按钮，推拉出道路及停车位，这样模型就完成了，如图 10-25 所示。

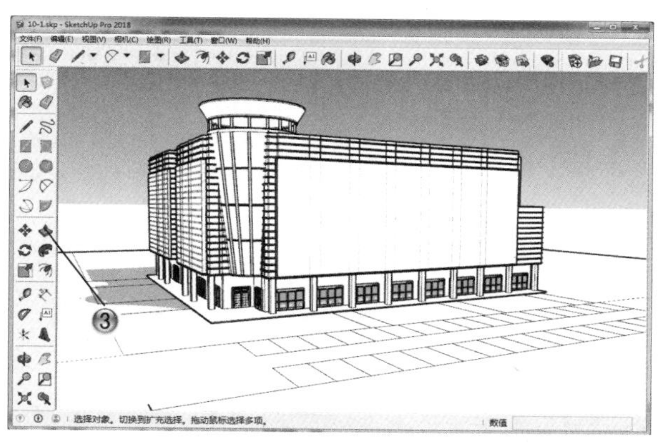

图 10-25

步骤 25 设置首层玻璃材质

❶ 创建建筑主体模型后，下面进行材质和贴图的设置和调整，最后进行渲染。单击【大工具集】工具栏中的【材质】按钮，如图 10-26 所示。

❷ 在弹出的【材料】编辑器的【颜色】列表框中选择 Color_006，在【编辑】选项卡中设置不透明度为 65，设置首层玻璃材质。

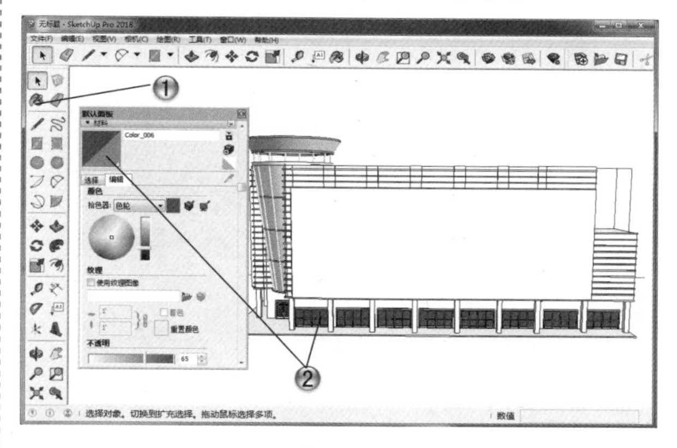

图 10-26

提示

可以将玻璃材质增加一定厚度，这样在渲染的时候可以增加玻璃效果。

步骤 26 设置圆形玻璃材质

❶ 在【材料】编辑器的【颜色】列表框中选择 Color_007 选项，设置不透明度为 75，如图 10-27 所示。

❷ 将设置好的材质赋给圆形玻璃。

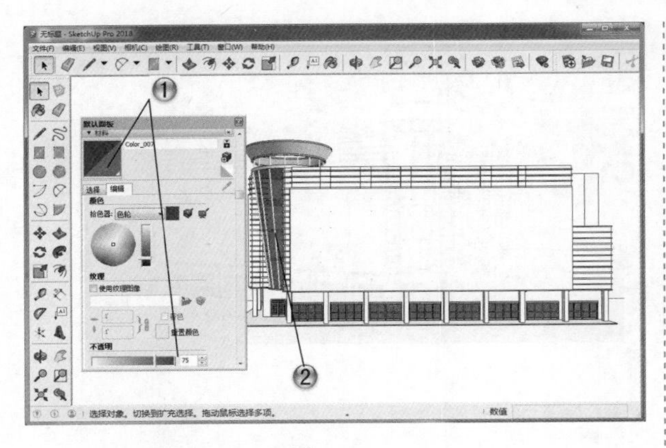

图 10-27

步骤 27 设置外墙装饰玻璃材质

① 在【材料】编辑器的【颜色】列表框中选择 Color_ I12 选项，设置不透明度为 55，如图 10-28 所示。

② 将设置好的材质赋给外墙装饰玻璃。

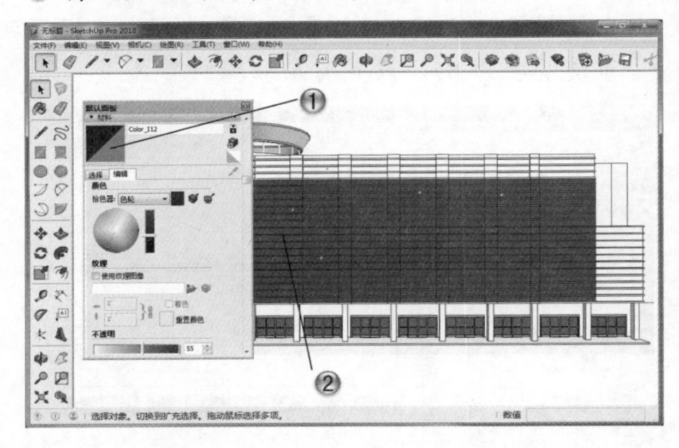

图 10-28

步骤 28 设置方形柱材质

① 在【石头】列表框中随便选择一种材质附在方形柱上，如图 10-29 所示。

② 在【编辑】选项卡中选择已下载好的【黄褐色碎石】，设置方形柱材质。

步骤 29 设置外墙材质

① 在【石头】列表框中随便选择一种材质附在外墙上，如图 10-30 所示。

② 在【编辑】选项卡中选择已下载好的【棕褐色覆层板壁】，设置外墙材质。

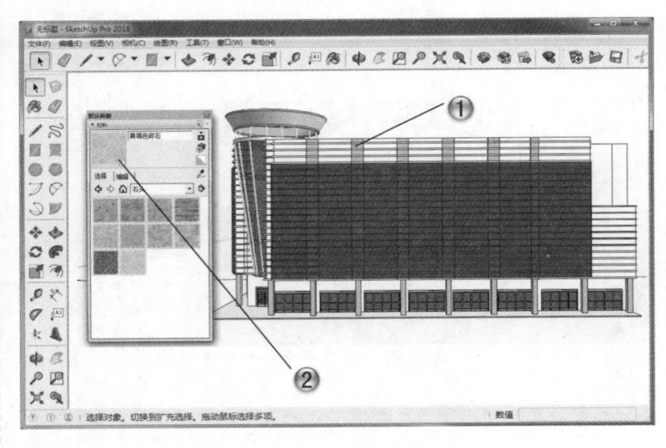

图 10-29

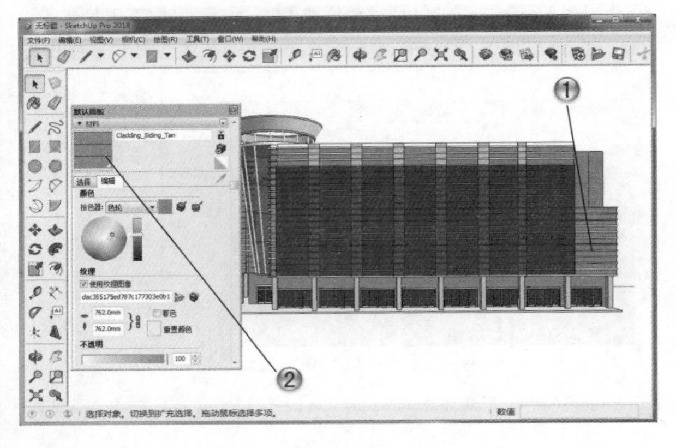

图 10-30

步骤 30 设置地面材质

① 在【石头】列表框中随便选择一种材质附在地面上，如图 10-31 所示。

② 在【编辑】选项卡中选择已下载好的【各种棕褐色瓦片】，设置地面材质。

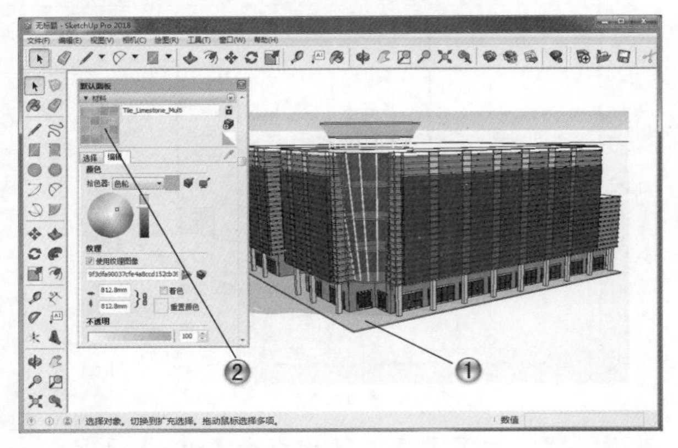

图 10-31

步骤31 设置草坪材质

① 在【植被】列表框中选择【人工草皮植被】选项，设置尺寸大小为4000mm，如图10-32所示。

② 将设置好的材质赋给草坪地面。

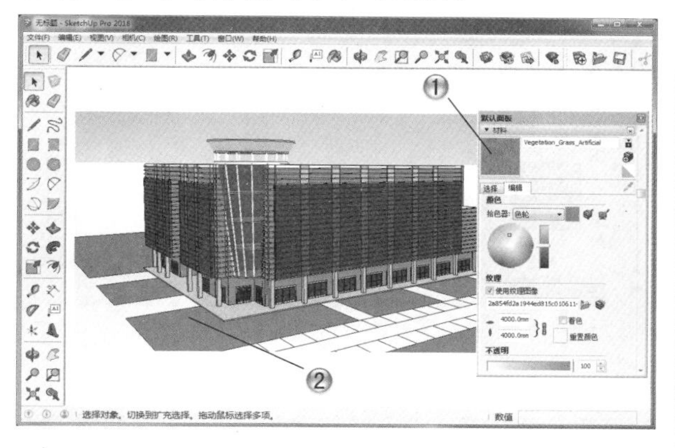

图 10-32

步骤32 设置道路及停车位材质

① 在【沥青和混凝土】列表框中选择【新沥青】选项，设置尺寸大小为800mm，设置路面材质，如图10-33所示。

② 在【沥青和混凝土】列表框中选择【多色混凝土铺路块】选项，设置停车位材质。

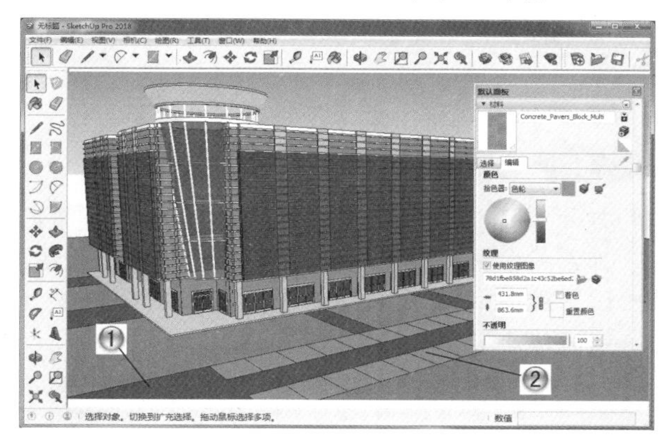

图 10-33

步骤33 导入树木和车辆

① 使用【导入】命令导入环境背景及树木，如图10-34所示。

② 使用【导入】命令导入车辆。

步骤34 设置玻璃材质参数

① 打开VRay贴图编辑器，提取材质后在VRay贴图编辑器中单击鼠标右键，在弹出的快捷菜单中选择【反射】命令，如图10-35所示。

② 设置反射值，接着设置【TexFresnel（菲涅尔）】模式，最后单击OK按钮。

图 10-34

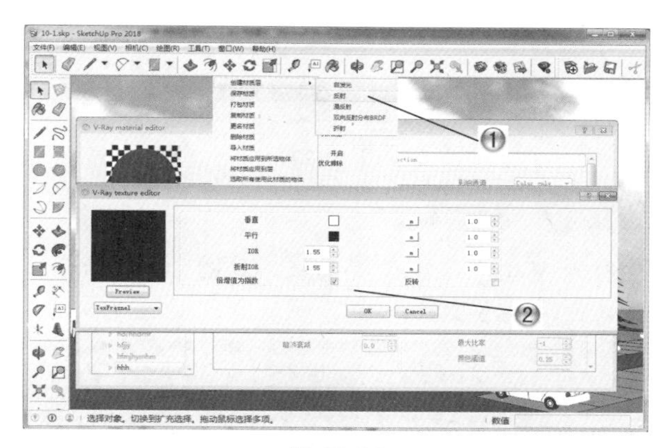

图 10-35

步骤35 设置水纹材质参数

① 同理调整水纹材质，反射调整为16，调整到凹凸贴图属性面板，将凹凸贴图值调整为1，如图10-36所示。

② 在弹出的对话框中渲染TexNoise噪波模式中的参数。

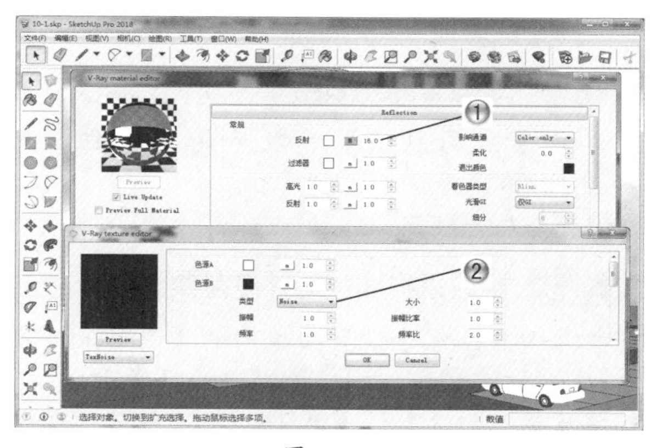

图 10-36

步骤 36 设置金属材质参数

❶ 金属材质有一定的模糊反射效果，所以要把高光的【光泽度】调整为 0.8，反射的【光泽度】调整为 0.85，如图 10-37 所示。

❷ 在弹出的对话框中选择【菲涅尔】模式，将【折射 IOR】调整为 6，将 IOR 调整为 1.55。

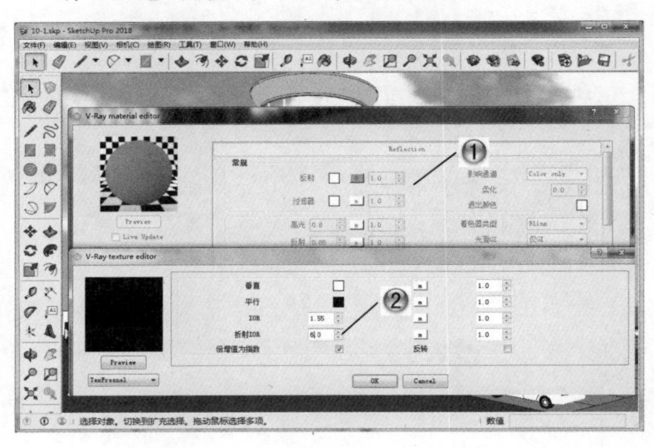

图 10-37

步骤 37 设置环境

❶ 打开 V-Ray 渲染设置面板，如图 10-38 所示。

❷ 设置环境参数。

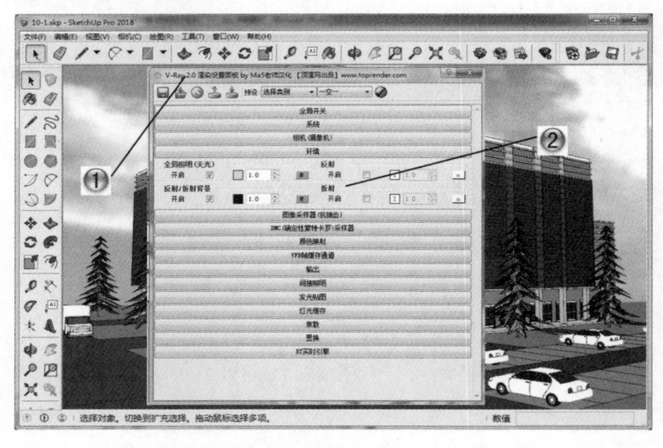

图 10-38

步骤 38 设置全局光颜色

❶ 单击【全局照明】参数后的 M 按钮，如图 10-39 所示。

❷ 设置全局光颜色。

步骤 39 更改采样器类型并设置参数

❶ 打开 V-Ray 渲染设置面板中的【图像采样器（抗锯齿）】选项卡，如图 10-40 所示。

❷ 将【最多细分】设置为 16，提高细节区域的采样，将【抗锯齿过滤】选项激活，并选择常用的 Catmull Rom 过滤器。

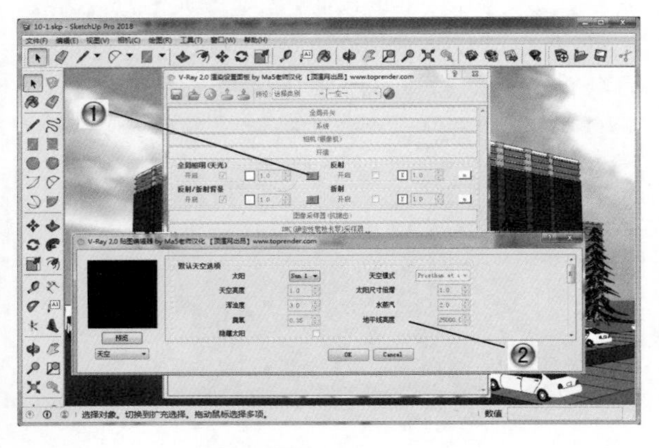

图 10-39

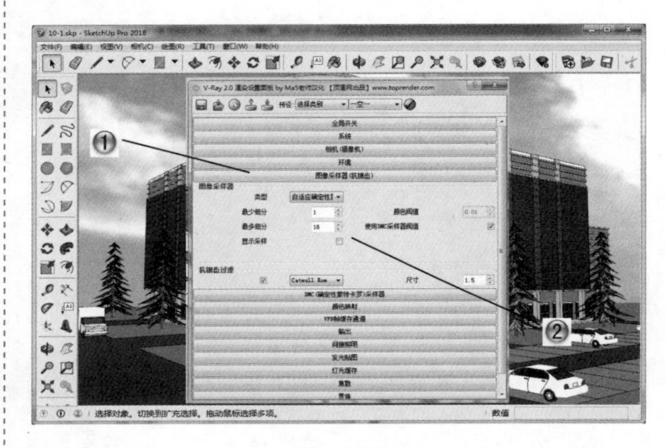

图 10-40

步骤 40 设置蒙特卡罗采样器参数

❶ 打开 V-Ray 渲染设置面板中的【DMC（确定性蒙特卡罗）采样器】选项卡，如图 10-41 所示。

❷ 设置纯蒙特卡罗采样器参数，使图面噪波进一步减小。

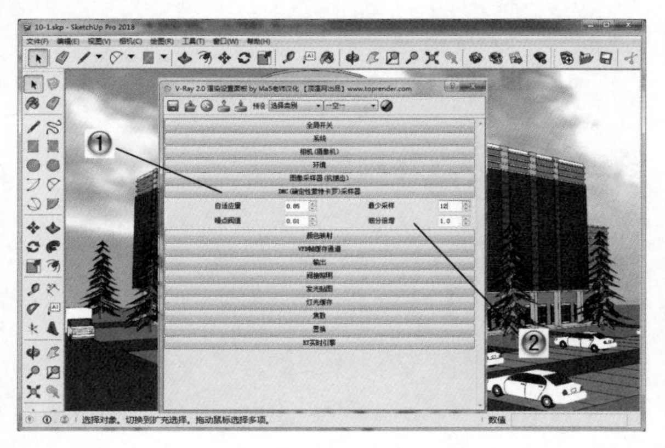

图 10-41

步骤 41 修改发光贴图参数

① 打开 V-Ray 渲染设置面板中的【发光贴图】选项卡，如图 10-42 所示。

② 设置发光贴图参数，将其【最小比率】改为 -3，【最大比率】改为 0。

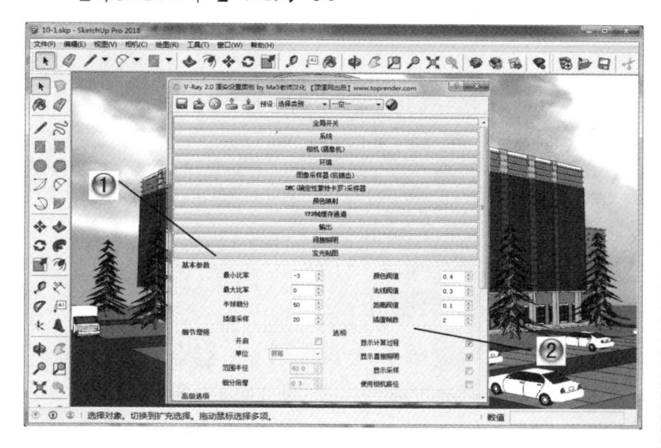

图 10-42

步骤 42 设置灯光缓存参数

① 打开 V-Ray 渲染设置面板中的【灯光缓存】选项卡，如图 10-43 所示。

② 设置灯光缓存参数，将【细分】修改为 1000。

步骤 43

设置完成后进行渲染，并使用 Photoshop 进行后期图片处理，这样范例就制作完成了。

最终渲染效果如图 10-44 所示。

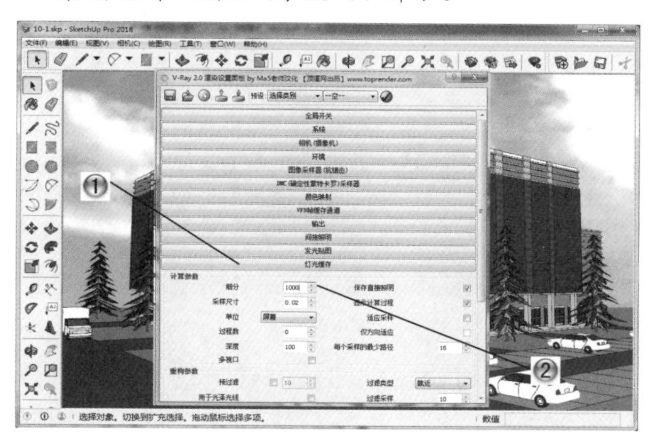

图 10-43

图 10-44

10.2 住宅楼建筑设计范例

本范例完成文件：ywj\10\10-2.skp

10.2.1 范例分析

建筑造型及立面设计阶段的主要任务是在上一阶段确立的建筑体块的基础上进行深入。设计师要考虑好建筑风格、窗户形式、屋顶形式、墙体构件等细部元素，丰富建筑构件，细化建筑立面，如图 10-45 所示。利用 SketchUp 可以灵活构建三维几何形体，由于计算机拥有对模型参数的强大处理能力，可以使模型构建更为精确和可计量化。在构建建筑形体的时候，SketchUp 灵活的图像处理又可以不断激发设计师的灵感，生成原本没有考虑到的新颖的造型形态，还可以不断转换观察角度，随时对造型进行探索和完善，并即时显现修改过程，最终帮助完成设计。

图 10-45

本小节将介绍创建住宅建筑的方法，讲解住宅楼模型的创建过程，最后进行材质和图像渲染操作。在制作的过程中，要运用到推拉、复制和门窗插件等命令。通过这个范例的操作，将熟悉以下内容。

（1）通过推拉制作建筑主体。

（2）添加门窗等特征。

（3）添加相应材质并渲染。

10.2.2 范例操作

步骤 01 创建地面

❶ 新建一个文件，首先要创建建筑的首层部分，包括围墙，柱子、门窗等。单击【大工具集】工具栏中的【矩形】按钮，如图 10-46 所示。

❷ 绘制长度为 69450、宽度为 37390 的矩形。

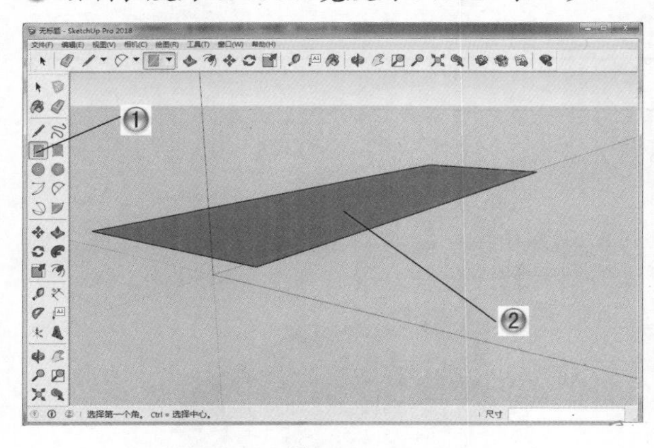

图 10-46

❸ 单击【大工具集】工具栏中的【推 / 拉】按钮，如图 10-47 所示。

❹ 推拉矩形，高度为 3400，得到地面模型。

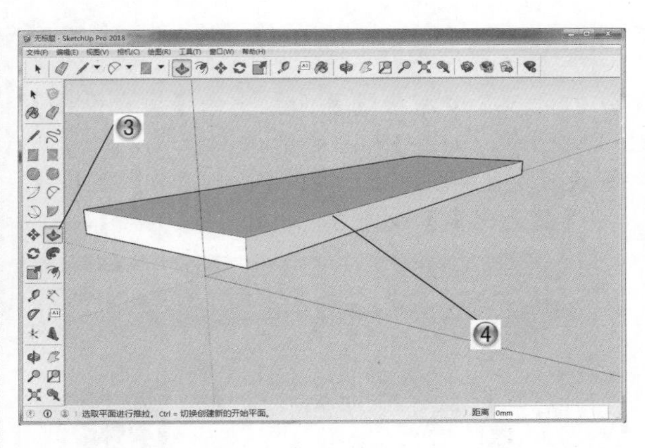

图 10-47

步骤 02 绘制首层布置

❶ 单击【大工具集】工具栏中的【尺寸】按钮，绘制所需矩形尺寸，如图 10-48 所示。

❷ 单击【大工具集】工具栏中的【矩形】按钮，绘制矩形。

❸ 单击【大工具集】工具栏中的【推 / 拉】按钮。

❹ 将长方形向上推拉 600，将 L 形向下推拉 3300。

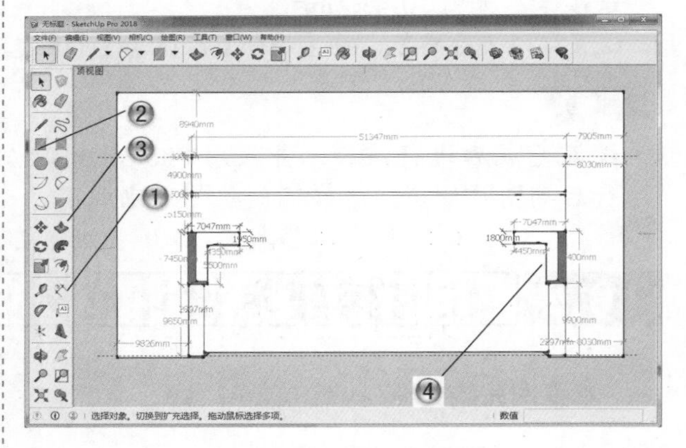

图 10-48

提示

对绘制的线条进行尺寸标注，可以控制模型的精确度。

步骤 03 完善布置图

❶ 单击【大工具集】工具栏中的【尺寸】按钮，绘制所需矩形尺寸，如图 10-49 所示。

② 单击【大工具集】工具栏中的【矩形】按钮，绘制矩形。

③ 单击【大工具集】工具栏中的【推 / 拉】按钮，向下推拉 3300。

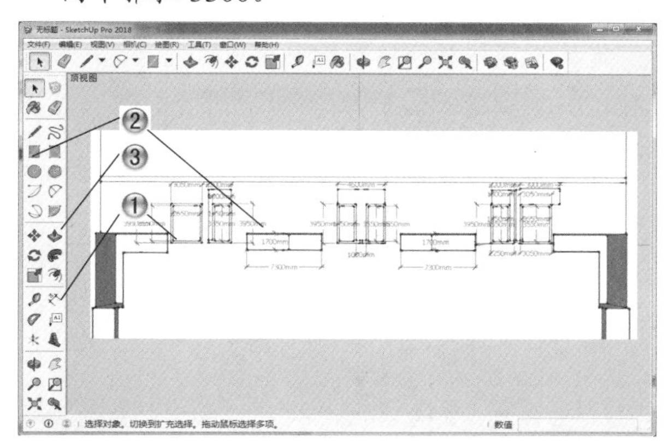

图 10-49

步骤 04 绘制结构件底座

① 单击【大工具集】工具栏中的【矩形】按钮，绘制长度为 900、宽度为 800 的矩形，如图 10-50 所示。

② 单击【大工具集】工具栏中的【推 / 拉】按钮，向下推拉 300。

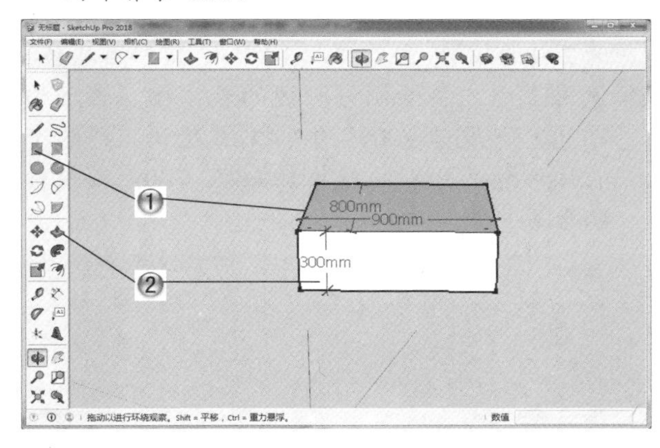

图 10-50

步骤 05 完成结构件

① 单击【大工具集】工具栏中的【偏移】按钮，向内偏移 50，如图 10-51 所示。

② 单击【大工具集】工具栏中的【推 / 拉】按钮，向上推拉 1900，绘制装饰构件墙身。

③ 向外偏移 60，向上推拉 30，然后向外偏移 30，向上推拉 190。最后向外偏移 10，向上推拉 30，绘制出装饰构件顶，从而完成结构件。

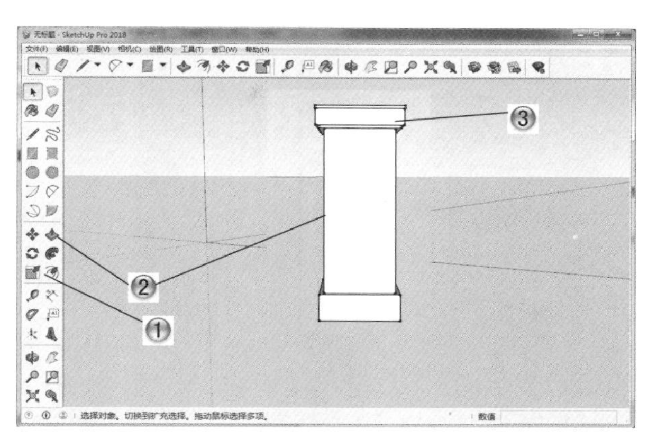

图 10-51

步骤 06 绘制所有装饰柱

① 单击【大工具集】工具栏中的【移动】按钮，如图 10-52 所示。

② 将已做好的柱台复制到指定位置，绘制出所有装饰柱。

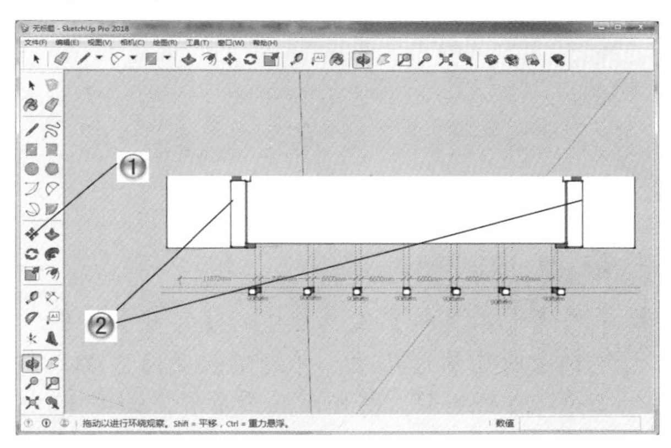

图 10-52

步骤 07 绘制装饰柱侧墙

① 单击【大工具集】工具栏中的【矩形】按钮，绘制长为 6500、宽为 200 的矩形，如图 10-53 所示。

② 单击【大工具集】工具栏中的【推 / 拉】按钮，向上推拉 2000。

步骤 08 绘制装饰柱侧墙细节

① 在已制作出的矩形侧面上画一个长 6300、宽 200 的矩形，向上和向外推拉 100，如图 10-54 所示。

② 在所做矩形下面画一个长度为 6300、宽度为 30 的矩形，并向内推拉 30，接着再画一个长度为 6300、宽度为 190 的矩形，向内偏移 10。

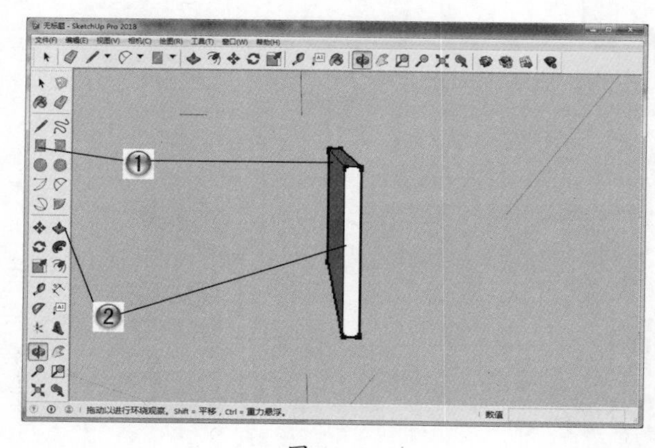

图 10-53

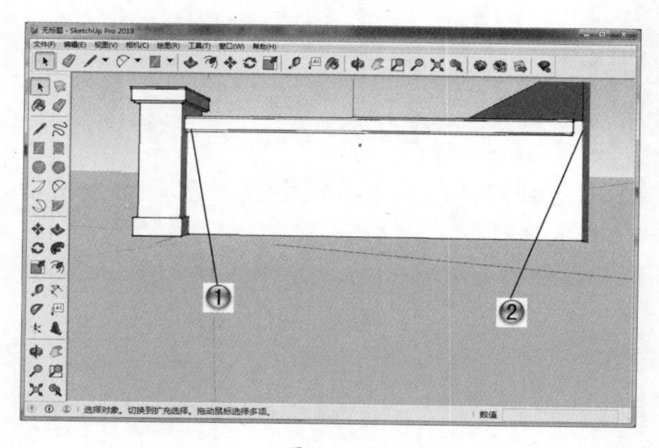

图 10-54

步骤 09 绘制侧墙门框

① 单击【大工具集】工具栏中的【尺寸】按钮，绘制出所需图形尺寸，并绘制长度为 2700、宽度为 400 的矩形，与矩形底座垂直，如图 10-55 所示。

② 单击【大工具集】工具栏中的【矩形】按钮，绘制长度为 11250、宽度为 1050 的矩形，与刚才所做矩形垂直。

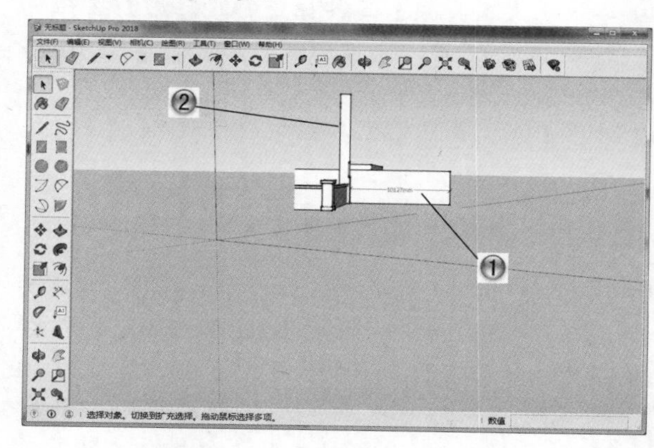

图 10-55

步骤 10 完成装饰柱和侧墙

① 单击【大工具集】工具栏中的【矩形】按钮，如图 10-56 所示。

② 使用与上一步相同的方法，绘制另一个矩形，首层装饰柱及侧墙便绘制完成。

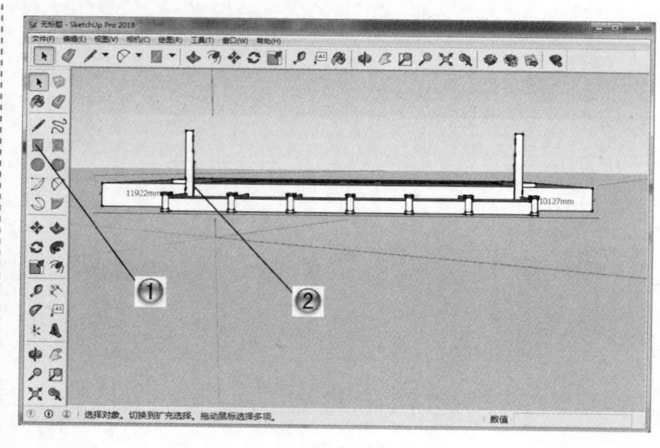

图 10-56

步骤 11 绘制阳台墙体

① 绘制长度为 1000、宽度为 900 的矩形，单击【推/拉】按钮，向上推拉 600，单击【偏移】按钮，向内偏移 50，向上推拉 2600，如图 10-57 所示。

② 在已做出的长方体上绘制长度为 950、宽度为 200 的矩形，向外推拉 1250，创建阳台墙体。

③ 使用上述方法绘制另一边的长方体，长度为 1500、宽度为 200，向外推拉 2250，将两个长方形背面分别向外推拉 600、700，绘制出阳台另一侧墙体。

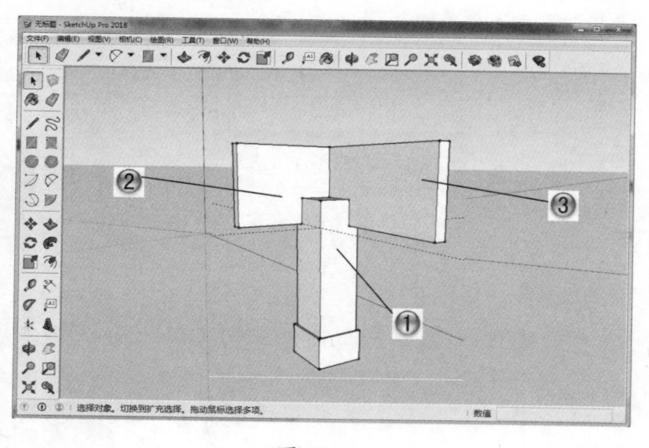

图 10-57

步骤 12 绘制装饰条

① 在已绘制出的长方体顶上绘制长度为 2050、

宽度为 250 的矩形装饰条，如图 10-58 所示。

❷ 将此长方形分成三份，分别为 30、190、30，最后从上至下分别向外偏移 100、90、70。

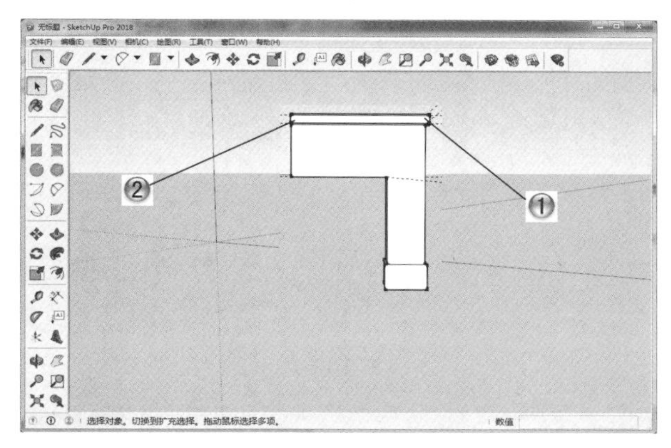

图 10-58

步骤 13 绘制栏杆

❶ 绘制长度为 50、宽度为 30 的矩形，向上推拉 100，做出两个间隔 100，如图 10-59 所示。

❷ 在两个长方体上方做一个长度为 1800、宽度为 50 向上推拉 30 的长方体。

❸ 使用同样方法绘制另一处栏杆。

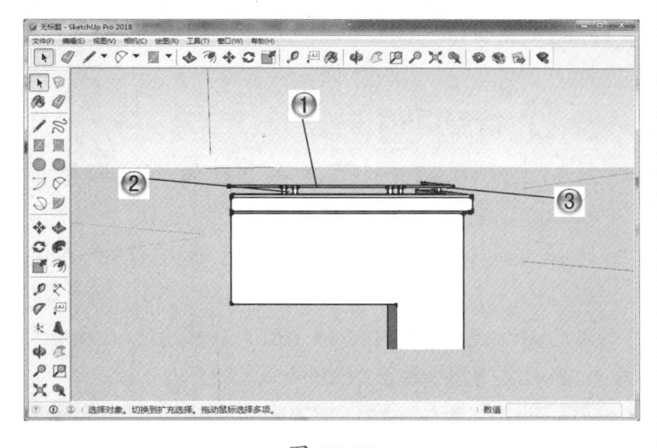

图 10-59

步骤 14 绘制阳台柱子

❶ 在上一步已做好的长方体右侧 2150 处，绘制长度为 1000、宽度为 1000 的长方形，向上推拉 600，如图 10-60 所示。

❷ 向内偏移 50，最后向上推拉 11150，创建出阳台柱子。

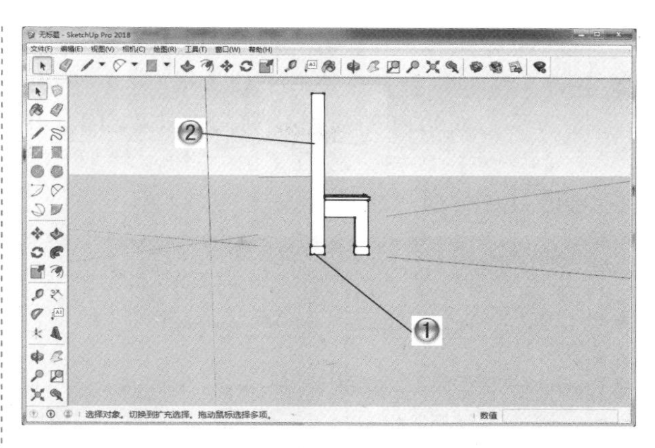

图 10-60

步骤 15 绘制阳台地板

❶ 在已做出长方体的错台处，向上偏移 2000，外侧柱边线向内偏移 100，再向内偏移 100，如图 10-61 所示。

❷ 绘制长度为 500、宽度为 100 的长方形，绘制长度为 660、宽度为 150 的矩形，再绘制长度为 750、宽度为 100 的矩形，统一向外推拉 3900。

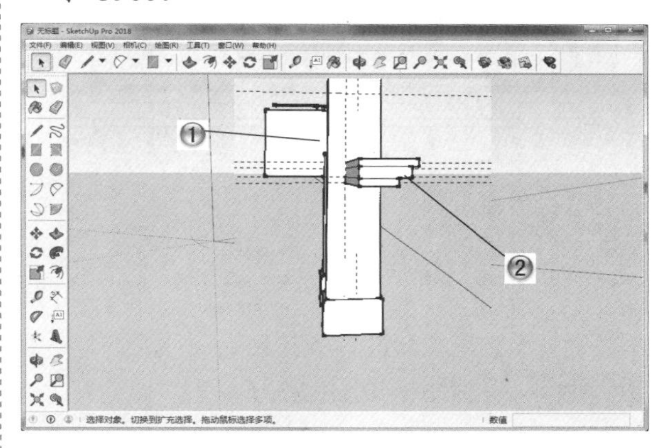

图 10-61

步骤 16 绘制另一段阳台

❶ 在外边线向内 400 处，绘制一个长度为 1250、宽度为 200 的矩形，向外推拉 3900，如图 10-62 所示。

❷ 使用之前相同方法做出装饰条及栏杆。

步骤 17 绘制阳台装饰

❶ 绘制长度为 800、宽度为 500 的矩形阳台装饰，

分别向内偏移两个 30，如图 10-63 所示。

❷ 单击【大工具集】工具栏中的【推 / 拉】按钮，将偏移完成的内部矩形分别向内推拉 10。单击【移动】按钮，按住 Ctrl 按钮，按照 100 间距向左移动，然后输入 X3。

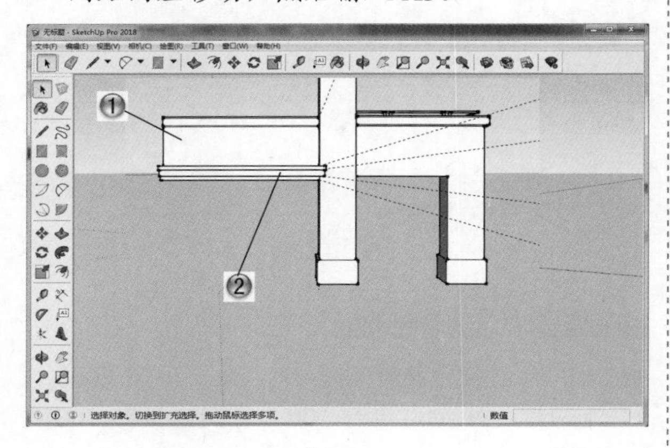

图 10-62

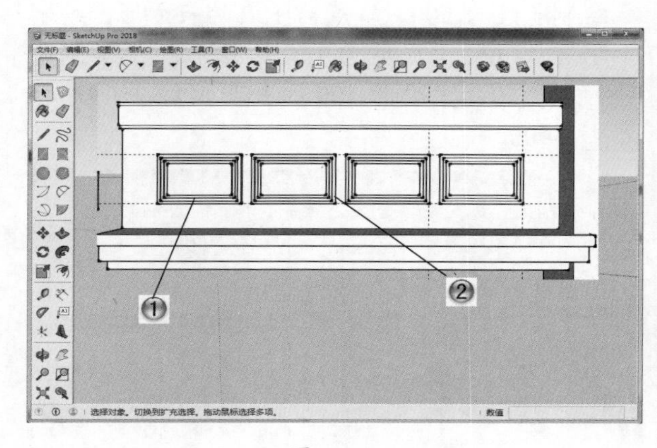

图 10-63

步骤 18 绘制另一个阳台柱子

❶ 绘制长度为 1250、宽度为 900 的矩形，向上推拉 4350，单击【偏移】按钮，向外偏移 110，向上推拉 30，如图 10-64 所示。

❷ 向外偏移 10，向上推拉 190，最后再向外偏移 10、向上推拉 30，分别向内偏移两个 30。

步骤 19 拉伸柱子

❶ 使用推拉工具从左至右分别向外推拉 50、20、20、50，做出柱子装饰，如图 10-65 所示。

❷ 在已做好的方形装饰柱顶面，左右各边线向内移动 150，后侧边线向前移动 150，绘制长度为 900、宽度为 900 的方形，单击【推 / 拉】按钮，向上推拉 7150。

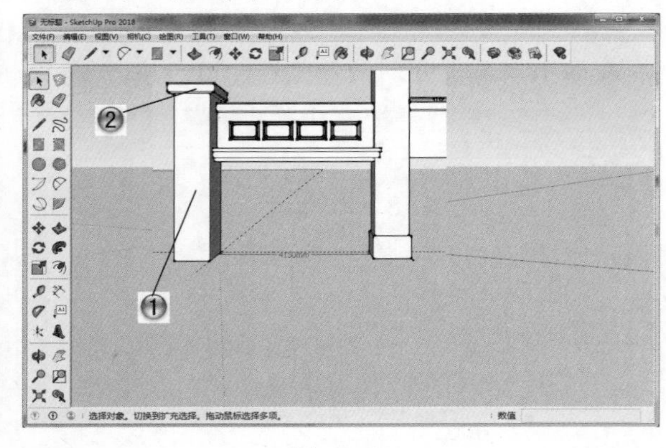

图 10-64

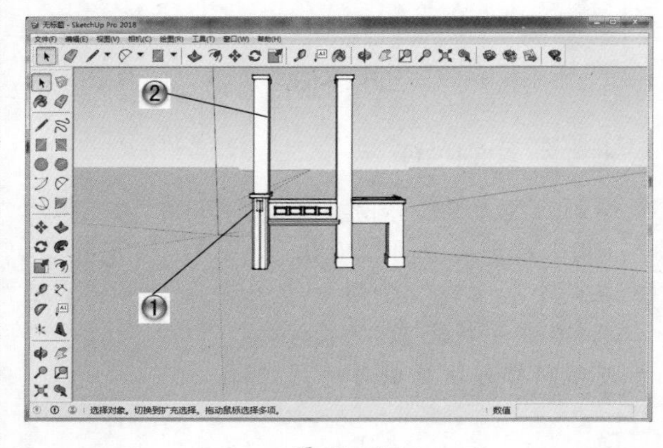

图 10-65

步骤 20 绘制矩形门

❶ 绘制长度为 4200、宽度为 200 的长方形并推拉 6600，绘制长度为 5150、宽度为 2700 的矩形，选择左右边线和上边线后向上偏移 75，再偏移 250。将最内侧矩形向内推拉 200，将宽度为 250 的方形向内偏移 100，如图 10-66 所示。

❷ 按照之前做法做出装饰条及栏杆。

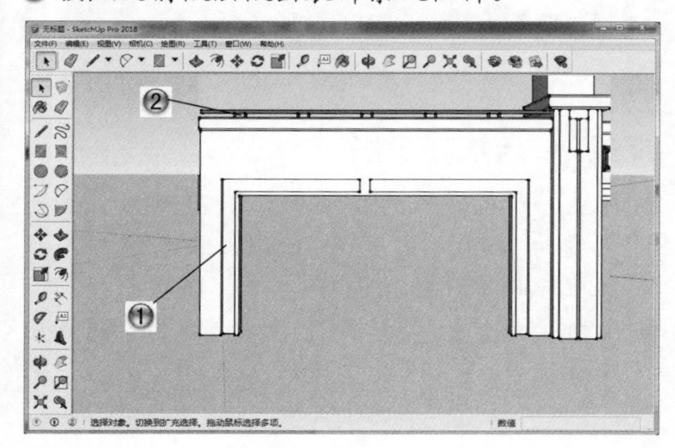

图 10-66

步骤 21 绘制阳台板

① 在做好的方形装饰柱底座向上移动 3200，在两个装饰墙上绘制长度为 6600、宽度为 100 的阳台，向外推拉 3200，如图 10-67 所示。

② 使用同样的方法在柱子上也绘制出阳台，左侧柱子边线向右偏移 350，向上绘制长度为 1050、宽度为 200 的长方形，向外推拉 3550。

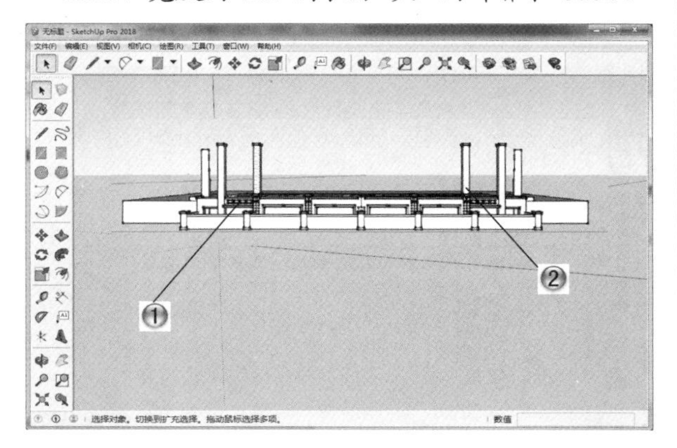

图 10-67

步骤 22 绘制首层门窗

① 在首层墙面上绘制多个矩形作为门窗框，如图 10-68 所示。

② 选择刚才已做好的门窗框，按住 Ctrl 键，复制出门框面，将每个矩形向内偏移 50。单击【推/拉】按钮，将中间部分连接，绘制长方形，向外推拉 50，向内偏移 40，将内部长方形删除，只留下外框，再向外推拉 25，制作好门窗。至此，建筑首层部分制作完成。

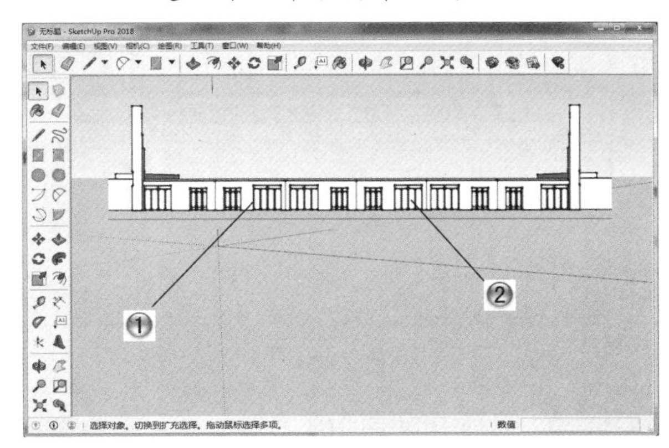

图 10-68

步骤 23 绘制二层装饰立柱

① 做出所需图形辅助线，将两侧柱子边线分别向内移动 850、250，将阳台外边线向内移动 30，如图 10-69 所示。

② 绘制出两个长度为 470、宽度为 250 的矩形，向上推拉 5800，在两个柱子正对的这个面，两侧边线分别向内移动 30，绘制成矩形，向外偏移 30。

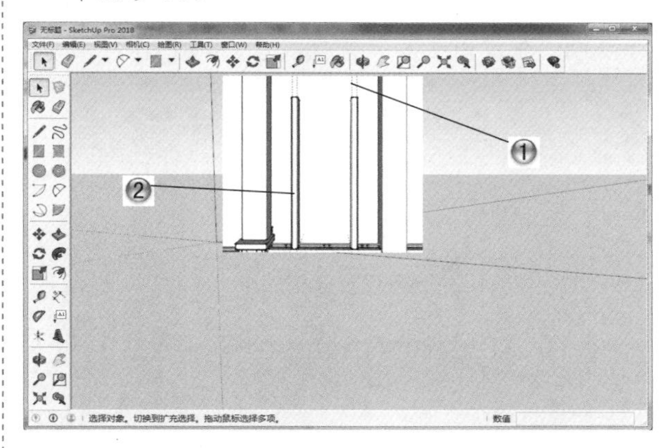

图 10-69

步骤 24 完成二层装饰柱

① 绘制出两个长度为 2500、宽度为 200 的矩形，向左推拉 4200，在已做好的长方体下边，绘制一个长度为 4200、宽度为 150 的长方形和一个长度为 4200、宽度为 100 的长方形，分别向外推拉 50、100，如图 10-70 所示。

② 使用矩形工具在上边绘制一个长度为 4200、宽度为 250 的长方形，单击【直线】按钮，分成 3 份，从下至上分别是 30、190、30，最后使用推拉工具，由下至上向外分别推拉 70、90、100。

③ 将已做好的阳台向上移动 1800，然后将首层所做的阳台复制到所做辅助线处，二层装饰柱绘制完成。

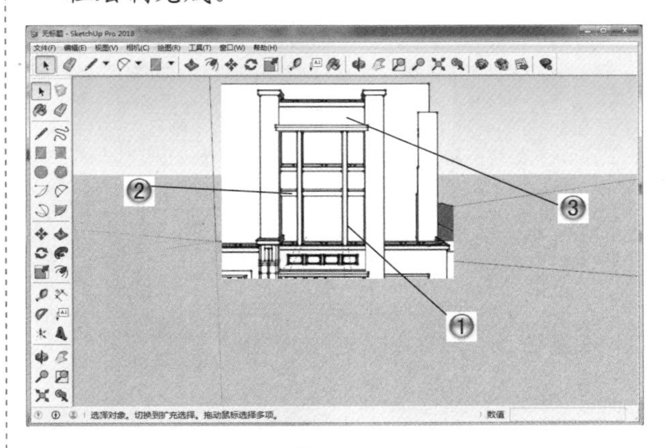

图 10-70

步骤 25 绘制三层装饰柱底座

① 将顶层阳台外边线向左移动 1100、400，阳台正面外边线向内移动 250，绘制长度为 400、宽度为 300 的长方形，向上推拉 200，向内偏移 20，向上推拉 30。

② 按照此方法再将矩形向内偏移 30，向上推拉 2990，创建出三层装饰柱底座，如图 10-71 所示。

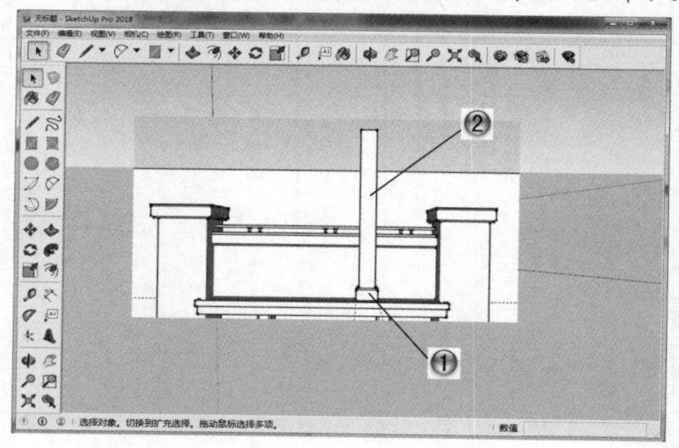

图 10-71

步骤 26 完成三层装饰柱

① 将已做好的装饰柱底座向上移动 1870，再移动 70、20，在四周绘制矩形，将矩形向外推拉 20。选中做好的矩形，按住 Ctrl 键，将矩形复制到刚才移动 20 的辅助线上，输入 X6。柱子顶端同柱子下端方法一样，向外偏移 30、向上推拉 30，再向外偏移 20，向上推拉 100。

② 将绘制好的柱子复制到另一端。

③ 在装饰柱顶上绘制辅助线，四个方向分别向内移动 250，然后正面向后移动 300，左边向右移动 300，单击【直线】按钮绘制好图形，向上推拉 1470。其他做法同上一装饰柱，绘制好三层装饰柱，如图 10-72 所示。

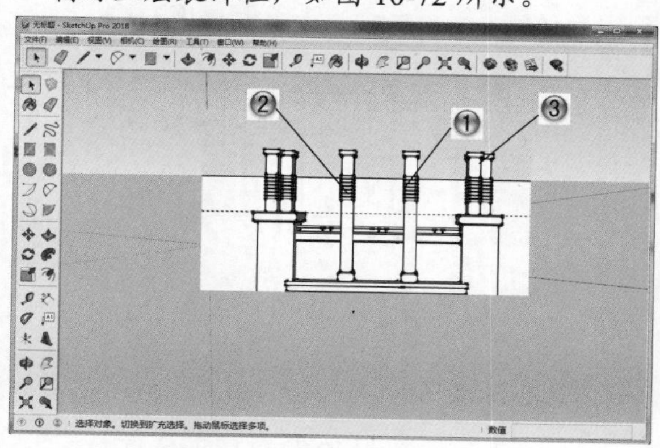

图 10-72

步骤 27 绘制其余装饰柱

① 将前面一步已做好的装饰柱复制到建筑物左侧，如图 10-73 所示。

② 绘制矩形，分别向上推拉 6650、7950。将两个正方体连接，使用推拉按钮将绘制出的长方形向下推拉 1250。在横向长方体背面，顶面线向下移动 750，单击【直线】按钮，绘制长方形，使用【推拉】按钮向里面推拉 400。

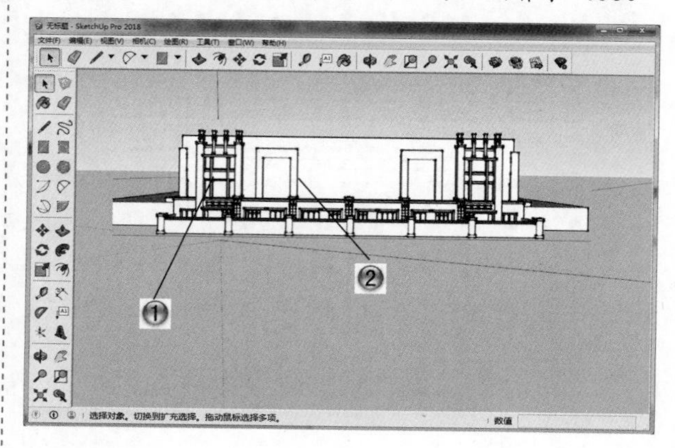

图 10-73

步骤 28 绘制中间层阳台和栏杆

① 按照前面的方法绘制出中间层阳台和栏杆，如图 10-74 所示。

② 将做好的阳台复制到另一侧指定位置，同时复制栏杆。

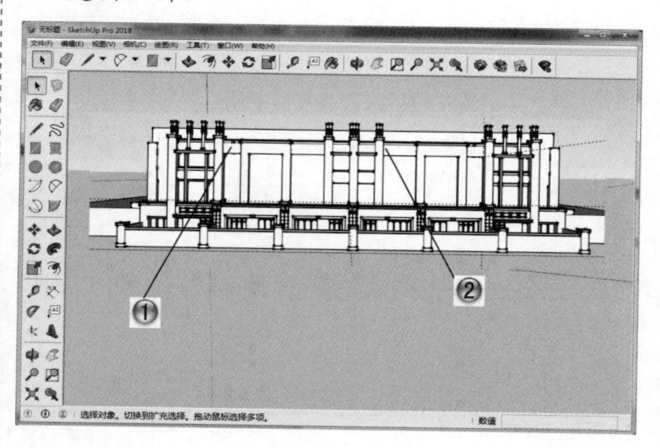

图 10-74

步骤 29 绘制中间层门窗

① 按照前面的方法绘制门窗图形，单击【推/拉】按钮，统一向后推拉 200。单击【移动】按钮，按住 Ctrl 键复制到另一侧，创建中间层门窗

框，如图 10-75 所示。

❷ 将外部门窗框向外推拉 50，内部门窗框推拉 25，即取外部窗框中心部位，绘制出门窗。

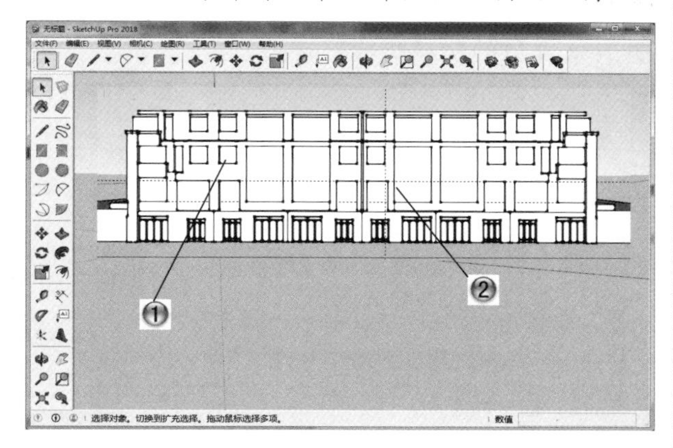

图 10-75

步骤 30 绘制门窗细节

❶ 单击【大工具集】工具栏中的【卷尺】按钮和【矩形】按钮，按照所标注出尺寸绘制矩形。单击【推/拉】按钮向外推拉 50，如图 10-76 所示。

❷ 按照上述方法绘制窗框，外部窗框向外推拉 50、内部窗框推拉 25，即取外部窗框中心部位。

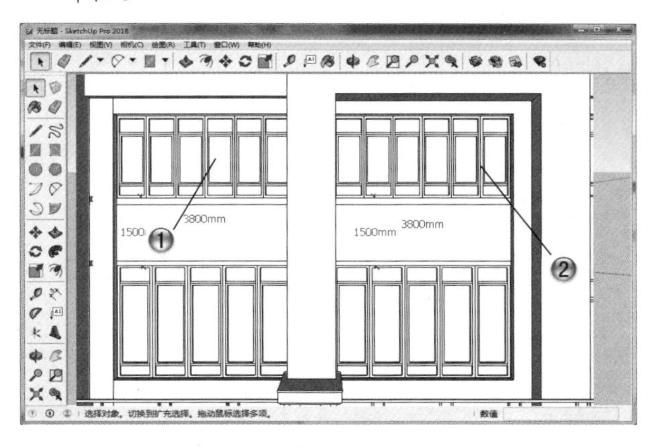

图 10-76

步骤 31 绘制顶层门窗和侧墙

❶ 按照前面方法做出所需图形尺寸线，单击【大工具集】工具栏中的【矩形】按钮，绘制图形，右侧墙体向后推拉 5800，创建顶层门窗，如图 10-77 所示。

❷ 使用相同方法将所有门窗、侧墙等绘制完成。

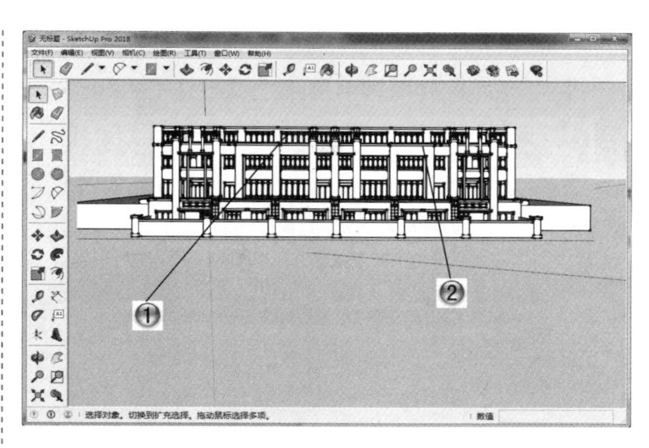

图 10-77

步骤 32 绘制屋顶面

❶ 做出所需图形尺寸线，绘制矩形，单击【大工具集】工具栏中的【偏移】按钮向外偏移 50，推拉 50，如图 10-78 所示。

❷ 使用同样的方法，向外偏移 60，向上推拉 60。最后向外偏移 350，向上推拉 100。

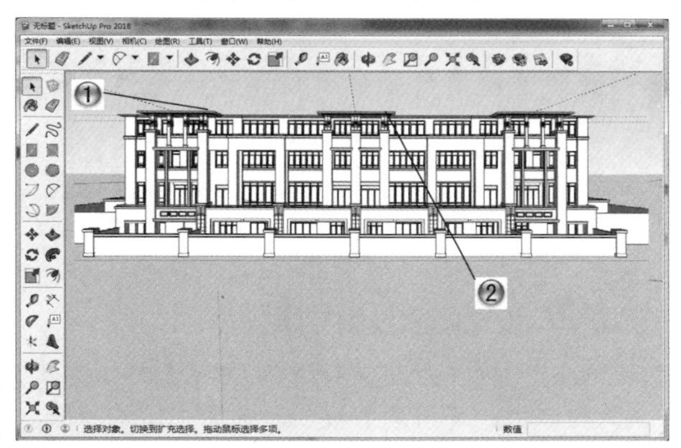

图 10-78

步骤 33 绘制屋顶顶部

❶ 单击【大工具集】工具栏中的【卷尺】和【尺寸】做出辅助线尺寸，然后单击【直线】按钮做出垂直屋面的直线，如图 10-79 所示。

❷ 使用【直线】工具将屋顶边线与垂直线相连，绘制屋顶。

步骤 34 导入环境和树木

❶ 使用【导入】命令导入环境背景，如图 10-80 所示。

❷ 使用【导入】命令导入树木，这样这个范例的模型基本制作完成。

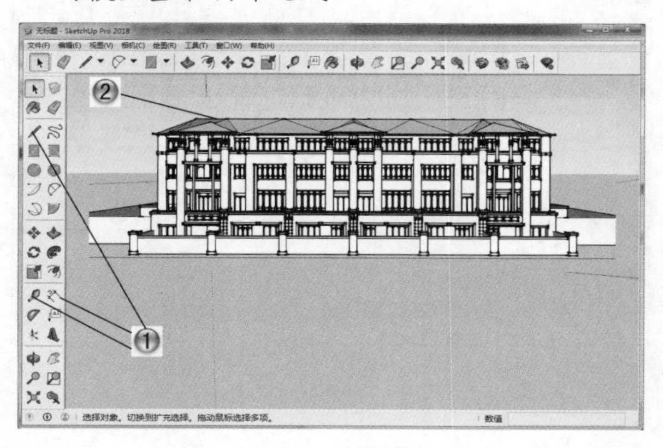

图 10-79

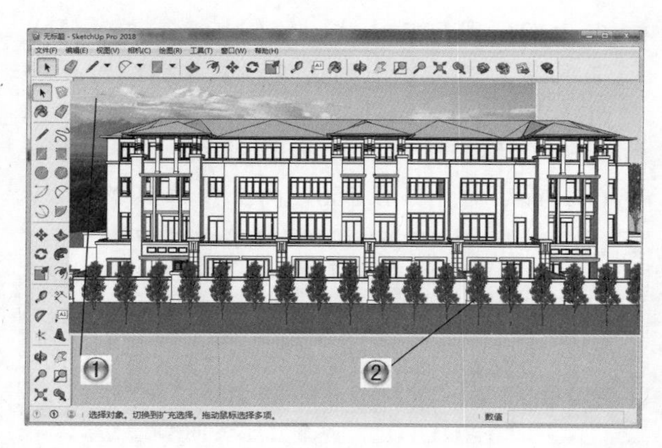

图 10-80

步骤 35 设置门窗玻璃材质

❶ 下面进行材质的设置和调整。单击【大工具集】工具栏中的【材质】按钮，如图 10-81 所示。

❷ 在弹出的【材料】编辑器中选择 Translucent_Glass_Gray1 选项，将不透明度设置为 85，对其设置门窗玻璃材质并赋予模型。

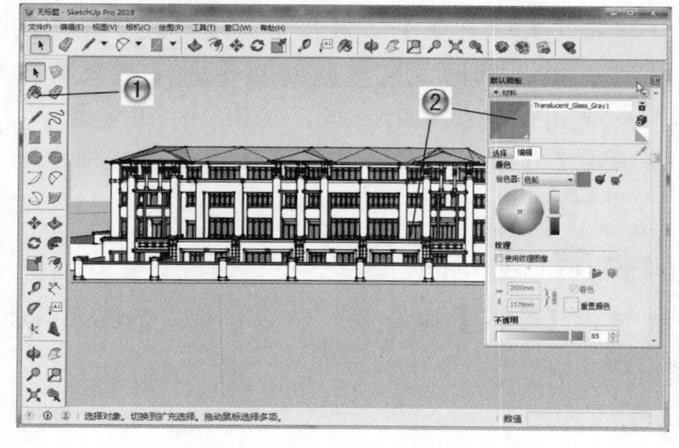

图 10-81

步骤 36 设置门窗框材质

❶ 在【材料】编辑器中选择【材质 19】选项，将其设置为门窗框材质，如图 10-82 所示。

❷ 将设置好的材质赋给门窗框。

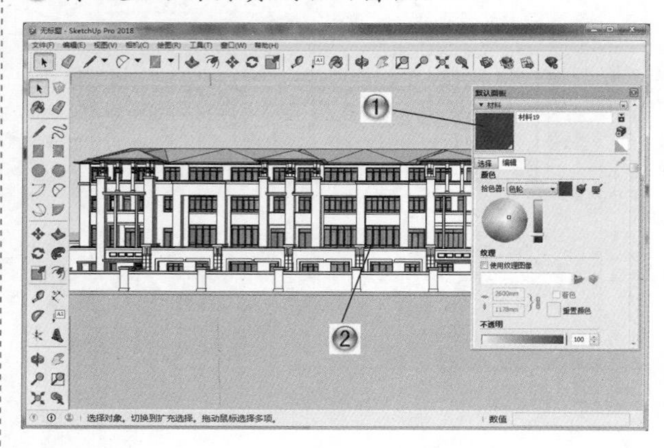

图 10-82

步骤 37 设置外墙材质

❶ 在【材料】编辑器中选择 Cladding_Stucco_White 选项，将其设置为外墙材质，如图 10-83 所示。

❷ 将设置好的材质赋给外墙。

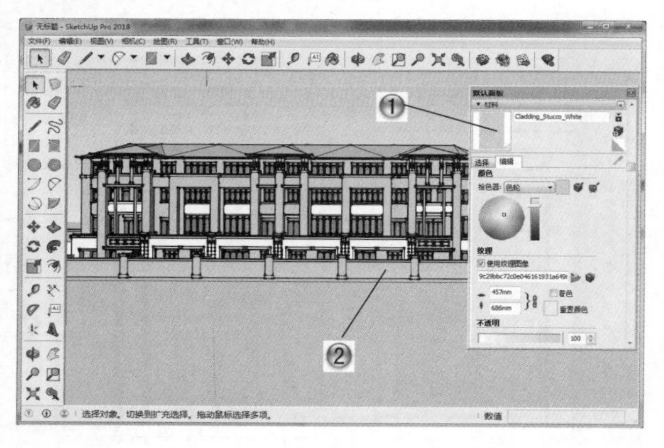

图 10-83

步骤 38 设置装饰柱材质

❶ 在【材料】编辑器中选择 Cladding_Stucco_White#2 选项，将其设置为装饰柱材质，如图 10-84 所示。

❷ 将设置好的材质赋给装饰柱。

步骤 39 设置屋顶及其他模型材质

❶ 在【材料】编辑器中任意选择一种材质，然后选用已下载好的材质 GAF 住宅木瓦屋顶，

设置为屋顶材质，如图10-85所示。

② 将设置好的材质赋给屋顶，按同样方法设置好其他模型材质。

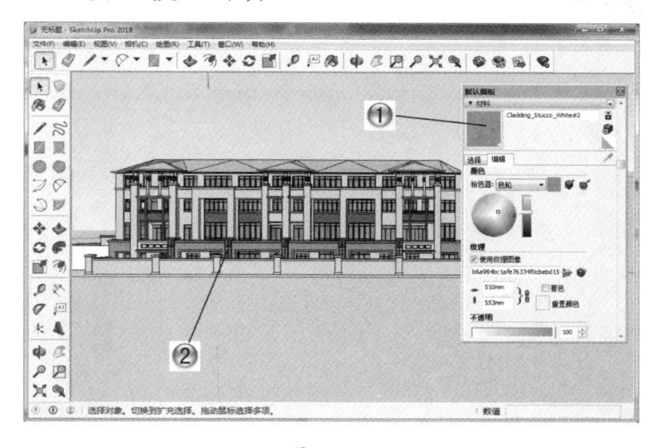

图 10-84

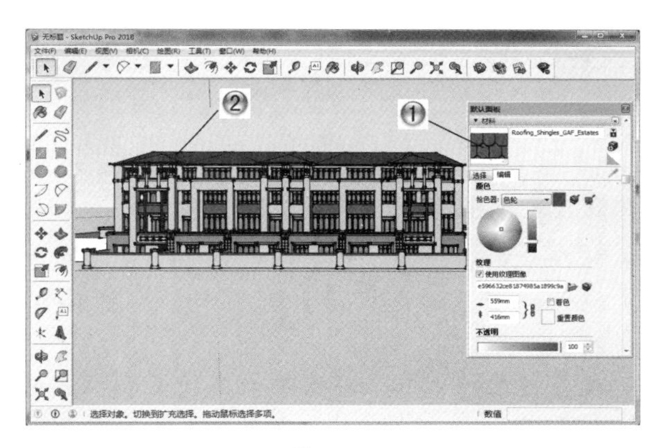

图 10-85

步骤 40 设置地面材质

① 在【材料】编辑器中选择【人造草被】选项，将其设置为地面材质，如图10-86所示。

② 将设置好的材质赋给地面，至此，这个范例的材质设置完成。

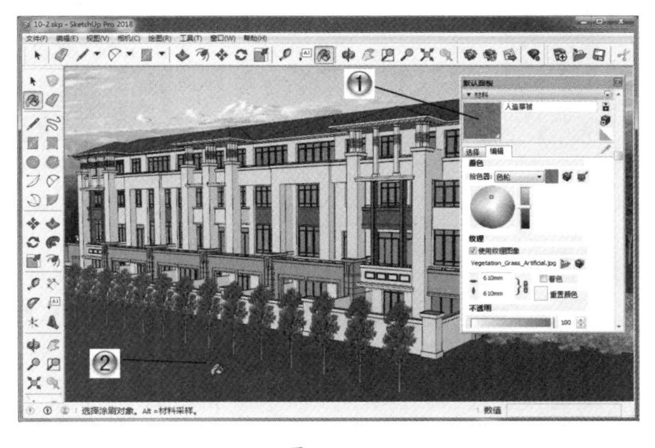

图 10-86

步骤 41 设置玻璃材质参数

① 打开VRay贴图编辑器，提取材质后在VRay贴图编辑器中单击鼠标右键，在弹出的快捷菜单中选择【反射】命令，如图10-87所示。

② 设置反射值，接着设置【TexFresnel（菲涅尔）】的模式，最后单击OK按钮。

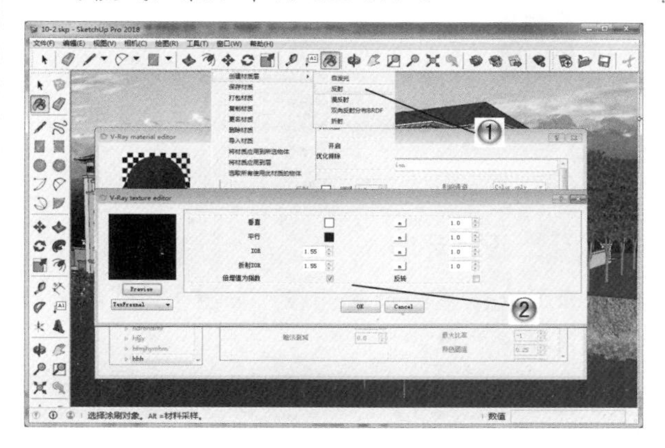

图 10-87

步骤 42 设置水纹材质参数

① 同理调整水纹材质，反射调整为16，调整到凹凸贴图属性面板，将凹凸贴图值调整为1，如图10-88所示。

② 在弹出的对话框中渲染TexNoise噪波模式中的参数。

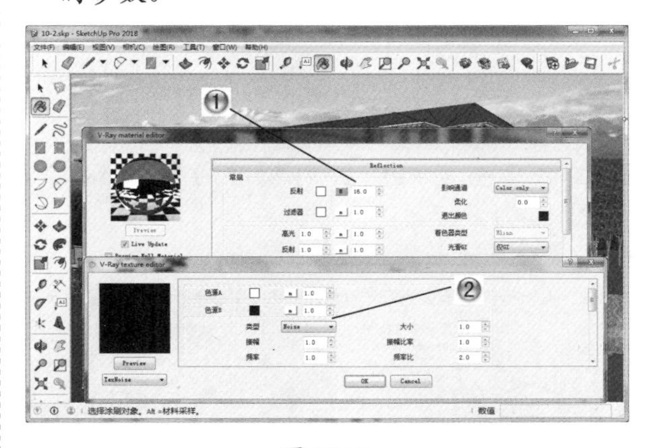

图 10-88

步骤 43 设置金属材质参数

① 金属材质有一定的模糊反射效果，所以要把高光的【光泽度】调整为0.8，反射的【光泽度】调整为0.85，如图10-89所示。

② 在弹出的对话框中选择【菲涅尔】模式，将【折射IOR】调整为6。

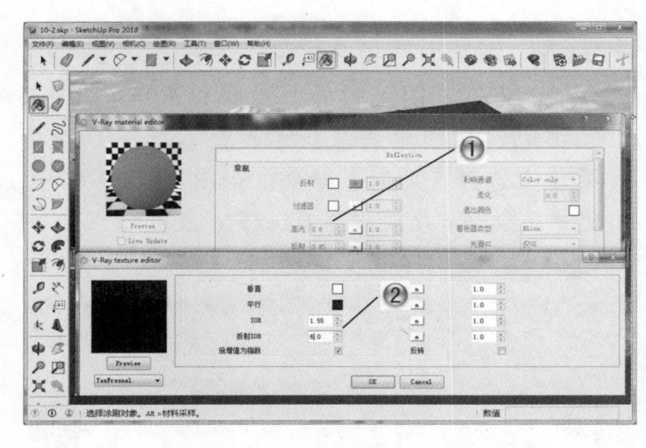

图 10-89

步骤 44 设置环境

❶ 打开 V-Ray 渲染设置面板，如图 10-90 所示。

❷ 设置环境参数。

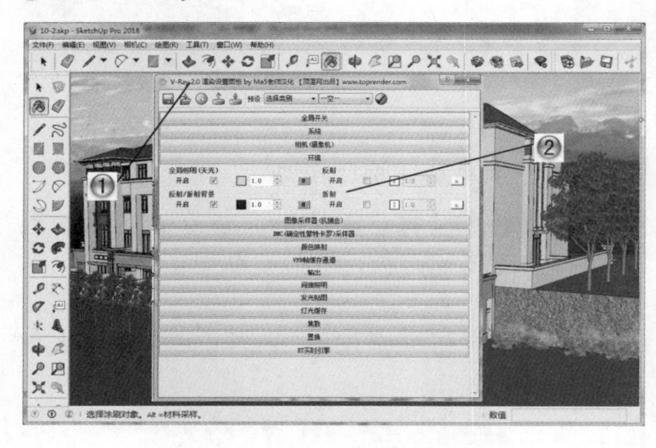

图 10-90

步骤 45 设置全局光颜色

❶ 单击【全局照明】参数后的 M 按钮，如图 10-91 所示。

❷ 设置全局光颜色。

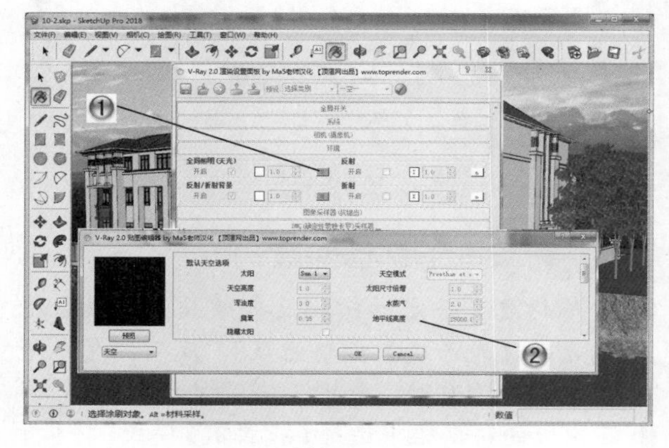

图 10-91

步骤 46 更改采样器类型并设置参数

❶ 打开 V-Ray 渲染设置面板中的【图像采样器（抗锯齿）】选项卡，如图 10-92 所示。

❷ 将【最多细分】设置为 16，提高细节区域的采样，将【抗锯齿过滤】选项激活，并选择常用的 Catmull Rom 过滤器。

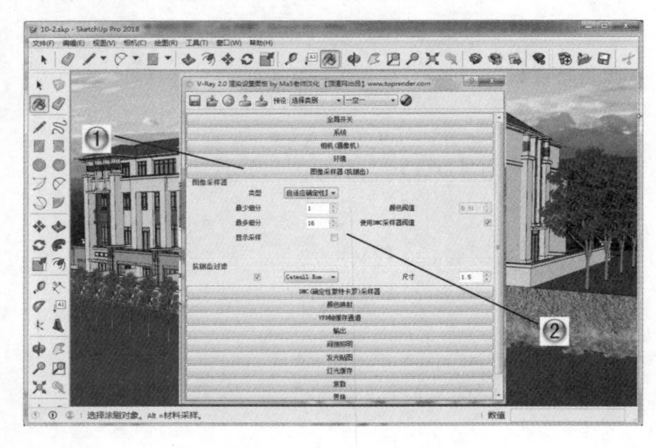

图 10-92

步骤 47 设置蒙特卡罗采样器参数

❶ 打开 V-Ray 渲染设置面板中的【DMC（确定性蒙特卡罗）采样器】选项卡，如图 10-93 所示。

❷ 设置纯蒙特卡罗采样器参数，使图面噪波进一步减小。

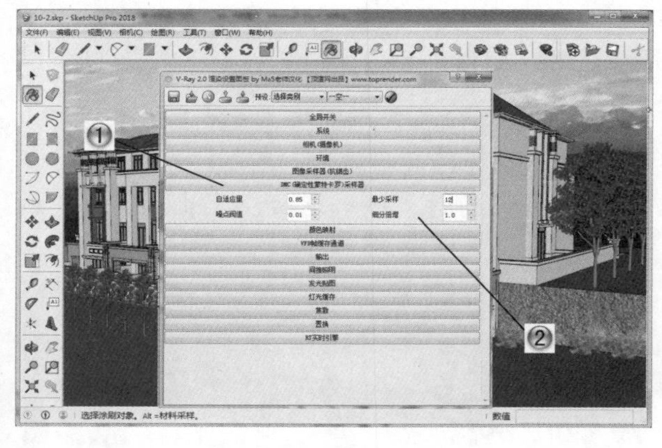

图 10-93

步骤 48 修改发光贴图参数

❶ 打开 V-Ray 渲染设置面板中的【发光贴图】选项卡，如图 10-94 所示。

❷ 设置发光贴图参数，将其【最小比率】改为 -3，【最大比率】改为 0。

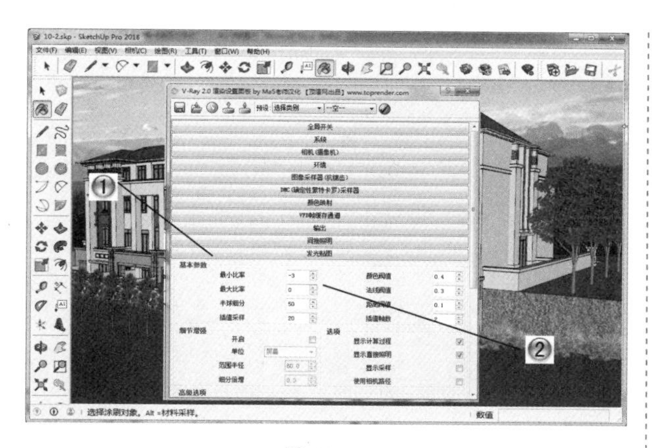

图 10-94

步骤 49 设置灯光缓存参数

❶ 打开 V-Ray 渲染设置面板中的【灯光缓存】选项卡，如图 10-95 所示。

❷ 设置灯光缓存参数，将【细分】修改为 1200。

步骤 50

设置完成后进行渲染，并使用 Photoshop 进行后期图片处理，这样范例就制作完成了，最终渲染效果如图 10-96 所示。

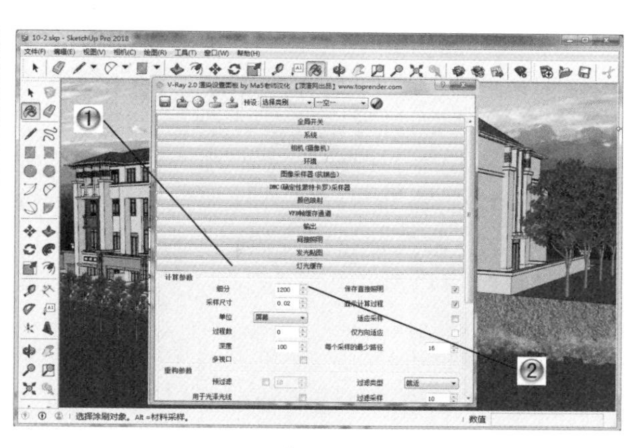

图 10-95

图 10-96

10.3 办公楼建筑设计范例

本范例完成文件：ywj\10\10-3.skp

10.3.1 范例分析

在 SketchUp 中，设计师可以对平面草图进行粗模的搭建，并从不同角度观察建筑体块的关系是否与场景相协调，进一步编辑修改方案，再与 CAD 合作完成标准的图纸绘制。建筑师在前期工作的基础上形成了几种初步的设计概念，手绘出办公楼规划平面草图，然后利用扫描设备将草图转化为电子图片导入 SketchUp 软件中。在 SketchUp 软件中，可以将二维的草图迅速转化为三维的场景模型，验证设计效果是否达到预期目标，如图 10-97 所示。

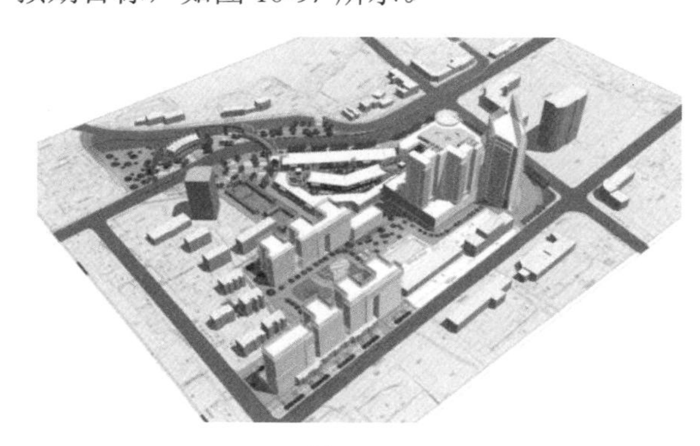

图 10-97

本小节范例介绍了制作高层办公楼建筑的步骤和思路。在制作过程中主要使用了矩形绘制和推拉命令，另外在建筑外墙上，使用了第三方的玻璃构件，便于快速建模。通过该范例的制作，可以学习高层办公楼建筑的建模步骤和应用技巧，掌握建筑模型的第三方插件应用，这在建模时可以减少很多烦琐的步骤。范例的制作步骤如下。

（1）通过推拉制作建筑框架。

（2）添加玻璃外墙等特征。

（3）创建附属建筑物。

（4）设置材质贴图并渲染。

10.3.2 范例操作

步骤 01 创建底平面

❶ 单击【大工具集】工具栏中的【矩形】按钮，绘制 79.9m×20m 的矩形，如图 10-98 所示。

❷ 将四角按照所示尺寸删除。

❸ 单击【大工具集】工具栏中的【推/拉】按钮，向下推拉 100mm。

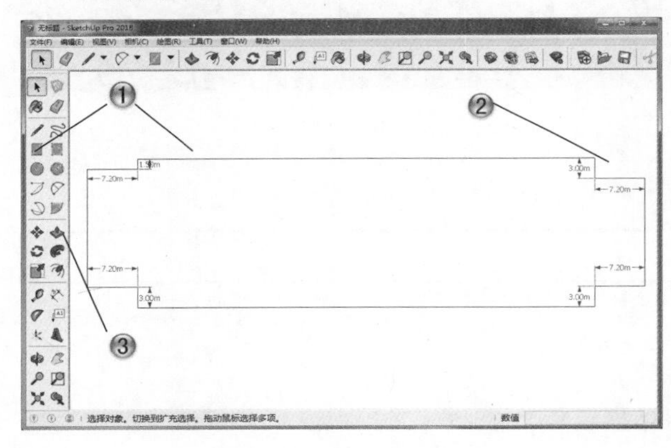

图 10-98

步骤 02 创建主体柱子

❶ 做出辅助线及图形尺寸后，单击【圆】按钮，绘制半径为 0.9m 的圆形结构柱轮廓，如图 10-99 所示。

❷ 单击【大工具集】工具栏中的【推/拉】按钮，将四周圆形向上推拉 9.8m。

步骤 03 创建中心圆形结构柱

❶ 将中心圆形向上推拉 10m，如图 10-100 所示。

❷ 将中心圆柱顶向内偏移 0.3m，并向上推拉 14m。

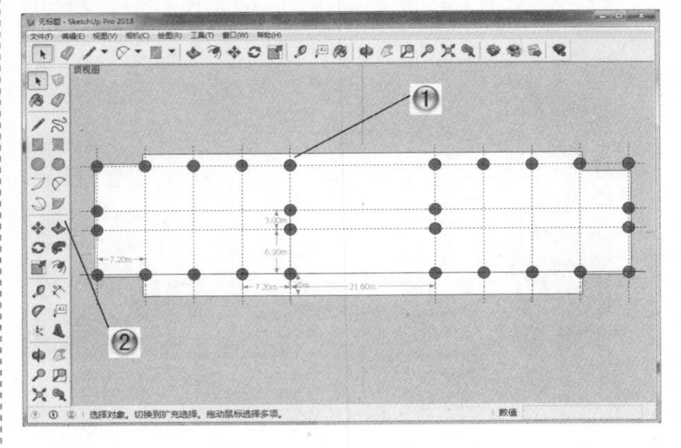

图 10-99

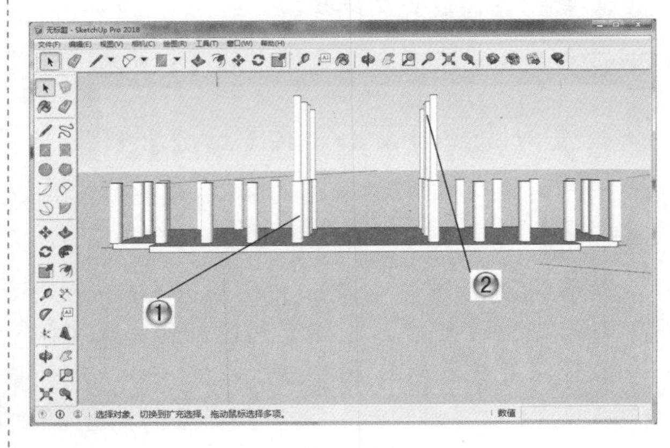

图 10-100

步骤 04 创建首层外框

❶ 围着四周圆柱绘制长度为 79.9m、宽度为 17.5m 的矩形，如图 10-101 所示。

❷ 单击【大工具集】工具栏中的【尺寸】按钮，做出其余图形所需尺寸，按照尺寸绘制其余矩形。

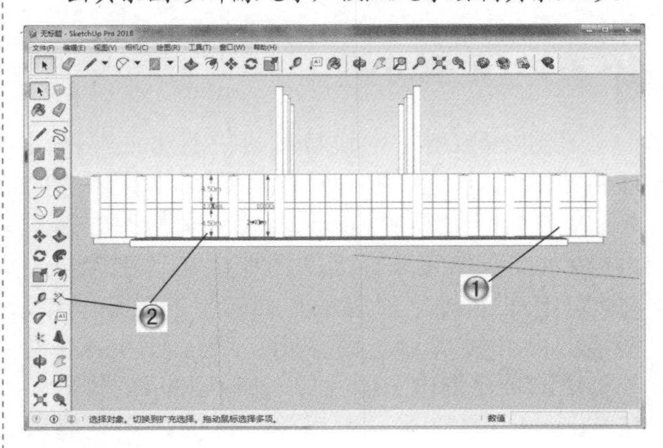

图 10-101

步骤 05 创建楼层板

❶ 在底座边线上画一条垂直线，向上推拉 20m，如图 10-102 所示。

❷ 单击【大工具集】工具栏中的【移动】按钮，按住 Ctrl 键，分别向上移动 10m、5m、5m。

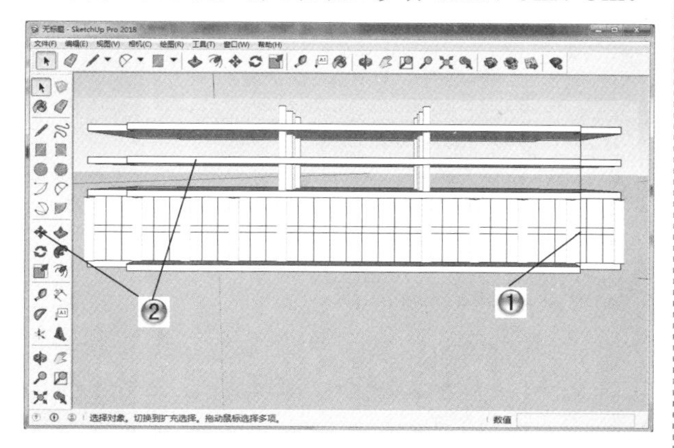

图 10-102

步骤 06 创建装饰框竖板

❶ 绘制出所需辅助线尺寸，绘制长度为 0.5m、宽度为 0.5m 的方形，如图 10-103 所示。

❷ 选择方形并向上推拉 10.85m。

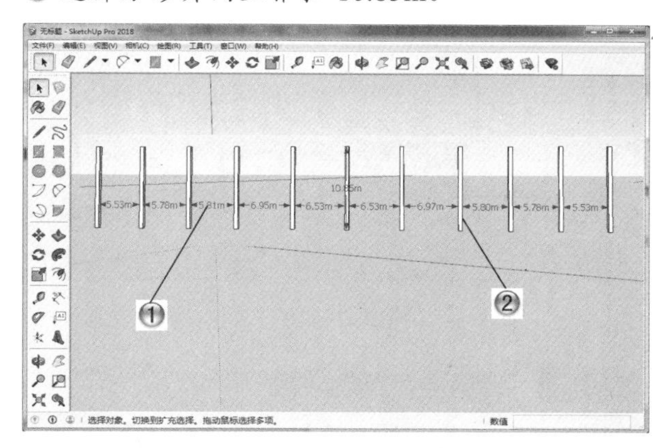

图 10-103

步骤 07 创建装饰框斜拉板

❶ 做出图形所需辅助线尺寸，单击【大工具集】工具栏中的【直线】按钮，绘制出所需图形，单击【大工具集】工具栏中的【推 / 拉】按钮，向后推拉 1m，如图 10-104 所示。

❷ 在另一侧也用同样方法制作，创建完成装饰框。

步骤 08 创建圆形构造柱

❶ 做出辅助线及尺寸，在左侧与墙距离为 1.5m 处，绘制圆形图形，如图 10-105 所示。

❷ 单击【大工具集】工具栏中的【推拉】按钮，向上推拉 5.2m，并删除顶面。

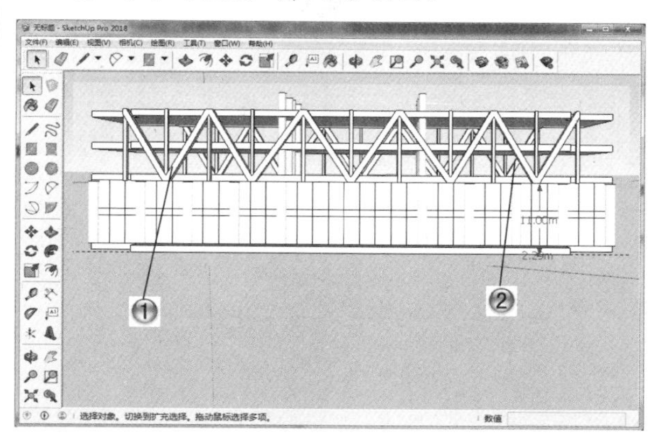

图 10-104

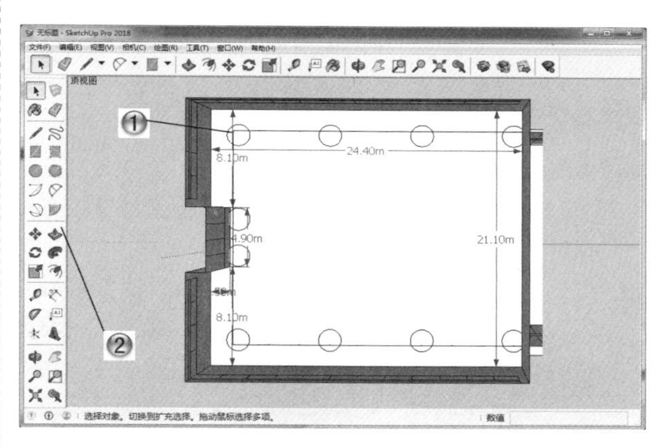

图 10-105

步骤 09 绘制二层窗户

❶ 做出辅助线及尺寸，如图 10-106 所示。

❷ 单击【大工具集】工具栏中的【直线】按钮，在建筑正面绘制所需图形，背面与正面相同。

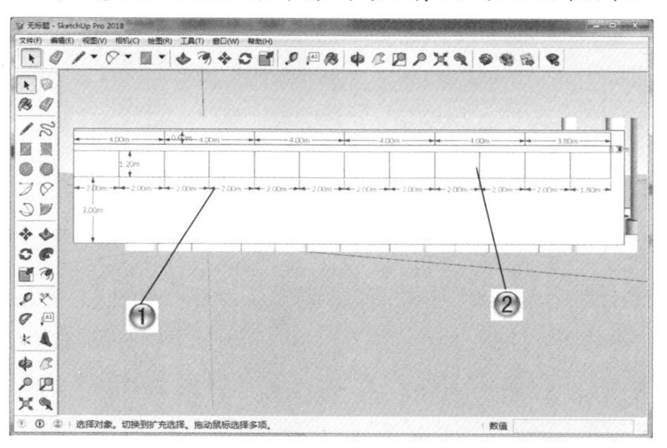

图 10-106

步骤 10 绘制三四层窗户

① 使用相同方法做出三层窗户，高度为 5m，如图 10-107 所示。

② 使用相同方法做出四层窗户，高度为 4m。

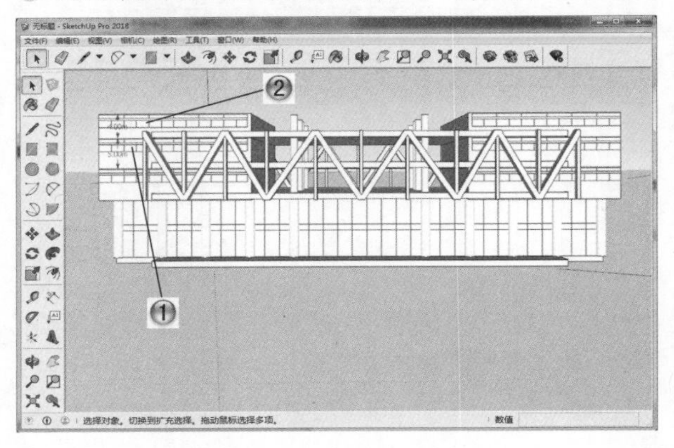

图 10-107

步骤 11 创建楼层板

① 做出辅助线及尺寸，在左侧与墙距离为 1.5m 处，单击【大工具集】工具栏中的【直线】按钮，绘制图形，如图 10-108 所示。

② 单击【大工具集】工具栏中的【推 / 拉】按钮，向上推拉 4m 后，删除顶面，按照此尺寸绘制图形并向上推拉 1m 做出楼板。

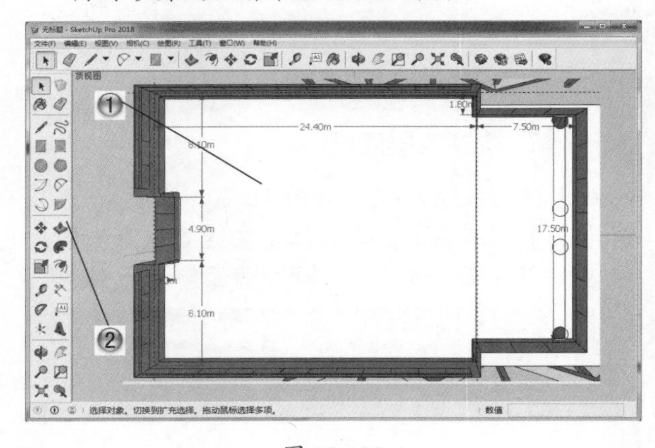

图 10-108

步骤 12 绘制楼层和外墙

① 按照之前做法绘制外墙线，按住 Ctrl 键将已做好的图形向上复制 1 组，如图 10-109 所示。

② 复制图形，输入 X10，左右侧使用相同方法绘制出楼层。至此，办公楼主体创建完成。

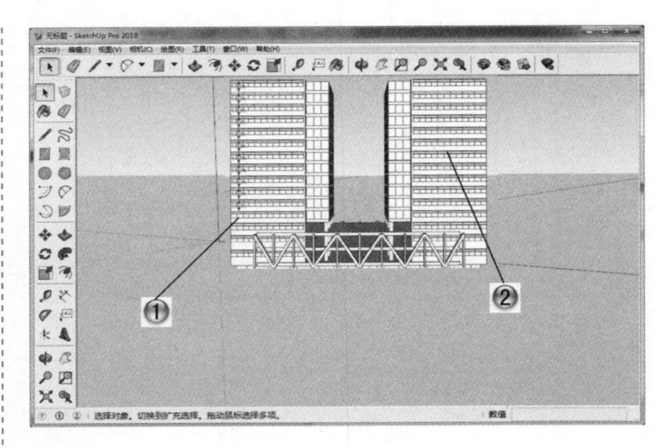

图 10-109

步骤 13 创建连廊底板

① 做出图形所需尺寸，单击【大工具集】工具栏中的【矩形】按钮，按照尺寸绘制矩形，如图 10-110 所示。

② 单击【大工具集】工具栏中的【推 / 拉】按钮，向上推拉 0.95m。

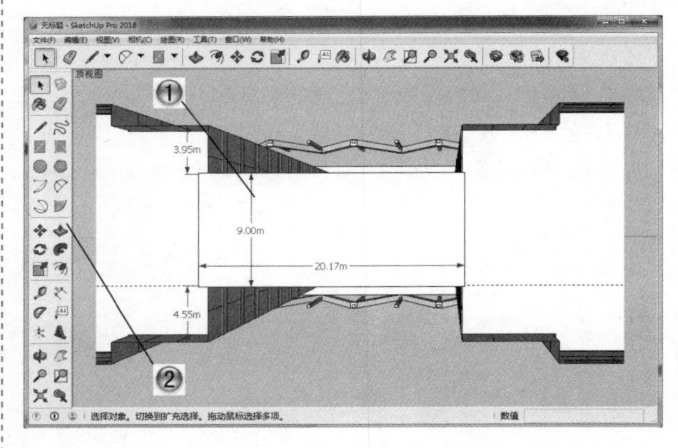

图 10-110

步骤 14 绘制连廊其他楼板

① 单击【大工具集】工具栏中的【直线】按钮，在矩形左侧下边缘做出垂直直线，向上推拉 8m，如图 10-111 所示。

② 单击【大工具集】工具栏中的【移动】按钮，按住 Ctrl 键，向上复制间隔 3.05m 两个图形。

步骤 15 绘制连廊装饰

① 将已做好的首层装饰按照所绘制矩形尺寸做出装饰，长度为 20m，如图 10-112 所示。

② 单击【大工具集】工具栏中的【移动】按钮，将做好的装饰移动到指定位置。

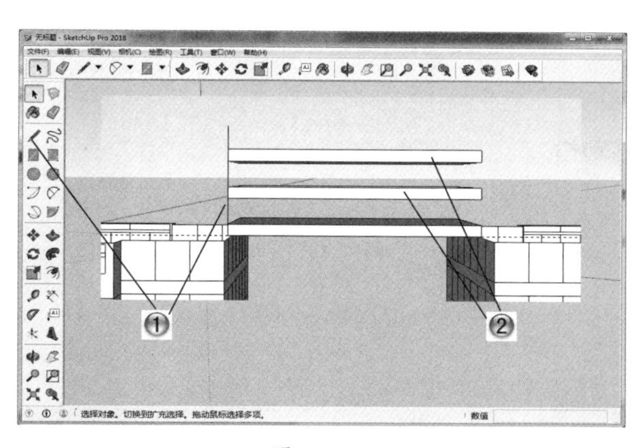

图 10-111

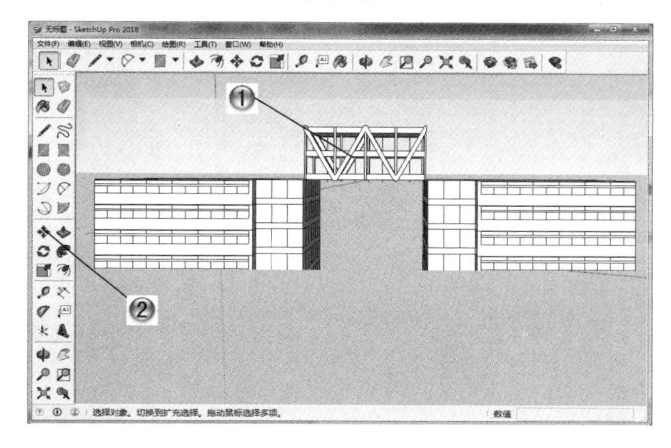

图 10-112

步骤 16 完成连廊和顶部楼层

❶ 在已做好装饰外侧绘制长度为 20.17m、宽度为 9.95m 的矩形，在矩形上按照给出尺寸，平均做出 8 份，如图 10-113 所示。

❷ 将之前做好的每层再向上复制三层。

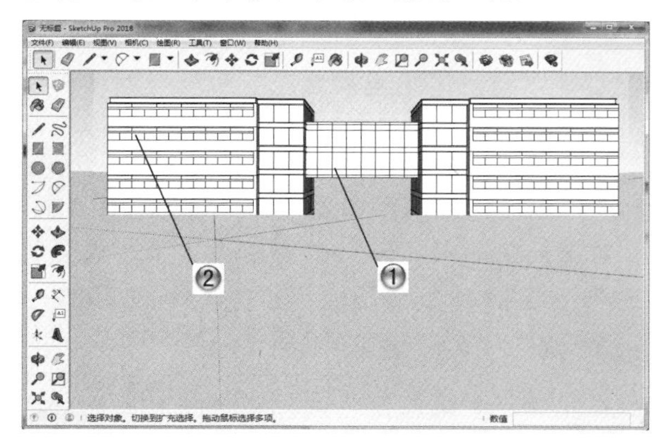

图 10-113

步骤 17 绘制顶层内框

❶ 绘制长度为 17.17m、宽度为 15.41m 的矩形，向外推拉 0.2m，从上到下分别向内偏移 0.05m、0.1m，再由上到下，向内推拉 0.05m，向外推拉 0.1m，如图 10-114 所示。

❷ 同样方法绘制矩形框，按所给出高度绘制矩形，宽度一致。

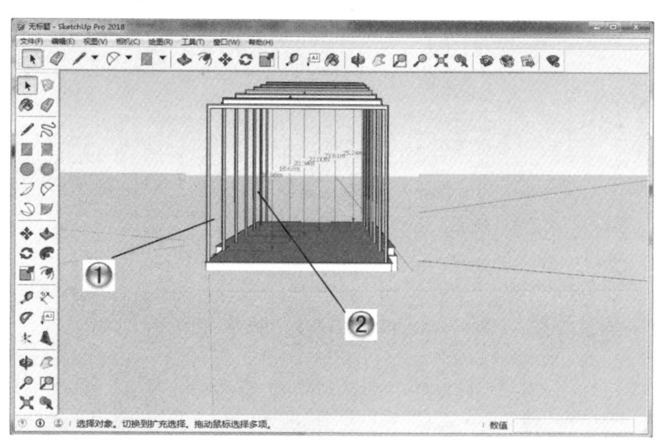

图 10-114

步骤 18 绘制顶层侧面

❶ 将两端柱子连接，将整个面填充完整，如图 10-115 所示。

❷ 绘制出尺寸线后，单击【大工具集】工具栏中的【直线】按钮，将图形连接，用同样方法绘制矩形框。

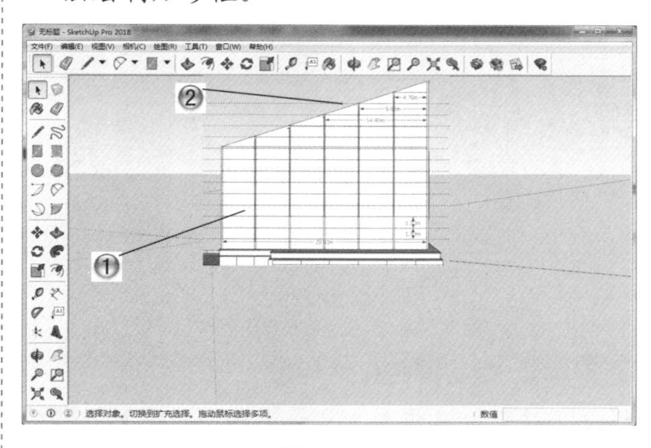

图 10-115

步骤 19 绘制顶层外装饰

❶ 绘制长度为 0.55m、宽度为 0.15m 的长方形，向外推拉 0.8m，间隔为 0.7m，按住 Ctrl 键复制，然后输入 X4，如图 10-116 所示。

❷ 绘制半径为 0.32 的圆，向内推拉复制，然后向上推拉 16.8m。

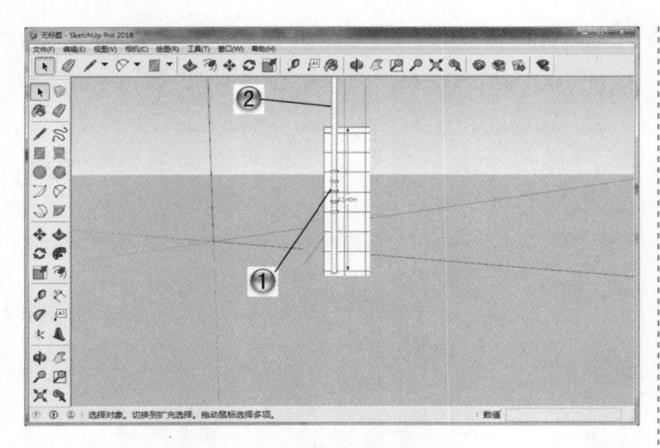

图 10-116

步骤 20 完成办公楼模型

❶ 使用相同方法绘制剩余两根椭圆形柱体，向内偏移 0.07m，向上推拉 8.5m，最后向内偏移 0.07m，向上推拉 5.5m，如图 10-117 所示。

❷ 使用相同的方法绘制另一侧图形，将做好的楼层按照之前的方法向上复制两层，高度均为 4m。至此，办公楼模型制作完成。

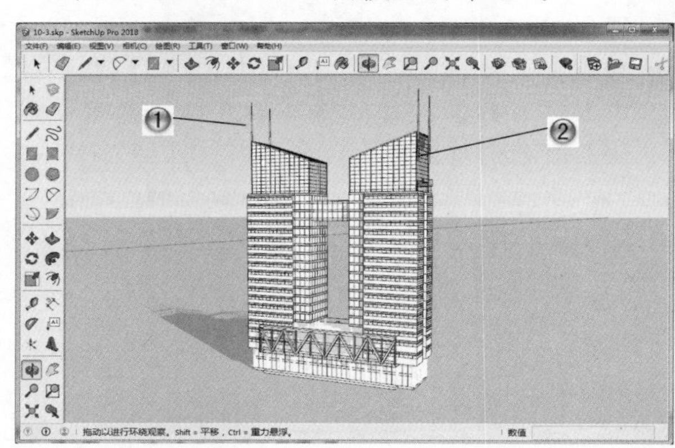

图 10-117

步骤 21 绘制道路和停车位

❶ 单击【大工具集】工具栏中的【矩形】按钮，如图 10-118 所示。

❷ 绘制出道路及停车位。

步骤 22 导入背景和植物

❶ 使用【导入】命令导入环境背景图，如图 10-119 所示。

❷ 使用【导入】命令导入绿色植物模型，至此，范例模型全部制作完成。

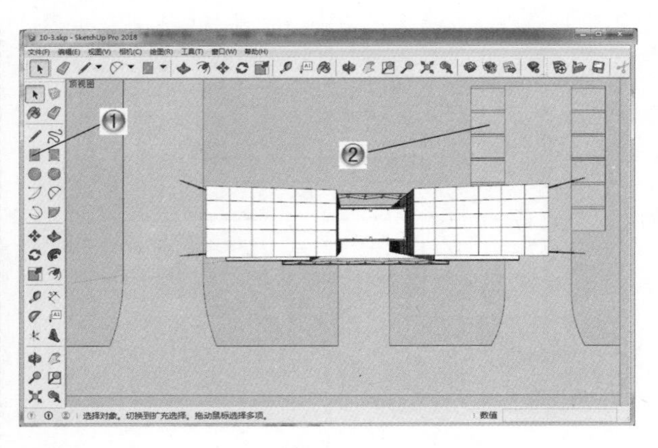

图 10-118

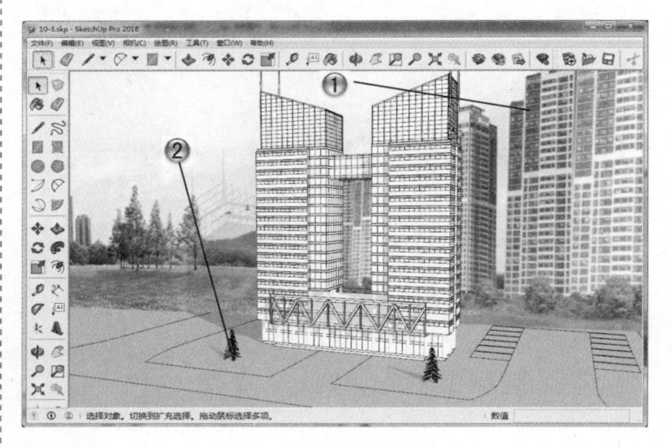

图 10-119

> **TIPS 提示**
>
> 绿植可以在组件当中寻找。

步骤 23 设置构造柱材质

❶ 创建办公楼建筑模型后，下面进行材质和贴图的设置和调整。单击【大工具集】工具栏中的【材质】按钮，如图 10-120 所示。

❷ 在弹出的【材料】编辑器中选择任意一种颜色，填充一次后将下载好的材质调出来，设置构造柱材质。

步骤 24 设置外墙材质

❶ 在【材料】编辑器中选择任意一种颜色，填充一次后将下载好的材质调出来，设置为外墙材质，如图 10-121 所示。

❷ 将设置好的材质赋给外墙。

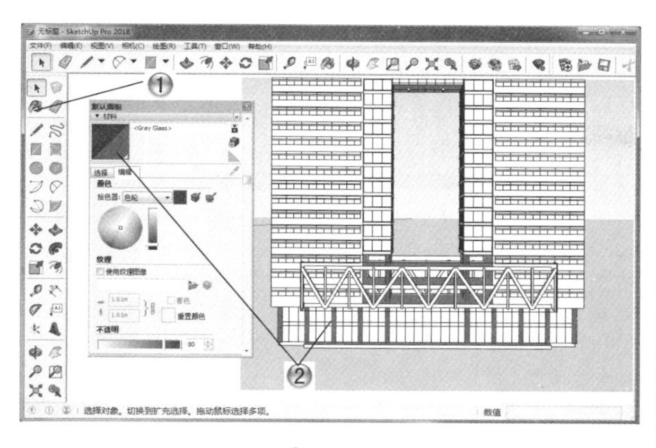

图 10-120

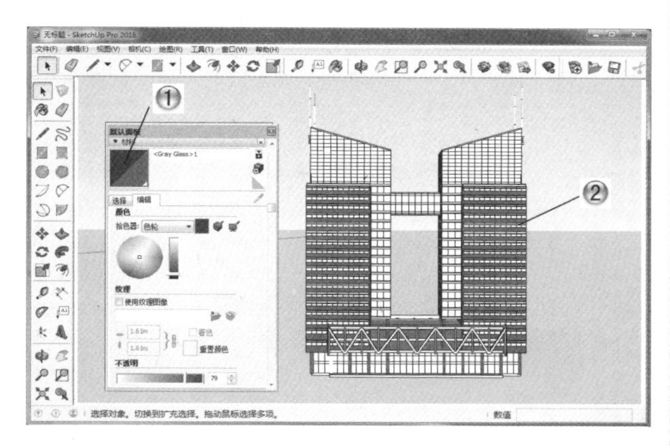

图 10-121

步骤 25 设置玻璃材质

① 在【材料】编辑器中选择任意一种颜色，填充一次后将下载好的材质调出来，在【编辑】选项卡中将不透明度调至45，如图10-122所示。

② 将设置好的材质赋给窗户玻璃。

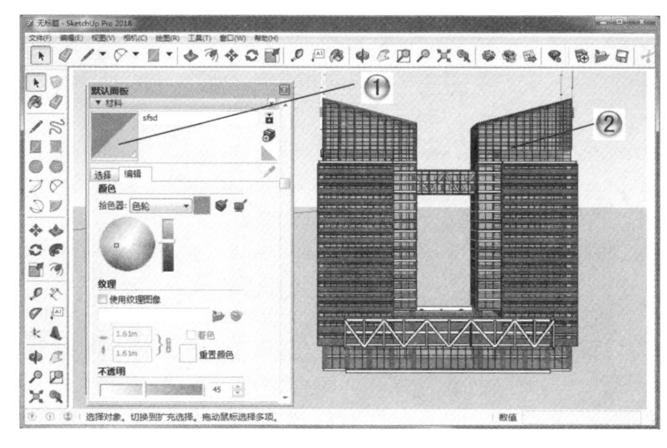

图 10-122

步骤 26 设置地面材质

① 在【材料】编辑器中选择 Vegetation_Grass1 选项，将贴图尺寸调整到10m，如图10-123所示。

② 将设置好的材质赋给地面。

图 10-123

步骤 27 设置道路材质

① 在【材料】编辑器中选择【新沥青】选项，将其设置为道路材质，如图10-124所示。

② 将设置好的材质赋给道路。

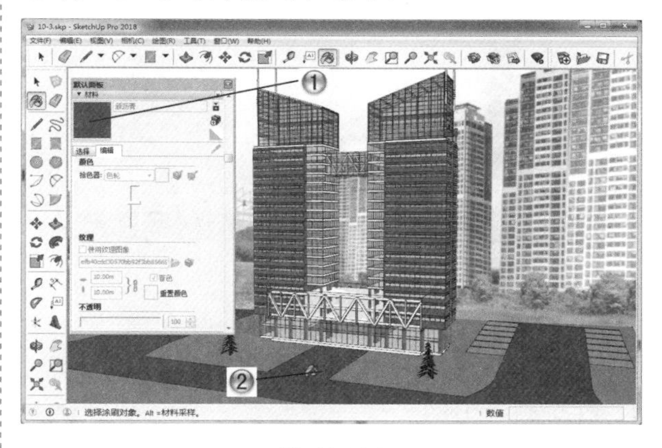

图 10-124

步骤 28 设置停车位材质

① 在【材料】编辑器中选择 Concrete_Pavers_Block_Multi 选项，将其设置为停车位材质，如图10-125所示。

② 将设置好的材质赋给停车位。至此，所有材质和贴图设置完成。

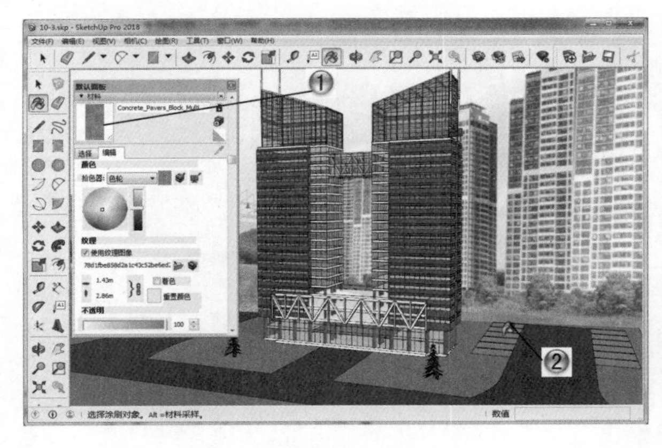

图 10-125

步骤 29 设置玻璃材质参数

① 打开 VRay 贴图编辑器，提取材质后在 VRay 贴图编辑器中单击鼠标右键，在弹出的快捷菜单中选择【反射】命令，如图 10-126 所示。

② 设置反射值，接着设置【TexFresnel（菲涅尔）】的模式，最后单击 OK 按钮。

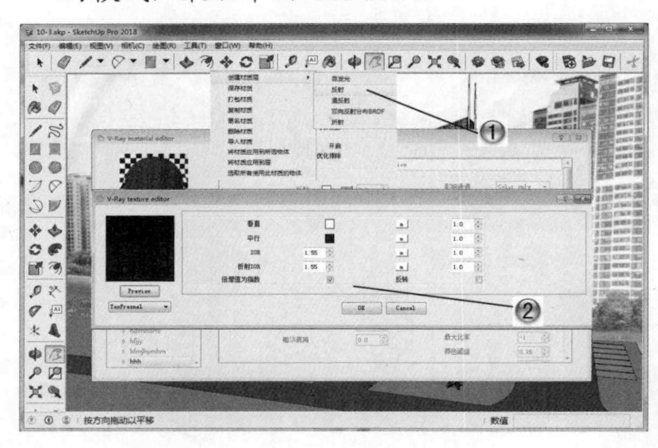

图 10-126

步骤 30 设置水纹材质参数

① 同理调整水纹材质，将反射调整为 16，在凹凸贴图属性面板中，将凹凸贴图值调整为 1，如图 10-127 所示。

② 在弹出的对话框中渲染 TexNoise 噪波模式中的参数。

步骤 31 设置金属材质参数

① 金属材质有一定的模糊反射效果，所以要把高光的【光泽度】调整为 0.8，反射的【光泽度】调整为 0.85，如图 10-128 所示。

② 在弹出的对话框中选择【菲涅尔】模式，将【折射 IOR】调整为 6。

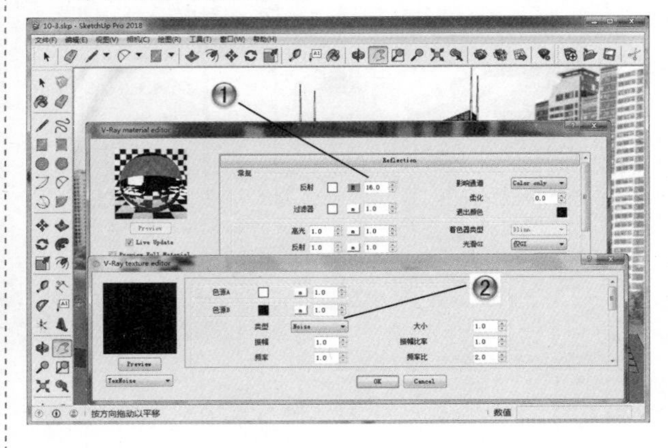

图 10-127

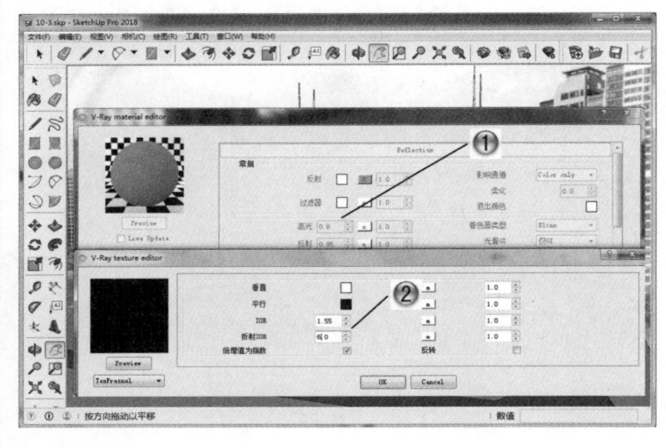

图 10-128

步骤 32 设置环境

① 打开 V-Ray 渲染设置面板，如图 10-129 所示。

② 设置环境参数。

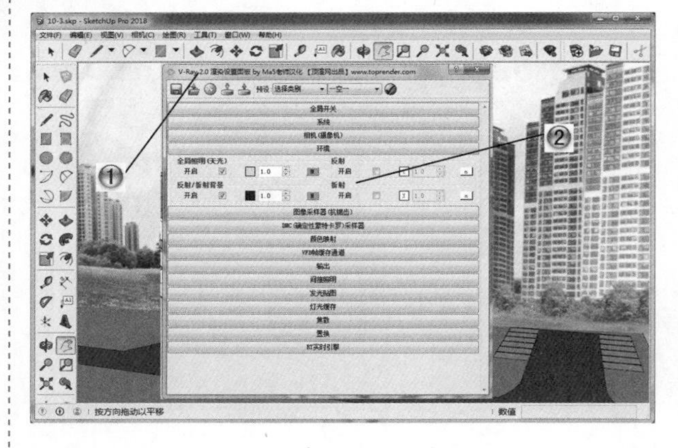

图 10-129

步骤 33 设置全局光颜色

① 单击【全局照明】参数后的 M 按钮，如

图 10-130 所示。

❷ 设置全局光颜色。

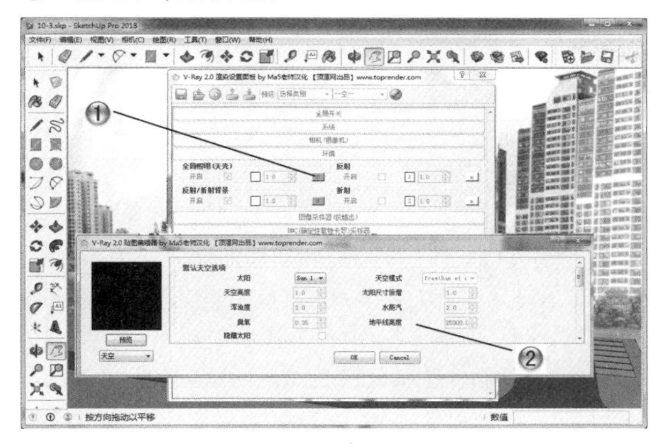

图 10-130

步骤 34 更改采样器类型并设置参数

❶ 打开 V-Ray 渲染设置面板中的【图像采样器（抗锯齿）】选项卡，如图 10-131 所示。

❷ 将【最多细分】设置为 16，提高细节区域的采样，将【抗锯齿过滤】选项激活，并选择常用的 Catmull Rom 过滤器。

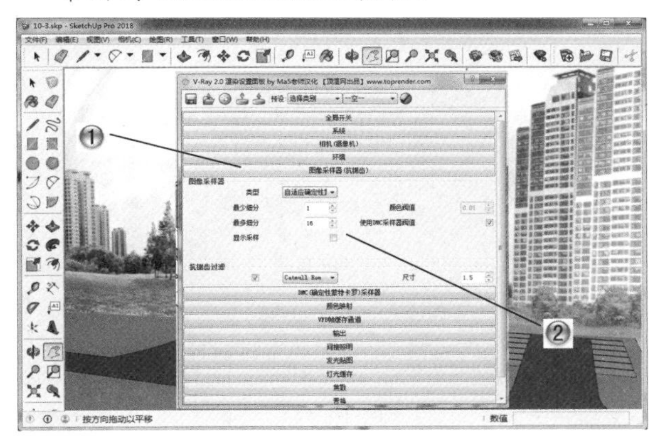

图 10-131

步骤 35 设置蒙特卡罗采样器参数

❶ 打开 V-Ray 渲染设置面板中的【DMC（确定性蒙特卡罗）采样器】选项卡，如图 10-132 所示。

❷ 设置纯蒙特卡罗采样器参数，使图面噪波进一步减小。

步骤 36 修改发光贴图参数

❶ 打开 V-Ray 渲染设置面板中的【发光贴图】选项卡，如图 10-133 所示。

❷ 设置发光贴图参数，将其【最小比率】改为 -3，【最大比率】改为 0。

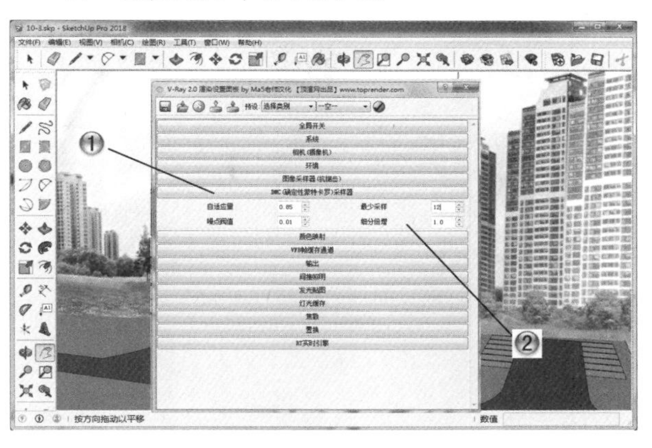

图 10-132

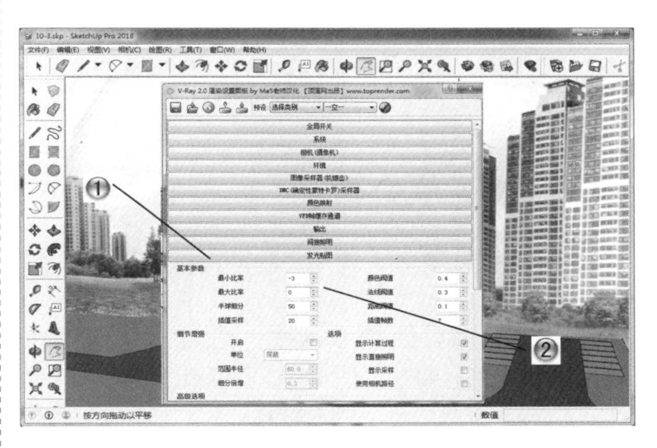

图 10-133

步骤 37 设置灯光缓存参数

❶ 打开 V-Ray 渲染设置面板中的【灯光缓存】选项卡，如图 10-134 所示。

❷ 设置灯光缓存参数，将【细分】修改为 1200。

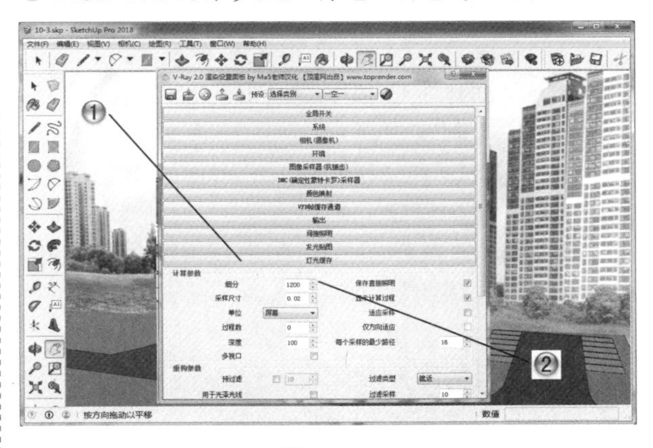

图 10-134

设置完成后进行渲染，并使用 Photoshop 进行后期图片处理，这样范例就制作完成了，最终渲染效果如图 10-135 所示。

图 10-135

10.4 本章小结和练习

10.4.1 本章小结

本章主要介绍了使用 SketchUp 2018 进行建筑实战综合设计范例的方法，分别从 SketchUp 最常用的建筑设计领域入手，进行三个范例绘制过程的详细讲解，使读者对 SketchUp 绘制建筑三维模型有了一个整体的认识。通过本章的三个范例，读者可以练习进阶阶段的建筑创建命令，特别是材质和贴图应用，以达到融会贯通的目的。

图 10-136

10.4.2 练习

1. 使用本章介绍的制作方法和命令练习创建如图 10-136 所示的商业街建筑模型。

（1）创建主体和框架。

（2）绘制窗户。

（3）创建屋顶和附件。

（4）添加材质并渲染。

2. 使用本章介绍的制作方法和命令练习创建高层建筑群模型，如图 10-137 所示。

（1）创建建筑主体和框架。

（2）绘制窗户和阳台。

（3）创建屋顶和附件。

（4）添加材质并渲染。

图 10-137

第11章

综合设计范例（二）——建筑景观设计范例

本章导读

在学习了 SketchUp 的主要设计功能后，本章开始介绍 SketchUp 在建筑景观设计领域的综合范例，以加深读者对 SketchUp 设计方法的理解和掌握，同时增强设计实战经验。本章介绍的四个案例是 SketchUp 景观设计中比较典型的案例，分别是别墅庭院建筑景观设计、中式园林景观设计、欧式园林景观设计和湖边景观设计，覆盖了主要的建筑景观设计领域，具有很强的代表性，希望读者能认真学习掌握。

11.1 别墅庭院建筑景观设计范例

本范例完成文件：ywj\11\11-1.skp

11.1.1 范例分析

现在的人们对私家庭院、楼顶的空中花园甚至面积较大的阳台设计逐渐重视起来，利用景观将建筑不能表达完全或难以表达的东西表达出来，因此景观的设计和制作是十分必要的。本小节范例就是通过一个别墅庭院建筑景观的效果设计，达到好的表达效果。范例的景观功能分区如图 11-1 所示。范例的主要制作内容如下。

图 11-1

（1）绘制建筑模型。

（2）制作前后方景观。

（3）设置材质贴图并渲染。

11.1.2 范例操作

步骤 01 创建地板

❶ 新建文件后，首先制作庭院中建筑物的模型。单击【大工具集】工具栏中的【直线】按钮，绘制模型区域，如图 11-2 所示。

❷ 单击【大工具集】工具栏中的【推 / 拉】按钮，向下推拉 3000mm，推拉出地面的模型。

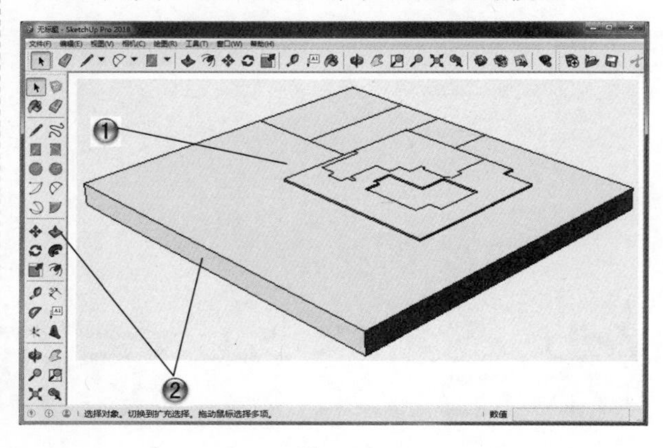

图 11-2

步骤 02 创建泳池

❶ 单击【大工具集】工具栏中的【推 / 拉】按钮，如图 11-3 所示。

❷ 选择泳池区域，向下推拉 300mm，推拉出泳池。

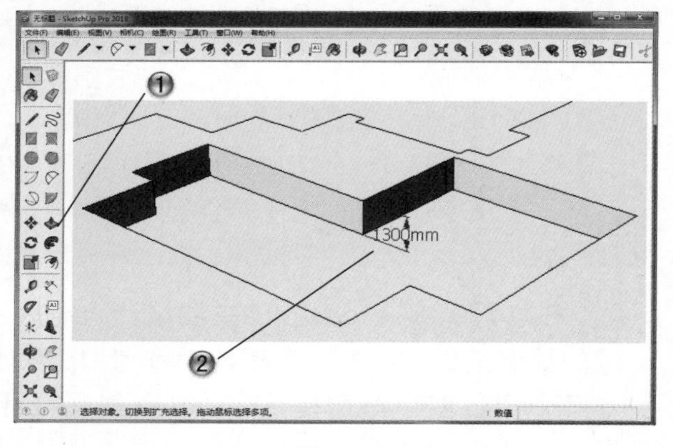

图 11-3

步骤 03 创建部分主体墙

❶ 单击【大工具集】工具栏中的【直线】按钮，绘制别墅轮廓的一部分，如图 11-4 所示。

❷ 单击【大工具集】工具栏中的【推 / 拉】按钮，推拉轮廓到一定厚度，形成主体墙。

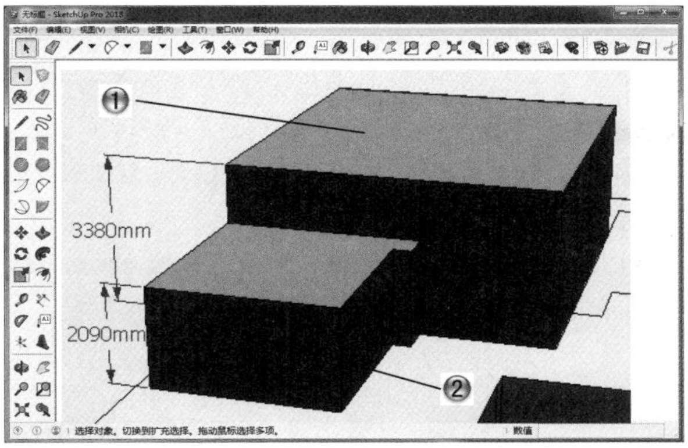

图 11-4

步骤 04 创建顶部框

❶ 单击【大工具集】工具栏中的【直线】按钮，绘制顶部框轮廓，如图 11-5 所示。

❷ 单击【大工具集】工具栏中的【推/拉】按钮，推拉出顶部框。

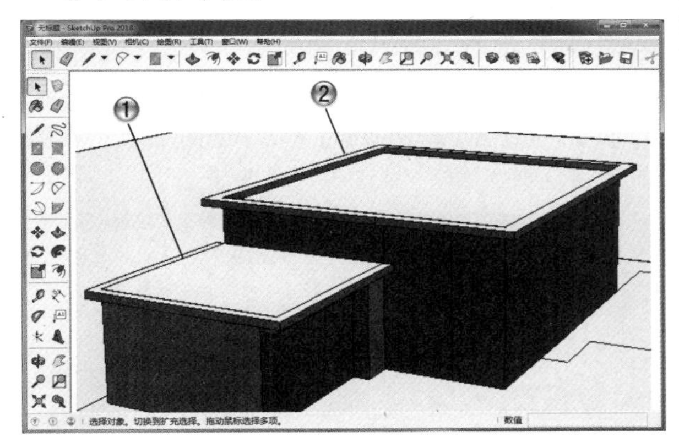

图 11-5

步骤 05 创建窗户

❶ 使用【直线】工具绘制窗户轮廓，然后推拉出窗户部分，并创建为组件，如图 11-6 所示。

❷ 单击【大工具集】工具栏中的【移动】按钮，移动复制窗户组件。

提示

将模型创建为组，这样在修改的时候会很方便。如果绘制相同的模型，这样复制组件即可，且在编辑组件的时候，所有复制组件会跟随改变。

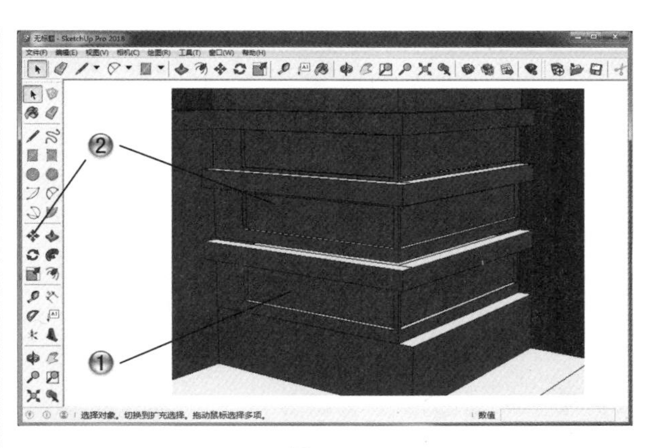

图 11-6

步骤 06 创建屋顶和平台

❶ 运用【直线】工具和【推/拉】工具，绘制模型顶部，并创建为群组，如图 11-7 所示。

❷ 单击【大工具集】工具栏中的【推/拉】按钮，推拉别墅平台。

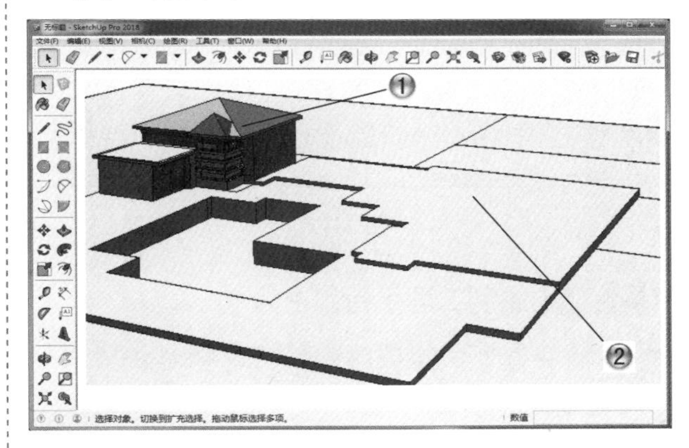

图 11-7

步骤 07 创建主体一层

❶ 单击【大工具集】工具栏中的【直线】按钮，绘制一层轮廓，如图 11-8 所示。

❷ 单击【大工具集】工具栏中的【推/拉】按钮，推拉一层高度。

步骤 08 绘制一层窗户

❶ 单击【大工具集】工具栏中的【直线】按钮，绘制窗户轮廓，如图 11-9 所示。

❷ 单击【大工具集】工具栏中的【推/拉】按钮，推拉出窗户。

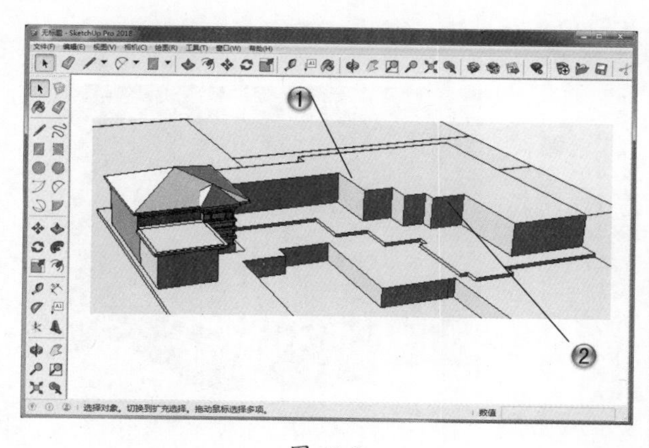

图 11-8

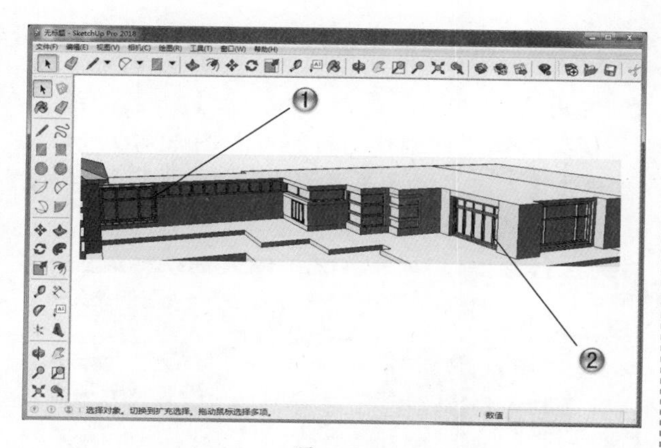

图 11-9

步骤 09 绘制二层平台和主体

① 绘制二层平台轮廓，并创建为群组，然后推拉出二层平台厚度，如图 11-10 所示。

② 绘制二层底部轮廓，将二层底部轮廓推拉出一定高度。

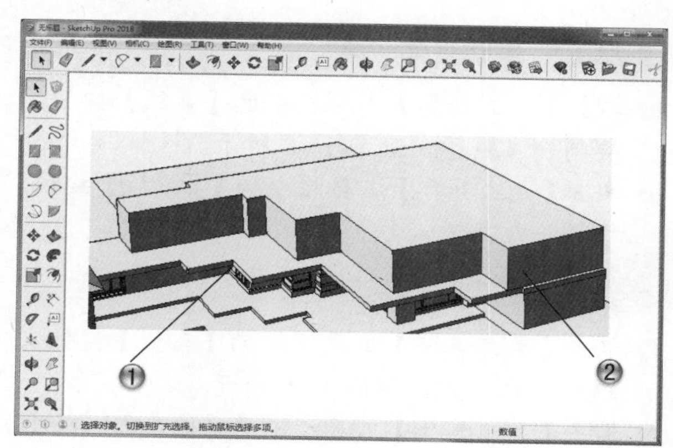

图 11-10

步骤 10 绘制二层窗户

① 单击【大工具集】工具栏中的【直线】按钮，绘制二层窗户轮廓，如图 11-11 所示。

② 单击【大工具集】工具栏中的【推 / 拉】按钮，推拉出二层窗户。

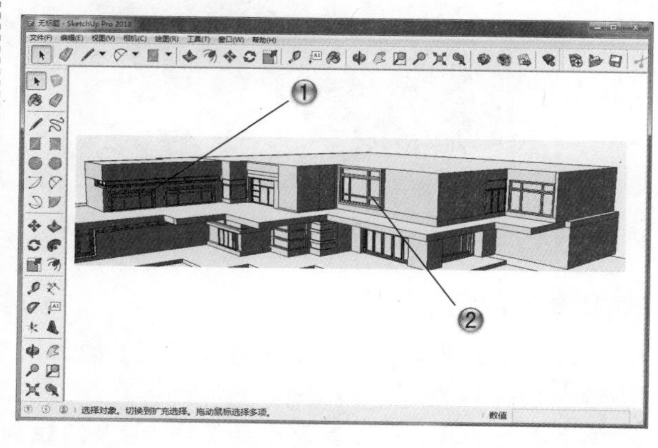

图 11-11

步骤 11 绘制二层其他窗户

① 运用【大工具集】工具栏中的【直线】工具和【推/拉】工具，绘制二层拐角窗户，如图 11-12 所示。

② 使用同样方法绘制建筑顶部窗户。

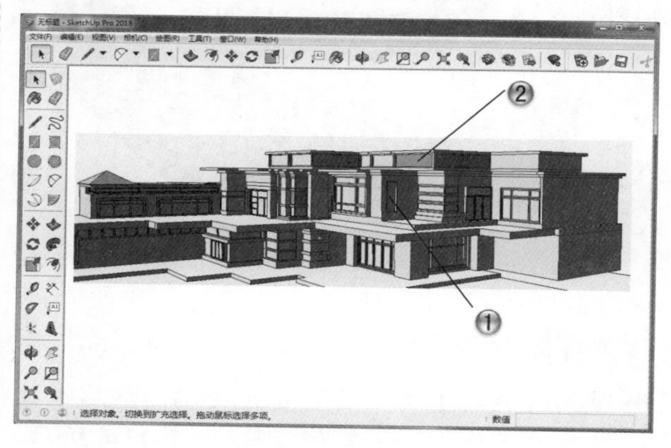

图 11-12

步骤 12 创建建筑顶部

① 单击【大工具集】工具栏中的【直线】按钮，如图 11-13 所示。

② 绘制建筑顶部轮廓效果。

步骤 13 绘制柱子

① 单击【大工具集】工具栏中的【矩形】按钮，绘制矩形柱子轮廓，如图 11-14 所示。

② 单击【大工具集】工具栏中的【推/拉】按钮，推拉出柱子，并创建为组。

图 11-13

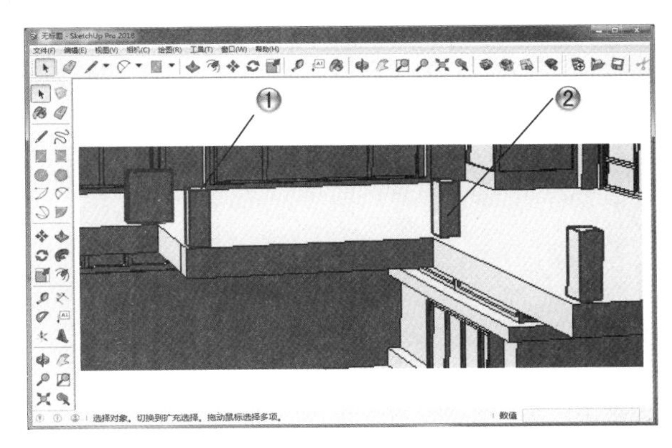

图 11-14

步骤 14 绘制栏杆

① 运用【圆】工具和【直线】工具，绘制截面和路径，然后选择【路径跟随】工具，绘制栏杆，如图 11-15 所示。

② 单击【大工具集】工具栏中的【矩形】按钮，绘制护栏。

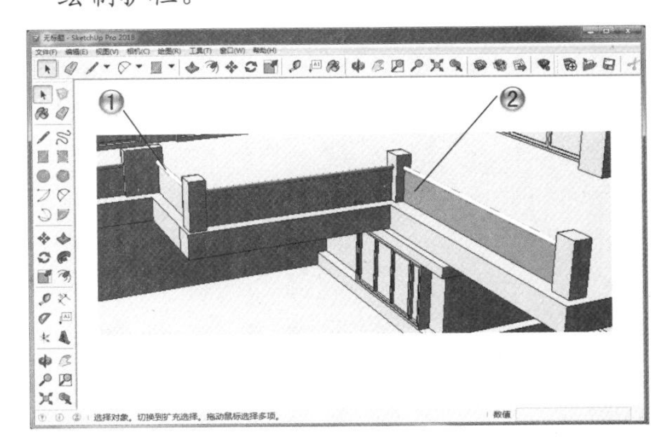

图 11-15

步骤 15 创建台阶楼梯

① 使用同样方法，绘制出台阶楼梯部分，如图 11-16 所示。

② 移动复制形成其他的台阶楼梯模型。

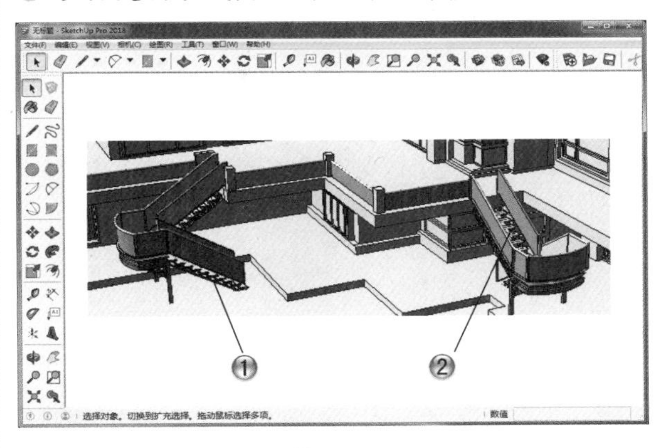

图 11-16

> **提示**
>
> 台阶基本参数：高 150mm、宽 300mm。

步骤 16 绘制花盆主体

① 下面绘制建筑前方和后方的景观。绘制半径为 230mm 的圆形，推拉高度为 600mm，缩放图形，按住 Ctrl 键，缩放 1.5 倍，如图 11-17 所示。

② 偏移顶部圆形，偏移距离为 110mm，然后推拉图形，推拉高度为 160mm。

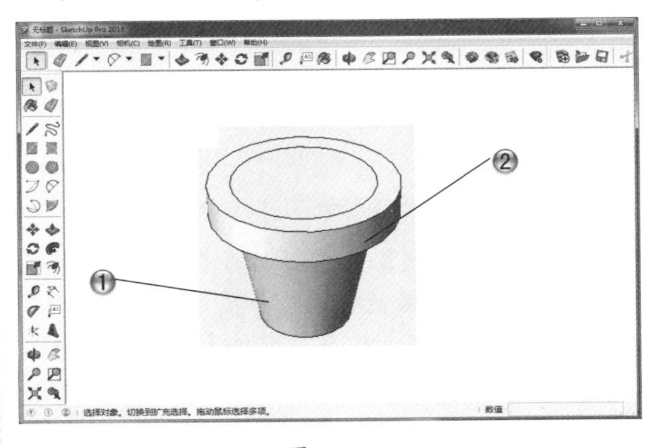

图 11-17

步骤 17 完善花盆细节

① 运用【大工具集】工具栏中的【缩放】工具和【推/

拉】工具，修饰花盆边缘，如图 11-18 所示。

❷ 绘制边数为 8 的多边形，并绘制路径，选择【路径跟随】工具，绘制植物茎部模型。

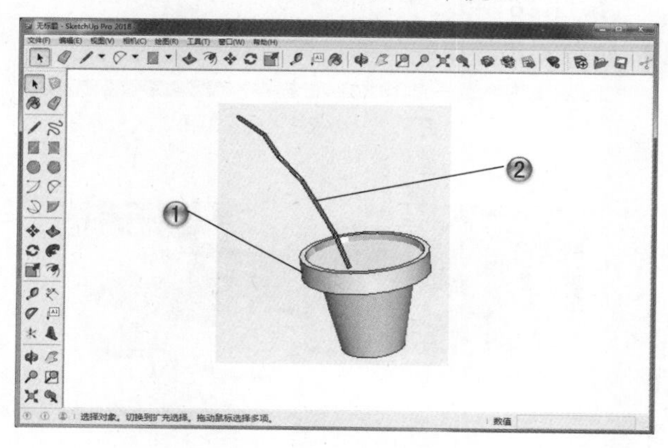

图 11-18

步骤 18 完成整体花盆

❶ 使用同样方法绘制完成整体植物花盆，如图 11-19 所示。

❷ 使用添加组件的方法添加绿植，并赋予植物原有色彩。

图 11-19

步骤 19 绘制植物围墙

❶ 运用【大工具集】工具栏中的【矩形】工具，绘制出植物围墙的轮廓，如图 11-20 所示。

❷ 单击【大工具集】工具栏中的【推 / 拉】按钮，推拉出植物围墙。

步骤 20 绘制灯柱

❶ 运用【矩形】工具和【推拉】工具，绘制路灯底部，如图 11-21 所示。

❷ 选择【圆】工具和【推拉】工具，绘制圆柱，并创建为组。

❸ 运用【圆】工具、【直线】工具以及【推拉】工具，绘制灯架部分，并创建为组。

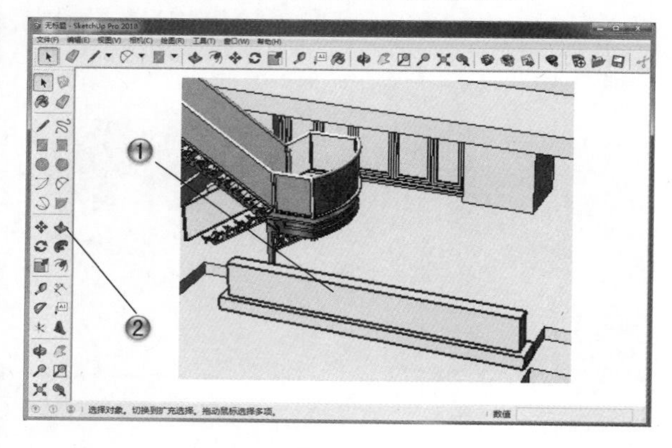

图 11-20

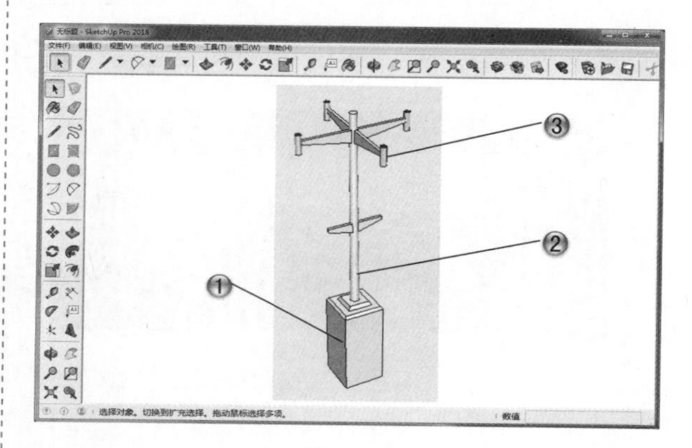

图 11-21

步骤 21 完成整体路灯

❶ 运用【路径跟随】工具绘制灯罩，移动复制图形，如图 11-22 所示。

❷ 运用【大工具集】工具栏中的【多边形】工具和【推拉】工具，绘制花盆，这样就完成了整个路灯模型。

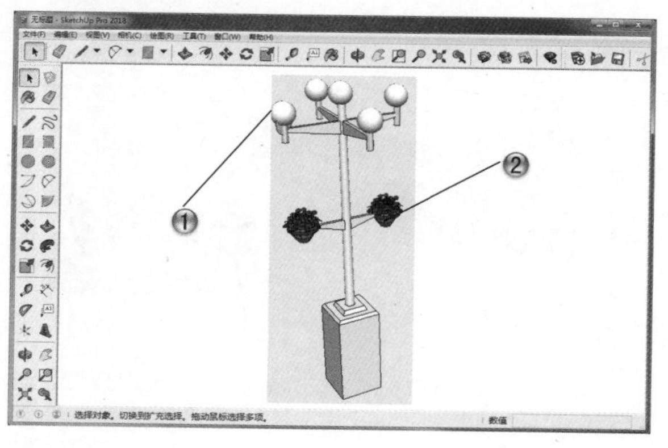

图 11-22

步骤 22 添加其他组件

❶ 通过导入的方式添加遮阳伞组件，如图 11-23 所示。

❷ 添加各种绿色植物组件，完成庭院前方景观的绘制。

图 11-23

步骤 23 创建后方景观

❶ 通过导入组件的方式添加庭院后方树木组件，如图 11-24 所示。

❷ 使用【导入】命令，导入背景图形，完成庭院后方景观制作。

图 11-24

步骤 24 设置玻璃材质

❶ 下面进行材质和贴图的设置和调整。单击【大工具集】工具栏中的【材质】按钮，如图 11-25 所示。

❷ 在弹出的【材料】编辑器中选择【蓝色半透明玻璃】材质，设置其不透明度参数为 50，将其赋予玻璃。

图 11-25

步骤 25 设置屋顶材质

❶ 在【材料】编辑器中选择【屋顶】列表框中的【红色直立接缝金属屋顶】材质，如图 11-26 所示。

❷ 将设置好的材质赋给屋顶。

图 11-26

步骤 26 设置窗框材质

❶ 在【材料】编辑器中选择【木质纹】列表框中的【原色樱桃木】材质，如图 11-27 所示。

❷ 将设置好的材质赋给窗框。

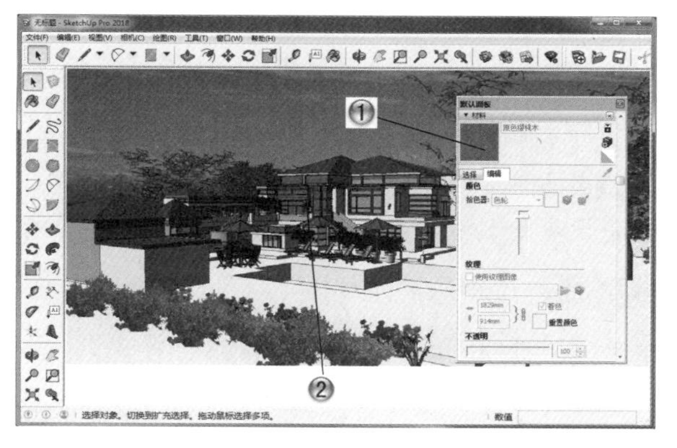

图 11-27

步骤 27 设置墙体材质

① 在【材料】编辑器中选择【石头】列表框中的【浅色砂岩方石】材质，如图 11-28 所示。

② 将设置好的材质赋给墙体。

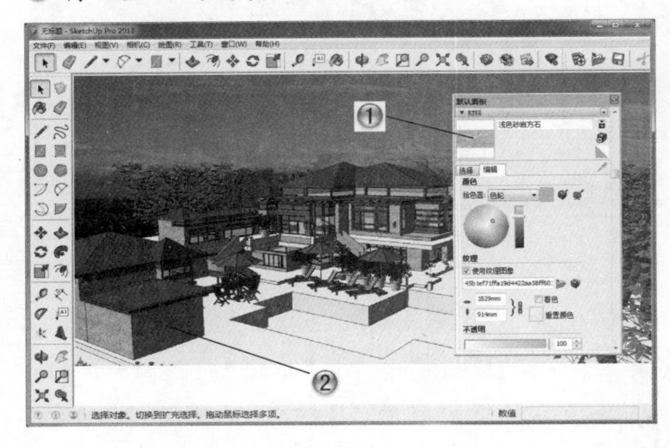

图 11-28

步骤 28 设置地面材质

① 在【材料】编辑器中选择【石头】列表框中的【砖石建筑】材质，如图 11-29 所示。

② 将设置好的材质赋给地面。

图 11-29

步骤 29 设置泳池墙面材质

① 在【材料】编辑器中选择【蓝色砖】材质并调整颜色，如图 11-30 所示。

② 将设置好的材质赋给泳池墙面。

步骤 30 设置泳池水材质

① 在【材料】编辑器中选择【浅水池】材质，如图 11-31 所示。

② 将设置好的材质赋给泳池中的水。

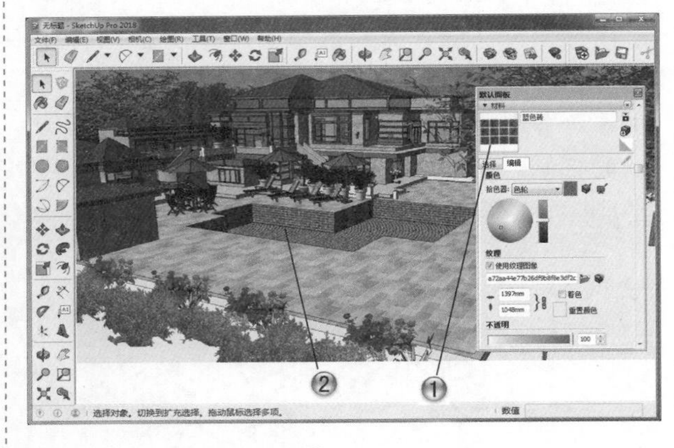

图 11-30

图 11-31

步骤 31 设置草坪材质

① 在【材料】编辑器中选择【植被】列表框中的【草皮植被 1】材质，如图 11-32 所示。

② 将设置好的材质赋给地面上的草坪。

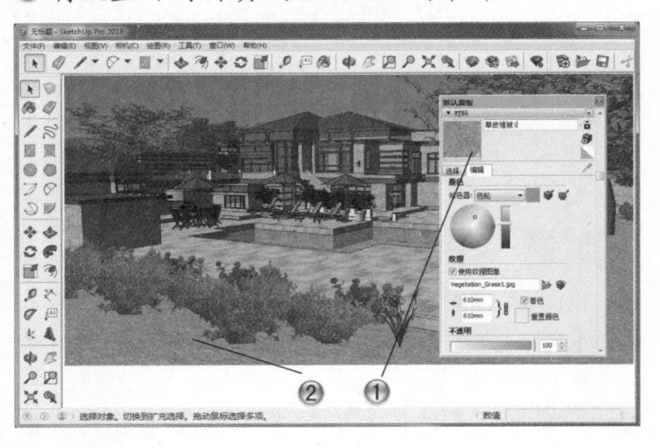

图 11-32

步骤32 设置栏杆材质

❶ 在【材料】编辑器中选择【金属】列表框中的【金属光亮波浪纹】材质，如图 11-33 所示。
❷ 将设置好的材质赋给栏杆。

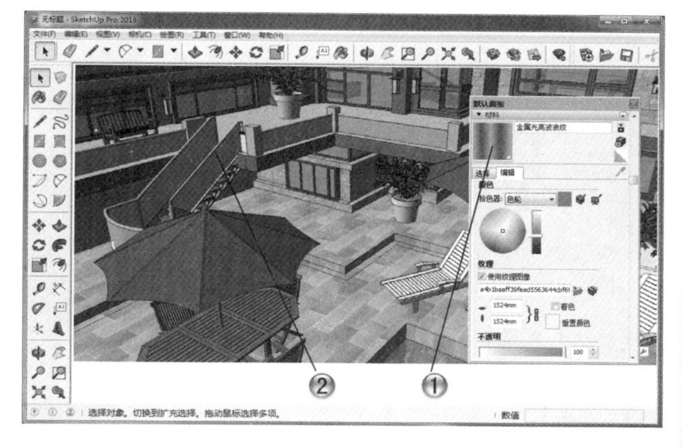

图 11-33

步骤33 设置护栏玻璃材质

❶ 在【材料】编辑器中选择【半透明材质】列表框中的【灰色半透明玻璃】材质，如图 11-34 所示。
❷ 将设置好的材质赋给护栏玻璃，至此，所有材质和贴图设置完成。

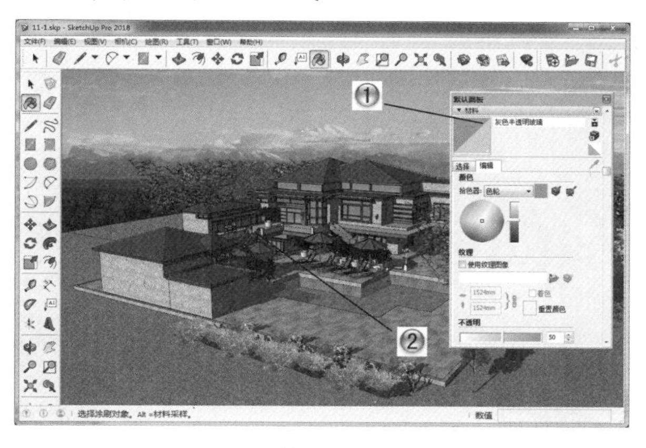

图 11-34

步骤34 设置玻璃材质参数

❶ 打开 VRay 贴图编辑器，提取材质后在 VRay 贴图编辑器中单击鼠标右键，在弹出的快捷菜单中选择【反射】命令，如图 11-35 所示。
❷ 设置反射值，接着设置【TexFresnel（菲涅尔）】的模式，最后单击 OK 按钮。

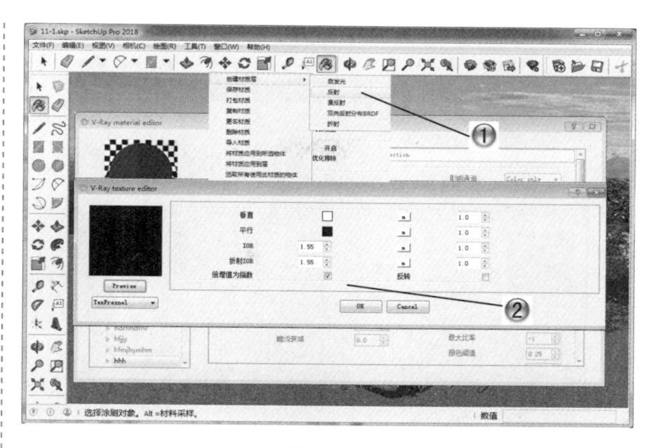

图 11-35

步骤35 设置水纹材质参数

❶ 同理调整水纹材质，将反射调整为 16，在凹凸贴图属性面板中，将凹凸贴图值调整为 1，如图 11-36 所示。
❷ 在弹出的对话框中渲染 TexNoise 噪波模式中的参数。

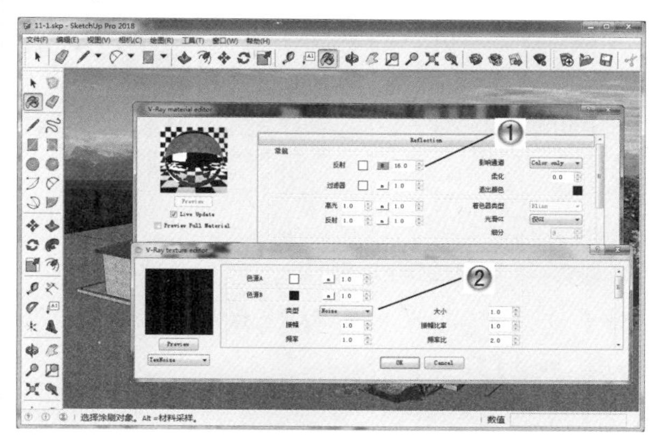

图 11-36

步骤36 设置金属材质参数

❶ 金属材质有一定的模糊反射效果，所以要把高光的【光泽度】调整为 0.8，反射的【光泽度】调整为 0.85，如图 11-37 所示。
❷ 在弹出的对话框中选择【菲涅尔】模式，将【折射 IOR】调整为 6，将 IOR 调整为 1.55。

步骤37 设置环境

❶ 打开 V-Ray 渲染设置面板，如图 11-38 所示。
❷ 设置环境参数。

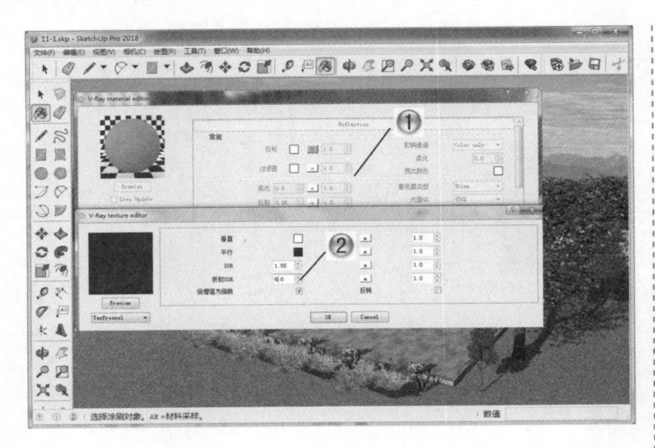

图 11-37

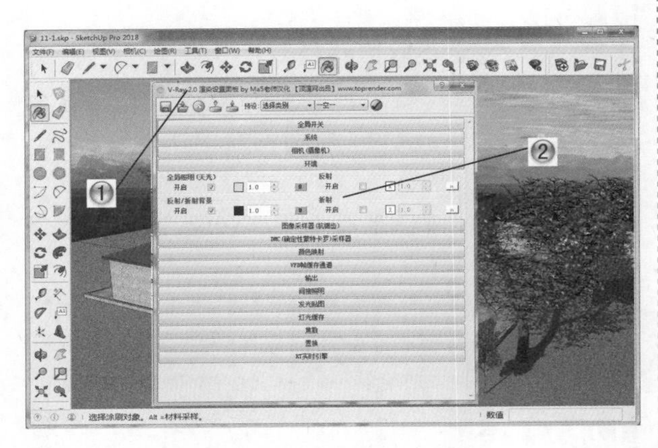

图 11-38

步骤 38 设置全局光颜色

① 单击【全局照明】参数后的M按钮，如图 11-39 所示。

② 设置全局光颜色。

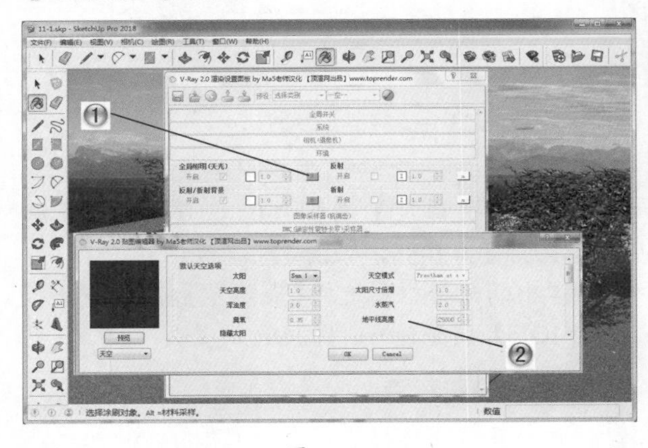

图 11-39

步骤 39 更改采样器类型并设置参数

① 打开 V-Ray 渲染设置面板中的【图像采样器（抗锯齿）】选项卡，如图 11-40 所示。

② 将【最多细分】设置为 16，提高细节区域的采样，将【抗锯齿过滤】选项激活，并选择常用的 Catmull Rom 过滤器。

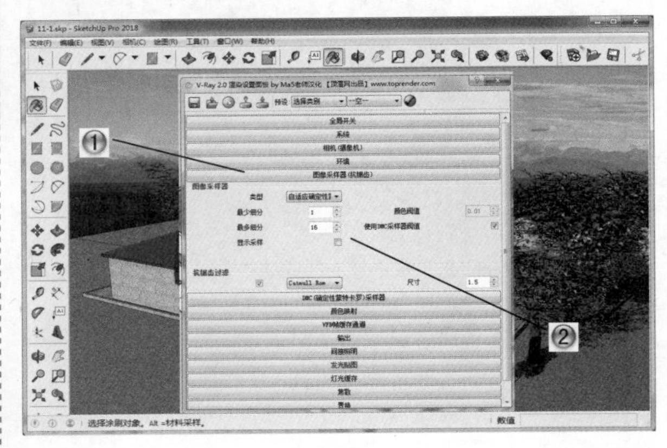

图 11-40

步骤 40 设置蒙特卡罗采样器参数

① 打开 V-Ray 渲染设置面板中的【DMC（确定性蒙特卡罗）采样器】选项卡，如图 11-41 所示。

② 设置纯蒙特卡罗采样器参数，使图面噪波进一步减小。

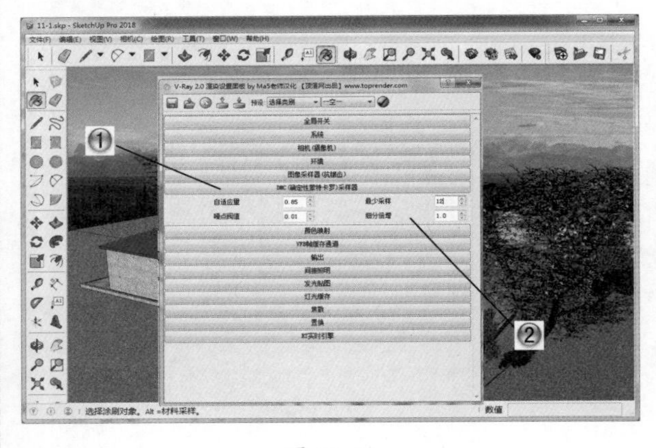

图 11-41

步骤 41 修改发光贴图参数

① 打开 V-Ray 渲染设置面板中的【发光贴图】选项卡，如图 11-42 所示。

② 设置发光贴图参数，将其【最小比率】设置为 -3，【最大比率】设置为 0。

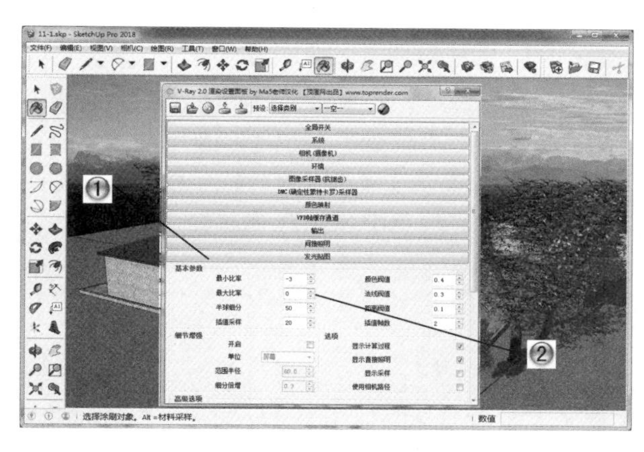
图 11-42

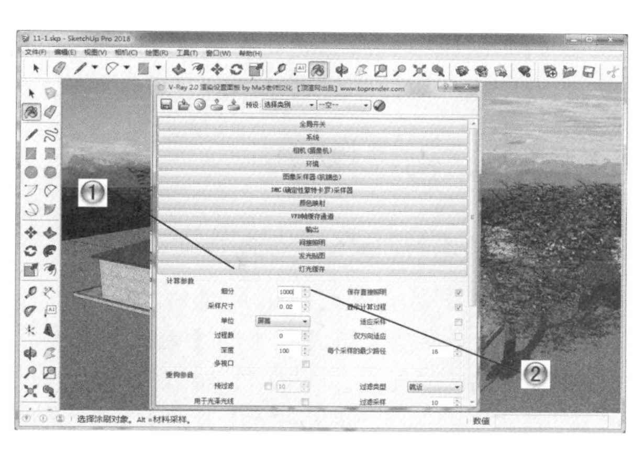
图 11-43

步骤 42 设置灯光缓存参数

① 打开 V-Ray 渲染设置面板中的【灯光缓存】选项卡，如图 11-43 所示。

② 设置灯光缓存参数，将【细分】修改为 1000。

步骤 43

设置完成后进行渲染，并使用 Photoshop 进行后期图片处理，这样范例就制作完成了。最终渲染效果如图 11-44 所示。

图 11-44

11.2 中式园林景观设计范例

本范例完成文件：ywj\11\11-2.skp

11.2.1 范例分析

本小节范例是一个具有中式园林特点的纪念性公园，它作为公园体系中的重要组成部分之一，有着其他类型公园不可替代的功能和作用，成为建设现代文明社会的一个重要的文化组成部分，越来越被重视起来。现代社会发展速度越来越快，人们对于古代文化的遗忘也越来越严重，对古代文化遗产的保护日显重要，在人们忙于奔波劳累的时候出现一种可以让人们忘记烦恼和忧愁，减轻压力又可以让人们怀念历史文化的场所日显重要，纪念性公园的出现正是在这样的背景下产生的，如图 11-45 所示。本章范例正是体现了中式园林的特点，讲述中式园林景观模型设计方法，通过这个范例的操作，将熟悉以下内容。

图 11-45

（1）创建中式园林景观模型。

（2）添加组件和材质贴图，并进行渲染。

11.2.2 范例操作

步骤 01 创建景观区域轮廓和道路

❶ 新建文件并创建中式园林景观的主体模型。选择【大工具集】工具栏中的【直线】工具，绘制景观区域轮廓，如图 11-46 所示。

❷ 运用【大工具集】工具栏中的【直线】工具和【圆弧】工具，绘制主道路轮廓。

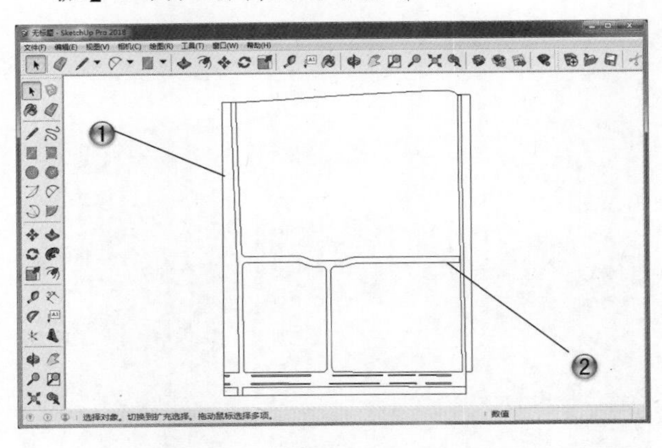

图 11-46

步骤 02 绘制建筑物底部轮廓

❶ 运用【大工具集】工具栏中的【直线】工具和【圆弧】工具，绘制主建筑物底部轮廓，如图 11-47 所示。

❷ 运用【大工具集】工具栏中的【直线】工具和【圆弧】工具，绘制附属建筑物底部轮廓。

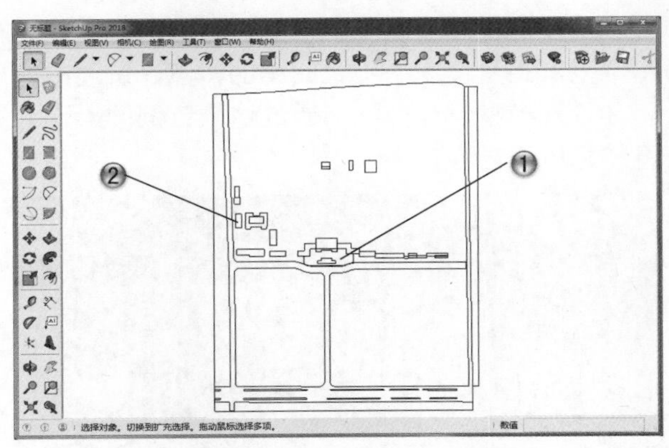

图 11-47

步骤 03 绘制庭院和走廊轮廓

❶ 选择【大工具集】工具栏中的【直线】工具，绘制庭院走廊轮廓，如图 11-48 所示。

❷ 运用【大工具集】工具栏中的【直线】工具和【圆弧】工具，绘制围墙及观光路轮廓。

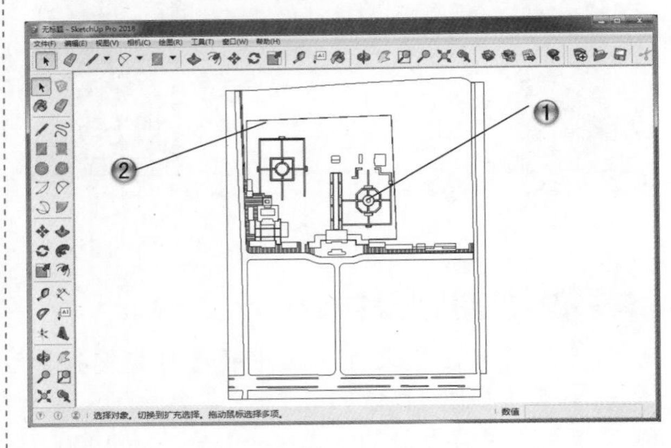

图 11-48

步骤 04 绘制停车带及其他主要建筑轮廓

❶ 运用【大工具集】工具栏中的【直线】工具和【圆弧】工具，绘制停车带及附属建筑内院，如图 11-49 所示。

❷ 选择【大工具集】工具栏中的【直线】工具，绘制其他主要建筑物轮廓。

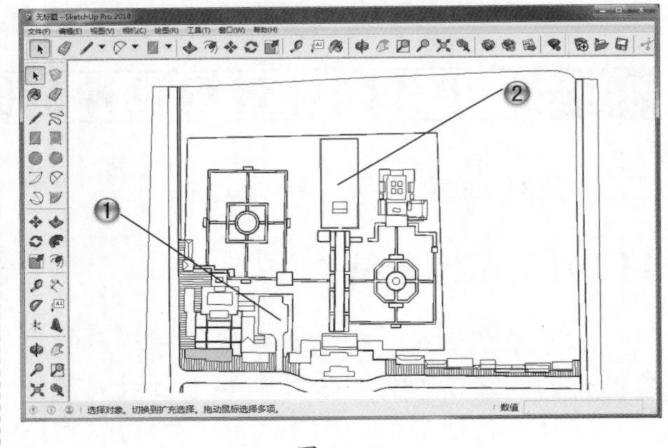

图 11-49

步骤 05 绘制亭子和主绿化带轮廓

❶ 运用【大工具集】工具栏中的【直线】工具和【圆弧】工具，绘制亭子轮廓，如图 11-50 所示。

❷ 选择【大工具集】工具栏中的【直线】工具，绘制内部主道路绿化带轮廓。

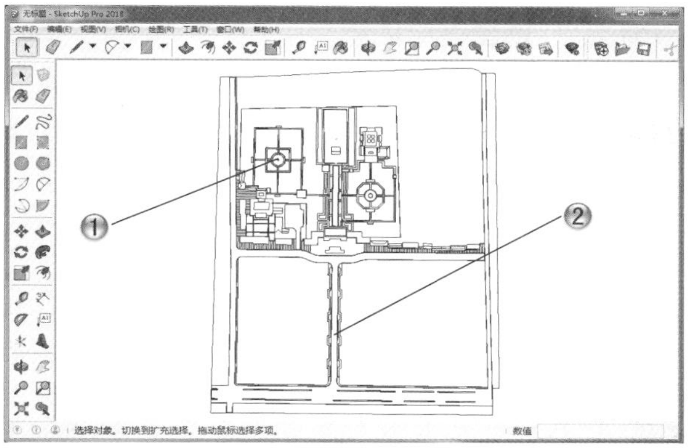

图 11-50

步骤 06 绘制树池和虚拟建筑物轮廓

① 运用【大工具集】工具栏中的【直线】工具，绘制绿化树池轮廓，如图 11-51 所示。

② 选择【大工具集】工具栏中的【直线】工具，绘制虚拟建筑物轮廓。

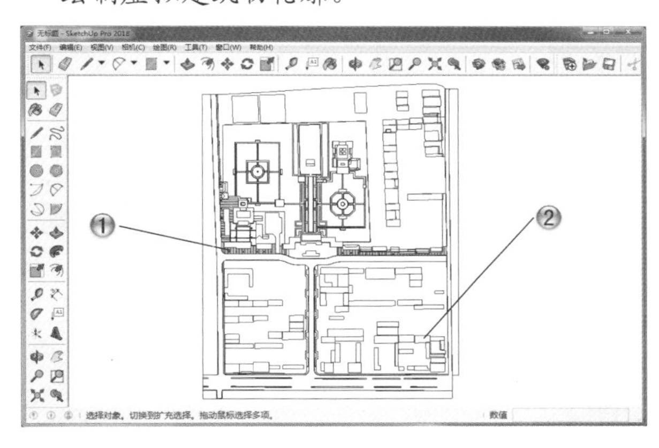

图 11-51

> **提示**
>
> 绘制所有建筑物轮廓是为了更好地进行建筑景观的布局，同时合理分区后，再进行后面模型的拉伸会事半功倍。

步骤 07 绘制主建筑地面

① 绘制完成各轮廓后，下面就对主建筑物来进行建模。首先选择【大工具集】工具栏中的【矩形】工具，绘制主通道口轮廓，如图 11-52 所示。

② 运用【大工具集】工具栏中的【直线】工具和【推/拉】工具，选择一处台阶，推拉出一定高度，绘制正门台阶体。

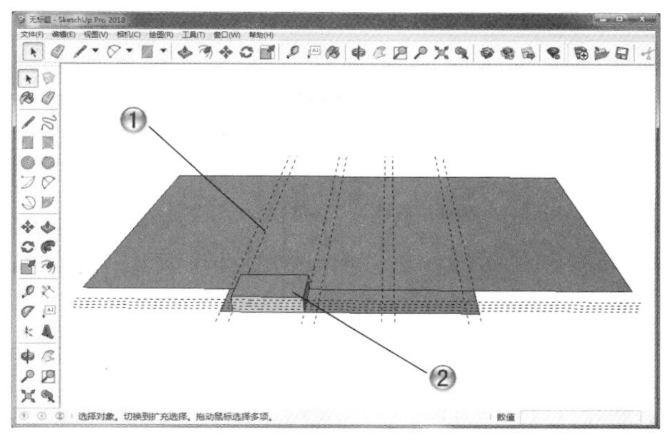

图 11-52

步骤 08 绘制正门台阶

① 运用【大工具集】工具栏中的【直线】工具和【推/拉】工具，按一定高度做出台阶形状，绘制正门台阶，如图 11-53 所示。

② 使用同样方法将所有台阶全部绘制完成。

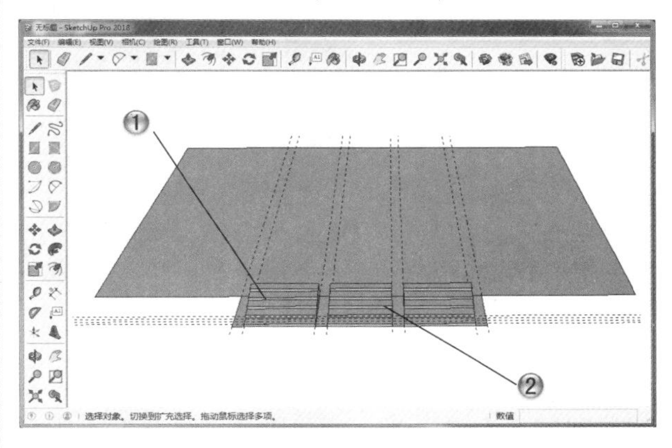

图 11-53

步骤 09 绘制台阶墙

① 选择【大工具集】工具栏中的【卷尺】工具，按原尺寸线做出辅助线，运用【直线】工具绘制所需图形后进行推拉，绘制正门台阶左侧墙，如图 11-54 所示。

② 使用同样方法将所有台阶墙全部绘制完成。

步骤 10 绘制柱子

① 选择【大工具集】工具栏中的【圆】工具，按一定半径画圆，绘制柱子底部轮廓，然后推拉出一定高度，并缩放一定比例，得到外

侧柱子底部模型，如图 11-55 所示。

❷ 选择【大工具集】工具栏中的【推/拉】工具，推拉一定尺寸，绘制外侧柱子柱身。

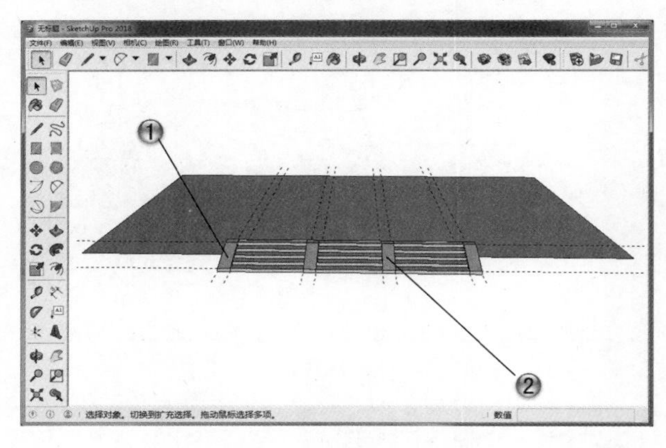

图 11-54

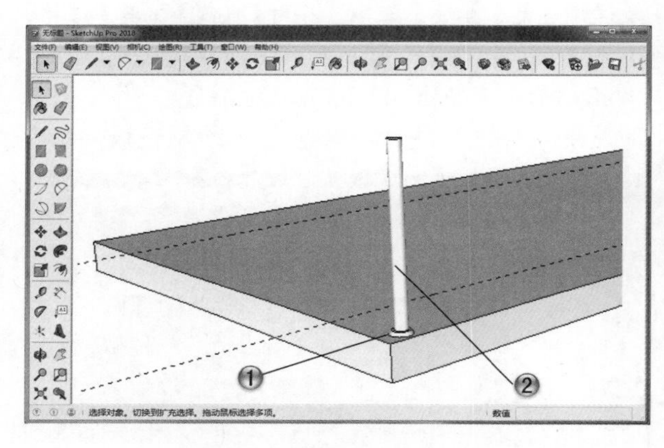

图 11-55

步骤 11 绘制其他柱子

❶ 使用【大工具集】工具栏中的【移动】工具，复制其他外侧柱子，如图 11-56 所示。

❷ 按照同样的方法，绘制内侧柱子。

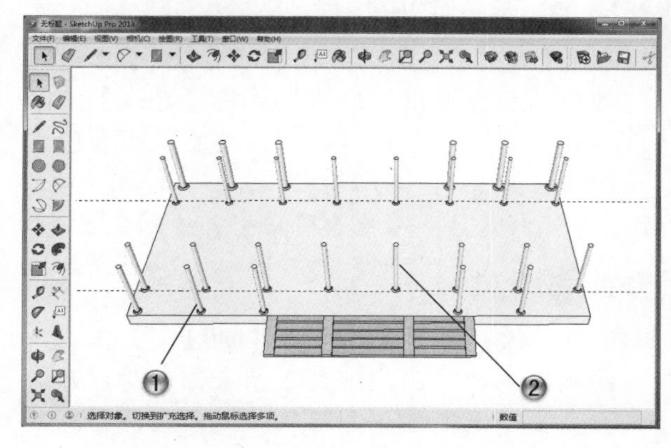

图 11-56

步骤 12 创建首层墙体

❶ 选择【大工具集】工具栏中的【卷尺】工具，做出首层墙体辅助线，运用【矩形】工具绘制墙体轮廓，如图 11-57 所示。

❷ 选择【大工具集】工具栏中的【推/拉】工具，将墙体拉伸至内柱高度，绘制首层墙体。

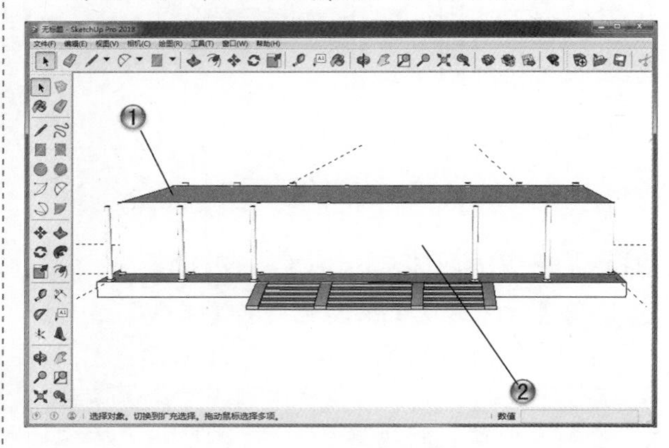

图 11-57

步骤 13 创建窗台

❶ 选择【大工具集】工具栏中的【卷尺】工具，按照一定尺寸绘制窗台辅助线，如图 11-58 所示。

❷ 选择【大工具集】工具栏中的【矩形】工具，按照柱间距离画出窗台，然后选择【推/拉】工具做出窗台，绘制首层窗台。

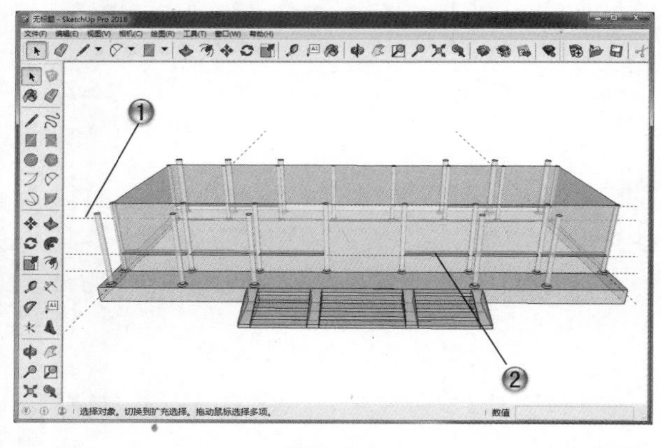

图 11-58

步骤 14 创建正门

❶ 按照实际测量绘出门辅助线，选择【大工具集】工具栏中的【矩形】工具，按照辅助线画出正门轮廓，如图 11-59 所示。

② 运用【大工具集】工具栏中的【推/拉】工具，推拉一定尺寸，创建正门。

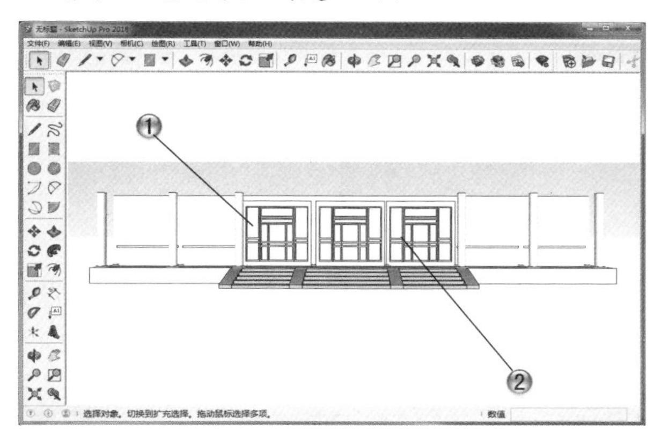

图 11-59

步骤15 创建窗户

① 按照实际测量绘制窗户辅助线，选择【大工具集】工具栏中的【矩形】工具，按照辅助线绘制正面窗户轮廓，如图 11-60 所示。

② 运用【大工具集】工具栏中的【推/拉】工具，推拉一定尺寸，绘制正面窗。

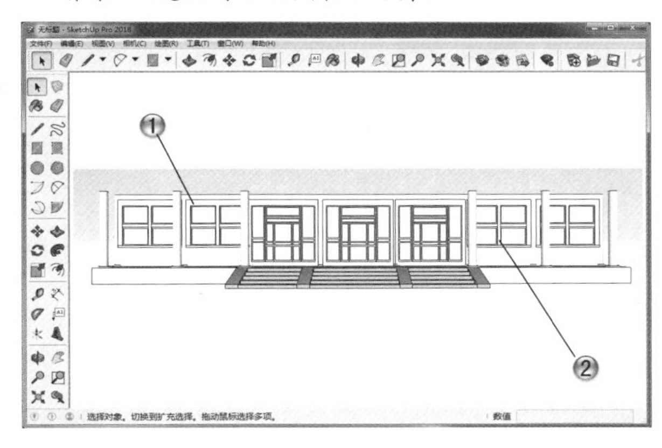

图 11-60

步骤16 创建首层屋顶

① 将首层屋顶偏移至外部柱子外侧，再通过【大工具集】工具栏中的【偏移】工具偏移至外部柱子内侧，将中间部分删除，绘制首层屋顶轮廓部分，如图 11-61 所示。

② 选择【大工具集】工具栏中的【推/拉】工具，将柱上方矩形推拉，绘制首层屋顶部分。

步骤17 创建其他层和建筑物顶

① 按照同样方法，绘制建筑其他层，如图 11-62 所示。

② 选择【大工具集】工具栏中的【直线】工具，绘制出建筑物顶部。

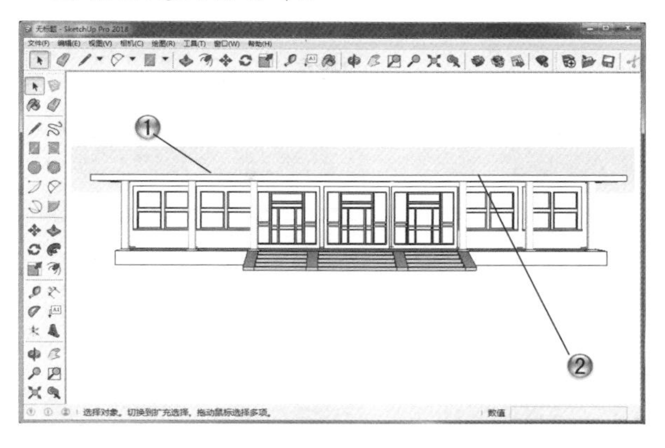

图 11-61

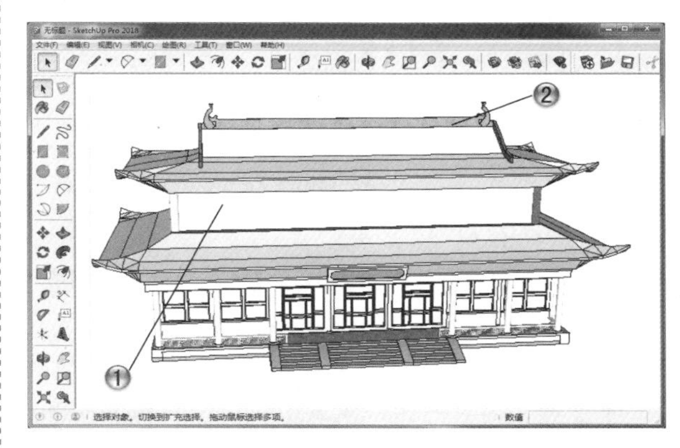

图 11-62

步骤18 创建其他建筑物和景观

① 按照同样方法，创建其他建筑物，如图 11-63 所示。

② 按照同样方法，推拉出墙体、道路、栏杆等景观模型。至此，主要园林建筑和景观模型就制作完成了。

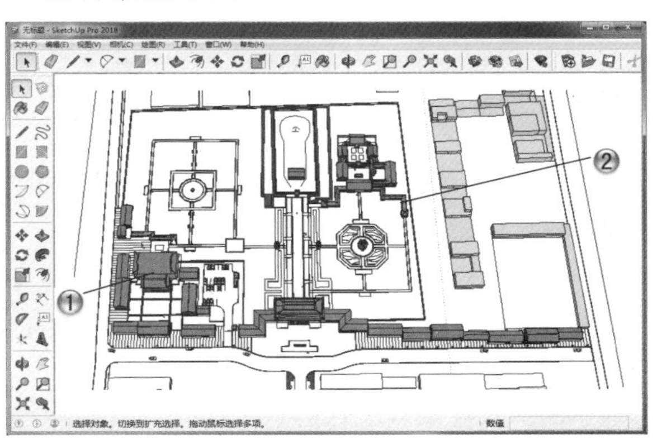

图 11-63

步骤 19 添加组件

① 完成园林景观模型后，下面添加树木、绿植等组件，并对模型赋予材质。使用导入的方法，为场景添加树木组件，如图 11-64 所示。

② 按照同样方法，为场景添加绿植、人物等其他组件。

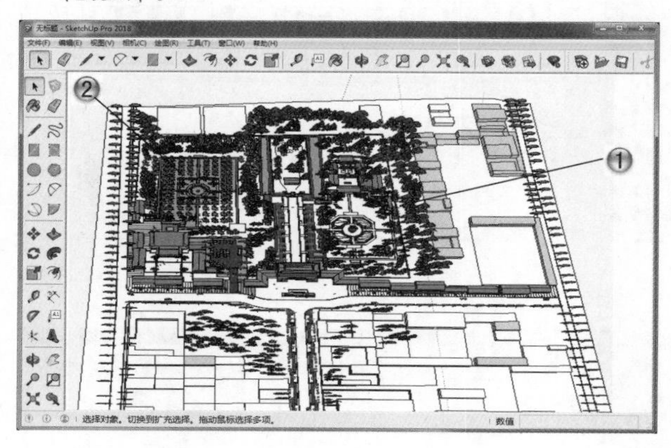

图 11-64

步骤 20 设置地面材质

① 单击【大工具集】工具栏中的【材质】按钮，如图 11-65 所示。

② 在弹出的【材料】编辑器中选择【植被】列表框中的【人工草皮植被】材质，赋予地面材质。

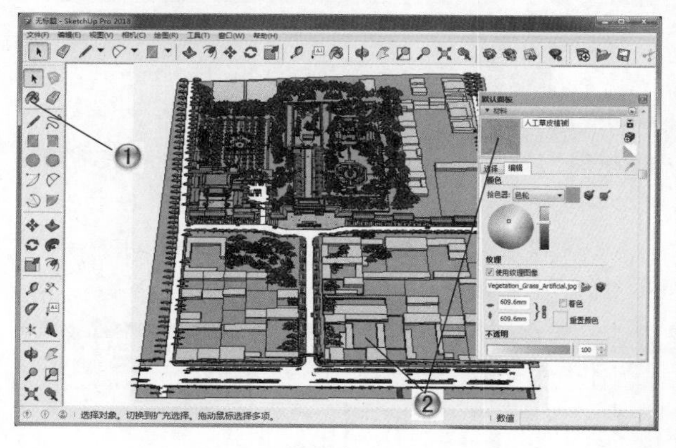

图 11-65

步骤 21 设置路面材质

① 在【材料】编辑器中选择【沥青和混凝土】列表框中的【新沥青】材质，如图 11-66 所示。

② 将设置好的材质赋给路面。

步骤 22 设置步行道材质

① 在【材料】编辑器中选择【石头】列表框中的【砖石建筑】材质，如图 11-67 所示。

② 将设置好的材质赋给步行道。

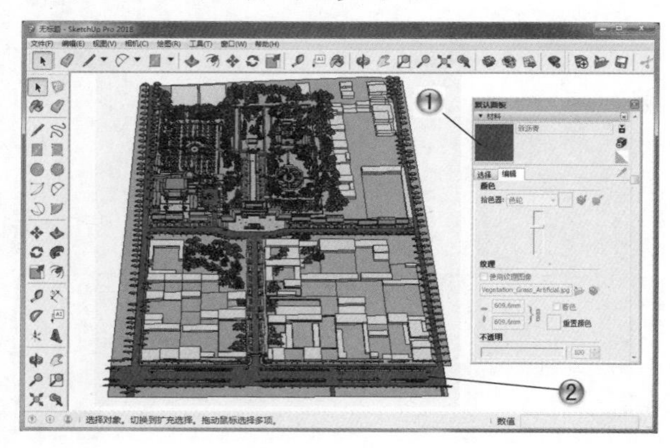

图 11-66

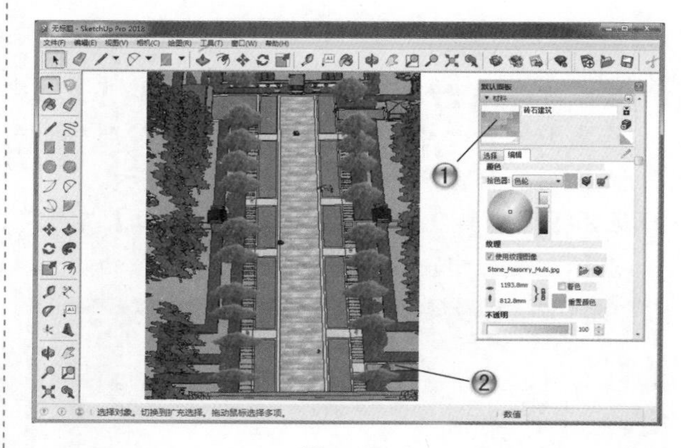

图 11-67

步骤 23 设置亭子周边路材质

① 在【材料】编辑器中使用纹理图像 11-2-1.jpg 贴图材质，设置亭子周边路材质，如图 11-68 所示。

② 将设置好的材质赋给亭子周边路。

图 11-68

步骤 24 设置其他建筑和景观材质

❶ 在【材料】编辑器中选择其他材质，赋予其他景观材质，如图 11-69 所示。

❷ 按照同样方法，赋予建筑物材质。至此，这个案例的园林景观和建筑全部制作完成了。

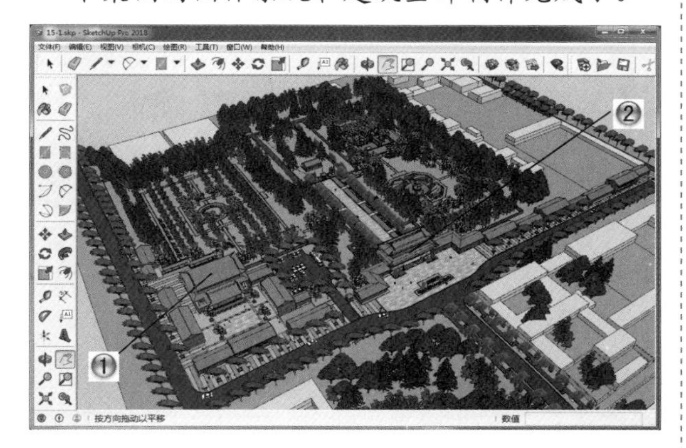

图 11-69

步骤 25 设置 VRay 材质参数

❶ 打开 VRay 贴图编辑器，提取材质后在 VRay 贴图编辑器中单击鼠标右键，在弹出的快捷菜单中选择【反射】命令，如图 11-70 所示。

❷ 设置反射值，接着设置【TexFresnel（菲涅尔）】的模式，最后单击 OK 按钮。

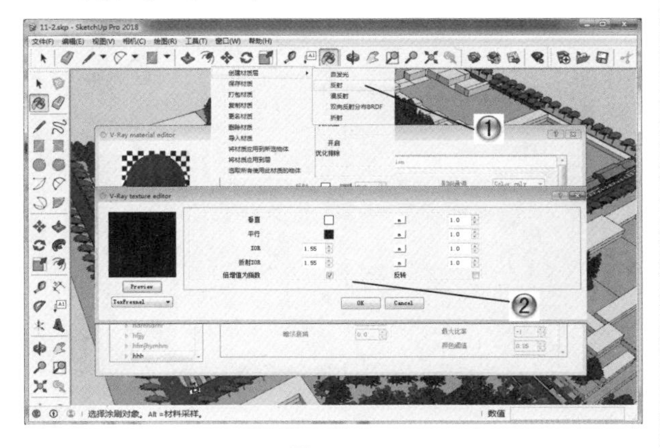

图 11-70

步骤 26 设置水纹材质参数

❶ 同理，调整水纹材质，将反射调整为 16，在凹凸贴图属性面板中，将凹凸贴图值调整为 1，如图 11-71 所示。

❷ 在弹出的对话框中渲染 TexNoise 噪波模式中的参数。

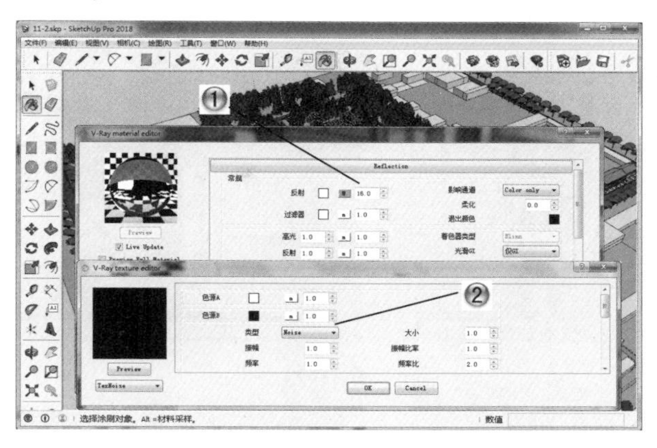

图 11-71

步骤 27 设置金属材质参数

❶ 金属材质有一定的模糊反射效果，所以要把高光的【光泽度】调整为 0.8，反射的【光泽度】调整为 0.85，如图 11-72 所示。

❷ 在弹出的对话框中选择【菲涅尔】模式，将【折射 IOR】调整为 3。

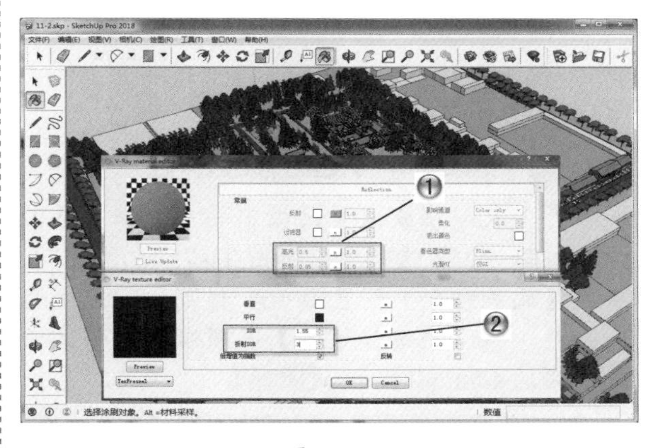

图 11-72

步骤 28 设置环境

❶ 打开 V-Ray 渲染设置面板，如图 11-73 所示。

❷ 设置环境参数。

步骤 29 设置全局光颜色

❶ 单击【全局照明】参数后的 M 按钮，如图 11-74 所示。

❷ 设置全局光颜色。

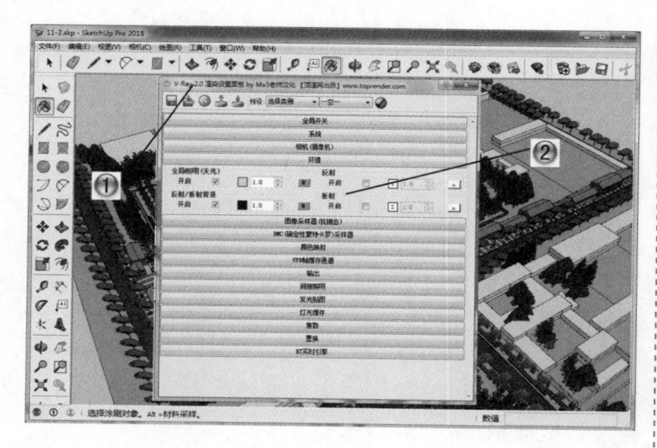

图 11-73

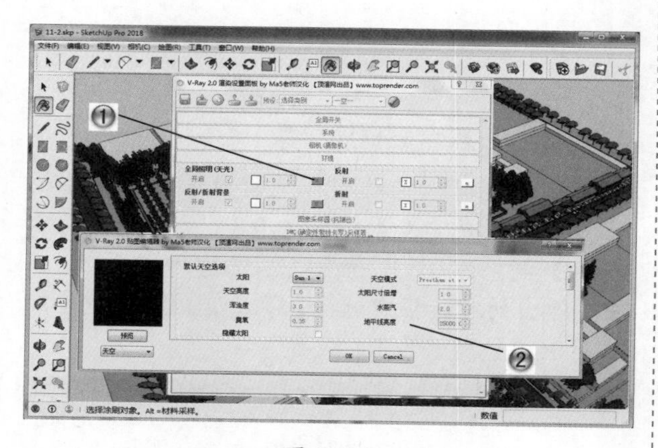

图 11-74

步骤 30 更改采样器类型并设置参数

① 打开 V-Ray 渲染设置面板中的【图像采样器（抗锯齿）】选项卡，如图 11-75 所示。

② 将【最多细分】设置为 16，提高细节区域的采样，将【抗锯齿过滤】选项激活，并选择常用的 Catmull Rom 过滤器。

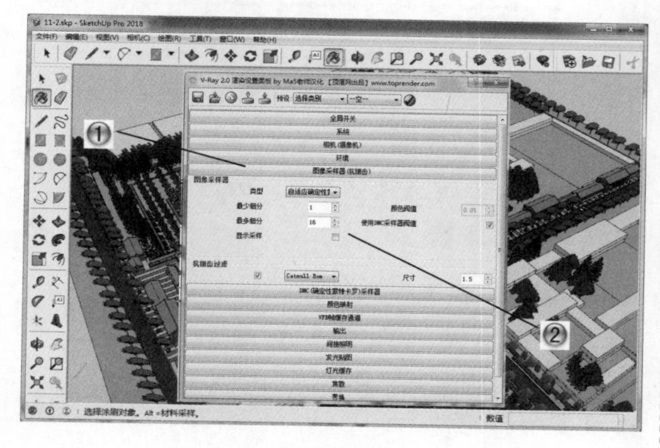

图 11-75

步骤 31 设置蒙特卡罗采样器参数

① 打开 V-Ray 渲染设置面板中的【DMC（确定性蒙特卡罗）采样器】选项卡，如图 11-76 所示。

② 设置纯蒙特卡罗采样器参数，使图面噪波进一步减小。

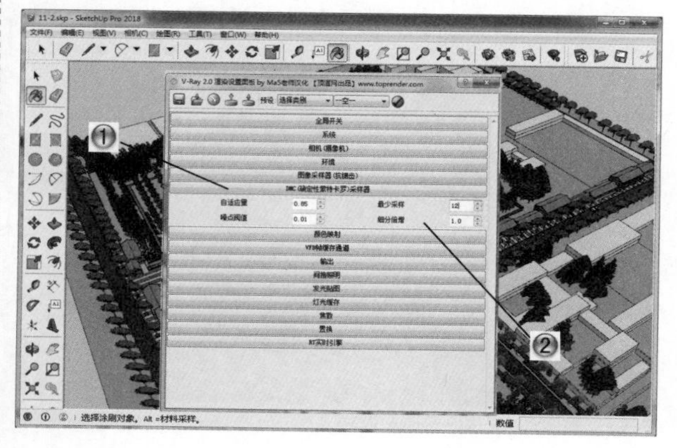

图 11-76

步骤 32 修改发光贴图参数

① 打开 V-Ray 渲染设置面板中的【发光贴图】选项卡，如图 11-77 所示。

② 设置发光贴图参数，将【最小比率】设置为 −3，【最大比率】设置为 0。

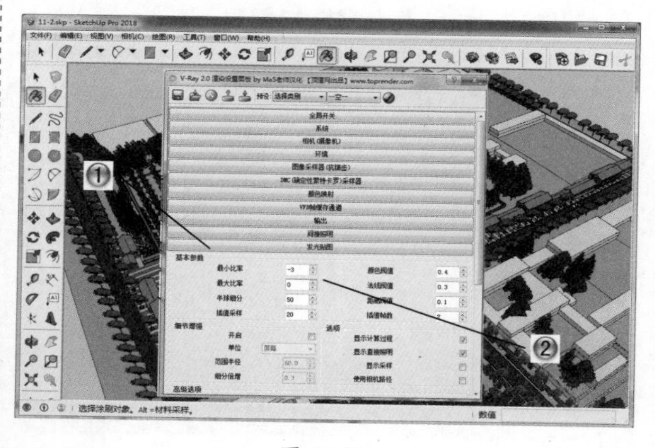

图 11-77

步骤 33 设置灯光缓存参数

① 打开 V-Ray 渲染设置面板中的【灯光缓存】选项卡，如图 11-78 所示。

② 设置灯光缓存参数，将【细分】修改为 1200。

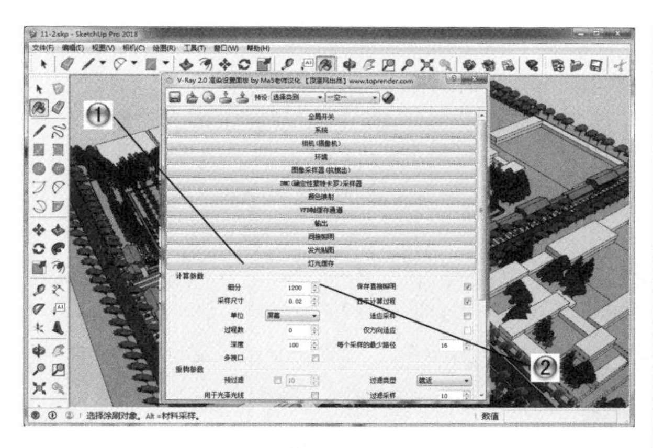

图 11-78

步骤 34

设置完成后进行渲染，并使用 Photoshop 进行后期图片处理，这样范例就制作完成了，最终渲染效果如图 11-79 所示。

图 11-79

11.3 欧式园林景观设计范例

本范例完成文件：ywj\11\11-3.skp

11.3.1 范例分析

欧式园林景观可以从多个角度进行剖析与理解。芬兰的自然主义、巴黎的奢华与整合、德国的朴实而清新、意大利的热情与理想主义，都给我们留下非常深刻的回忆。但总体来说，我们还是不难发现，有这么几条主线始终贯穿着各国千变万化现象后的共同风景本质。本小节范例正是体现了欧式园林的特点，效果如图 11-80 所示。通过这个案例的制作，讲述欧式园林景观模型的设计方法，将熟悉以下内容。

（1）创建欧式园林景观模型。

（2）材质和贴图处理。

（3）导入建筑模型并渲染。

图 11-80

11.3.2 范例操作

步骤 01 创建园林地面

① 新建文件并创建欧式园林景观的主体模型。选择【大工具集】工具栏中的【直线】工具和【圆弧】工具，创建园林的轮廓以及草坪地面轮廓，如图 11-81 所示。

② 选择【沙箱】工具栏中的【根据等高线创建】工具，创建地面草坪。

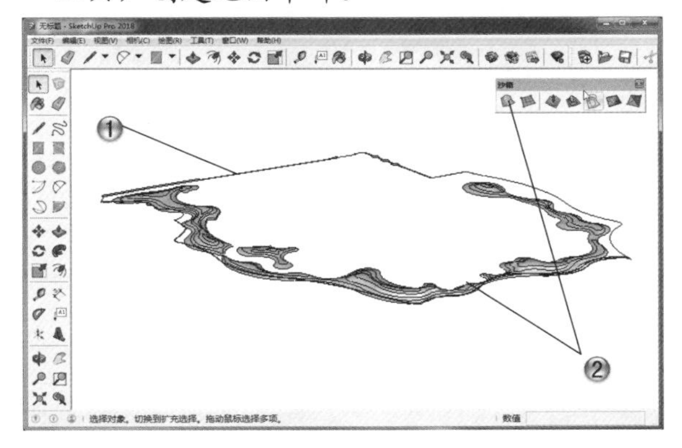

图 11-81

TIPS 提示

在【沙箱】工具栏中有很多方便创建地形的工具，在景观地面设计中可以很方便快捷地使用。

步骤 02 绘制分割轮廓

❶ 选择【大工具集】工具栏中的【圆弧】工具，绘制湖水水面轮廓。

❷ 选择【大工具集】工具栏中的【圆弧】工具，绘制出草坪与铺砖路面分隔区域轮廓及地面铺砖分隔轮廓线，如图 11-82 所示。

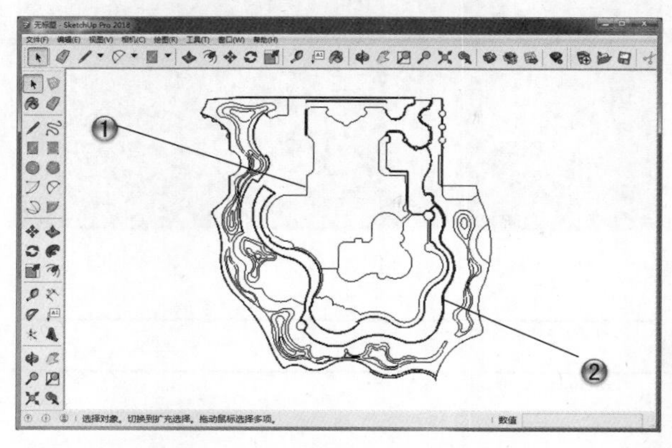

图 11-82

步骤 03 创建湖心小岛

❶ 选择【大工具集】工具栏中的【圆弧】工具，绘制湖中心小岛轮廓，如图 11-83 所示。

❷ 选择【大工具集】工具栏中的【推/拉】工具，推拉一定厚度。

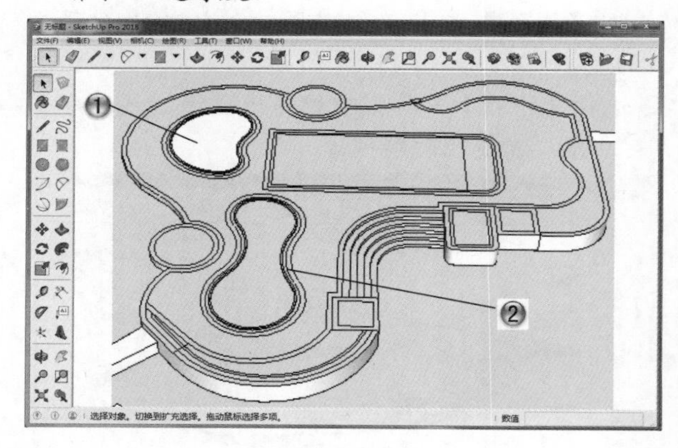

图 11-83

步骤 04 创建休息区轮廓

❶ 选择【大工具集】工具栏中的【圆弧】工具，如图 11-84 所示。

❷ 绘制出其他休息区与台阶部分。

步骤 05 创建地面图案

❶ 选择【大工具集】工具栏中的【圆弧】工具，如图 11-85 所示。

❷ 绘制模型中的地面图案。

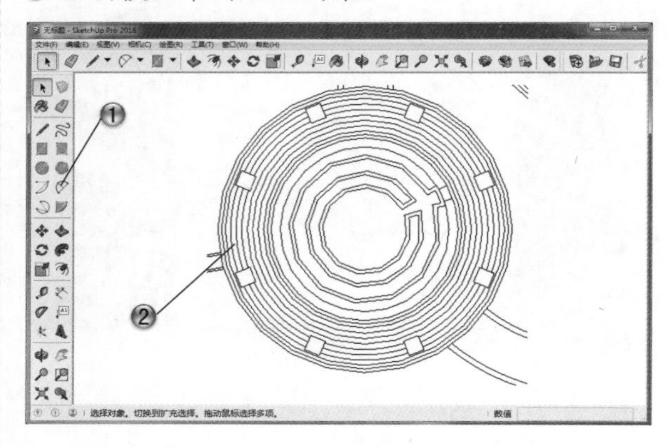

图 11-84

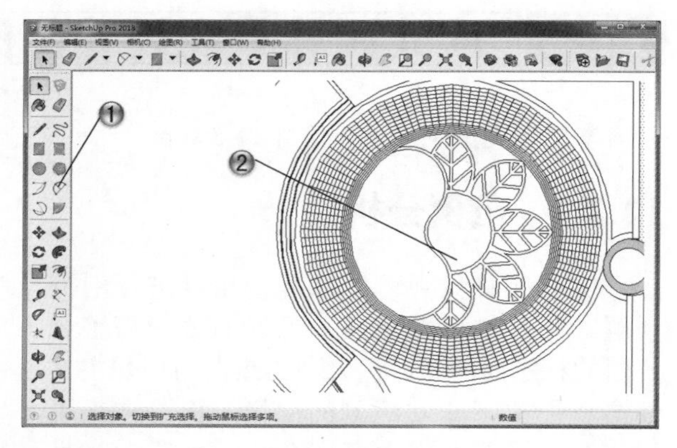

图 11-85

步骤 06 创建湖面和挡墙

❶ 选择【大工具集】工具栏中的【推/拉】工具，推拉出湖面，如图 11-86 所示。

❷ 选择【大工具集】工具栏中的【推/拉】工具，推拉挡墙墙体部分。

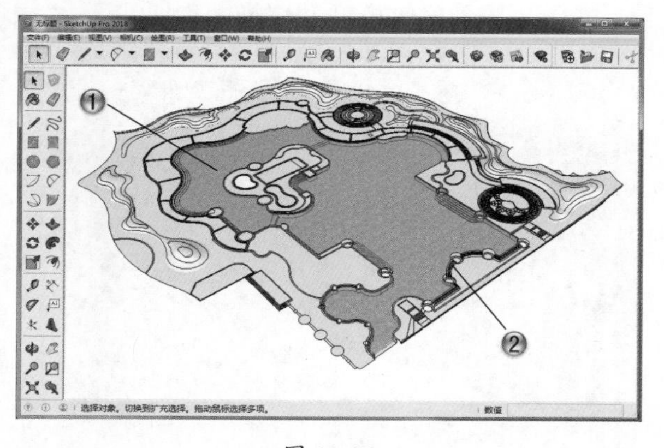

图 11-86

步骤 07 创建假山

❶ 选择【大工具集】工具栏中的【直线】工具，绘制石头，如图 11-87 所示。

❷ 选择【大工具集】工具栏中的【移动】工具，移动复制模型石头形成假山，选择边或点来调整外观形状。

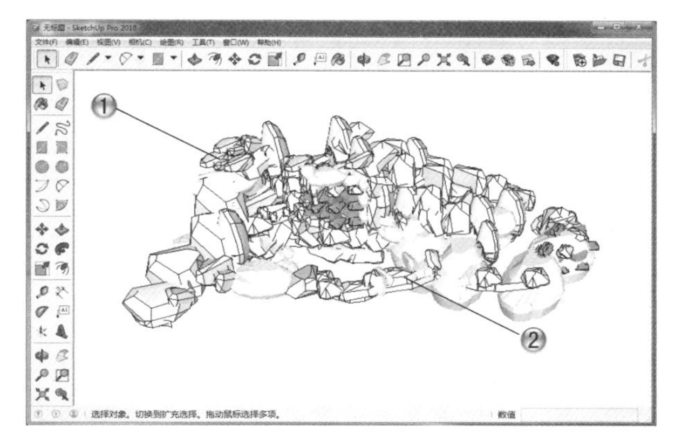

图 11-87

步骤 08 创建小桥

❶ 运用【大工具集】工具栏中的【直线】工具和【圆弧】工具，绘制桥的侧面轮廓，如图 11-88 所示。

❷ 选择【大工具集】工具栏中的【推/拉】工具，推拉一定厚度形成桥体模型。

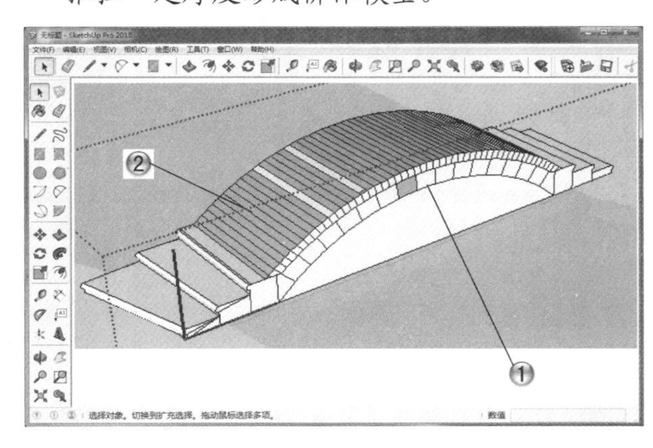

图 11-88

步骤 09 创建小桥扶栏

❶ 运用【大工具集】工具栏中的【圆弧】工具和【矩形】工具，绘制截面与路径，选择【路径跟随】工具，绘制出桥扶手，如图 11-89 所示。

❷ 运用【大工具集】工具栏中的【矩形】工具和【推/拉】工具，绘制出桥栏杆并将扶栏复制到另一侧。

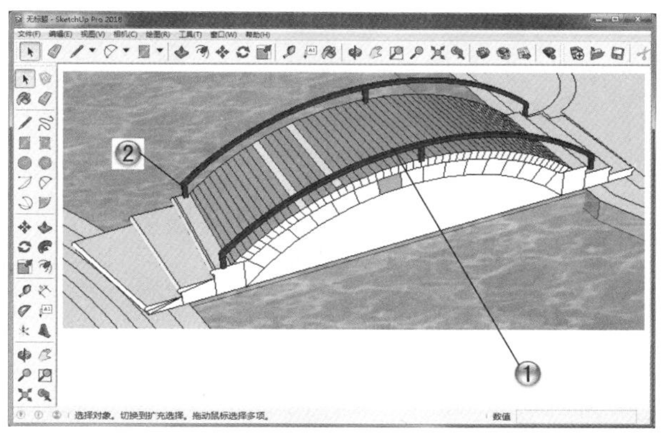

图 11-89

步骤 10 绘制其他细节轮廓

❶ 选择【大工具集】工具栏中的【直线】工具，绘制其他地面图形，如图 11-90 所示。

❷ 绘制其他细节轮廓，至此完成园林景观模型的创建。

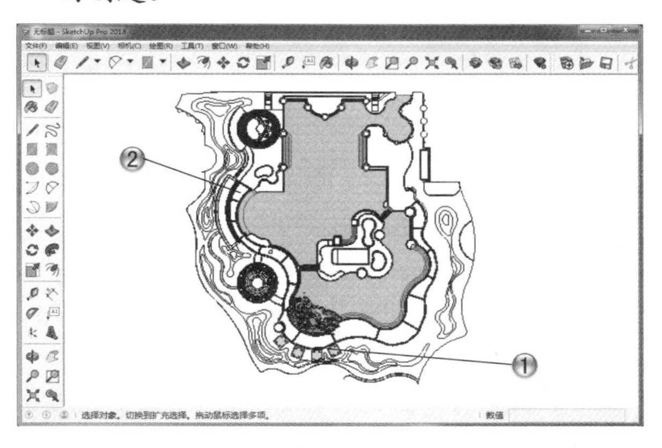

图 11-90

步骤 11 设置地面材质

❶ 下面进行材质和贴图设计，将园林景观模型赋上材质。单击【大工具集】工具栏中的【材质】按钮，如图 11-91 所示。

❷ 在弹出的【材料】编辑器中选择【植被】列表框中的【草被 1】材质，赋予草坪地面材质。

步骤 12 设置假山材质

❶ 在【材料】编辑器中选择材质，并设置 11-3-1.jpg 贴图，将材质赋予假山，如图 11-92 所示。

❷ 添加人物与树木组件，完成假山效果。

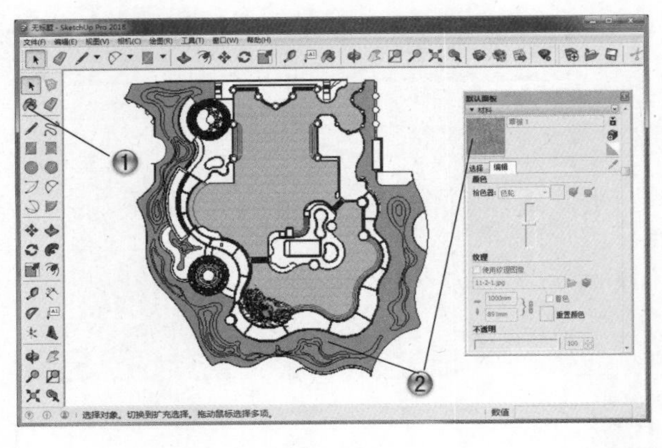

图 11-91

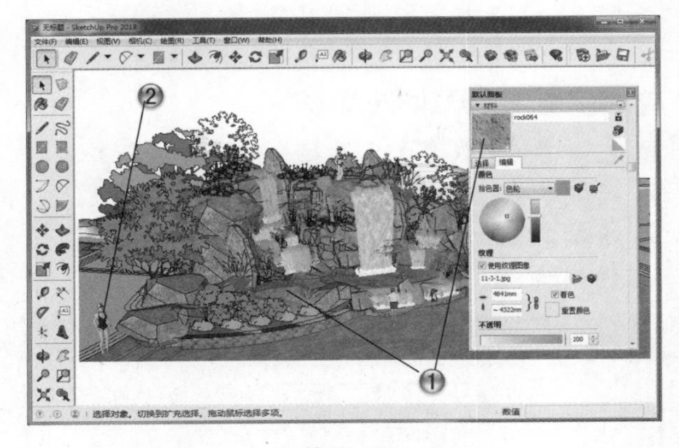

图 11-92

步骤 13 设置路面材质

① 在【材料】编辑器中选择材质，并设置 11-3-2.jpg 贴图，作为路面材质，如图 11-93 所示。

② 将设置好的材质赋给路面。

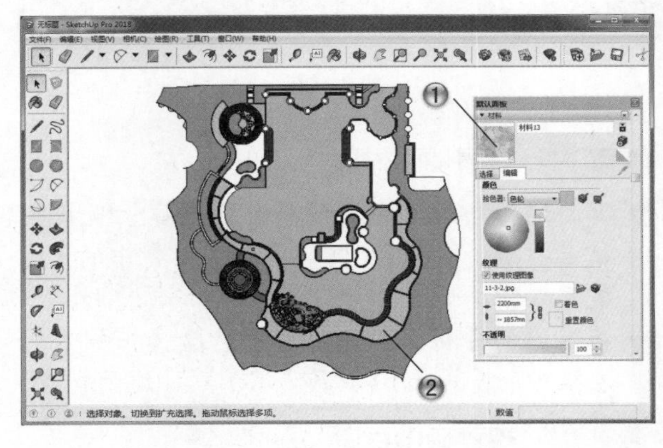

图 11-93

步骤 14 设置休息区地面材质

① 在【材料】编辑器中选择材质，并设置 11-3-3.jpg 贴图，如图 11-94 所示。

② 将设置好的材质赋给休息区地面。

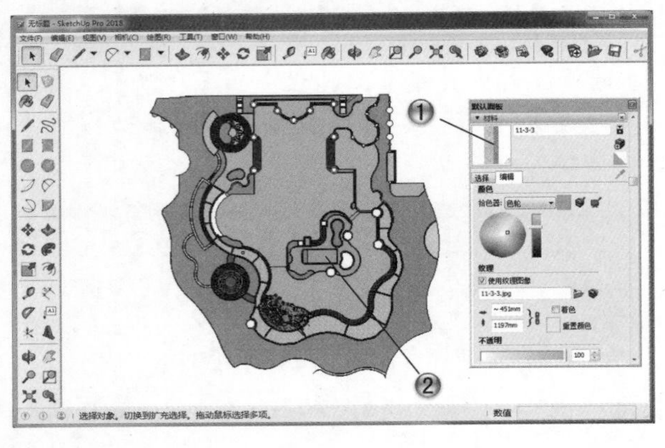

图 11-94

步骤 15 设置湖面材质

① 在【材料】编辑器中选择【水纹】列表框中的 Water_Pool 材质，如图 11-95 所示。

② 将设置好的材质赋给湖面。

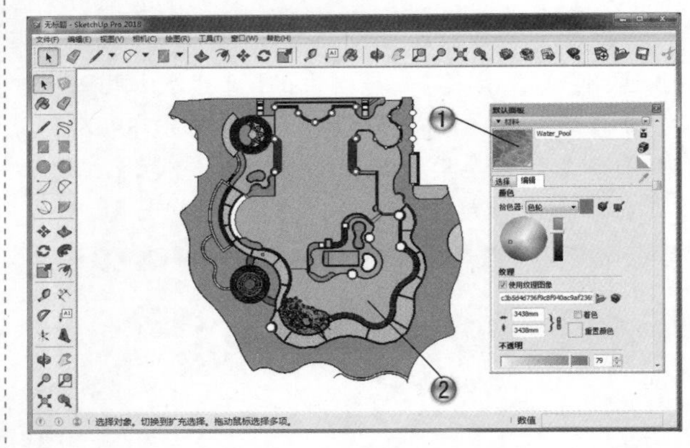

图 11-95

步骤 16 导入树木和环境组件

① 选择【组件】命令，添加树木组件，如图 11-96 所示。

② 按照同样方法，导入背景环境中的其他组件。

步骤 17 导入建筑模型

① 选择【组件】命令，导入中间主要的桥廊建筑模型，如图 11-97 所示。

② 按照同样方法，导入圆塔等建筑模型。至此，这个案例的模型效果全部完成。

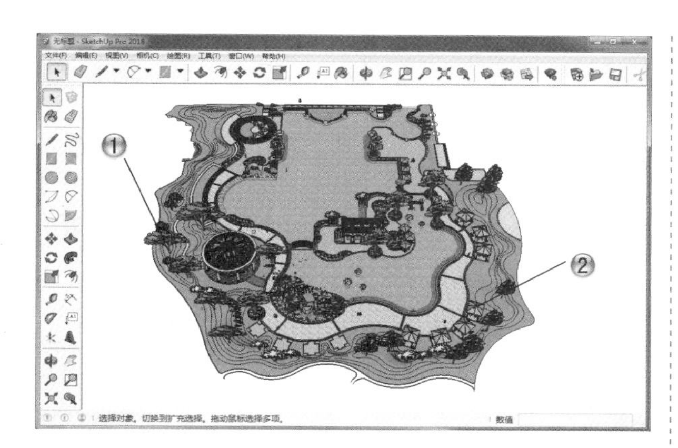
图 11-96

图 11-97

步骤 18 设置 VRay 材质参数

① 打开 VRay 贴图编辑器，提取材质后在 VRay 贴图编辑器中单击鼠标右键，在弹出的快捷菜单中选择【反射】命令，如图 11-98 所示。

② 设置反射值，接着设置【TexFresnel（菲涅尔）】的模式，最后单击 OK 按钮。

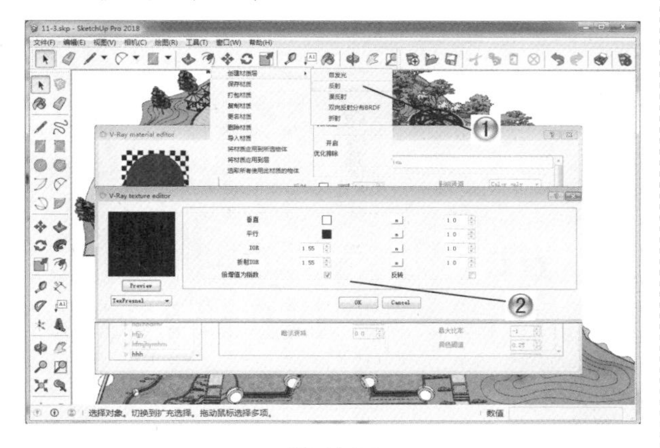
图 11-98

步骤 19 设置水纹材质参数

① 同理，调整水纹材质，将反射调整为 16，在凹凸贴图属性面板中，将凹凸贴图值调整为 1，如图 11-99 所示。

② 在弹出的对话框中渲染 TexNoise 噪波模式中的参数。

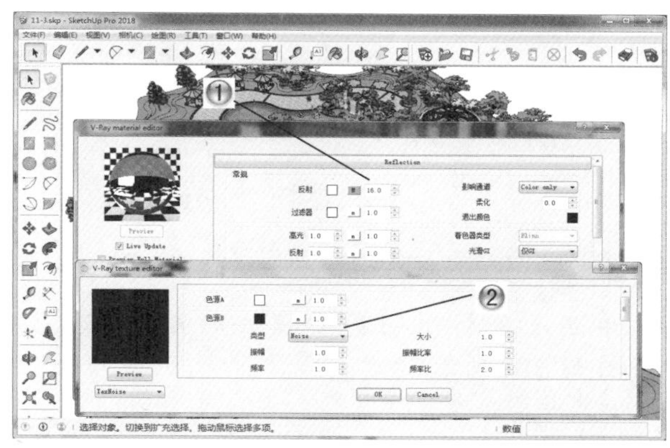
图 11-99

步骤 20 设置金属材质参数

① 金属材质有一定的模糊反射效果，所以要把高光的【光泽度】调整为 0.8，反射的【光泽度】调整为 0.85，如图 11-100 所示。

② 在弹出的对话框中选择【菲涅尔】模式，将【折射 IOR】调整为 6。

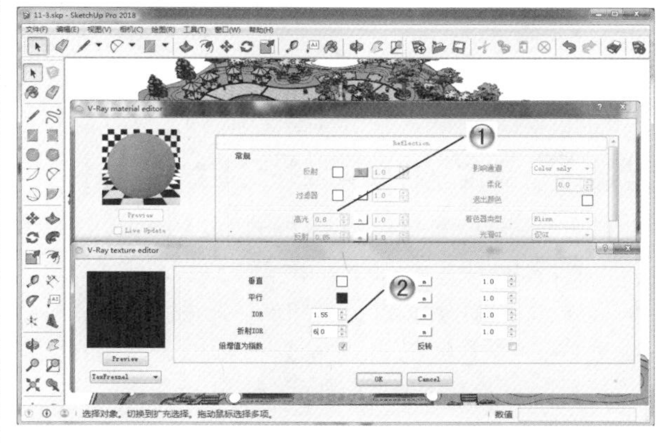
图 11-100

步骤 21 设置环境

① 打开 V-Ray 渲染设置面板，如图 11-101 所示。

② 设置环境参数。

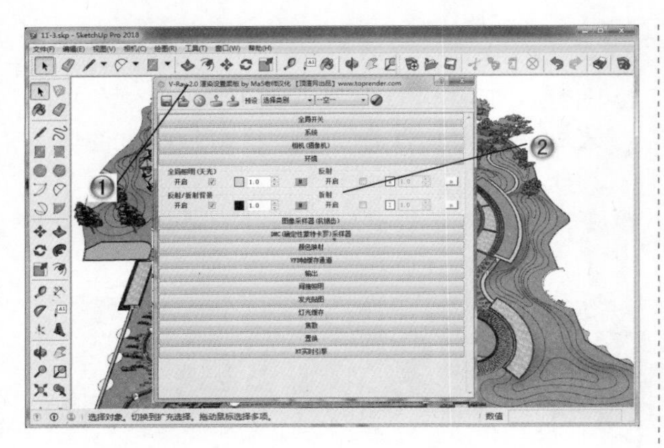

图 11-101

步骤 22 设置全局光颜色

① 单击【全局照明】参数后的 M 按钮，如图 11-102 所示。

② 设置全局光颜色。

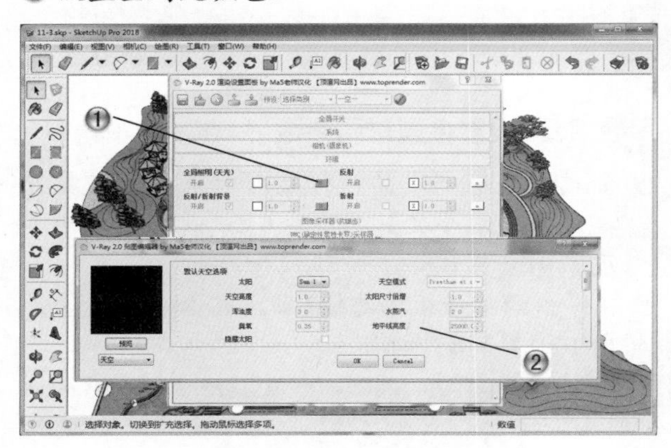

图 11-102

步骤 23 更改采样器类型并设置参数

① 打开 V-Ray 渲染设置面板中的【图像采样器（抗锯齿）】选项卡，如图 11-103 所示。

② 将【最多细分】设置为 16，提高细节区域的采样，将【抗锯齿过滤】选项激活，并选择常用的 Catmull Rom 过滤器。

步骤 24 设置蒙特卡罗采样器参数

① 打开 V-Ray 渲染设置面板中的【DMC（确定性蒙特卡罗）采样器】选项卡，如图 11-104 所示。

② 设置纯蒙特卡罗采样器参数，使图面噪波进一步减小。

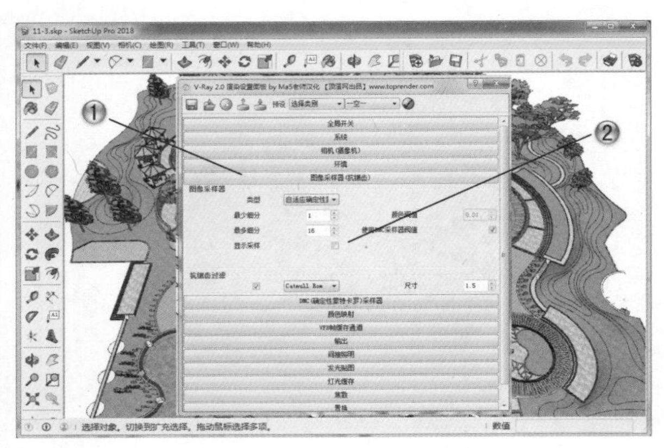

图 11-103

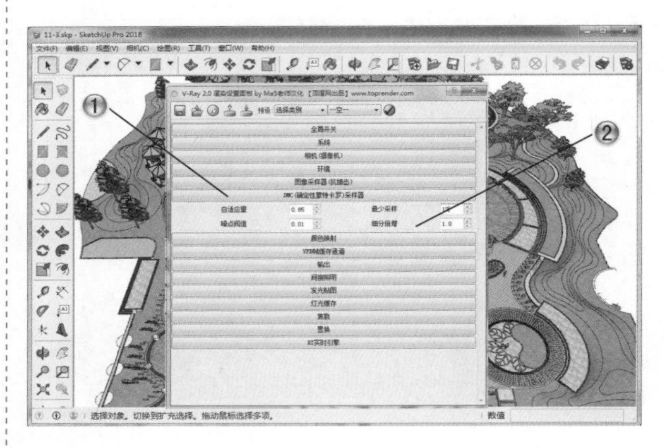

图 11-104

步骤 25 修改发光贴图参数

① 打开 V-Ray 渲染设置面板中的【发光贴图】选项卡，如图 11-105 所示。

② 设置发光贴图参数，将【最小比率】设置为 -3，【最大比率】设置为 0。

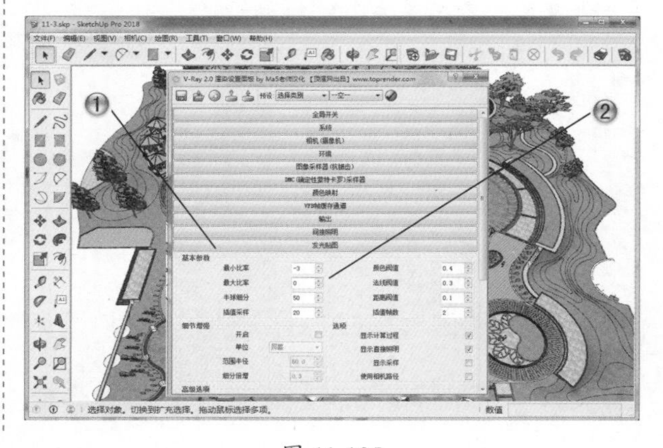

图 11-105

步骤 26 设置灯光缓存参数

① 打开 V-Ray 渲染设置面板中的【灯光缓存】选项卡，如图 11-106 所示。

② 设置灯光缓存参数，将【细分】修改为 1200。

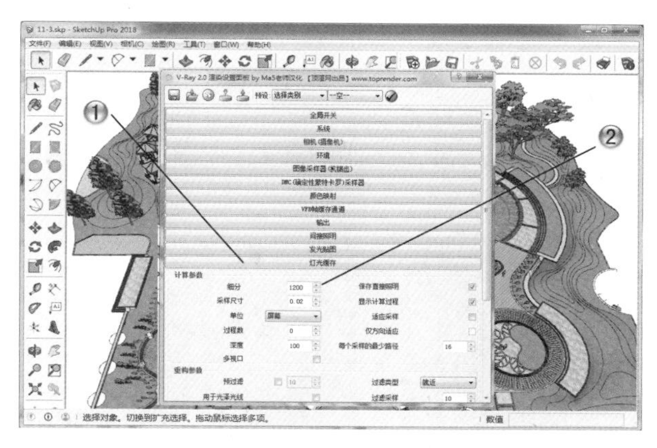

图 11-106

11.4 湖边景观设计范例

本范例完成文件：ywj\11\11-4.skp

11.4.1 范例分析

湖边道路绿化是城市绿化的重要组成部分，是改善城市道路生态环境的重要市政基础设施，与人们日常生活、工作学习息息相关，因此，设计湖边景观绿化很重要。本节范例正是通过对湖边景观的设计，表现一个好的效果，其效果如图 11-107 所示，通过这个案例的设计，将熟悉以下内容。

（1）创建基本景观模型，导入绿化小品。

（2）添加材质并渲染。

图 11-107

11.4.2 范例操作

步骤 01 创建景观地面轮廓

① 新建文件并创建湖边景观的主体模型。选择【大工具集】工具栏中的【矩形】工具，绘制出矩形轮廓，矩形的长为 827505mm、宽为 649780mm，如图 11-108 所示。

② 选择【大工具集】工具栏中的【直线】工具，绘制出道路轮廓。

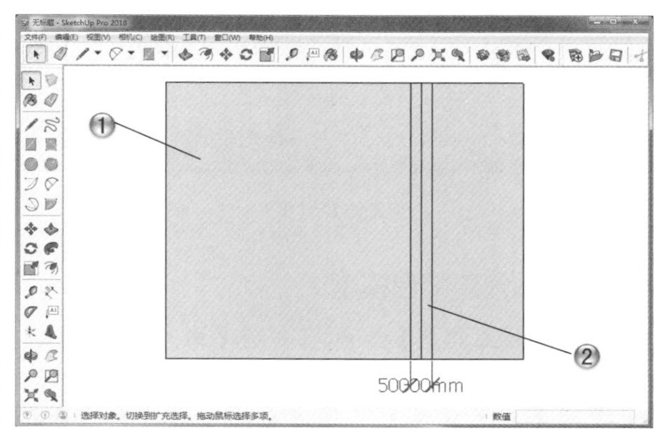

图 11-108

步骤 02 创建地面坡度

① 选择【大工具集】工具栏中的【矩形】工具，

绘制道路划线，如图 11-109 所示。

❷ 选择【大工具集】工具栏中的【直线】工具，绘制道路边坡度。

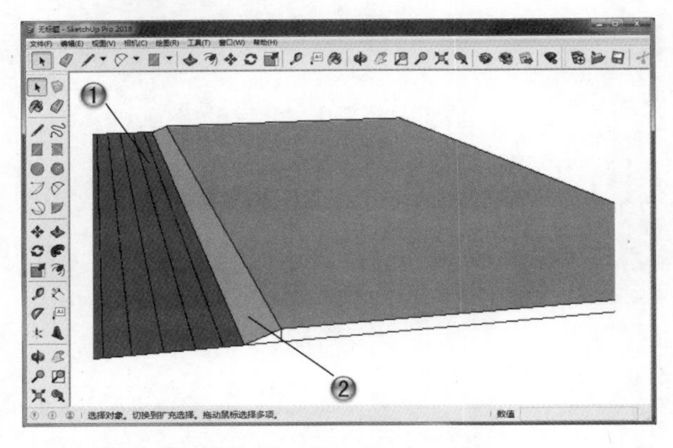

图 11-109

步骤 03 创建天桥平台轮廓

❶ 选择【大工具集】工具栏中的【直线】工具和【圆弧】工具，绘制天桥平台基本轮廓，如图 11-110 所示。

❷ 选择【大工具集】工具栏中的【偏移】工具，偏移图形。

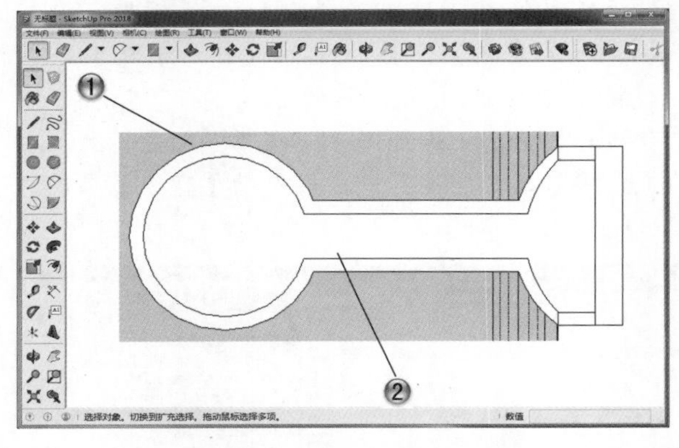

图 11-110

步骤 04 创建平台模型

❶ 选择【大工具集】工具栏中的【推/拉】工具，推拉一定厚度，推拉6625mm，如图 11-111 所示。

❷ 选择【大工具集】工具栏中的【偏移】工具，偏移图形，偏移 1500mm，并推拉成模型。

步骤 05 创建中心圆台

❶ 选择【大工具集】工具栏中的【直线】工具和【圆】工具，绘制中心圆台轮廓，并进行推拉，如图 11-112 所示。

❷ 运用【大工具集】工具栏中的【直线】工具和【推拉】工具，绘制台阶部分。

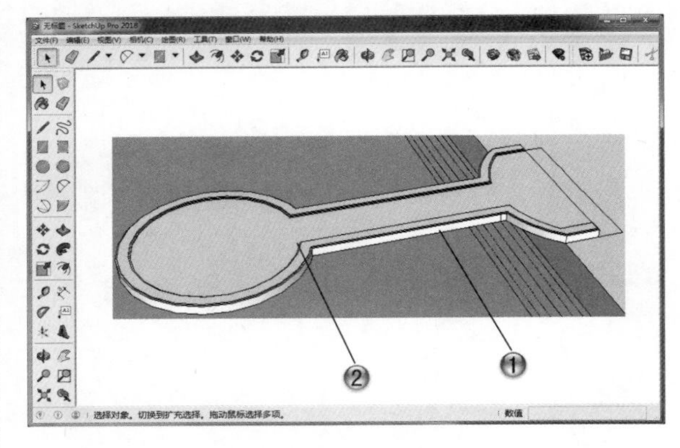

图 11-111

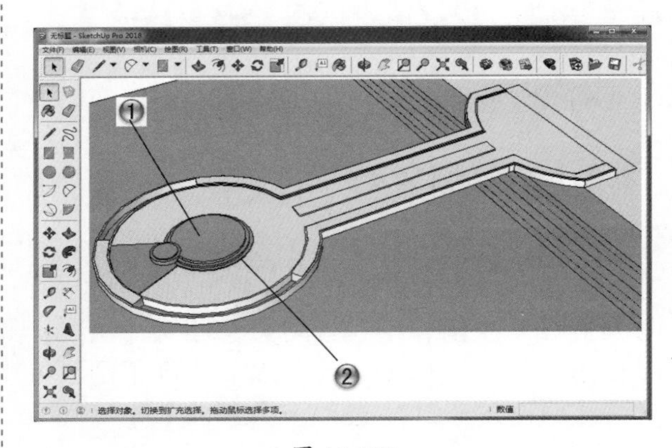

图 11-112

步骤 06 创建小立柱

❶ 绘制长为 850mm、宽为 850mm 的矩形，并进行推拉，如图 11-113 所示。

❷ 选择【大工具集】工具栏中的【推/拉】工具和【偏移】工具，完成小立柱其他部分，并创建为组。

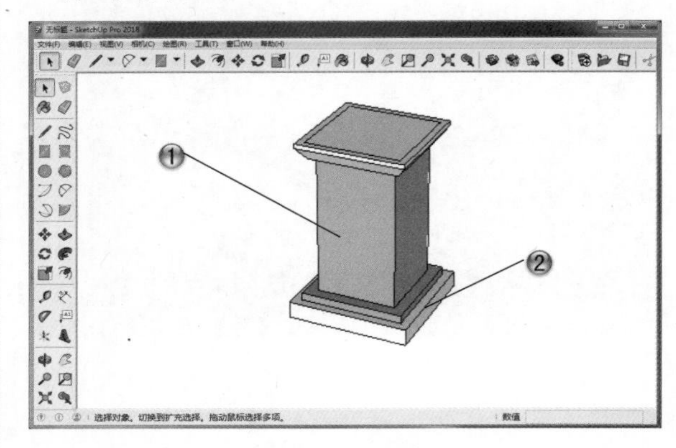

图 11-113

步骤 07 完成小立柱和绿植

① 绘制截面和圆形路径后，选择【大工具集】工具栏中的【路径跟随】工具，绘制柱顶部模型，如图 11-114 所示。

② 选择【大工具集】工具栏中的【直线】工具，绘制绿植部分。

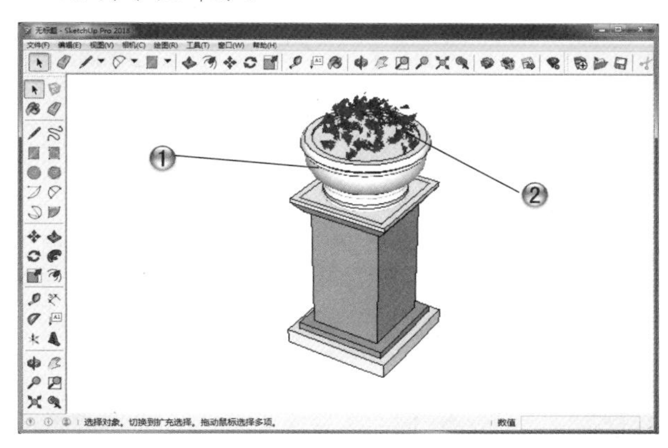

图 11-114

步骤 08 复制小立柱

① 选择【大工具集】工具栏中的【移动】工具，配合 Ctrl 键，移动复制小立柱模型，如图 11-115 所示。

② 运用【大工具集】工具栏中的【直线】工具和【推/拉】工具，绘制平台台阶部分。

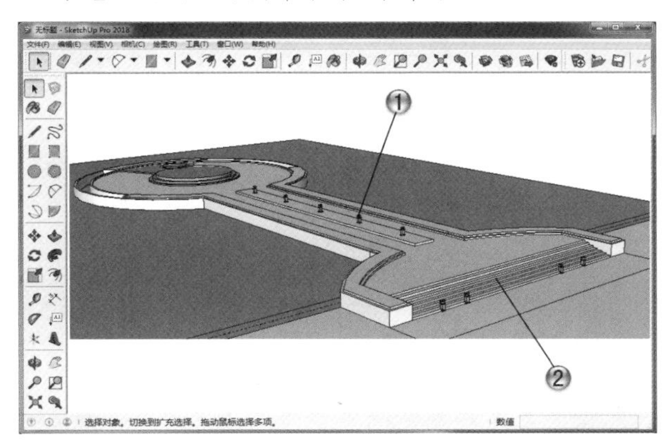

图 11-115

步骤 09 创建平台周边柱子

① 选择【大工具集】工具栏中的【直线】工具，绘制柱子轮廓，推拉出柱子厚度，并创建为组，如图 11-116 所示。

② 运用【大工具集】工具栏中的【直线】工具和【推/拉】工具，绘制出柱子上半部分。

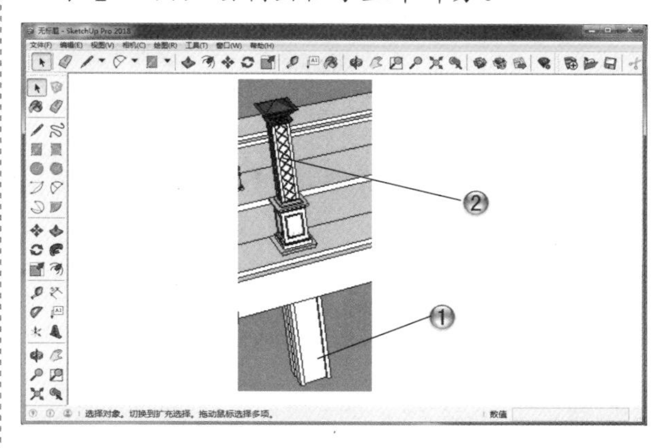

图 11-116

步骤 10 复制柱子

① 选择【大工具集】工具栏中的【移动】工具，如图 11-117 所示。

② 按住 Ctrl 键移动复制柱子，这样就完成了景观主体模型的绘制。

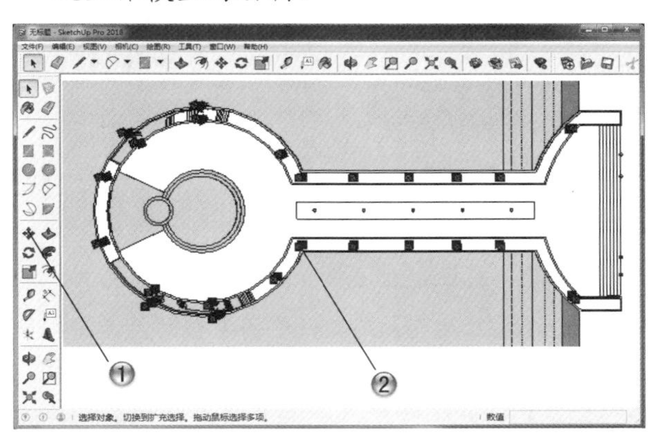

图 11-117

步骤 11 创建湖面地形基本形状

① 下面绘制湖面中坡地地形及其他细节模型。选择【大工具集】工具栏中的【圆弧】工具，绘制圆弧的云线形状，如图 11-118 所示。

② 选择【大工具集】工具栏中的【推/拉】工具，推拉一定厚度。

步骤 12 拉伸网格效果

① 选择【沙箱】工具栏中的【根据网格创建】工具，创建网格，如图 11-119 所示。

② 选择【沙箱】工具栏中的【曲面起伏】工具，拉伸网格。

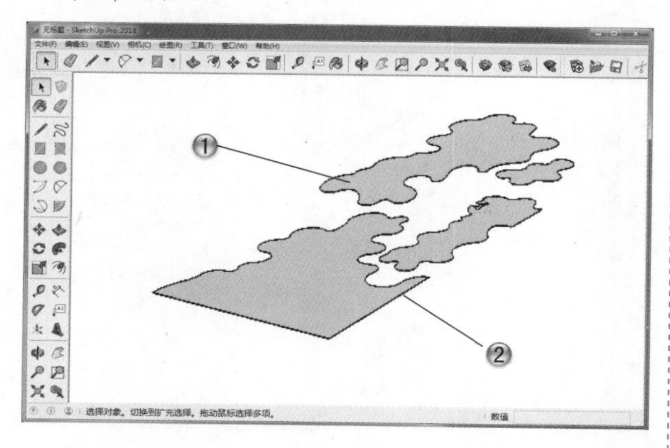

图 11-118

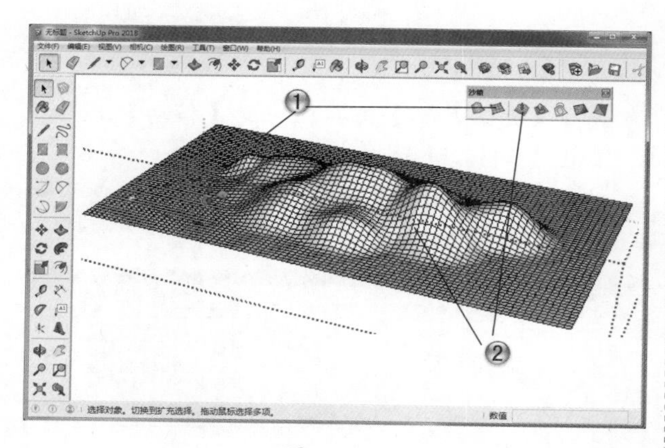

图 11-119

步骤 13 完成湖面地形

① 选择【大工具集】工具栏中的【移动】工具，移动网格与地形基本形状重叠，如图 11-120 所示。

② 选择【大工具集】工具栏中的【移动】工具，将地面模型移动到合适位置。

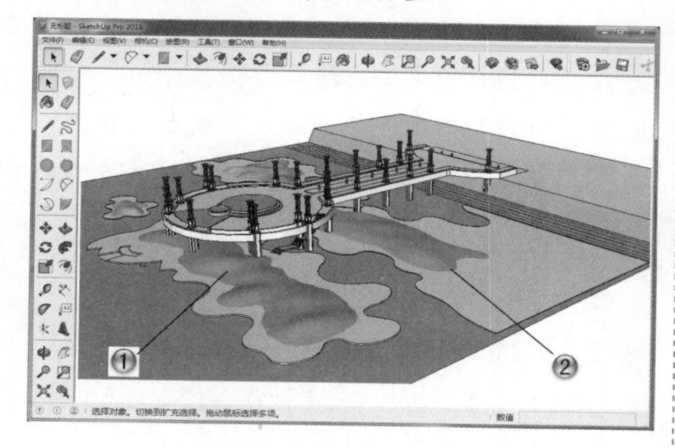

图 11-120

步骤 14 创建外延平台模型

① 运用【大工具集】工具栏中的【圆弧】工具和【直线】工具，绘制外延平台基本轮廓，推拉一定厚度，如图 11-121 所示。

② 运用【大工具集】工具栏中的【直线】工具和【圆弧】工具，绘制细节轮廓，推拉模型一定厚度。

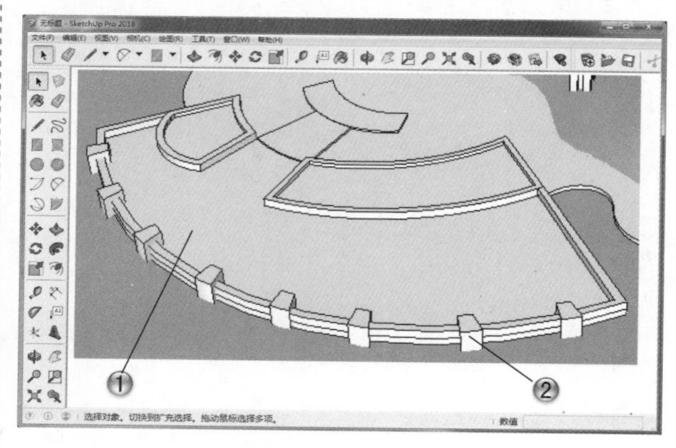

图 11-121

步骤 15 添加树木和船

① 使用组件工具，为场景添加树木组件，如图 11-122 所示。

② 为场景添加轮船模型。

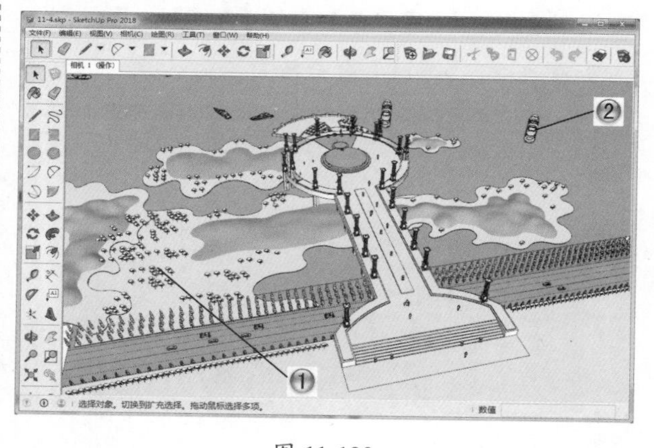

图 11-122

步骤 16 设置地面材质

① 下面进行材质和贴图的设置和调整。单击【大工具集】工具栏中的【材质】按钮，如图 11-123 所示。

② 在弹出的【材料】编辑器中选择【植被】列表框中的【人造草被】材质，赋予绿地地面材质。

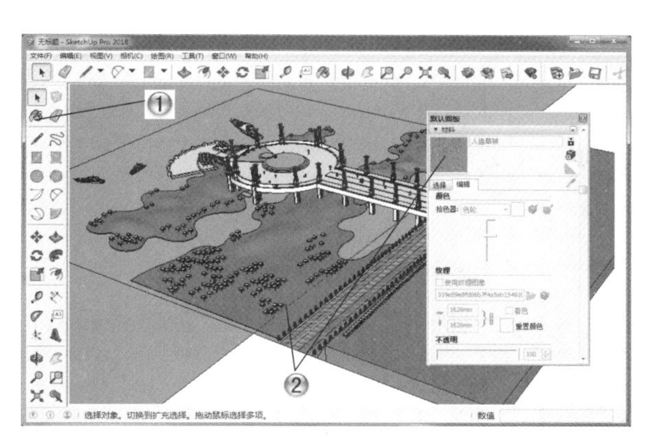

图 11-123

步骤 17 设置路面材质

① 在【材料】编辑器中选择【沥青和混凝土】列表框中的【新沥青】材质，如图 11-124 所示。

② 将设置好的材质赋给路面。

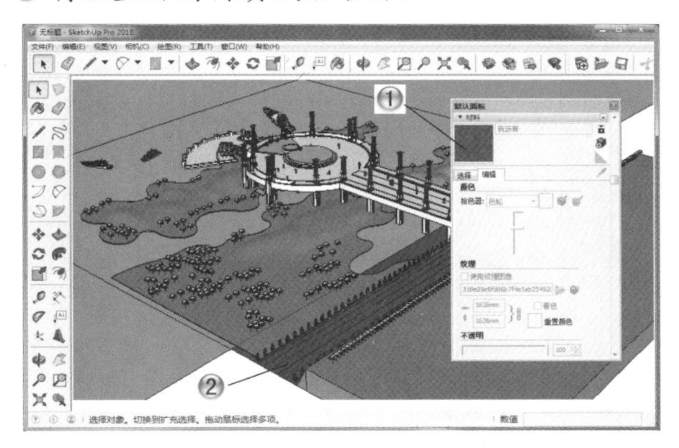

图 11-124

步骤 18 设置平台主体材质

① 在【材料】编辑器的【颜色】列表框中选择【颜色 D04】材质，如图 11-125 所示。

② 将设置好的材质赋给平台主体。

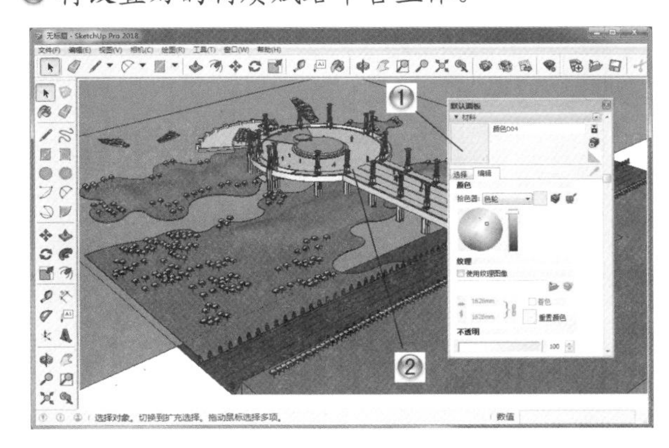

图 11-125

步骤 19 设置平台中心材质

① 在【材料】编辑器的【颜色】列表框中选择【颜色 C17】材质，如图 11-126 所示。

② 将设置好的材质赋给扇形平台与主体平台中心位置。

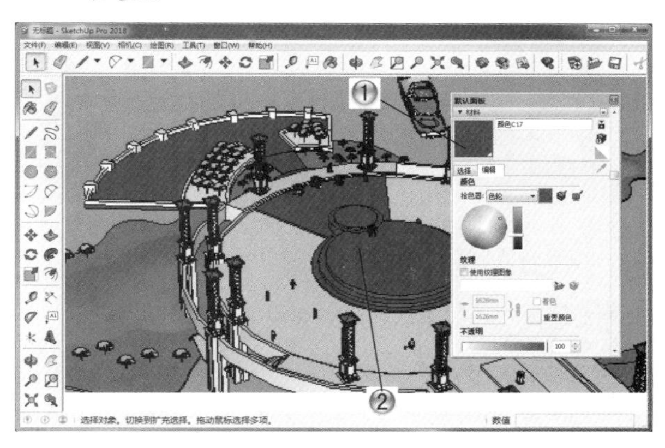

图 11-126

步骤 20 设置湖面材质

① 在【材料】编辑器中选择【水纹】列表框中的 Water_Pool 材质，如图 11-127 所示。

② 将设置好的材质赋给湖面。至此，这个范例的模型和材质就全部完成了。

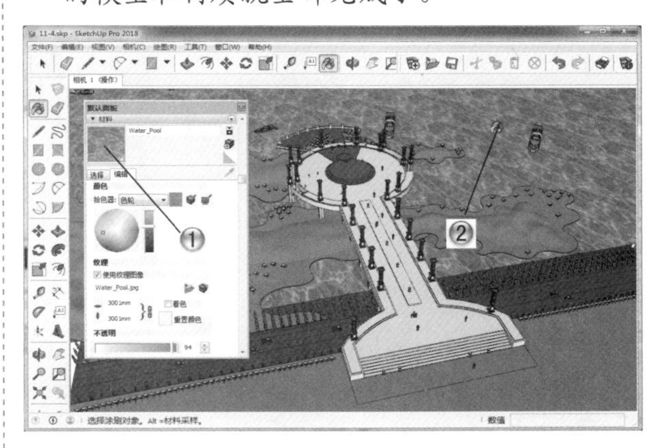

图 11-127

步骤 21 设置 VRay 材质参数

① 打开 VRay 贴图编辑器，提取材质后在 VRay 贴图编辑器中单击鼠标右键，在弹出的快捷菜单中选择【反射】命令，如图 11-128 所示。

② 设置反射值，接着设置【TexFresnel（菲涅尔）】的模式，最后单击 OK 按钮。

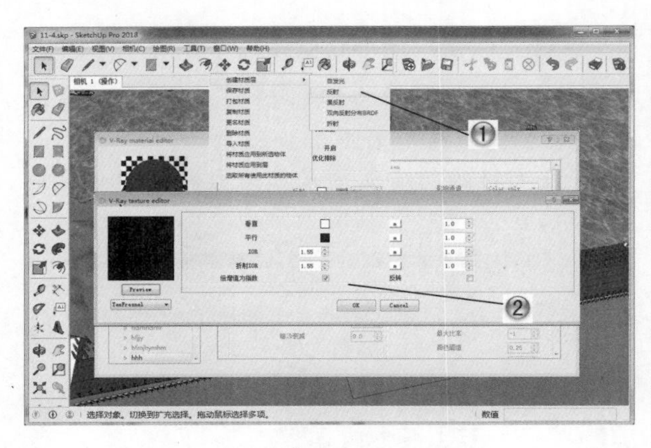

图 11-128

步骤 22 设置水纹材质参数

① 同理，调整水纹材质，将反射调整为 16，在凹凸贴图属性面板中，将凹凸贴图值调整为 1，如图 11-129 所示。

② 在弹出的对话框中渲染 TexNoise 噪波模式中的参数。

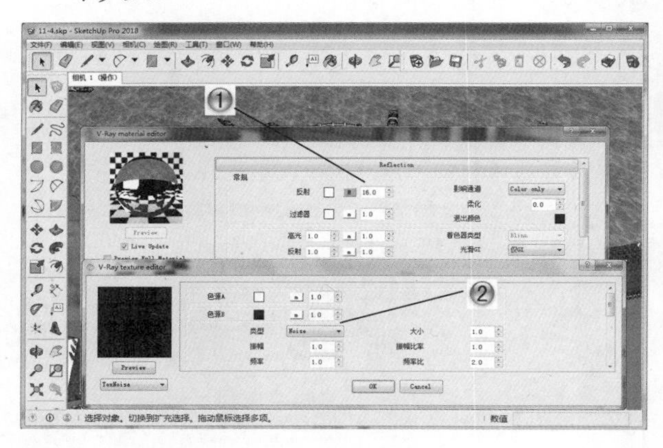

图 11-129

步骤 23 设置金属材质参数

① 金属材质有一定的模糊反射效果，所以要把高光的【光泽度】调整为 0.8，反射的【光泽度】调整为 0.85，如图 11-130 所示。

② 在弹出的对话框中选择【菲涅尔】模式，将【折射 IOR】调整为 6。

步骤 24 设置环境

① 打开 V-Ray 渲染设置面板，如图 11-131 所示。

② 设置环境参数。

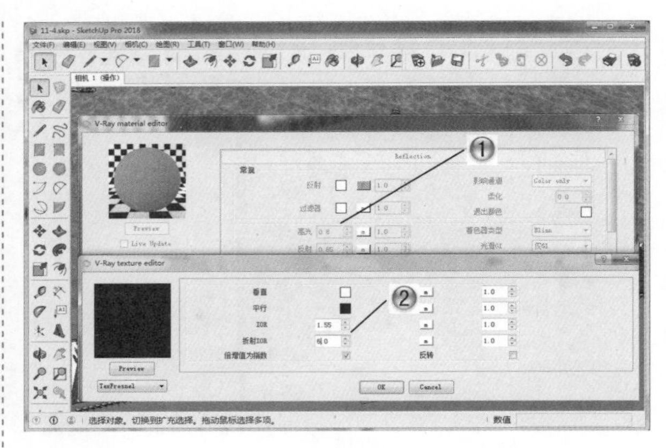

图 11-130

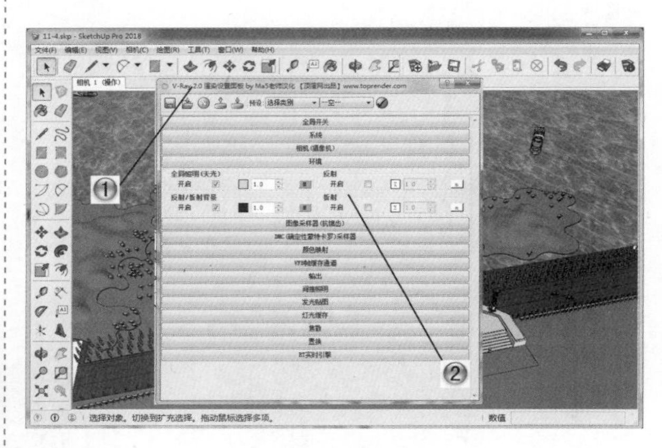

图 11-131

步骤 25 设置全局光颜色

① 单击【全局照明】参数后的 M 按钮，如图 11-132 所示。

② 设置全局光颜色。

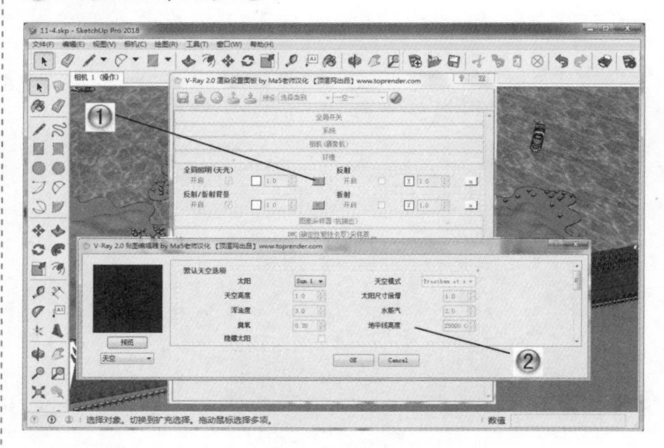

图 11-132

步骤 26 更改采样器类型并设置参数

❶ 打开 V-Ray 渲染设置面板中的【图像采样器（抗锯齿）】选项卡，如图 11-133 所示。

❷ 将【最多细分】设置为 16，提高细节区域的采样，将【抗锯齿过滤】选项激活，并选择常用的 Catmull Rom 过滤器。

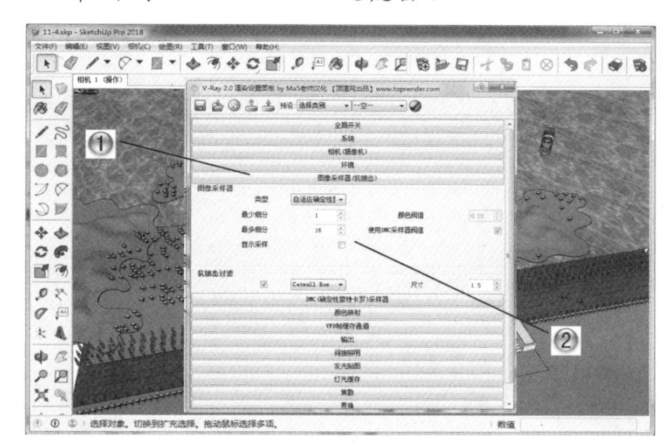

图 11-133

步骤 27 设置蒙特卡罗采样器参数

❶ 打开 V-Ray 渲染设置面板中的【DMC（确定性蒙特卡罗）采样器】选项卡，如图 11-134 所示。

❷ 设置纯蒙特卡罗采样器参数，使图面噪波进一步减小。

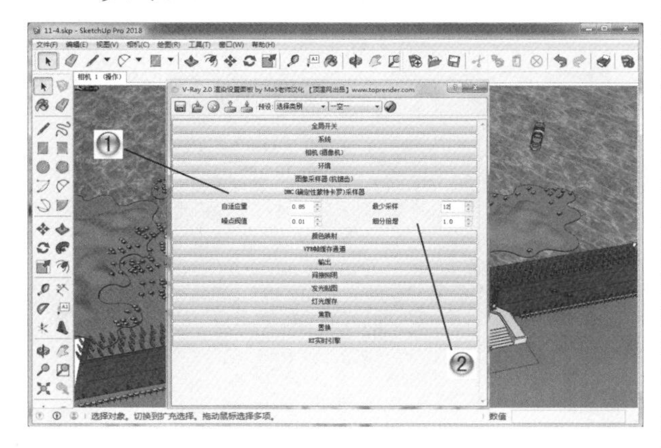

图 11-134

步骤 28 修改发光贴图参数

❶ 打开 V-Ray 渲染设置面板中的【发光贴图】选项卡，如图 11-135 所示。

❷ 设置发光贴图参数，将【最小比率】设置为 -3，【最大比率】设置为 0。

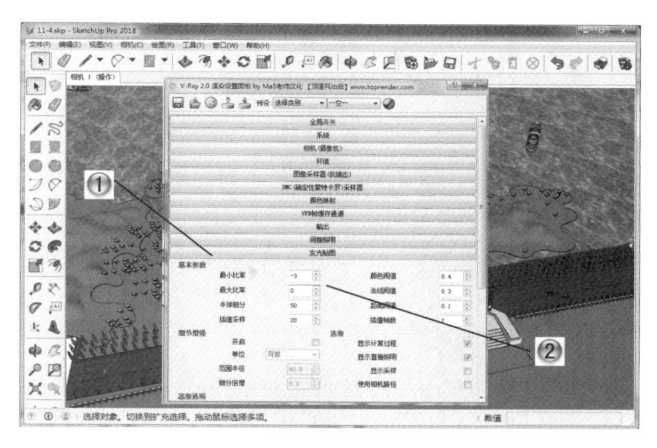

图 11-135

步骤 29 设置灯光缓存参数

❶ 打开 V-Ray 渲染设置面板中的【灯光缓存】选项卡，如图 11-136 所示。

❷ 设置灯光缓存参数，将【细分】修改为 1200。

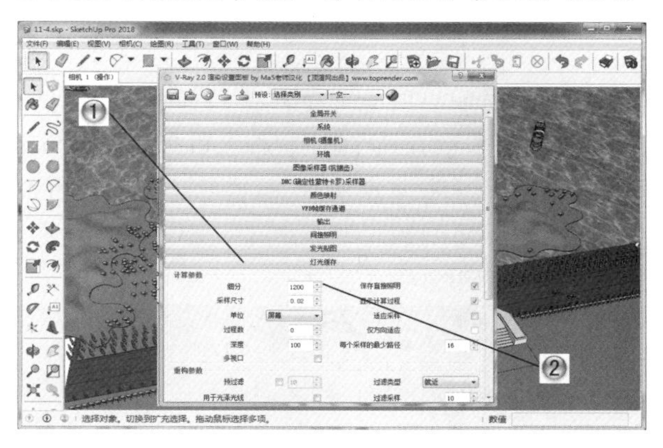

图 11-136

步骤 30

设置完成后进行渲染，并使用 Photoshop 进行后期图片处理，这样范例就制作完成了，最终渲染效果如图 11-137 所示。

图 11-137

11.5 本章小结和练习

11.5.1 本章小结

本章主要介绍了使用 SketchUp 2018 进行建筑实战综合范例设计的方法，分别从 SketchUp 最常用的建筑设计领域入手，对四个范例绘制过程进行详细讲解，使读者对 SketchUp 绘制建筑三维模型有了一个整体的认识。

在本章学习中，希望大家掌握 SketchUp 各工具的使用方法，熟练运用这些方法，可以帮助我们在 SketchUp 建模时更加得心应手。

11.5.2 练习

1. 使用本章介绍的制作方法和命令创建如图 11-138 所示的度假别墅效果。

（1）创建墙体和框架。

（2）绘制窗户和门。

（3）创建屋顶和附件。

（4）创建周边景观。

（5）添加材质并渲染，进行后期处理。

2. 使用本章介绍的制作方法和命令创建欧式会所广场模型，如图 11-139 所示。

（1）创建主体建筑。

（2）创建周边景观。

（3）添加材质并渲染。

图 11-138

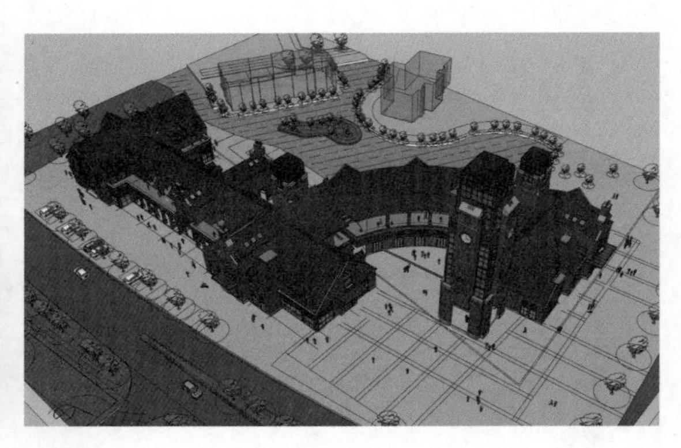

图 11-139

附录 A SketchUp 2018 常用快捷键

序号	快捷键	命令	序号	快捷键	命令
1	鼠标中键	显示 / 旋转	2	Shift+ 中键	显示 / 平移
3	Q	编辑 / 辅助线 / 隐藏	4	Ctrl+Shift+D	文件 / 导出 /DWG/ DXF
5	G	编辑 / 群组	6	X	工具 / 材质
7	D	工具 / 尺寸标注	8	O	工具 / 偏移
9	P	绘制 / 多边形	10	R	绘制 / 矩形
11	F	绘制 / 徒手画	12	TAB	相机 / 上一次
13	Ctrl+Alt+S	按阴影状态渲染表面的切换命令	14	Ctrl+Alt+X	透明材质透明显示的切换命令
15	Ctrl+Shift+S	命名保存	16	Shift+Alt+S	显示天空背景的切换命令
17	Space	选择工具（Ctrl 键为增加选择，Shift 键为加减选择）	18	Delete	删除选择的物体
19	A	圆弧工具（*S 定义弧的段数，*R 定义弧的半径）	20	B	矩形工具
21	C	画圆工具（*S 定义圆的段数）	22	D	路径跟随工具
23	E	橡皮擦工具	24	F	平行偏移复制工具 / 定义为组
25	H	隐藏选择的物体	26	I	以隐掉组件外其他模型的方式单独编辑组件
27	J	以隐掉关联组件的方式单独编辑组件	28	K	锁定群组与组件
29	L	线段工具（<x,y,z> 可以输入相对坐标，[x,y,z] 可以输入绝对坐标）	30	M	移动工具（按住 Alt 键移动可以更灵活，按住 Ctrl 键移动就是复制）
31	O	定义为组件	32	P	剖面工具

续表

序号	快捷键	命令	序号	快捷键	命令
33	Q	测量工具	34	R	旋转工具
35	S	缩放工具（Ctrl 键为中心缩放，Shift 键为等比缩放）	36	T	文字标注工具
37	U	推拉工具	38	V	透视 / 轴测切换
39	W	漫游工具	40	X	油漆桶工具
41	Y	坐标系工具	42	Z	视图窗口放大工具
43	F1	调出帮助菜单	44	F2	顶视图
45	F3	前视图	46	F4	左视图
47	F5	右视图	48	F6	后视图
49	F7	底视图	50	F8	透视或轴测视点
51	F9	当前视图和上一个视图切换	52	F10	场景信息设置
53	F11	实体参数信息	54	F12	系统属性设置
55	Esc	关闭组 / 组件	56	Home	页面图标显示切换
57	PageUp	上一个页面	58	PageDown	下一个页面
59	MiddleBotton	视图旋转工具	60	Alt+1	线框显示
61	Alt+2	消隐线框显示模式	62	Alt+3	着色显示模式
63	Alt+4	贴图显示模式	64	Alt+5	单色显示模式
65	Alt+A	添加页面	66	Alt+B	多边形工具（*S 定义正多边形的边数）
67	Alt+C	相机位置工具	68	Alt+D	删除页面
69	Alt+F	不规则线段工具（按住 Shift 键可以增加顺滑）	70	Alt+G	显示地面的切换命令 / 制作组件
71	Alt+H	隐藏的物体以网格方式显示	72	Alt+I	布尔运算模型交线
73	Alt+K	将全部群组与组件解锁	74	Alt+L	环视工具
75	Alt+M	地形拉伸工具	76	Alt+O	组件浏览器
77	Alt+P	量角器工具	78	Alt+Q	隐藏辅助线
79	Alt+R	旋转工具	80	Alt+S	阴影显示切换

续表

序号	快捷键	命令	序号	快捷键	命令
81	Alt+T	标注尺寸工具	82	Alt+U	更新页面
83	Alt+V	相机焦距	84	Alt+X	材质浏览器
85	Alt+Y	坐标系显示切换	86	Alt+Z	视图缩放工具
87	Alt+Space	播放动画	88	Alt+`	所有模型半透明显示
89	Ctrl+1	导出剖面	90	Ctrl+2	导出二维图形图像
91	Ctrl+3	导出三维模型	92	Ctrl+4	导出动画
93	Ctrl+A	全选	94	Ctrl+C	复制
95	Ctrl+F	边线变向工具	96	Ctrl+H	显示隐藏物体中选择的物体
97	Ctrl+N	新建文件	98	Ctrl+O	打开文件
99	Ctrl+P	打印	100	Ctrl+Q	删除辅助线
101	Ctrl+R	返回上次保存状态	102	Ctrl+S	保存
103	Ctrl+T	清除选区	104	Ctrl+V	粘贴
105	Ctrl+X	剪切	106	Ctrl+Y	恢复 / 撤销
107	Ctrl+Z	撤销	108	Ctrl+`	导入
109	Shift+1	边线显示与隐藏	110	Shift+2	边线加粗显示
111	Shift+3	深度线显示	112	Shift+4	边线出头显示
113	Shift+5	结束点显示	114	Shift+6	边线抖动显示
115	Shift+0	柔化表面	116	Shift+A	显示所有物体
117	Shift+E	图层浏览器	118	Shift+F	翻转表面
119	Shift+G	炸开组件	120	Shift+H	显示最后隐藏的物体
121	Shift+K	将选择的群组与组件解锁	122	Shift+O	组件管理器
123	Shift+P	页面属性	124	Shift+Q	显示所有辅助线
125	Shift+S	阴影参数	126	Shift+T	动画设置
127	Shift+V	窗口 / 显示设置	128	Shift+X	【材料】编辑器
129	Shift+Y	还原坐标系	130	Shift+Z	视图全屏显示工具
131	Shift+`	显示模式及边线显示方式设置	132	Shift+MiddleBotton	视图平移工具

附录 B　有关本书配套资源的下载和使用方法

亲爱的读者，欢迎阅读使用本书，本书配备了包括大量模型图库、范例教学视频和网络资源介绍的海量教学资源，下面将对其下载和使用方法进行介绍。

下载方法

（1）登录云杰漫步科技的网上技术论坛：http://www.yunjiework.com/bbs，登录后的界面如下图所示。

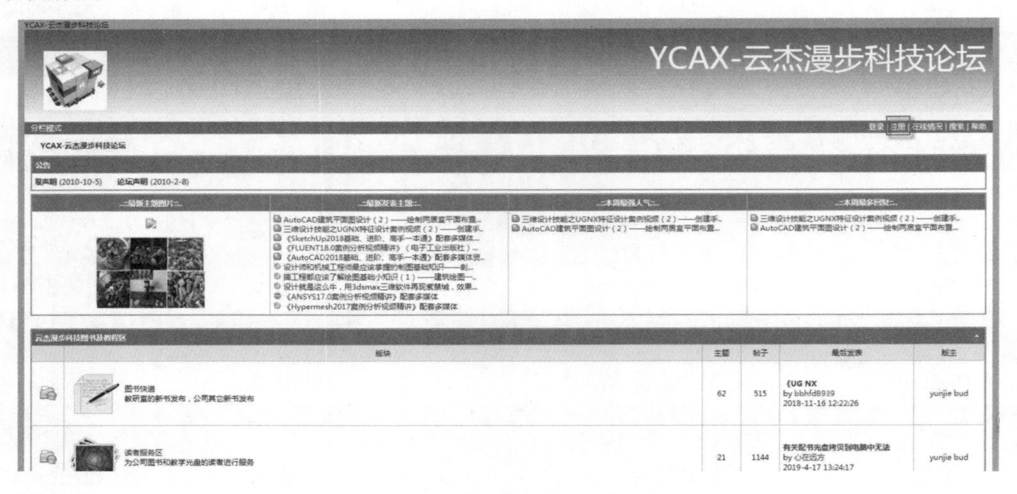

（2）注册为论坛会员。

YCAX-云杰漫步科技论坛

分栏模式　登录 | 注册 | 在线情况 | 搜索 | 帮助

YCAX-云杰漫步科技论坛 → 填写注册资料

注册用户资料

用户名：	您输入的用户名长度应该在 3-15 范围内
密码： 密码必须至少包含 6 个字符	密码必须至少包含 6 个字符
密码强度：	弱　中　强
重新键入密码： 请与您的密码保持一致	您 2 次输入的密码不相同
您的Email地址：	
验证码：	点击输入框获取验证码
密码提示问题： 如果您忘记了密码，系统会向您询问机密答案	选择一个
机密答案：	

注册

（3）在论坛中选择【云杰漫步科技图书及教程区】|【资料下载区（注册用户）】板块进入。

（4）在其中找到本书的下载帖进入后，即可看到下载链接和密码，点击下载链接进入下载并输入密码后即可下载到本书的配套教学资源。

本书配套资源包含的内容和使用方法

（1）本书包含的配套教学资源主要如下：

序号	名 称	内 容
1	源文件	书中范例运行素材
		书中范例结果文件
2	教学视频	各章范例多媒体教学视频
3	模型库素材	SketchUp 建筑设计模型库
		SketchUp 景观设计模型库
		SketchUp 小品设计模型库
		SketchUp 草图设计库
4	网络教学资源	常用 AutoCAD 教学论坛资源介绍

（2）配套资源使用方法。打开“源文件”文件夹，是本书各章范例的模型和结果文件，其中的各文件的数字编号为书中章号。

打开“教学视频”文件夹，是本书各章范例多媒体教学视频，其中文件夹名为各章名。由于教学视频采用 TSCC 压缩格式，需要读者的计算机中安装有该解码程序，读者可在论坛中找到下载解码程序的帖子后进行下载，然后直接双击 TSCC.exe 直接安装。

（3）软件播放要求。

媒体播放器要求：建议采用 Windows Media Player 版本为 9.0 以上。

显示模式要求：使用 1024 × 768 或者 1280 × 1024 以上的模式浏览。

特别声明

本教学资源中的图片、视频影像等素材文件仅可作为学习和欣赏之用，未经许可，不得用于任何商业等其他用途。

关于本书的相关技术支持请到作者的技术论坛 www.yunjiework.com/bbs（云杰漫步科技论坛）进行交流，或者发电子邮件到 yunjiebook@126.com 寻求帮助，也欢迎大家关注作者的今日头条号“云杰漫步智能科技”进行交流。